数学書房叢書

複素領域における線形微分方程式

原岡喜重 著

数学書房

はじめに

　複素領域における線形常微分方程式は，数学，物理学などにおいて基本的な対象である．物理学では力学，電磁気学，量子力学など様々な分野で微分方程式が用いられ，その中で Bessel 方程式，Legendre 方程式，Gauss の超幾何微分方程式，Kummer の合流型超幾何微分方程式などが基本的な微分方程式として現れる．これらの微分方程式は，物理現象を記述する過程で用いられるので実変数であるが，複素変数の微分方程式と見ることができ，そのようにとらえることで深い解析が可能となる．また数学においても，解析学のみならず整数論，代数幾何学，微分幾何学，表現論など多様な分野で複素変数の線形常微分方程式が様々な役割を果たしている．このように様々な分野と関わる多様性が，複素領域における線形微分方程式の重要性と魅力の源であろう．

　一方そのような他分野との関わりを離れて，複素領域における線形微分方程式は内在的に多くの発展を遂げてきている．特に多変数の完全積分可能系の理論および微分方程式の変形理論はきわめて大きく発展し，その成果は数学や物理学の諸分野へ波及している．さらに 1996 年に出版された Nicolas M. Katz の著書 "Rigid Local Systems" は，線形 Fuchs 型常微分方程式の理論に大きな新しい展開をもたらした．それについて少し触れておこう．

　Fuchs 型常微分方程式は，複素射影直線 $\mathbb{P}^1$ 上（より一般には Riemann 面上）の微分方程式で，特異点として確定特異点のみを持つものである．確定特異点の近傍で解の挙動を調べることを局所解析といい，その理論はすでに 19 世紀のうちに完成された．一方，ある確定特異点において挙動が特定された解をいろいろなところへ解析接続した結果を記述することを大域解析という．大域解析は難しい問題で，我々は現在でも普遍的な解析方法を手に入れていない．しかし Fuchs 型常微分方程式の中には rigid と呼ばれる特別なクラスがあって，そのクラスの方程式に対しては解の大域挙動が明示的に把握できる．つまり Fuchs 型常微分方程式の大域解析については，rigid な方程式（および散在的に現れる特別な方程式）については何でもよくわかり，その一方それ以外の方程式についてはまったく手懸かりがない，という状況であった．Katz は rigidity 指数や middle convolution という概念を導入し，rigid な方程式およびそのモノドロミーを精密に解析した．そしてその解析方法は rigid ではない方程式にも有効であり，rigid でない方程式の間にも様々な構造が入ることが明らかになってきたのである．特にスペクトル型と呼ばれ

る各特異点における局所挙動のタイプを表すデータが重要で，Fuchs 型常微分方程式全体のなす空間はスペクトル型に基づいて類別される．同じ類に属する方程式は middle convolution を用いてうつり合い，その際に方程式の持つ様々な解析的量がどのように変化するのかということを具体的に記述することができる．したがって Fuchs 型常微分方程式の研究は，各類の代表元に対する解析に帰着されるのである．Katz 理論に基づいてこのストーリーを完成させたのは大島利雄である．現時点では，Katz-大島理論が，Fuchs 型常微分方程式に対する最新の理解となっている．

このように Fuchs 型常微分方程式の世界に大きな衝撃をもたらした Katz 理論であるが，その元になる素材は実はなじみのあるものであった．Katz 理論において最も重要な働きをする middle convolution は，複素数階微分として昔から知られている Riemann-Liouville 変換を定式化したものに他ならない．また rigid という概念はアクセサリー・パラメーターを持たないということと同じで，1970 年代より大久保謙二郎はアクセサリー・パラメーターの個数を測る公式を導き，アクセサリー・パラメーターを持たない微分方程式の研究を推し進めていた．これらのことは Katz の仕事への評価を減じるものではなく，むしろそのような既知の素材を用いて堅牢な理論体系を作り上げた Katz の構想力に深く敬服するものである．Katz の仕事は Dettweiler-Reiter により線形代数のことばで表現され，それが Katz 理論の浸透に大きな役割を果たした．Dettweiler-Reiter におけるアイデアは，大久保により考案された微分方程式の標準形を用いるところにある．大久保は発想においても手法においても，Katz-大島理論の根幹を担っていたのである．大久保謙二郎先生は，本書執筆中の 2014 年 7 月に逝去されました．先生の慧眼にあらためて敬服申し上げ，謹んでご冥福をお祈りいたします．

さて本書では，複素領域における線形常微分方程式の基礎理論から始めて，最先端である Katz-大島理論へ到達し，さらに微分方程式の変形理論，多変数の完全積分可能系についても必要十分な知識が得られるように内容を取りそろえた．本書の内容を，いくつかの例に照らし合わせながら大まかに説明しよう．

Gauss の超幾何微分方程式は，

(G) $$x(1-x)y'' + (\gamma - (\alpha+\beta+1)x)y' - \alpha\beta y = 0$$

という 2 階の線形常微分方程式である．ここで α, β, γ は定数である．これを

$$y'' + \frac{\gamma - (\alpha+\beta+1)x}{x(1-x)} y' - \frac{\alpha\beta}{x(1-x)} y = 0$$

と書いたとき，y' および y の係数には $x = 0, 1$ において極が現れる．また $t = 1/x$

という変数変換を行うと

$$\frac{d^2y}{dt^2} + \frac{(2-\gamma)t + \alpha + \beta - 1}{t(t-1)}\frac{dy}{dt} - \frac{\alpha\beta}{t^2(t-1)}y = 0$$

となるが，dy/dt および y の係数に $t=0,1$ で極が現れる．これらの極を微分方程式 (G) の特異点という．すなわち x で見ると，$x=0,1,\infty$ が (G) の特異点である．x_0 を $0,1,\infty$ 以外の任意の点とする．すると (G) には $x=x_0$ の近傍で正則な解が存在し，その全体は 2 次元線形空間をなす．そしてその正則解は，x_0 を始点とする $\mathbb{P}^1 \setminus \{0,1,\infty\}$ 内の任意の曲線に沿って解析接続可能である．このように，方程式の特異点以外において解は正則となり，それが特異点以外のあらゆるところまで解析接続できるという性質は，複素領域における線形常微分方程式に共通のものである．このようなことを第 1 章で示す．

それでは特異点の近くでは解はどのように振る舞うであろうか．(G) の 3 つの特異点はいずれも確定特異点と呼ばれる種類のもので，任意の解を特異点に近づけたときにその絶対値はたかだか多項式程度の増大度であることが示される．また確定特異点はふつう解の分岐点となる．つまり解は，確定特異点のまわりを 1 周すると値が変わる多価関数となる．超幾何微分方程式 (G) の各確定特異点における多価性は，Riemann scheme と呼ばれる表

$$\left\{\begin{matrix} x=0 & x=1 & x=\infty \\ 0 & 0 & \alpha \\ 1-\gamma & \gamma-\alpha-\beta & \beta \end{matrix}\right\}$$

で記述される．この表は，各特異点の下にある 2 つの数を ρ_1,ρ_2 とし，その特異点における局所座標 t とするとき，t^{ρ_1}, t^{ρ_2} という多価性を持つ 2 つの線形独立な解が存在することを表すものである．ρ_1, ρ_2 を特性指数という．たとえば，超幾何微分方程式 (G) では $x=0$ における特性指数が $0, 1-\gamma$ なので，$x=0$ の近傍で

$$y_1(x) = 1 + a_1 x + a_2 x^2 + \cdots,$$
$$y_2(x) = x^{1-\gamma}(1 + b_1 x + b_2 x^2 + \cdots)$$

という形の線形独立な解が存在する．ちなみに $y_1(x)$，すなわち $x=0$ における特性指数 0 の解を与える級数は，超幾何級数

$$F(\alpha,\beta,\gamma;x) = \sum_{n=0}^{\infty} \frac{(\alpha,n)(\beta,n)}{(\gamma,n)n!} x^n$$

として知られているものである．ただしここで

$$(\alpha, n) = \frac{\Gamma(\alpha+n)}{\Gamma(\alpha)} = \begin{cases} 1 & (n=0), \\ \alpha(\alpha+1)(\alpha+2)\cdots(\alpha+n-1) & (n \geq 1) \end{cases}$$

である．

1つの特異点のまわりを1周することによる解の変化を表す量を局所モノドロミーという．局所モノドロミーは Riemann scheme によって（ほぼ）決定される．上の例でいえば，μ を $x=0$ のまわりを1周する閉曲線とし，関数 $f(x)$ の μ に沿った解析接続を $\mu_* f(x)$ で表すことにすれば，

$$(\mu_* y_1(x), \mu_* y_2(x)) = (y_1(x), y_2(x)) \begin{pmatrix} 1 & 0 \\ 0 & e^{2\pi\sqrt{-1}(-\gamma)} \end{pmatrix}$$

となるので，右辺に現れた行列が $x=0$ における局所モノドロミーを与える．

局所モノドロミーに比べて，大域的な解析接続を求める大域解析は，重要だが大変難しい問題である．大域解析は通常，各特異点で Riemann scheme により特定される局所解の間の線形関係を求める接続問題と，閉曲線に沿った解の解析接続を求めるモノドロミー（大域モノドロミー）の問題として定式化される．モノドロミーは解の多価性を表す量で，Fuchs 型常微分方程式では微分方程式を本質的に決定するものである．接続問題は応用上きわめて重要な問題である．物理学の問題に由来する微分方程式では，たとえば2つの特異点で同時に正則となる解が存在するような場合が物理現象に対応していて，接続問題を解くことでそのような場合を特定することができる．これらは解析接続を計算する問題なので，明示的に解くのはなかなか難しい．ただし微分方程式に特別な構造がある場合には，それを利用することで解くことができる．超幾何微分方程式であれば，解の積分表示

$$y(x) = \int_p^q t^{\beta-\gamma}(t-1)^{\gamma-\alpha-1}(t-x)^{-\beta}\,dt$$

があるため，これを用いて接続問題やモノドロミーの問題が明示的に解かれる．その結果を少し見てみよう．

超幾何微分方程式 (G) の $x=0$ における局所解 $y_1(x), y_2(x)$ は前述の通りとし，$x=1$ における局所解 $y_3(x), y_4(x)$ を

$$y_3(x) = 1 + c_1(x-1) + c_2(x-1)^2 + \cdots,$$
$$y_4(x) = (1-x)^{\gamma-\alpha-\beta}(1 + d_1(x-1) + d_2(x-1)^2 + \cdots)$$

により定める．$y_1(x), \ldots, y_4(x)$ の定義域の共通部分 $\{|x|<1\} \cap \{|1-x|<1\}$ に

おいて，これらの間には線形関係が成立する．たとえば

$$y_1(x) = \frac{\Gamma(\gamma)\Gamma(\gamma-\alpha-\beta)}{\Gamma(\gamma-\alpha)\Gamma(\gamma-\beta)} y_3(x) + \frac{\Gamma(\gamma)\Gamma(\alpha+\beta-\gamma)}{\Gamma(\alpha)\Gamma(\beta)} y_4(x)$$

という関係式が得られる．この関係式（接続関係式）は，積分表示を用いることで導出される．右辺の $y_3(x)$ および $y_4(x)$ にかかっている係数を接続係数という．この関係式を用いると，$x=0$ と $x=1$ で同時に正則となる解が存在するための条件が求められる．すなわちそれは $y_4(x)$ の係数が 0 となる場合だから，ガンマ関数の性質より

$$\alpha \in \mathbb{Z}_{\leq 0},\ \beta \in \mathbb{Z}_{\leq 0}$$

のいずれかが成り立つことが必要十分である．このように接続係数が明示的に求められると，解の大域的な性質をつかまえることが可能となる．

モノドロミーについても積分表示を用いて求めることができるが，超幾何微分方程式が rigid であることを用いても求められる．一般にモノドロミーは基本群の表現となる．超幾何微分方程式の場合は基本群 $\pi_1(\mathbb{P}^1 \setminus \{0,1,\infty\})$ の表現となり，この基本群は

$$\pi_1(\mathbb{P}^1 \setminus \{0,1,\infty\}) = \langle \gamma_0, \gamma_1, \gamma_2 \mid \gamma_0\gamma_1\gamma_2 = 1 \rangle$$

という表示を持つので，生成元 γ_j ($j=0,1,2$) の像 M_j を決めれば表現が決まる．ここで $\gamma_0, \gamma_1, \gamma_2$ はそれぞれ $x=0,1,\infty$ を正の向きに 1 周する閉曲線で代表される元であることから，M_j はそれぞれの特異点における局所モノドロミーを与える行列と相似になる．このことと，表現（実際は反表現）として $M_2 M_1 M_0 = I$ が成り立つことから，(M_0, M_1, M_2) の一斉相似変換による同値類は一意的に決まってしまう．この性質を rigid と呼ぶ．rigid というのは，素朴にいえば代数方程式系において未知数の個数と方程式の個数が一致していることに相当し，このことから解が確定するだけでなく具体的に求めることができる．こうして代数方程式系を解くという操作によって，超幾何微分方程式 (G) のモノドロミーは明示的に求められるのである．

2 階で 4 個の確定特異点を持ち，Riemann scheme が

$$\left\{ \begin{array}{cccc} x=0 & x=1 & x=t & x=\infty \\ 0 & 0 & 0 & \alpha \\ \gamma_1 & \gamma_2 & \gamma_3 & \beta \end{array} \right\}$$

で与えられる Fuchs 型微分方程式を Heun の微分方程式という．ここで

$$\alpha + \beta + \gamma_1 + \gamma_2 + \gamma_3 = 2$$

とする．この条件は Fuchs の関係式と呼ばれるもので，微分方程式が存在するための必要条件である．Heun の微分方程式は

$$y'' + \Big(\frac{1-\gamma_1}{x} + \frac{1-\gamma_2}{x-1} + \frac{1-\gamma_3}{x-t}\Big) y' + \frac{\alpha\beta x + q}{x(x-1)(x-t)} y = 0$$

と書かれる．ここで q は Riemann scheme からは決まらない係数で，どのような値を取っても Riemann scheme は変化しない．このような係数をアクセサリー・パラメーターという．アクセサリー・パラメーターを持つということは方程式が局所挙動からは決まらないということだから，Heun の微分方程式は rigid ではない．rigid でない微分方程式の大域解析は難しく，特別の場合を除いて Heun の微分方程式のモノドロミーや接続係数は求められていない．

　以上のような事柄を，第 2 章から第 5 章，および第 7 章で一般的に論ずる．第 2 章では確定特異点における局所解の構成，および局所モノドロミーの記述を行う．記述を簡単にするための仮定は置かずに，完全に一般の場合を扱った．第 3 章ではモノドロミー表現について，一般的に成り立つ事柄，局所モノドロミーとの関係などについて述べたあと，Fuchs 型常微分方程式のモノドロミーについて詳細に説明した．モノドロミー群が可約であったり可解であったり有限であったりする場合に，方程式にどのようなことが起こるのかが説明される．モノドロミー群について，可約であるための判定法や有限であるための判定法を与えた．Fuchs 型常微分方程式においては，微分 Galois 群がモノドロミー群から計算できる．そこで微分 Galois 理論についても概略を説明し，大まかな様子がわかるように記述した．第 4 章では接続問題を扱った．はじめに物理学と接続問題がどのように関わるか，いくつか例を挙げて示した．接続問題を定式化し，Gauss の超幾何微分方程式の接続問題を記述し，さらに最新の知見を紹介する．

　第 5 章は Fuchs 型常微分方程式について，古典的な結果から Katz 理論に至るまで全貌を述べた章である．Katz 理論については，主に Dettweiler-Reiter による 2 本の論文 [17], [18] に基づいて，線形代数の知識で理解できるよう丁寧に説明した．対象とする微分方程式は，正規 Fuchs 型という連立 1 階型の方程式

$$\frac{dY}{dx} = \Big(\sum_{j=1}^{p} \frac{A_j}{x - a_j}\Big) Y$$

とした．ここで Y は未知関数ベクトル，A_j は定数行列である．この形の方程式は，第 6 章で論ずる変形理論や第 II 部で論ずる多変数の線形 Pfaff 系と繋がりが

よいという点に長所がある．一方大島 [105] は，単独高階型の方程式

$$y^{(n)} + p_1(x)y^{(n-1)} + \cdots + p_n(x)y = 0$$

を対象として理論を展開している．単独高階型はまったく不定性を持たない標準形であり，そのためいろいろな量を直接読み取ることができ，扱いやすいという点で優れている．正規 Fuchs 型，単独高階型いずれにおいても，局所挙動を与える特性指数の重複度を表す量であるスペクトル型が定義される．スペクトル型を先に与えて，それを実現する Fuchs 型微分方程式が存在するか，というのは自然で重要な問題である．第 5 章の最後で，W. Crawley-Boevey によるこの問題の解答をKatz 理論と関連づけて紹介する．

積分表示については第 7 章で扱った．線形微分方程式の解の積分表示については，一般理論を述べると大部となってしまうため，主に 1 つの示唆的な例について多面的に解析することで理論の概要が伝わるように記述した．積分表示から微分方程式を構成する方法，積分表示を用いてモノドロミーや接続係数を計算する方法などについて，一般の場合に適用可能な形で説明を与えている．応用として，超幾何微分方程式の特別な場合にあたる Legendre 微分方程式の接続問題を，積分表示を用いて解いている．

第 6 章では Fuchs 型常微分方程式の変形理論を解説した．変形理論はおそらくRiemann が考え始めた問題で，複素領域における微分方程式の理論で最も深遠な内容を有している．ここで変形というのは，特異点の位置を動かしたときにモノドロミーが変化しないようにアクセサリー・パラメーターの値を変化させることを指す．そのための条件は，元の常微分方程式と両立するような特異点の位置を独立変数とする偏微分方程式が存在することで，別な言い方をすれば常微分方程式が多変数の完全積分可能系に延長できることである．本書では変形を記述する Schlesinger 方程式系の導出，変形理論と Katz 理論の関係，Hamilton 方程式系としての構造などについて解説し，変形理論について学ぶための基本的事柄をまとめた．

不確定特異点を持つ微分方程式の解析は，確定特異点の場合と比較してかなり難しくなる．局所解析では，不確定特異点において構成した形式解が一般には発散する．発散する形式解には，漸近展開の考え方により解析的な意味をつけることができる．すなわち不確定特異点を頂点とする角領域と，そこで解析的で形式解を漸近展開に持つ真の解が存在することが示される．その解は角領域毎に定まり，異なる角領域に対しては同じ形式解に漸近展開される真の解も異なるものとなる．これを Stokes 現象という．Stokes 現象は不確定特異点の近傍において現れる現象であるが，大域解析的な性質を持つ難しい現象である．本書では第 8 章でこれら不確

定特異点における基本的な事柄を一通り説明した.

以上が第 I 部の内容である.

続いて第 II 部では，多変数の完全積分可能系を扱う．内容について説明するため，やはり 1 つ例を挙げよう．

2 変数のベキ級数

$$F_1(\alpha, \beta, \beta', \gamma; x, y) = \sum_{m,n=0}^{\infty} \frac{(\alpha, m+n)(\beta, m)(\beta', n)}{(\gamma, m+n)m!n!} x^m y^n$$

を Appell の超幾何級数 F_1 という．記号 (α, n) については前述の通りである．F_1 は次の偏微分方程式系をみたす．

(F) $\begin{cases} x(1-x)z_{xx} + y(1-x)z_{xy} + (\gamma - (\alpha+\beta+1)x)z_x - \beta y z_y - \alpha\beta z = 0, \\ x(1-y)z_{xy} + y(1-y)z_{yy} + (\gamma - (\alpha+\beta'+1)y)z_y - \beta' x z_x - \alpha\beta' z = 0. \end{cases}$

この偏微分方程式系から，$u = {}^t(z, xz_x, yz_y)$ を未知関数ベクトルとする 1 階の偏微分方程式系

$$\begin{cases} \dfrac{\partial u}{\partial x} = \Big(\dfrac{A_0}{x} + \dfrac{A_1}{x-1} + \dfrac{C}{x-y}\Big) u, \\ \dfrac{\partial u}{\partial y} = \Big(\dfrac{B_0}{y} + \dfrac{B_1}{y-1} + \dfrac{C}{y-x}\Big) u \end{cases}$$

が導かれる．ただし

$$A_0 = \begin{pmatrix} 0 & 1 & 0 \\ 0 & \beta'-\gamma+1 & 0 \\ 0 & -\beta' & 0 \end{pmatrix}, A_1 = \begin{pmatrix} 0 & 0 & 0 \\ -\alpha\beta & \gamma-\alpha-\beta-1 & -\beta \\ 0 & 0 & 0 \end{pmatrix},$$

$$B_0 = \begin{pmatrix} 0 & 0 & 1 \\ 0 & 0 & -\beta \\ 0 & 0 & \beta-\gamma+1 \end{pmatrix}, B_1 = \begin{pmatrix} 0 & 0 & 0 \\ 0 & 0 & 0 \\ -\alpha\beta' & -\beta' & \gamma-\alpha-\beta'-1 \end{pmatrix},$$

$$C = \begin{pmatrix} 0 & 0 & 0 \\ 0 & -\beta' & \beta \\ 0 & \beta' & \beta \end{pmatrix}$$

である．この方程式系は，全微分を用いて

(P) $\quad du = \Big(A_0 \dfrac{dx}{x} + A_1 \dfrac{dx}{x-1} + B_0 \dfrac{dy}{y} + B_1 \dfrac{dy}{y-1} + C \dfrac{d(x-y)}{x-y}\Big) u$

という形に表すこともできる．全微分方程式は Pfaff 系とも呼ばれる．線形 Pfaff 系 (P) の係数が特異性を持つ点の集合は

$$S = \{(x,y)\,;\, x(x-1)y(y-1)(x-y) = 0\}$$

である．すると (P) は $\mathbb{C}^2 \setminus S$ の任意の点の近傍において 3 次元分の正則解を持ち，それらの解は $\mathbb{C}^2 \setminus S$ 全域へくまなく解析接続される．つまり普遍被覆 $\widetilde{\mathbb{C}^2 \setminus S}$ 上の正則関数となる．また解空間の次元 3 は，(P) の未知関数ベクトルのサイズである．

このように，偏微分方程式系 (F) を線形 Pfaff 系 (P) へと書き換えることで，解空間の次元（階数という）や特異点集合を直接読み取ることが可能となる．これは線形 Pfaff 系が標準形として優れている点である．

次に超幾何微分方程式のときと同じく，特異点集合 S における解の挙動を見てみよう．特異点集合 S は 5 つの既約成分に分解される：

$$S = \bigcup_{i=1}^{5} S_i,$$

$S_1 = \{x = 0\}$, $S_2 = \{x = 1\}$, $S_3 = \{y = 0\}$, $S_4 = \{y = 1\}$, $S_5 = \{x = y\}$.

さらに $\mathbb{C}^2$ のコンパクト化としてたとえば $\mathbb{P}^2$ を取ると，無限遠直線（S_0 とおこう）も (P) の特異点集合に含まれる．よって $\mathbb{P}^2$ における特異点集合 $\hat{S}$ の既約分解は

$$\hat{S} = \bigcup_{i=0}^{5} S_i$$

となる．各既約成分 $S_i = \{\varphi_i(x,y) = 0\}$ に対して特性指数 $\rho_{i1}, \rho_{i2}, \rho_{i3}$ が定まり，S_i 上の各点 (x_0, y_0) の近傍で

$$z_{i1}(x,y) = \varphi_i(x,y)^{\rho_{i1}} f_{i1}(x,y),$$
$$z_{i2}(x,y) = \varphi_i(x,y)^{\rho_{i2}} f_{i2}(x,y),$$
$$z_{i3}(x,y) = \varphi_i(x,y)^{\rho_{i3}} f_{i3}(x,y)$$

という形の線形独立な局所解が存在する．ここで $f_{ij}(x,y)$ は (x_0, y_0) で正則で $f_{ij}(x_0, y_0) \neq 0$ となる関数である．特性指数は，(P) における S_i についての留数行列の固有値である．たとえば $S_1 = \{x = 0\}$ については，A_0 の固有値 $0, 0, \beta' - \gamma + 1$ が特性指数となり，$(0, y_0) \in S_1$ の近傍で正則解が 2 次元分と

$$x^{\beta' - \gamma + 1} f(x,y)$$

という形の解が存在する．(ただし $y_0 \neq 0, 1$ とする．) このことから，S_1 における

局所モノドロミーが

$$\begin{pmatrix} 1 & 0 & 0 \\ 0 & 1 & 0 \\ 0 & 0 & e^{2\pi\sqrt{-1}(\beta'-\gamma)} \end{pmatrix}$$

で与えられることもわかる．局所モノドロミーの固有値の重複度を表す分割を，常微分方程式の場合にならってスペクトル型という．F_1 のみたす線形 Pfaff 系 (P) においては，すべての特異点 S_i におけるスペクトル型が (2,1) となる．ここで注目したいのは，特異点集合の既約成分 S_i は点ではなく広がりを持った集合であるが，特性指数や局所モノドロミーは S_i 上の点の位置に依らず定数となることである．これは線形 Pfaff 系の重要な性質である．線形 Pfaff 系においては，特異点集合の既約成分が，常微分方程式における特異点と同様の役割を果たすのである．

この性質があるため，rigidity についても定式化することができる．(P) の解の多価性を表すモノドロミーは，基本群 $\pi_1(\mathbb{P}^2 \setminus \hat{S})$ の表現として定まる．局所モノドロミーを指定したときに一意的に定まるような基本群の表現を rigid と呼ぶことにする．常微分方程式の場合は，定義域は $\mathbb{P}^1$ から有限個の点を除いた空間で，その基本群は除く点の個数のみで決定された．しかし線形 Pfaff 系の場合には，特異点集合の形状によって様々な基本群が現れ，一般に生成元の間に多くの関係式が成り立つ．したがって素朴にいうと，線形 Pfaff 系のモノドロミーは決まりやすい．F_1 の線形 Pfaff 系 (P) については，局所モノドロミーのスペクトル型がいずれも (2,1) になることと基本群の表示を用いると，モノドロミーは（ほぼ）rigid であることが示される．特にモノドロミーは具体的に記述できる．

また (F) は，解の積分表示を持つ．次の 2 つの表示が知られている．

$$z(x,y) = \int_I t^{\alpha-1}(1-t)^{\gamma-\alpha-1}(1-xt)^{-\beta}(1-yt)^{-\beta'} dt,$$

$$z(x,y) = \int_\Delta s^{\beta-1} t^{\beta'-1}(1-s-t)^{\gamma-\beta-\beta'-1}(1-xs-yt)^{-\alpha} ds\,dt.$$

この積分表示を利用してもモノドロミーを求めることができる．

このように，線形 Pfaff 系には常微分方程式とよく似た面が多くある．そこで本書の第 II 部では，Fuchs 型常微分方程式の最新の理解である Katz-大島理論の視点から，線形 Pfaff 系について解析を行う．まず第 9 章で，正則点における局所解の構成とその解析接続可能性という基礎定理を与える．続いて第 10 章では，確定特異点における解析を行う．すなわち，F_1 の例で見たように特異点集合の既約成分は常微分方程式における特異点と同様の働きをするので，確定特異点的な働きを

する既約成分上の点の近傍において，局所解の構成を行う．各既約成分における特性指数が，その既約成分上の点に依らず定数となることが重要である．一方特異点集合の既約成分は generic には多様体であり，線形 Pfaff 系をそこに制限することができる．例で説明すると，F_1 の線形 Pfaff 系 (P) において，特異点集合 S の既約成分 $S_1 = \{x = 0\}$ では特性指数に 2 重の 0 があり正則解が 2 次元存在した．そこで，それら S_1 上で正則な解を S_1 に制限した（つまり $x = 0$ を代入した）関数のみたす微分方程式を考えることができる．これが (P) の S_1 への制限である．制限として得られる微分方程式は，S_1 の座標（たとえば y）を独立変数とする常微分方程式で，実際には Gauss の超幾何微分方程式 (G) に帰着する微分方程式となる．特異点への制限は多変数に固有の操作で，線形 Pfaff 系を含む多変数の完全積分可能系に多彩な構造をもたらす．

第 11 章では線形 Pfaff 系のモノドロミーについて，Katz 理論の視点も盛り込んで論じた．特異点集合の既約成分に対して局所モノドロミーが定義される，という事実を，この章では位相幾何学の立場から説明した．Katz 理論を多変数の場合に拡張するにあたっては，局所モノドロミーの定義が鍵であった．そのことを明示的に述べたのは本書の特色の 1 つである．一方モノドロミーは基本群の表現となるので，特異点集合の補空間の基本群についてその表示を求める Zariski-van Kampen の定理も紹介した．基本群の表示と局所モノドロミーが与えられると，常微分方程式の場合と同様に rigidity を考察することができる．rigidity には，局所モノドロミーのスペクトル型がやはり重要な働きをする．例として，先に言及した，F_1 の線形 Pfaff 系 (P) についてそのモノドロミーが（ほぼ）rigid であることを示している．さらに第 12 章では，Katz 理論のもう 1 つの柱である middle convolution を，線形 Pfaff 系に対しても導入した．middle convolution は線形 Pfaff 系においても重要な操作で，新しい完全積分可能系の構成，完全積分可能系における解析的量の計算など，多くの応用が見込まれる．また完全積分可能系を集めた moduli 空間の構造を解析する場合に，特異点集合への制限などとともに重要な働きをすると考えられる．

このように本書では，確定特異点型の特異性を持つ線形 Pfaff 系について，基本事項とともに Katz-大島理論的な取り扱いを述べている．この方向の研究は今後の展開が期待される，有望なものと思われる．一方線形 Pfaff 系を含む多変数の完全積分可能系については，holonomic 系の理論が美しく整備されている．線形 Pfaff 系は 1 つの便利な標準形ではあるが，その方程式系が有する内在的な量を完全に記述するものではない．たとえば例としてあげた線形 Pfaff 系 (P) では，特異点集

合 S を方程式から読み取ったが，S のすべての既約成分において真に特異性が現れるかは直接はわからない．真の特異点集合を決定するには，D-加群の理論・概念を用いる必要があり，そのようなことばで記述されている holonomic 系の理論が威力を発揮する．本書で推し進めた Katz-大島理論的な方向性を holonomic 系の理論体系の中に取り入れることは，今後の重要な課題であろう．

　このような本を書くとき，1 つテーマを定めてそのテーマを中心にストーリーを描くというやり方もあると思う．しかし本書では特定のテーマは設定せずに，複素領域における線形微分方程式を考えるときに必要となる知識を広く万遍なく伝えることを目指した．ここで「知識」と言ったのは，いろいろな概念や定理，証明のアイデア，それに加えてものの見方や発想を指している．基本的な定理には詳細な証明を与え，例外的な場合も含めて支障なく応用できるようにした．確定特異点における局所解の構成，middle convolution の諸性質，変形理論における Schlesinger 方程式の導出などである．また広い知識を提供したいと考えたため，次のような話題については本格的な証明には立ち入らずに，考え方や扱い方を中心に記述した——Gauss-Schwarz 理論，微分 Galois 理論，twisted (co)homology 理論，不確定特異点の局所解析，基本群に関する位相幾何学の諸定理など．これらの話題については，興味に応じて参考文献に挙げた専門書などにあたっていただきたいが，本書の記述で概要を把握しておくことが理解の助けになると考える．その一方，数あるテーマのうちで Katz 理論の紹介とその多変数完全積分可能系への適用については，多くの頁数を割いた．今後の発展が期待される重要なテーマと考えたからである．

　どの数学書もそうであろうが，本書では，いろいろなことに関してどのような研究結果が得られているのかという知識と，様々な数学的事象をどのようにとらえるべきかという見方に支えられている．そのような知見の多くを，私はこれまで交流のあった数学者の方々に負っている．お一人お一人名前を挙げることはできないが，その方々に心より感謝申し上げます．また一方，本書の内容を作り上げるに際し，直接的な助言や議論によって吉永正彦氏，阿部健氏，木村弘信氏，大島利雄氏には特にお世話になりました．心より感謝申し上げます．最後になりましたが，本書は数学書房の横山伸氏のおかげで世に出すことができました．横山氏に深く感謝申し上げます．

　　　2015 年 3 月

原岡喜重

記号・表記法

1. 単位行列を I で表す．サイズを明示するときには I_n のように表す．

2. 零行列を O で表す．サイズを明示するときには，$n \times n$ の零行列は O_n，$m \times n$ の零行列は O_{mn} と表す．

3. (i,j) 成分のみが 1 でその他の成分が 0 である正方行列を E_{ij} で表す．E_{ij} は行列要素と呼ばれる．

4. α を固有値とするサイズ n の Jordan 細胞を $J(\alpha;n)$ で表す．

5. A を正方行列，α をスカラーとするとき，$A+\alpha I$ を $A+\alpha$ と表す．

6. ベクトル $v = {}^t(v_1, v_2, \ldots, v_n)$ のノルム $||v||$ を
$$||v|| = \max_{1 \leq i \leq n} |v_i|$$
で定義する．さらに正方行列 A のノルム $||A||$ を
$$||A|| = \sup_{v \neq 0} \frac{||Av||}{||v||}$$
で定義する．u, v をベクトル，A, B を正方行列，c をスカラーとするとき，次が成り立つ．
$$||cu|| = |c|\,||u||, \qquad ||u+v|| \leq ||u|| + ||v||,$$
$$||cA|| = |c|\,||A||, \qquad ||A+B|| \leq ||A|| + ||B||,$$
$$||Au|| \leq ||A||\,||u||, \qquad ||AB|| \leq ||A||\,||B||.$$

$A = (a_{ij})_{1 \leq i,j \leq n}$ とするとき，
$$\max_{1 \leq i,j \leq n} |a_{ij}| \leq ||A|| \leq n \max_{1 \leq i,j \leq n} |a_{ij}|$$
が成り立つ．

7. $a \in \mathbb{C}, r > 0$ に対し，a を中心とする半径 r の開円板を $B(a;r)$ で表す：
$$B(a;r) = \{x \in \mathbb{C}\,;\, |x-a| < r\}.$$

目　次

●第 I 部　常微分方程式

第 1 章　正則点における解析　　7

第 2 章　確定特異点　　14
- 2.1　確定特異点の定義　　14
- 2.2　Fuchs の定理と確定特異点における解析　　16
- 2.3　局所モノドロミー　　37

第 3 章　モノドロミー　　46
- 3.1　定義　　46
- 3.2　大域モノドロミーと局所モノドロミー　　49
- 3.3　有理関数を係数とする微分方程式のモノドロミー　　51
- 3.4　Fuchs 型微分方程式のモノドロミー　　53

第 4 章　接続問題　　85
- 4.1　物理と接続問題　　85
- 4.2　接続問題の定式化　　91
- 4.3　Fuchs 型微分方程式の接続問題　　93

第 5 章　Fuchs 型微分方程式　　104
- 5.1　Fuchs の関係式　　104
- 5.2　Riemann scheme　　107
- 5.3　正規 Fuchs 型微分方程式　　113
- 5.4　Rigidity　　123
- 5.5　Middle convolution　　139
- 5.6　Fuchs 型微分方程式の存在問題　　174

第 6 章　変形理論　　188
- 6.1　モノドロミー保存変形　　188
- 6.2　正規 Fuchs 型微分方程式の変形　　192
- 6.3　変形と addition, middle convolution　　200
- 6.4　Painlevé 方程式, Garnier 系　　203
- 6.5　変形方程式の Hamilton 構造　　208
- 6.6　rigid な微分方程式の変形　　214

第 7 章　解の積分表示　216
- 7.1　積分と standard loading 216
- 7.2　積分の線形関係 217
- 7.3　積分の挙動 219
- 7.4　積分の正則化 222
- 7.5　積分のみたす微分方程式 225
- 7.6　接続問題 229
- 7.7　モノドロミー 231
- 7.8　多重積分 237
- 7.9　局所系係数の（コ）ホモロジー 246
- 7.10　Legendre 方程式の解の積分表示 248

第 8 章　不確定特異点　257
- 8.1　形式解 258
- 8.2　漸近展開 263
- 8.3　漸近解の存在 269
- 8.4　Stokes 現象 273

●第 II 部　完全積分可能系

第 9 章　線形 Pfaff 系，完全積分可能条件　284

第 10 章　確定特異点における解析　295
- 10.1　確定特異点における局所解析 295
- 10.2　特異点への制限 305

第 11 章　モノドロミー表現　310
- 11.1　局所モノドロミー 311
- 11.2　モノドロミー表現を用いた解析 315
- 11.3　基本群の表示 320
- 11.4　Rigidity 328

第 12 章　Middle convolution　333
- 12.1　Middle convolution の定義と性質 333
- 12.2　応用 346

あとがき　349

参考文献　353

索　引　362

第 I 部

常微分方程式

線形常微分方程式は通常，単独高階型

(0.1) $$y^{(n)} + p_1(x) y^{(n-1)} + p_2(x) y^{(n-2)} + \cdots + p_n(x) y = 0$$

か，あるいは連立 1 階型

(0.2) $$\frac{dY}{dx} = A(x) Y$$

で与えられる．ここで

$$Y = \begin{pmatrix} y_1 \\ y_2 \\ \vdots \\ y_n \end{pmatrix}, \quad A(x) = (a_{ij}(x))_{1 \leq i,j \leq n}$$

である．2 つの表し方は数学的には等価である．すなわち，単独高階型の方程式 (0.1) は連立 1 階型 (0.2) に書き換えることができ，その逆の書き換えもできる．単独高階型を連立 1 階型に書き換えるには，たとえば

(0.3) $$y_1 = y, \; y_2 = y', y_3 = y'', \ldots, y_n = y^{(n-1)}$$

により $Y = {}^t(y_1, y_2, \ldots, y_n)$ を定めるとよい．このとき (0.1) は

(0.4) $$\frac{dY}{dx} = \begin{pmatrix} 0 & 1 & 0 & \cdots & 0 \\ 0 & 0 & 1 & \cdots & 0 \\ \vdots & \vdots & & \ddots & \vdots \\ 0 & 0 & \cdots & \cdots & 1 \\ -p_n(x) & -p_{n-1}(x) & \cdots & \cdots & -p_1(x) \end{pmatrix} Y$$

という連立 1 階型になる．未知関数ベクトル Y の定め方は (0.3) に限らないので，書き換え方は一意的ではない．

　連立 1 階型の方程式 (0.2) を単独高階型 (0.1) に書き換えるには，未知関数ベクトル Y の成分 $y_1, y_2, \ldots, y_n$ から (0.1) の未知関数 y を作る必要がある．y の作り方を，$n=2$ のときに考えてみよう．(0.2) は

$$\begin{cases} y_1' = a_{11}(x) y_1 + a_{12}(x) y_2, \\ y_2' = a_{21}(x) y_1 + a_{22}(x) y_2 \end{cases}$$

という連立の微分方程式である．この第 1 式の両辺を微分すると，第 2 式も用いて

$$y_1'' = a_{11}y_1' + a_{11}'y_1 + a_{12}y_2' + a_{12}'y_2$$
$$= a_{11}y_1' + (a_{11}' + a_{12}a_{21})y_1 + (a_{12}' + a_{12}a_{22})y_2$$

が得られる．$a_{12}(x) \neq 0$ であれば，第 1 式から

$$y_2 = \frac{1}{a_{12}}y_1' - \frac{a_{11}}{a_{12}}y_1$$

として，これを代入することにより，

$$y_1'' + p_1(x)y_1' + p_2(x)y_1 = 0$$

という形の y_1 に関する単独 2 階方程式が得られる．$a_{12}(x) = 0$ であっても $a_{21}(x) \neq 0$ であれば，同様にして y_2 に関する単独 2 階方程式が得られる．$a_{12}(x) = a_{21}(x) = 0$ のときは，$u_1(x), u_2(x)$ を用いて

$$y = u_1(x)y_1 + u_2(x)y_2$$

と定めると，$u_1(x), u_2(x)$ が

$$\begin{vmatrix} u_1 & u_2 \\ a_{11}u_1 + u_1' & a_{22}u_2 + u_2' \end{vmatrix} \neq 0$$

をみたすなら，y を未知関数とする単独 2 階の方程式が得られる．$a_{11}(x) \neq a_{22}(x)$ であれば，$u_1 = u_2 = 1$ と取ればよいし，$a_{11}(x) = a_{22}(x)$ であれば，$u_1 = 1, u_2 = x$ と取ればよい．

一般の n についても書き換えが可能であることを示すには，巡回ベクトルを用いる．巡回ベクトルは体 K 上の線形空間に関する概念である．本書では有理関数係数の微分方程式を主に扱うので，K としては有理関数体 $\mathbb{C}(x)$ を取ることにする．$K = \mathbb{C}(x)$ 上の n 次元線形空間

$$V = \{v = (v_1, v_2, \ldots, v_n)\,;\, v_i \in K \ (1 \leq i \leq n)\}$$

を考える．以下の議論の都合上，考える連立 1 階型方程式は

(0.5) $$x\frac{dY}{dx} = A(x)Y$$

とする．ここで $A(x)$ の各要素は $\mathbb{C}(x)$ に属するとする．(元の方程式 (0.2) の両辺に x を掛けて，右辺の $xA(x)$ をあらためて $A(x)$ とおけば (0.5) となる．) V から V への加法的写像 ∇ を

$$\nabla : v \mapsto x\frac{dv}{dx} + vA(x)$$

で定める．

補題 0.1 V には，
$$u, \nabla u, \nabla^2 u, \ldots, \nabla^{n-1} u$$
が線形独立となるような元 u が存在する．

証明 各 $v \in V$ に対して，$v, \nabla v, \ldots, \nabla^{l-1} v$ は線形独立でそれに $\nabla^l v$ を加えると線形従属となるような $l = l(v)$ が定まる．$l(v)$ の最大値を m とし，$l(v) = m$ となる v を取る．$m < n$ であるとして矛盾を導く．

このとき V には，$v, \nabla v, \ldots, \nabla^{m-1} v$ と線形独立な元 w が存在する．$c \in \mathbb{C}, k \in \mathbb{Z}$ を任意に取り，
$$u = v + cx^k w$$
を考える．
$$\nabla^i u = \nabla^i v + cx^k (\nabla + k)^i w \quad (i = 0, 1, 2, \ldots)$$
が成り立つことがわかる．仮定により $u, \nabla u, \ldots, \nabla^m u$ は線形従属なので，これらの外積は 0 になる．
$$u \wedge \nabla u \wedge \cdots \wedge \nabla^m u = 0.$$
この左辺を c の多項式と見ると，恒等的に 0 の多項式なので，特にその 1 次の係数も 0 である．したがって
$$\sum_{i=0}^m v \wedge \nabla v \wedge \cdots \wedge (\nabla + k)^i w \wedge \cdots \wedge \nabla^m v = 0$$
を得る．さらにこの左辺は k の多項式となっている．これも恒等的に 0 ゆえ，その最高次の係数も 0 となる．これより
$$v \wedge \nabla v \wedge \cdots \wedge \nabla^{m-1} v \wedge w = 0$$
が得られるが，これは w の取り方に矛盾する． □

補題 0.1 のベクトル u を**巡回ベクトル**という．

さて u を巡回ベクトルとし，
$$P = \begin{pmatrix} u \\ \nabla u \\ \vdots \\ \nabla^{n-1} u \end{pmatrix}$$

とおくと，P は可逆行列である．P による未知関数ベクトルの変換

$$Z = PY$$

を行うと，方程式 (0.5) は

$$\begin{aligned} x\frac{dZ}{dx} &= x\frac{dP}{dx}Y + Px\frac{dY}{dx} \\ &= \left(x\frac{dP}{dx} + PA\right)Y \\ &= \nabla P \cdot P^{-1} Z \end{aligned}$$

へと変換される．ここで

$$\nabla P = \begin{pmatrix} \nabla u \\ \nabla^2 u \\ \vdots \\ \nabla^n u \end{pmatrix} = \begin{pmatrix} 0 & 1 & 0 & \cdots & 0 \\ 0 & 0 & 1 & \cdots & 0 \\ \vdots & \vdots & & \ddots & \\ 0 & 0 & \cdots & \cdots & 1 \\ b_1 & b_2 & \cdots & \cdots & b_n \end{pmatrix} P$$

となる $b_1, b_2, \ldots, b_n \in K$ が存在するので，Z のみたす連立 1 階型方程式は (0.4) の形になる．したがって $Z = {}^t(z_1, z_2, \ldots, z_n)$ の第 1 成分 z_1 は $K = \mathbb{C}(x)$ 係数の単独 n 階型方程式をみたすことがわかる．

以上で，単独高階型 (0.1) と連立 1 階型 (0.2) は数学的に等価であることが示された．等価ではあるが，種々の議論を行うときには，一方が他方より扱いやすいことがある．

微分方程式の階数の定義を与えよう．第 1 章で示されるように，線形微分方程式の正則点の近傍における解の全体は線形空間をなす．その線形空間の次元を微分方程式の**階数**と呼ぶことにする．一方で単独高階とか連立 1 階のように，微分方程式に何階までの導関数が含まれるかを表すときにも階という文字が使われる．これは階数とは別物であることに注意されたい．英語では導関数の微分階数を表す単語は order で，階数は rank であって，区別されている．単独 n 階方程式については，階数も n である．連立 1 階型の方程式の場合は，未知関数ベクトルのサイズが階数となる．

第 1 章

正則点における解析

連立 1 階型の微分方程式

$$(1.1) \qquad \frac{dY}{dx} = A(x)Y$$

を考える．ここで Y は未知関数のなす n ベクトル，$A(x)$ は $n \times n$ 行列とする．D を $\mathbb{C}$ 内の領域とし，$A(x)$ は D 上正則とする．a を D の任意の点とし，$r > 0$ を $B(a; r) \subset D$ となるように取る．ただし $B(a; r) = \{x \in \mathbb{C}\,;\,|x - a| < r\}$ である．複素領域における線形微分方程式において，次の定理が最も基本的である．

定理 1.1 任意に与えられた $Y_0 \in \mathbb{C}^n$ に対し，(1.1) の初期条件

$$(1.2) \qquad Y(a) = Y_0$$

をみたす解 $Y(x)$ は一意的に存在し，$B(a; r)$ において正則である．

証明 一般性を失わず $a = 0$ と仮定してよい．$A(x)$ を $x = 0$ で Taylor 展開する．

$$A(x) = \sum_{m=0}^{\infty} A_m x^m.$$

この級数は $|x| < r$ で収束する．

第 1 段: 形式解

$$(1.3) \qquad Y(x) = \sum_{m=0}^{\infty} Y_m x^m$$

の存在を示す．(1.3) を方程式 (1.1) に代入し，項別微分を行うと，

$$\sum_{m=1}^{\infty} m Y_m x^{m-1} = \left(\sum_{m=0}^{\infty} A_m x^m \right) \left(\sum_{m=0}^{\infty} Y_m x^m \right)$$

を得る．両辺の x^m の係数を比較して，

$$(1.4) \qquad (m+1) Y_{m+1} = \sum_{k+l=m} A_k Y_l \quad (m \geq 0)$$

が得られる．(1.4) により，$Y_0, Y_1, \ldots, Y_m$ が決まれば Y_{m+1} は一意的に決まるので，数列 $\{Y_m\}_{m=0}^{\infty}$ は Y_0 によって一意的に決まることがわかる．

第 2 段: 第 1 段で求めた形式解 $Y(x)$ が収束することを示す．$0 < r_1 < r$ をみたす任意の r_1 を取ると，$A(x)$ の各要素は $|x| \leq r_1$ で有界である．よって Cauchy の評価式より，ある $M > 0$ が存在して

$$\tag{1.5} ||A_m|| \leq \frac{M}{r_1{}^m} \quad (m \geq 0)$$

が成り立つ．数列 $\{g_m\}_{m=0}^{\infty}$ を

$$\tag{1.6} g_0 = ||Y_0||, \quad (m+1)g_{m+1} = \sum_{k+l=m} \frac{M}{r_1{}^k} g_l$$

により定めよう．すると $\{g_m\}_{m=0}^{\infty}$ は $\{Y_m\}_{m=0}^{\infty}$ の優数列になることが，次の通り数学的帰納法により示される．$||Y_l|| \leq g_l$ が $1 \leq l \leq m$ に対して成り立つと仮定する．このとき

$$\begin{aligned} ||Y_{m+1}|| &= \left\|\frac{1}{m+1} \sum_{k+l=m} A_k Y_l\right\| \\ &\leq \frac{1}{m+1} \sum_{k+l=m} ||A_k|| \cdot ||Y_l|| \\ &\leq \frac{1}{m+1} \sum_{k+l=m} \frac{M}{r_1{}^k} g_l \\ &= g_{m+1} \end{aligned}$$

となるので，$||Y_m|| \leq g_m$ はすべての m に対して成り立つ．したがって，

$$g(x) = \sum_{m=0}^{\infty} g_m x^m$$

とおくとき，$g(x)$ が収束する領域で $Y(x)$ は収束する．g_m を定義する漸化式 (1.6) の右辺は，

$$\sum_{m=0}^{\infty} \frac{M}{r_1{}^m} x^m = \frac{M}{1 - \dfrac{x}{r_1}}$$

と $g(x)$ の積の x^m の係数である．また (1.6) の漸化式の左辺は $g'(x)$ の x^m の係数である．したがって $g(x)$ は微分方程式

$$g' = \frac{M}{1 - \dfrac{x}{r_1}} g$$

の解であり，また初期条件 $g(0) = ||Y_0||$ をみたす．よって

(1.7) $$g(x) = ||Y_0|| \left(1 - \frac{x}{r_1}\right)^{-r_1 M}$$

であると予想される．ただし右辺のベキ関数の分枝は，$x = 0$ での偏角が 0 として定めたものである．以上の発見的考察は次の通り正当化される．(1.7) の右辺を $x = 0$ で Taylor 展開したときの係数は (1.6) をみたし，$\{g_m\}$ は (1.6) により一意的に定まる．したがって $g(x)$ は (1.7) の右辺に一致する．

$g(x)$ は $|x| < r_1$ で収束するので，$Y(x)$ も同じ領域で収束する．ここで r_1 は $r_1 < r$ をみたす任意の正数であったので，$Y(x)$ は $|x| < r$ で収束する．

以上により，第 1 段で構成した形式解は $|x| < r$ で収束する正則解であり，形式解の一意性により正則解の一意性も示された．□

この定理から，さらに線形微分方程式の重要な性質が 2 つ導かれる．1 つは解の定義域についての次の結果である．

定理 1.2 微分方程式 (1.1) の $a \in D$ の近傍における任意の解は，a を始点とする D 内のあらゆる曲線に沿って解析接続可能であり，その結果も (1.1) の解となる．

証明 解析接続については，Siegel [127] に優れた記述がある．解析接続の定義や基本的な性質についてはこの記述を参照されたい．

a を始点とする D 内の曲線を C とし，その正則な媒介変数表示[1]を $\varphi(t)$ ($t \in [0, 1]$) とする．C の終点を b とおくと，$\varphi(0) = a, \varphi(1) = b$ である．D が開集合で C がコンパクトなので，次のような $[0, 1]$ の分割 $0 = t_0 < t_1 < t_2 < \cdots < t_{n-1} < t_n = 1$，したがって C の分割が取れる：$\varphi(t_i) = a_i$ ($0 \leq i \leq n$) とおき，C の a_i から a_{i+1} の部分を C_i とおいたとき，各 i に対して $r_i > 0$ が存在して $C_i \subset B(a_i; r_i) \subset D$ が成り立つ．$B(a_i; r_i) = B_i$ とおこう．解析接続の定義によれば，各 i に対して B_i から B_{i+1} への直接接続ができれば，C に沿った解析接続が可能ということになる．

さて，$x = a$ の近傍における解を $Y_0(x)$ とすると，$Y_0(x)$ は B_0 上正則である．$Y_1(x)$ を $x = a_1$ の近傍における (1.1) の解で，初期条件

$$Y(a_1) = Y_0(a_1)$$

---

[1] 媒介変数表示 $\varphi(t)$ が正則であるとは，$\varphi(t)$ が連続かつ区分的になめらかで，なめらかな区間において $\varphi'(t) \neq 0$ となっていること．

をみたすものとする．そのような解はただ 1 つで，B_1 上正則である．解の一意性によって

$$Y_0(x) = Y_1(x) \quad (x \in B_0 \cap B_1)$$

が成り立つので，$Y_1(x)$ は $Y_0(x)$ の直接接続になっている．

以下同様にして，各 i に対して B_i から B_{i+1} への直接接続ができるので，$Y_0(x)$ は C に沿って解析接続可能である．なお解析接続の一般論より，解析接続の結果が C の分割の仕方に依らないことがわかる．解析接続は四則演算や微分と可換であるので，解析接続可能であればその結果は微分方程式 (1.1) の解になる． □

定理 1.2 により，微分方程式 (1.1) の任意の解は，係数の定義域 D の普遍被覆面 $\tilde{D}$ を定義域とすることがわかった．別の言い方をすると，任意の解は D 上の多価正則関数となる．

単連結領域では解析関数は 1 価であることを用いると，次の主張が得られる．

定理 1.3 a, b を D 内の 2 点とする．C_1, C_2 が a を始点，b を終点とする D 内の 2 曲線で，D 内で始点・終点を固定してホモトピックならば，a における (1.1) の解の C_1 に沿った解析接続の結果と C_2 に沿った解析接続の結果は一致する．

関数 $f(x)$ の曲線 γ に沿った解析接続の結果を，

$$\gamma_* f(x)$$

と表す．この表記法は今後よく用いられる．

定理 1.1 から，次の重要な事実も得られる．

命題 1.4 微分方程式 (1.1) の $B(a; r)$ における解の全体は，$\mathbb{C}$ 上の n 次元線形空間をなす．

この定理は，$B(a; r)$ における解が初期値 $Y_0 \in \mathbb{C}^n$ により一意的に定まることから直ちにしたがう．

実際に解のなす n 次元線形空間の基底 $Y_1(x), Y_2(x), \ldots, Y_n(x)$ を作るには，$\mathbb{C}$ 上線形独立な n 個のベクトル $Y_{01}, Y_{02}, \ldots, Y_{0n} \in \mathbb{C}^n$ を用意して，各 i に対して初期条件

$$Y(a) = Y_{0i}$$

により定まる解を $Y_i(x)$ とすればよい．この作り方から明らかに $Y_1(a), Y_2(a), \ldots, Y_n(a)$ $\in \mathbb{C}^n$ は線形独立であるが，実はより強く，定義域 $\tilde{D}$ のすべての点 x について x

における値 $Y_1(x), Y_2(x), \ldots, Y_n(x) \in \mathbb{C}^n$ が線形独立となる．そのことを示そう．

微分方程式 (1.1) の n 個の解 $Y_1(x), Y_2(x), \ldots, Y_n(x)$ に対して，それらを並べた $n \times n$ 行列の行列式

$$w(x) = |Y_1(x), Y_2(x), \ldots, Y_n(x)|$$

を考える．これは後述する単独高階型微分方程式における Wronskian (1.10) に相当するものである．次の事実が重要である．

補題 1.5 $Y_1(x), Y_2(x), \ldots, Y_n(x)$ を共通の定義域を持つ (1.1) の解とするとき，その行列式 $w(x)$ は 1 階の微分方程式

$$\frac{dw}{dx} = \operatorname{tr} A(x) \, w$$

をみたす．

証明 $A(x) = (a_{ij}(x))$ と書き，$n \times n$ 行列 $(Y_1(x), Y_2(x), \ldots, Y_n(x))$ の第 i 行を u_i と書くと，各列 $Y_j(x)$ が微分方程式 (1.1) の解であることから

$$u_i' = \sum_{j=1}^n a_{ij} u_j$$

が成り立つ．このことに注意すると，

$$w' = \begin{vmatrix} u_1' \\ u_2 \\ \vdots \\ u_n \end{vmatrix} + \begin{vmatrix} u_1 \\ u_2' \\ \vdots \\ u_n \end{vmatrix} + \cdots + \begin{vmatrix} u_1 \\ u_2 \\ \vdots \\ u_n' \end{vmatrix}$$

$$= a_{11} \begin{vmatrix} u_1 \\ u_2 \\ \vdots \\ u_n \end{vmatrix} + a_{22} \begin{vmatrix} u_1 \\ u_2 \\ \vdots \\ u_n \end{vmatrix} + \cdots + a_{nn} \begin{vmatrix} u_1 \\ u_2 \\ \vdots \\ u_n \end{vmatrix}$$

$$= \operatorname{tr} A \, w$$

を得る． □

定理 1.6 $Y_1(x), Y_2(x), \ldots, Y_n(x)$ を共通の領域で定義された (1.1) の解とするとき，その行列式が定義域の 1 点で 0 になれば，定義域全体で 0 となる．

証明 補題 1.5 の w のみたす微分方程式を解けば,
$$w(x) = w(a)e^{\int_a^x \operatorname{tr} A(t)\,dt}$$
が得られる．主張はこれより直ちに得られる． □

この定理によって，定義域の 1 点で線形独立な n 個の解の組は，定義域 $\tilde{D}$ のあらゆる点において線形独立なベクトルを与えることがわかる．以上の考察を組み合わせることで，微分方程式 (1.1) の解全体のなす集合についての次の基本的な事実が得られた．

定理 1.7 領域 D 上定義された，未知関数ベクトルのサイズを n とする微分方程式 (1.1) について，次が成り立つ．

(i) D の普遍被覆面 $\tilde{D}$ 上の解の全体は，$\mathbb{C}$ 上の n 次元線形空間をなす．

(ii) D_1 を D の任意の単連結領域とすると，D_1 における解の全体は $\mathbb{C}$ 上の n 次元線形空間をなす．

この定理は，微分方程式 (1.1) の階数が n であることを示している．定義域の 1 点で線形独立となっている n 個の解の組が，$\tilde{D}$ あるいは D_1 における解全体のなす線形空間の基底となる．そのような解の組
$$\mathcal{Y}(x) = (Y_1(x), Y_2(x), \ldots, Y_n(x))$$
を，**解の基本系**あるいは**基本解系**と呼ぶ．また解の基本系を $n \times n$ 行列と見なすときには，それを**基本解行列**と呼ぶ．

単独高階型の微分方程式

(1.8) $$y^{(n)} + p_1(x)y^{(n-1)} + p_2(x)y^{(n-2)} + \cdots + p_n(x)y = 0$$

に対しては，(0.3) によって連立 1 階型の方程式 (0.4) に変換することで，上述の (1.1) についての結果を適用することができる．$A(x)$ が D 上正則という条件は，$p_1(x), p_2(x), \ldots, p_n(x)$ が D 上正則ということに対応する．また変換 (0.3) によると，初期条件 (1.2) は $y(a), y'(a), \ldots, y^{(n-1)}(a)$ を指定することに対応する．したがって定理 1.1 より次の定理を得る．

定理 1.8 微分方程式 (1.8) において，$p_1(x), p_2(x), \ldots, p_n(x)$ は D 上正則であるとする．このとき，任意に与えられた $y_0^0, y_1^0, \ldots, y_{n-1}^0 \in \mathbb{C}$ に対し，(1.8) の初期条件

(1.9) $$y(a) = y_0^0,\ y'(a) = y_1^0, \ldots, y^{(n-1)}(a) = y_{n-1}^0$$

をみたす解 $y(x)$ は一意的に存在し，$B(a;r)$ において正則である．

定理 1.2, 1.3, 命題 1.4 については，$p_1(x), p_2(x), \ldots, p_n(x)$ が D 上正則であるという仮定の下で，(1.1) を (1.8) と読み替えた主張がそのまま成立する．

単独高階型の微分方程式においては，(1.1) の基本解行列の行列式に対応するものとして Wronskian が考えられる．一般に共通の定義域を持つ k 個の関数 $z_1(x), z_2(x), \ldots, z_k(x)$ に対して，行列式

(1.10) $$W(z_1, z_2, \ldots, z_k)(x) = \begin{vmatrix} z_1(x) & z_2(x) & \cdots & z_k(x) \\ z_1'(x) & z_2'(x) & \cdots & z_k'(x) \\ \vdots & \vdots & & \vdots \\ z_1^{(k-1)}(x) & z_2^{(k-1)}(x) & \cdots & z_k^{(k-1)}(x) \end{vmatrix}$$

を $z_1(x), z_2(x), \ldots, z_k(x)$ の **Wronskian** という．Wronskian についても，単独高階型の方程式と連立 1 階型の方程式の対応を用いると，補題 1.5 から次の主張が導かれる．

補題 1.9 $y_1(x), y_2(x), \ldots, y_n(x)$ を共通の定義域を持つ (1.8) の解とするとき，その Wronskian

$$w(x) = W(y_1, y_2, \ldots, y_n)(x)$$

は 1 階の微分方程式

$$\frac{dw}{dx} + p_1(x)w = 0$$

をみたす．

したがって定理 1.6, 1.7 と同様の主張が成立する．すなわち (1.8) の n 個の解 $y_1(x), y_2(x), \ldots, y_n(x)$ の Wronskian は，定義域 $\tilde{D}$ において決して 0 にならないか恒等的に 0 であるかのいずれかである．Wronskian が 0 にならないとき，その解の組を線形独立と定義する．D の普遍被覆面 $\tilde{D}$ あるいは D の単連結領域 D_1 における解全体は $\mathbb{C}$ 上の n 次元線形空間をなし，線形独立な解の組がその基底を与える．線形独立な n 個の解の組，あるいはそれを並べたベクトル

$$\mathcal{Y}(x) = (y_1(x), y_2(x), \ldots, y_n(x))$$

のことを，**解の基本系**あるいは**基本解系**と呼ぶ．

第 2 章

確定特異点

2.1 確定特異点の定義

定義 2.1 $a \in \mathbb{C}$ とし, $f(x)$ は a の近傍から a を除いた領域で（多価）正則な関数とする. $x = a$ が $f(x)$ の**確定特異点**であるとは, $f(x)$ が $x = a$ で正則でなく, ある正数 N が存在して, 任意の $\theta_1 < \theta_2$ に対して

$$|x-a|^N |f(x)| \to 0 \quad (|x-a| \to 0, \theta_1 < \arg(x-a) < \theta_2) \tag{2.1}$$

が成り立つことである. $f(x)$ が Riemann 球の ∞ の近傍から ∞ を除いた領域で（多価）正則の場合に, $x = \infty$ が $f(x)$ の確定特異点であるとは, ∞ の局所座標 t（たとえば $t = 1/x$ と取れる）について $t = 0$ が $f(x(t))$ の確定特異点であることである. $x = a$ が確定特異点または正則点であるとき, たかだか確定特異点という言い方をする. $x = a$ が確定特異点でも正則点でもないとき, **不確定特異点**と呼ぶ.

例 2.1 任意の $\rho = \lambda + \sqrt{-1}\mu \in \mathbb{C} \setminus \mathbb{Z}_{\geq 0}$ に対して, $(x-a)^\rho$ は $x = a$ を確定特異点に持つ. このことを見てみよう.

$$\begin{aligned}
|(x-a)^\rho| &= |e^{\rho \log(x-a)}| \\
&= |e^{(\lambda+\sqrt{-1}\mu)(\log|x-a|+\sqrt{-1}\arg(x-a))}| \\
&= e^{\lambda \log|x-a|-\mu \arg(x-a)} \\
&= |x-a|^\lambda e^{-\mu \arg(x-a)}
\end{aligned}$$

であるから, $\arg(x-a)$ が有界の範囲におさえられていれば, $N > |\lambda|$ と取ることで (2.1) が成立する.

$\log(x-a)$ も $x = a$ を確定特異点に持つ. 実際,

$$|\log(x-a)| = \sqrt{(\log|x-a|)^2 + (\arg(x-a))^2}$$

であるから, この場合も $\arg(x-a)$ が有界の範囲におさえられていれば, 任意の $N > 0$ について (2.1) が成立する.

次の事実は有用である．

定理 2.1 $x=a$ が $f(x)$ の確定特異点で，$f(x)$ が $x=a$ の近傍から a を除いた領域で 1 価なら，$x=a$ は $f(x)$ の極である．

証明 1 価であることから，$x=a$ は $f(x)$ の孤立特異点である．確定特異点の条件 (2.1) において必要なら N をより大きく取り替えて整数としておくと，(2.1) により $x=a$ は $(x-a)^N f(x)$ の除去可能特異点となるので，$x=a$ は $f(x)$ の極である． □

定理 2.2 $f(x), g(x)$ が $x=a$ をたかだか確定特異点に持つならば，$f(x) \pm g(x)$, $f(x)g(x)$ および $f'(x)$ も $x=a$ をたかだか確定特異点に持つ．

証明 和や積についての主張は定義より直ちに示される．$f'(x)$ についての主張を示す．

a の近傍に x を取り，そこにおける $f(x)$ の分枝を 1 つ定める．すると

$$f'(x) = \frac{1}{2\pi\sqrt{-1}} \int_{|\zeta-x|=|x-a|/2} \frac{f(\zeta)}{(\zeta-x)^2}\, d\zeta$$

という表示が成り立つ．$\arg(x-a)$ を有界の範囲に限り，積分内の $f(\zeta)$ に対して (2.1) の評価を適用すると，

$$|x-a|^{N+1}|f'(x)| \to 0$$

が示される． □

線形微分方程式の係数に現れる関数の特異点を，その微分方程式の**特異点**と呼ぶ．特異点としては真性特異点や分岐点も考えられるが，本書ではもっぱら極の場合を考える．

定義 2.2 $a \in \mathbb{C}$ とし，$p_1(x), p_2(x), \ldots, p_n(x)$ を $x=a$ の近傍で有理型な関数とする．微分方程式

(2.2) $\qquad y^{(n)} + p_1(x)y^{(n-1)} + p_2(x)y^{(n-2)} + \cdots + p_n(x)y = 0$

において $x=a$ が**確定特異点**であるとは，$x=a$ が $p_1(x), p_2(x), \ldots, p_n(x)$ の少なくとも 1 つの極であり，(2.2) の任意の解 $y(x)$ について $x=a$ が $y(x)$ のたかだか確定特異点であることである．

連立 1 階型の微分方程式についても，同様の定義がある．

定義 2.3　行列関数 $A(x)$ は $x = a$ を極に持つとする．$x = a$ が微分方程式

$$\frac{dY}{dx} = A(x)Y \tag{2.3}$$

の確定特異点であるとは，(2.3) の任意の解 $Y(x)$ について，$x = a$ が $Y(x)$ の各成分のたかだか確定特異点であることである．

2.2　Fuchs の定理と確定特異点における解析

定義 2.2 あるいは定義 2.3 によると，微分方程式の特異点が確定特異点であることを判定するには，あらゆる解の挙動を知る必要がある．しかし単独高階型の方程式の場合には，次の非常に有用な判定法がある．

定理 2.3（Fuchs の定理）　微分方程式 (2.2) の特異点 $x = a$ が確定特異点であるための必要十分条件は，各 j $(1 \leq j \leq n)$ に対して，$x = a$ が $p_j(x)$ のたかだか j 位の極であることである．

証明　（十分性）(2.2) の任意の解に対して，$x = a$ はたかだか確定特異点であると仮定する．$r > 0$ を十分小さく取り，$D = \{0 < |x - a| < r\}$ において $p_1(x), p_2(x), \ldots, p_n(x)$ は正則とする．$b \in D$ とし，U を b を中心として D に含まれる円板とする．U における (2.2) の基本解系 $\mathcal{Y}(x) = (y_1(x), y_2(x), \ldots, y_n(x))$ を 1 つ取る．曲線

$$\gamma : x = a + (b - a)e^{\sqrt{-1}\theta} \quad (0 \leq \theta \leq 2\pi)$$

に沿った $\mathcal{Y}(x)$ の解析接続 $\gamma_* \mathcal{Y}(x)$ はまた U における基本解系となるので，$\gamma_* \mathcal{Y}(x) = \mathcal{Y}(x) M$ となる $M \in \mathrm{GL}(n, \mathbb{C})$ が存在する（後述の定理 2.10 を参照のこと）．M の固有値の 1 つを g とし，その固有ベクトルを v とする．

$$y_0(x) = \mathcal{Y}(x) v$$

とおくと，

$$\gamma_* y_0(x) = \gamma_* \mathcal{Y}(x) v = \mathcal{Y}(x) M v = \mathcal{Y}(x) g v = g y_0(x)$$

となる．つまり $y_0(x)$ は，このような多価性を持つ D 上の多価正則解である．

$$\rho = \frac{1}{2\pi \sqrt{-1}} \log g$$

とおく．ただし $\log g$ の分枝の選び方は後述する．
$$z(x) = (x-a)^{-\rho} y_0(x)$$
とおくと，$x = a$ は $z(x)$ にとっても確定特異点で，
$$\gamma_* z(x) = e^{-2\pi\sqrt{-1}\rho}(x-a)^{-\rho} g y_0(x) = z(x)$$
であるから，$z(x)$ は D 上 1 価，したがって定理 2.1 により，$z(x)$ は $x = a$ をたかだか極に持つ．ρ の定義において $\log g$ の分枝の選び方を変えることと，ρ に整数を加えることは同じなので，$\log g$ の分枝を適当に選んで，$z(x)$ の $x = a$ における位数が 0 であるようにする．すなわち $z(x)$ は $x = a$ で正則で，$z(a) \neq 0$ である．

以上をまとめると，(2.2) は
$$(2.4) \qquad y_0(x) = (x-a)^{\rho} z(x),$$
$\rho \in \mathbb{C}$，$z(x)$ は $|x - a| < r$ 上正則で $z(a) \neq 0$，という形の解を持つことがわかった．

以上を準備として，十分性を n に関する数学的帰納法で示す．

$n = 1$ のときは，(2.4) の形の解があるので，
$$p_1(x) = -\frac{y_0'(x)}{y_0(x)} = -\frac{\rho}{x-a} - \frac{z'(x)}{z(x)}$$
である．$z(a) \neq 0$ だから，$p_1(x)$ は $x = a$ をたかだか 1 位の極としている．

$n - 1$ 階までの微分方程式については定理の十分性が成り立っていると仮定する．$y_0(x)$ を (2.4) の形の (2.2) の解とする．微分方程式 (2.2) に対して，$u = y/y_0(x)$ のみたす微分方程式を考えると，u の方程式も n 階線形で，任意の解は $x = a$ をたかだか確定特異点に持つので，この方程式も $x = a$ を確定特異点に持つ．さらに $u = 1$ も解になることから，u のみたす方程式は
$$(2.5) \qquad u^{(n)} + q_1(x) u^{(n-1)} + \cdots + q_{n-1}(x) u' = 0$$
という形をしていることがわかる．これより，$v = u'$ のみたす微分方程式として
$$(2.6) \qquad v^{(n-1)} + q_1(x) v^{(n-2)} + \cdots + q_{n-1}(x) v = 0$$
が得られるが，この方程式も $x = a$ を確定特異点に持つ．よって帰納法の仮定より，$1 \leq i \leq n-1$ に対し，$q_i(x)$ は $x = a$ をたかだか i 位の極に持つ．

$p_j(x)$ を $q_i(x)$ を用いて表そう．$u = y/y_0(x)$ より
$$u^{(i)} = \sum_{k=0}^{i} \binom{i}{k} (y_0(x)^{-1})^{(i-k)} y^{(k)}$$

が得られるので，これを (2.5) に代入して $y^{(j)}$ に関してまとめることで，

$$p_j(x) = y_0(x) \sum_{i=n-j}^{n} \binom{i}{n-j} q_{n-i}(x) (y_0(x)^{-1})^{(i-n+j)}$$

を得る．$y_0(x)$ の定義 (2.4) から，$y_0(x)(y_0(x)^{-1})^{(k)}$ は $x=a$ を k 位の極に持つことがわかる．一方 $q_i(x)$ は $x=a$ をたかだか i 位の極に持つのであったから，$p_j(x)$ が $x=a$ をたかだか j 位の極に持つことがしたがう．

（必要性）必要性については，続く 2 つの定理を用いて示される．定理 2.5 の証明の後に必要性の証明を述べる． □

$a \in \mathbb{C}$ と $r > 0$ に対し，$0 < |x-a| < r$ 上正則で $x=a$ をたかだか極に持つ関数全体のなす環を $\mathcal{M}_{a,r}$ で表す．

定理 2.4 $A(x)$ を $x=a$ で有理型な関数を要素とする $n \times n$ 行列とする．連立 1 階型微分方程式

(2.7) $$\frac{dY}{dx} = A(x)Y$$

が $x=a$ を確定特異点に持つための必要十分条件は，十分小さな $r > 0$ を取るとき $P(x) \in \mathrm{GL}(n, \mathcal{M}_{a,r})$ が存在して，

(2.8) $$Y = P(x)Z$$

により変換した方程式

(2.9) $$\frac{dZ}{dx} = B(x)Z$$

において，$B(x)$ が $x=a$ を 1 位の極とすることである．

証明 （十分性）$Y = {}^t(y_1, y_2, \ldots, y_n)$ とするとき，巡回ベクトルを用いて $y_1, y_2, \ldots, y_n$ の線形結合 y を定めることで，(2.7) は y に関する単独高階方程式 (2.2) に変換される．第 0 章では $K = \mathbb{C}(x)$ としていたが，そこでの議論を流用することで，${}^t(y_1, y_2, \ldots, y_n)$ と ${}^t(y, y', \ldots, y^{(n-1)})$ の間の線形変換は，十分小さな $r > 0$ に対して $\mathrm{GL}(n, \mathcal{M}_{a,r})$ に属するようにできることがわかる．したがって特に，係数 $p_j(x)$ ($1 \leq j \leq n$) は $0 < |x-a| < r$ で正則となる．(2.7) が $x=a$ を確定特異点に持つので，(2.2) も $x=a$ を確定特異点に持つ．よってすでに証明した定理 2.3 の十分性の主張により，$p_j(x)$ は $x=a$ をたかだか j 位の極に持つことがわかる．そこで

$$P_j(x) = (x-a)^j p_j(x) \quad (1 \le j \le n)$$

とおくと，$P_j(x)$ は $x = a$ で正則で，(2.2) は

(2.10) $(x-a)^n y^{(n)} + P_1(x)(x-a)^{n-1} y^{(n-1)} + \cdots + P_{n-1}(x)(x-a)y' + P_n(x)y = 0$

と書き直される．

さて，新しい未知関数ベクトル $Z = {}^t(z_1, z_2, \ldots, z_n)$ を

(2.11) $$\begin{cases} z_1 = y, \\ z_2 = (x-a)y', \\ \quad \vdots \\ z_j = (x-a)^{j-1} y^{(j-1)}, \\ \quad \vdots \\ z_n = (x-a)^{n-1} y^{(n-1)} \end{cases}$$

により定める．この定め方から，

$$z_1' = \frac{1}{x-a} z_2,$$
$$z_j' = \frac{j-1}{x-a} z_j + \frac{1}{x-a} z_{j+1} \quad (2 \le j \le n-1)$$

が成り立つことがわかる．また方程式 (2.10) を用いると，

$$z_n' = (n-1)(x-a)^{n-2} y^{(n-1)} + (x-a)^{n-1} y^{(n)}$$
$$= \frac{n-1}{x-a} z_n - \frac{1}{x-a}(P_1 z_n + \cdots + P_{n-1} z_2 + P_n z_1)$$

が得られる．よって Z は (2.9) という形の微分方程式をみたし，その係数 $B(x)$ の各要素は $x = a$ でたかだか 1 位の極を持つ．$(y_1, y_2, \ldots, y_n)$ から $(y, y', \ldots, y^{(n-1)})$ への変換が $\mathrm{GL}(n, \mathcal{M}_{a,r})$ に属しており，変換 (2.11) も $\mathrm{GL}(n, \mathcal{M}_{a,r})$ に属しているので，Y から Z への変換行列 $P(x)$ も $\mathrm{GL}(n, \mathcal{M}_{a,r})$ に属する．

（必要性）必要性の証明には，$B(x)$ が $x = a$ を 1 位の極とするときに，(2.9) の任意の解が $x = a$ を確定特異点に持つことを示せばよい．それには (2.9) の解の基本系で $x = a$ を確定特異点に持つものを構成すればよい．それを次の定理で実現する． □

微分方程式 (2.9) の確定特異点の近傍における基本解系を与える定理を次に述べる．その際，$B(x)$ の留数行列の固有値の間に整数差があるかどうかによって，結

果に大きな違いが出るので，次のような定義を与えることにした．

定義 2.4　正方行列 A の異なる固有値の間に整数差がないとき，A を**非共鳴的**といい，固有値の間に 0 でない整数差があるとき，A を**共鳴的**という．

定理 2.5　$B(x)$ を $x = a$ で有理型で $x = a$ に 1 位の極を持つ $n \times n$ 行列とする．$B(x)$ の $x = a$ における Laurent 展開を

$$(2.12) \qquad B(x) = \frac{1}{x-a} \sum_{m=0}^{\infty} B_m (x-a)^m$$

とおく．連立 1 階型の微分方程式

$$(2.13) \qquad \frac{dZ}{dx} = B(x) Z$$

を考える．

(i) B_0 が非共鳴的のとき，(2.13) には

$$(2.14) \qquad \mathcal{Z}(x) = F(x)(x-a)^{B_0}, \quad F(x) = I + \sum_{m=1}^{\infty} F_m (x-a)^m$$

という形の基本解行列が存在する．級数 $F(x)$ は，$B(x)$ の Laurent 展開が収束する範囲で収束する．

(ii) B_0 が一般の場合．B_0 の固有値全体を，整数差を持つグループに類別する．各類の代表元として実部の一番小さなもの ρ を取ると，類は $0 = k_0 < k_1 < k_2 < \cdots < k_d$ となる整数を用いて

$$\{\rho + k_0, \rho + k_1, \rho + k_2, \ldots, \rho + k_d\}$$

のように表される．B_0 の Jordan 標準形を

$$(2.15) \qquad B_0^J = \bigoplus_{\rho} B_{0,\rho}$$

と表す．ここで ρ は固有値の類の代表元を表し，$B_{0,\rho}$ は ρ の類に属する固有値を持つ Jordan 細胞の直和を表す．すなわち

$$(2.16) \qquad B_{0,\rho} = \bigoplus_{i=0}^{d} B_{0,\rho,i},$$
$$B_{0,\rho,i} = \bigoplus_{j} J(\rho + k_i; p_{ij})$$

となっていて，ここで p_{ij} は自然数で，$J(\rho + k_i; p_{ij})$ は $\rho + k_i$ を固有値とするサ

イズ p_{ij} の Jordan 細胞である．各 i に対し

$$p_i = \max_j p_{ij}$$

とおき，

$$q = \sum_{i=0}^{d} p_i - 1$$

とおく．以上の記号のもとで，次が成り立つ．

微分方程式 (2.13) には，

$$(2.17) \quad (x-a)^\rho \left[\sum_{m=0}^{\infty} Z_m (x-a)^m + \sum_{j=1}^{q} (\log(x-a))^j \sum_{m=0}^{\infty} W_{jm} (x-a)^m \right]$$

という形の解からなる解の基本系が存在する．ベクトル $v \in \mathbb{C}^n$ に対し，B_0^J の直和分解 (2.15), (2.16) に応じた分解を行ったとき，$B_{0,\rho,i}$ に対応する部分のベクトルを $[v]_{\rho,i}$ で表すことにする．$P \in \mathrm{GL}(n, \mathbb{C})$ を $P^{-1} B_0 P = B_0^J$ となる行列とする．すると解 (2.17) は，

$$[P^{-1} Z_0]_{\rho,0},\ [P^{-1} Z_{k_1}]_{\rho,1},\ \ldots, [P^{-1} Z_{k_d}]_{\rho,d}$$

を任意に指定することで一意的に定まり，これらのデータに線形に依存する．解 (2.17) に現れる級数 $\sum_{m=0}^{\infty} Z_m (x-a)^m$, $\sum_{m=0}^{\infty} W_{jm} (x-a)^m$ $(1 \le j \le q)$ は，$B(x)$ の Laurent 展開が収束する範囲で収束する．

定義 2.5 連立 1 階型の微分方程式 (2.13) に対し，B_0 の固有値を $x = a$ における**特性指数**という．微分方程式 (2.13) の解 (2.17) に対しては，

$$[P^{-1} Z_{k_j}]_{\rho,j} = 0\ (0 \le j < i),\ [P^{-1} Z_{k_i}]_{\rho,i} \ne 0$$

であるとき，$\rho + k_i$ をその**特性指数**という．

注意 2.1 定義 2.5 の特性指数は内在的な量ではないことに注意しておく．微分方程式 (2.13) に，$x = a$ で有理型な関数を係数とする線形変換を行うと，B_0 の固有値を整数分ずらすことができる．B_0 の固有値の $\mathrm{mod}\,\mathbb{Z}$ による同値類は内在的な量となるので，その同値類の方を特性指数として定義するのが自然である．なお同じ理由により，共鳴的な B_0 を非共鳴的なものに変換できる場合がある．

定理 2.5 の証明 一般性を失わずに $a = 0$ と仮定してよい．
(i) $F_m\ (m = 0, 1, 2, \ldots)$ を $n \times n$ 定数行列とし，

$$F(x) = \sum_{m=0}^{\infty} F_m x^m$$

とおく．

(2.18) $$\mathcal{Z}(x) = F(x) x^{B_0}$$

という形の行列解を構成する．

表示 (2.18) を微分方程式 (2.13) に代入すると，

$$F'(x) x^{B_0} + \frac{1}{x} F(x) B_0 x^{B_0} = B(x) F(x) x^{B_0}$$

となる．この両辺に右から x^{-B_0} をかけ，項別微分ができるとすると，

$$\sum_{m=1}^{\infty} m F_m x^{m-1} + \sum_{m=0}^{\infty} F_m B_0 x^{m-1} = \left(\sum_{m=0}^{\infty} B_m x^{m-1} \right) \left(\sum_{m=0}^{\infty} F_m x^m \right)$$

を得る．この両辺の x^m の係数を比較する．x^{-1} の係数を比較して

$$F_0 B_0 = B_0 F_0$$

を得る．

$$F_0 = I$$

と取ることでこの関係式はみたされる．次に x^{m-1} ($m \geq 1$) の係数を比較して，

$$m F_m + F_m B_0 = B_0 F_m + \sum_{k=0}^{m-1} B_{m-k} F_k$$

を得る．この方程式を

(2.19) $$F_m (B_0 + m) - B_0 F_m = \sum_{k=0}^{m-1} B_{m-k} F_k$$

と書き表す．これを，$F_0, F_1, \ldots, F_{m-1}$ が決められているとして，F_m を決める方程式と見る．B_0 が非共鳴的であるので，$B_0 + m$ と B_0 は共通の固有値を持たない．すると後述の補題 2.7 により，方程式 (2.19) の解 F_m は一意的に定まる．以上により形式級数 $F(x)$ が構成され，形式解 (2.18) が得られた．

次に形式級数 $F(x)$ の収束を，優級数を構成することで示す．級数 $\sum_{m=0}^{\infty} B_m x^m$ の収束半径を r とし，$0 < r_1 < r$ となる正数 r_1 を任意に取ると，ある定数 $M > 0$ が存在して

$$||B_m|| \leq \frac{M}{r_1^m} \quad (m \geq 0)$$

が成り立つ．一方，行列のノルムの性質から，
$$||F_m B_0 - B_0 F_m|| \leq 2||B_0|| \, ||F_m||$$
が成り立つ．よって任意の $\varepsilon > 0$ に対し，m が十分大きくて $||F_m|| \neq 0$ であれば，
$$\frac{||F_m B_0 - B_0 F_m||}{m||F_m||} < \varepsilon$$
とできる．このとき
$$||F_m(B_0 + m) - B_0 F_m|| = m||F_m|| \left\| \frac{F_m}{||F_m||} + \frac{F_m B_0 - B_0 F_m}{m||F_m||} \right\|$$
$$\geq m||F_m||(1 - \varepsilon)$$
という不等式が得られる．この左辺と右辺の間の不等式は，$||F_m|| = 0$ のときも成立する．したがってある自然数 m_0 と定数 $c > 0$ があって，$m \geq m_0$ ならば

(2.20) $$||F_m(B_0 + m) - B_0 F_m|| \geq cm||F_m||$$

が成り立つ．そこで数列 $\{g_m\}$ を，
$$g_m = ||F_m|| \qquad (0 \leq m \leq m_0)$$
$$cmg_m = \sum_{k=0}^{m-1} \frac{M}{r_1^{m-k}} g_k \quad (m \geq m_0)$$
により定義しよう．すると不等式 (2.20) および漸化式 (2.19) を用いて，
$$||F_m|| \leq g_m$$
がすべての m に対して成り立つことが示される．したがって
$$g(x) = \sum_{m=0}^{\infty} g_m x^m$$
とおくと，$g(x)$ は $F(x)$ の優級数である．あとは $g(x)$ の収束を示せばよい．g_m の定義を用いて
$$\sum_{m=1}^{\infty} cmg_m x^{m-1}$$
を計算すると，
$$g'(x) = \frac{\frac{M}{cr_1}}{1 - \frac{x}{r_1}} g(x) + h(x)$$
という微分方程式が得られる．ここで $h(x)$ は $x = r_1$ にのみ極を持つ有理関数である．この微分方程式の一般解は

$$g(x) = \left(1 - \frac{x}{r_1}\right)^{-\frac{M}{c}} \int \left(1 - \frac{x}{r_1}\right)^{\frac{M}{c}} h(x)\, dx$$

で与えられ，$|x| < r_1$ において正則である．したがって $F(x)$ も $|x| < r_1$ において収束する．$r_1 < r$ は任意であったから，$F(x)$ は $|x| < r$ において収束することがわかる．

なお $F(x)$ の収束が証明されたことにより，形式解を求める際に行った項別微分が正当化されたことに注意しておく．

(ii) $P \in \mathrm{GL}(n, \mathbb{C})$ による未知関数の変換

$$Z = PZ_1$$

を行うと，Z_1 に関する微分方程式は

$$\frac{dZ_1}{dx} = P^{-1} B(x) P Z_1$$

となるので，定理の主張の中にある P を用いた変換をすでに行ったと考えて，B_0 ははじめから Jordan 標準形 B_0^J になっているとしてよい．

B_0 の固有値の類の代表元 ρ を 1 つ取り固定する．記述を簡単にするため，$B_0^J = B_0$ の直和分解では $B_{0,\rho}$ が一番はじめに来ているとしよう．

$$B_0 = B_{0,\rho} \oplus B_0'$$
$$= B_{0,\rho,0} \oplus B_{0,\rho,1} \oplus \cdots \oplus B_{0,\rho,l} \oplus B_0',$$

ここで B_0' は ρ の類以外についての直和成分の直和を表す．この直和分解に応じてベクトル $v \in \mathbb{C}^n$ を分解するが，$[v]_{\rho,i}$ の代わりに ρ を省略して $[v]_i$ を用い，また直和成分 B_0' に対応する部分を $[v]'$ と表すことにしよう．すなわち

$$v = \begin{pmatrix} [v]_0 \\ [v]_1 \\ \vdots \\ [v]_d \\ [v]' \end{pmatrix}$$

となる．

(2.17) で $a = 0$ とした表示

(2.21) $$Z(x) = x^\rho \left[\sum_{m=0}^\infty Z_m x^m + \sum_{j=1}^q (\log x)^j \sum_{m=0}^\infty W_{jm} x^m \right]$$

を微分方程式 (2.13) に代入する．左辺は

$$\frac{dZ}{dx} = \sum_{m=0}^{\infty} (\rho+m)Z_m x^{\rho+m-1} + \sum_{j=1}^{q}(\log x)^j \sum_{m=0}^{\infty}(\rho+m)W_{jm}x^{\rho+m-1}$$
$$+ \sum_{j=1}^{q} j(\log x)^{j-1} \sum_{m=0}^{\infty} W_{jm}x^{\rho+m-1}$$

となる．微分方程式 (2.13) の両辺の $\log x$ の次数および x の指数毎に係数を比較すると，次の等式群が得られる．まず $\log x$ を含まない項を比較することで

(2.22) $\qquad (B_0 - \rho)Z_0 = W_{10},$

(2.23) $\qquad (B_0 - (\rho+m))Z_m = W_{1m} - \sum_{t=0}^{m-1} B_{m-t}Z_t \quad (m>0),$

$1 \le j \le q-1$ について $(\log x)^j$ のかかる項を比較することで

(2.24) $\qquad (B_0 - \rho)W_{j0} = (j+1)W_{j+1,0},$

(2.25) $\qquad (B_0 - (\rho+m))W_{jm} = (j+1)W_{j+1,m} - \sum_{t=0}^{m-1} B_{m-t}W_{jt} \quad (m>0),$

$(\log x)^q$ のかかる項を比較することで

(2.26) $\qquad (B_0 - \rho)W_{q0} = 0,$

(2.27) $\qquad (B_0 - (\rho+m))W_{qm} = -\sum_{t=0}^{m-1} B_{m-t}W_{qt} \quad (m>0).$

$[Z_0]_0$ を任意に与え，

$$Z_0 = \begin{pmatrix} [Z_0]_0 \\ 0 \end{pmatrix}$$

とおく．W_{j0} $(1 \le j \le q)$ を

$$W_{j0} = \frac{1}{j!}(B_0 - \rho)^j Z_0$$

により定めると (2.22), (2.24) が成り立ち，また $(B_{0,\rho,0} - \rho)^{p_0} = O$ および $q \ge p_0 - 1$ に注意すると，(2.26) も成り立つことがわかる．こうして定めた Z_0, W_{j0} $(1 \le j \le q)$ を用いて，(2.27), (2.25), (2.23) により W_{jm}, Z_m を決めていく．$1 \le m < k_1$ に対しては

$$\det(B_0 - (\rho+m)) \ne 0$$

であるので，これらの m に対しては W_{jm}, Z_m は一意的に定まる．以上の係数が決まる道筋を，図で表しておこう．

$$\begin{array}{ccccccccc}
Z_0 & \to & W_{10} & \to & \cdots & \to & W_{q-1,0} & \to & W_{q0} \\
& & & & & & & & \downarrow \\
Z_1 & \leftarrow & W_{11} & \leftarrow & \cdots & \leftarrow & W_{q-1,1} & \leftarrow & W_{q1} \\
& & & & & & & & \downarrow \\
Z_2 & \leftarrow & W_{12} & \leftarrow & \cdots & \leftarrow & W_{q-1,2} & \leftarrow & W_{q2} \\
& & & & & & & & \downarrow \\
& & & & & & & & \vdots \\
& & & & & & & & \downarrow \\
Z_{k_1-1} & \leftarrow & W_{1,k_1-1} & \leftarrow & \cdots & \leftarrow & W_{q-1,k_1-1} & \leftarrow & W_{q,k_1-1}
\end{array}$$

なおここで $W_{j0} = 0$ $(j \geq p_0)$ であることから,

(2.28) $$W_{jm} = 0 \quad (j \geq p_0,\ 0 \leq m < k_1)$$

がしたがうことに注意しておく.

$m = k_1$ のときを考える. $i \neq 1$ についての $B_{0,\rho,i} - (\rho + k_1)$ および $B'_0 - (\rho + k_1)$ は可逆なので,

$$[W_{qk_1}]_i \quad (i \neq 1), \quad [W_{qk_1}]'$$

は (2.27) の $m = k_1$ の場合の式から一意的に決まる. よって (2.25) および (2.23) の $m = k_1$ の場合の式を順に適用することで,

$$[W_{jk_1}]_i,\quad [W_{jk_1}]' \quad (1 \leq j \leq q,\ i \neq 1),$$
$$[Z_{k_1}]_i,\quad [Z_{k_1}]' \quad (i \neq 1)$$

も一意的に決まることがわかる. $[Z_{k_1}]_1$ を任意に与え,

$$Z_{k_1} = \begin{pmatrix} [Z_{k_1}]_0 \\ [Z_{k_1}]_1 \\ \vdots \\ [Z_{k_1}]_d \\ [Z_{k_1}]' \end{pmatrix}$$

とおく. この Z_{k_1} を用いて

$$[W_{1k_1}]_1 = (B_{0,\rho,1} - (\rho + k_1))[Z_{k_1}]_1 + \left[\sum_{t=0}^{k_1-1} B_{k_1-t} Z_t\right]_1$$

と定め, 以下帰納的に

$$(2.29) \quad [W_{j+1,k_1}]_1 = \frac{1}{j+1}\left\{(B_{0,\rho,1}-(\rho+k_1))[W_{jk_1}]_1 + \left[\sum_{t=0}^{k_1-1}B_{k_1-t}W_{jt}\right]_1\right\}$$

により $[W_{jk_1}]_1$ $(1 < j \leq q)$ を定める．以上の手順により Z_{k_1} および W_{jk_1} $(1 \leq j \leq q)$ が (2.23) および (2.25) の $m = k_1$ の場合の式をみたすように定まったが，W_{qk_1} が (2.27) の $m = k_1$ の場合の式をみたしていることを確認する必要がある．(2.28) によると，$j \geq p_0$ に対しては

$$\sum_{t=0}^{k_1-1}B_{k_1-t}W_{jt} = 0$$

となる．すると (2.29) は，$j \geq p_0$ のとき

$$[W_{j+1,k_1}]_1 = \frac{1}{j+1}(B_{0,\rho,1}-(\rho+k_1))[W_{jk_1}]_1$$

となるので，

$$[W_{jk_1}]_1 = \frac{p_0!}{j!}(B_{0,\rho,1}-(\rho+k_1))^{j-p_0}[W_{p_0 k_1}]_1 \quad (j \geq p_0)$$

が得られる．よって $j \geq p_0 + p_1$ については $[W_{jk_1}]_1 = 0$ となるし，

$$(B_{0,\rho,1}-(\rho+k_1))[W_{p_0+p_1-1,k_1}]_1 = 0$$

も成り立つので，$q \geq p_0 + p_1 - 1$ によって

$$(B_0-(\rho+k_1))W_{qk_1} = 0$$

となることがわかる．したがって (2.27) $(m = k_1)$ は両辺とも 0 となり，成立する．

以下この手順を続けていく．$k_1 < m < k_2$ については $B_0 - (\rho+m)$ が可逆であるので，(2.27), (2.25) および (2.23) によって Z_m, W_{jm} が決まり，$m = k_2$ のときには，$[Z_{k_2}]_2$ を任意に指定することで，(2.23), (2.25), (2.27) をみたすように Z_{k_2}, W_{jk_2} を一意的に決めることができる．$m = k_2$ 以降でもまったく同様である．こうして形式解 (2.21) が，

$$[Z_0]_0, [Z_{k_1}]_1, \ldots, [Z_{k_d}]_d$$

を任意に指定することで一意的に構成できることがわかった．

形式解 (2.21) が $x = 0$ の近傍で収束することを示す．

$$W_0(x) = \sum_{m=0}^{\infty} Z_m x^m, \quad W_j(x) = \sum_{m=0}^{\infty} W_{jm} x^m \quad (1 \leq j \leq q)$$

とおく．$m \geq k_l$ に対する和の収束を示せばよくて，それには後述の補題 2.8 を用いる．

まず $W_q(x)$ については，(2.27) を

$$((B_0 - \rho) - m)W_{qm} = -\sum_{t=0}^{k_l-1} B_{m-1-t}W_{qt} - \sum_{t=k_l}^{m-1} B_{m-1-t}W_{qt}$$

と表すと，

$$A = B_0 - \rho, \quad C_m = -\sum_{t=0}^{k_l-1} B_{m-1-t}W_{qt}$$

とおくことで補題を適用できることがわかる．よって $W_q(x)$ は収束する．$W_j(x)$ ($0 \leq j < q$) については，$W_{j+1}(x)$ の収束が示されたとすると，(2.25) により，

$$A = B_0 - \rho, \quad C_m = (j+1)W_{j+1,m} - \sum_{t=0}^{k_l-1} B_{m-1-t}W_{jt}$$

とすることで補題を適用できる．($j=0$ のときは $W_{0m} = Z_m$ と読む．) こうして形式解 (2.21) の $x=0$ の近傍における収束が示された．

$W_j(x)$ ($0 \leq j \leq q$) の収束半径について考える．級数

$$\sum_{m=0}^{\infty} B_m x^m = \tilde{B}(x)$$

の収束半径を r とする．

$$Z(x) = x^\rho \sum_{j=0}^{q} (\log x)^j W_j(x)$$

が微分方程式 (2.13) の解なので，

$$U(x) = x^{-\rho}Z(x)$$

は微分方程式

$$\frac{dU}{dx} = \frac{\tilde{B}(x) - \rho}{x}U$$

の解となる．この微分方程式に $U(x) = \sum_{j=0}^{q}(\log x)^j W_j(x)$ を代入し，両辺の $(\log x)^q$ の係数を比較することで

$$\frac{dW_q}{dx} = \frac{\tilde{B}(x) - \rho}{x}W_q$$

を得る．この微分方程式の係数は，領域 $0 < |x| < r$ で正則である．$W_q(x)$ は $x=0$ の近傍で正則な解であったから，定理 1.2 によりこの解は係数が正則である領域

$0 < |x| < r$ に解析接続され，$x = 0$ でも正則だから，結局 $|x| < r$ において 1 価正則な解となる．したがってその収束半径は r 以上となる．次に $W_{q-1}(x)$ は，

$$\frac{dW_{q-1}}{dx} = \frac{\tilde{B}(x) - \rho}{x} W_{q-1} - \frac{q}{x} W_q$$

という非斉次線形微分方程式をみたすことがわかる．これを定数変化法で解くと考えると，係数 $(\tilde{B}(x) - \rho)/x$ および非斉次項 qW_q/x が領域 $0 < |x| < r$ で正則なので，$x = 0$ の近傍で正則な解 $W_{q-1}(x)$ はやはり $0 < |x| < r$ まで解析接続され，$x = 0$ でも正則だから $|x| < r$ 上 1 価正則となる．したがって $W_{q-1}(x)$ についてもその収束半径は r 以上である．$W_j(x)$ $(0 \leq j \leq q-2)$ についてもこの議論を繰り返すことで，収束半径が r 以上であることがわかる．

形式解を決定するデータ $[Z_0]_0, [Z_{k_1}]_1, \ldots, [Z_{k_d}]_d$ はちょうど $B_{0,\rho}$ のサイズと等しい次元を持つので，これで $B_{0,\rho}$ のサイズ次元の線形独立な解が構成できたことになる．よってすべての ρ について同様の構成を行うことで，(2.21) の形の n 次元分の線形独立な解，すなわち解の基本系が得られる． □

系 2.6 B_0 は非共鳴的とする．B_0 の Jordan 標準形を Λ とし，P を $P^{-1}B_0P = \Lambda$ となる正則行列とする．すると微分方程式 (2.13) には

$$Z(x) = G(x)(x-a)^\Lambda, \quad G(x) = P + \sum_{m=1}^{\infty} G_m(x-a)^m$$

という形の基本解行列が存在する．

証明 定理 2.5 (i) にある基本解行列を $Z_0(x)$ とおくと，

$$\begin{aligned} Z_0(x) &= F(x)(x-a)^{B_0} \\ &= \left(I + \sum_{m=1}^{\infty} F_m(x-a)^m\right)(x-a)^{P\Lambda P^{-1}} \\ &= \left(P + \sum_{m=1}^{\infty} F_m P(x-a)^m\right)(x-a)^{\Lambda} P^{-1} \end{aligned}$$

となる．したがって

$$Z(x) = Z_0(x)P$$

が求める基本解行列である． □

補題 2.7 A を $n \times n$ 行列，B を $m \times m$ 行列とする．$\mathrm{M}(m \times n; \mathbb{C})$ から自分自身への線形写像 (endomorphism)

$$X \mapsto XA - BX$$

が同型であるための必要十分条件は，A, B が共通の固有値を持たないことである．

証明 写像が endomorphism であるので，同型であることと核が 0 であることは同値であることを注意しておく．

まず A, B が共通の固有値 λ を持つとする．A の λ 固有横ベクトルを ${}^t u$，B の λ 固有（縦）ベクトルを v とする．すなわち

$$ {}^t u A = \lambda {}^t u, \ Bv = \lambda v $$

が成り立ち，${}^t u \neq 0, v \neq 0$ である．$X = v {}^t u$ とおくと $X \neq O$ であり，

$$XA - BX = v {}^t u A - B v {}^t u = \lambda v {}^t u - \lambda v {}^t u = O,$$

したがって核は 0 ではない．

次に A, B は共通の固有値を持たないとする．X を写像の核に属する行列とする．すなわち

$$XA = BX$$

が成り立っている．A の任意の固有値 λ を考え，v を A の λ 広義固有ベクトルとする．すなわち $v \neq 0$ であり，1 以上の整数 k があって

$$(A - \lambda)^k v = 0$$

となる．このとき

$$0 = X(A - \lambda)^k v = (B - \lambda)^k X v$$

が成り立つので，もし Xv が 0 でなければ，λ は B の固有値である．しかし仮定により A の固有値は B の固有値ではないので，$Xv = 0$ が結論される．A の広義固有ベクトルにより $\mathbb{C}^n$ の基底が張られるので，これから $X = O$ がしたがう．□

補題 2.8 k を自然数，A を $n \times n$ 行列とし，$k+1, k+2, \ldots$ は A の固有値ではないとする．$n \times n$ 行列の列 $\{B_m\}_{m=0}^\infty$ とベクトルの列 $\{C_m\}_{m=k+1}^\infty$ は，ある定数 $K > 0, \beta > 0, \gamma > 0$ について

$$||B_m|| \leq K\beta^m, \quad ||C_m|| \leq K\gamma^m$$

をみたすとする．ベクトルの列 $\{W_m\}_{m=k}^\infty$ を，W_k は任意に与え，

$$(A - m)W_m = C_m + \sum_{t=k}^{m-1} B_{m-1-t} W_t \quad (m > k)$$

により定める．このとき級数

$$W(x) = \sum_{m=k}^{\infty} W_m x^m$$

は $x=0$ の近傍で収束する．

証明　仮定より，$m > k$ に対し $||(A-m)^{-1}||$ は有界である．すなわち

$$||(A-m)^{-1}|| \leq L$$

となる定数 $L > 0$ が取れる．

$$W_m = (A-m)^{-1} C_m + (A-m)^{-1} \sum_{t=k}^{m-1} B_{m-1-t} W_t \quad (m > k)$$

となることを勘案して，数列 $\{g_m\}_{m=k}^{\infty}$ を次により定める．

$$g_k = ||W_k||,$$
$$g_m = LK\gamma^m + LK \sum_{t=k}^{m-1} \beta^{m-1-t} g_t \quad (m > k).$$

するとすべての $m \geq k$ に対して

$$||W_m|| \leq g_m$$

となることが示される．すなわち

$$g(x) = \sum_{m=k}^{\infty} g_m x^m$$

とおくと，$g(x)$ は $W(x)$ の優級数である．

$$\sum_{m=k+1}^{\infty} g_m x^m = LK \sum_{m=k+1}^{\infty} (\gamma x)^m + LK \sum_{m=k+1}^{\infty} \sum_{t=k}^{m-1} \beta^{m-1-t} g_t x^m$$
$$= LK \cdot \frac{(\gamma x)^{k+1}}{1-\gamma x} + LK \sum_{t=k}^{\infty} g_t x^t \sum_{m=t+1}^{\infty} \beta^{m-1-t} x^{m-t}$$
$$= LK \cdot \frac{(\gamma x)^{k+1}}{1-\gamma x} + LK \cdot \frac{x}{1-\beta x} g(x)$$

により，

$$g(x) = g_k x^k + LK \cdot \frac{(\gamma x)^{k+1}}{1-\gamma x} + LK \cdot \frac{x}{1-\beta x} g(x)$$

を得る．これを $g(x)$ について解いて，

$$g(x) = \frac{1-\beta x}{1-(\beta+LK)x}\left(g_k + \frac{LK\gamma^{k+1}x}{1-\gamma x}\right)x^k$$

が得られる．したがって $g(x)$ は

$$|x| < \min\left(\frac{1}{\beta+LK}, \frac{1}{\gamma}\right)$$

で収束する．よって $W(x)$ も同じ範囲で収束する． □

注意 2.2 B_0 を任意の定数行列とすると，微分方程式

$$\frac{dZ}{dx} = \frac{B_0}{x-a}Z$$

は基本解行列

(2.30) $$\mathcal{Z}(x) = (x-a)^{B_0}$$

を持つことが直ちにわかる．この場合には B_0 は非共鳴的であることは必要としない．定理 2.5 で考えた微分方程式 (2.13) は，この微分方程式の係数 B_0 に摂動 $\sum_{m=1}^{\infty} B_m(x-a)^m$ を加えたものと考えられる．定理 2.5 の証明においては，(2.14) あるいは (2.17) という解の形をあらかじめ想定して議論を進めたが，これらの解の形は天下りではなく，(2.30) に摂動の効果を反映させたものとして理解することができる．

さて定理 2.5 が示されたので，定理 2.4 の必要性の証明が完了した．さらに課題として残っていた定理 2.3 の必要性の証明も完了させることができる．

定理 2.3 の証明の続き 定理 2.3（Fuchs の定理）の必要性の証明が残っていたが，これは上の 2 つの定理により実質的に証明されたことになる．すなわち，単独高階型の方程式 (2.2) において $p_j(x)$ が $x=a$ をたかだか j 位の極に持つとすれば，定理 2.4 の十分性の証明中にあるように，(2.2) を連立 1 階型 (2.13) に変換できる．定理 2.5 で (2.13) の任意の解が $x=a$ を確定特異点に持つことが示されたので，(2.2) の任意の解も $x=a$ を確定特異点に持つ．したがって定理 2.3 の必要性の部分も証明された． □

単独高階型微分方程式の確定特異点における解の構成は，連立 1 階型方程式を経由することで定理 2.5 により実現されているが，直接行った場合にどうなるかを

見てみよう．単独高階型の微分方程式

(2.31) $$y^{(n)} + p_1(x)y^{(n-1)} + p_2(x)y^{(n-2)} + \cdots + p_n(x)y = 0$$

において，$x = a$ が確定特異点であるとする．Fuchs の定理により，$1 \leq j \leq n$ について $p_j(x)$ は $x = a$ をたかだか j 位の極に持つ．そこで

$$p_j(x) = \frac{1}{(x-a)^j} \sum_{m=0}^{\infty} p_{jm}(x-a)^m$$

とおく．形式解を

(2.32) $$y(x) = (x-a)^\rho \sum_{m=0}^{\infty} y_m(x-a)^m \quad (y_0 \neq 0)$$

とおいて (2.10) に代入すると，

$$\sum_{m=0}^{\infty} (\rho+m)(\rho+m-1)\cdots(\rho+m-n+1)y_m(x-a)^{\rho+m-n}$$
$$+ \left(\sum_{m=0}^{\infty} p_{1m}(x-a)^m \right) \left(\sum_{m=0}^{\infty} (\rho+m)\cdots(\rho+m-n+2)y_m(x-a)^{\rho+m-n} \right)$$
$$+ \cdots$$
$$+ \left(\sum_{m=0}^{\infty} p_{n-1,m}(x-a)^m \right) \left(\sum_{m=0}^{\infty} (\rho+m)y_m(x-a)^{\rho+m-n} \right)$$
$$+ \left(\sum_{m=0}^{\infty} p_{nm}(x-a)^m \right) \left(\sum_{m=0}^{\infty} y_m(x-a)^{\rho+m-n} \right) = 0$$

となる．$x - a$ に関する最低次である $(x-a)^{\rho-n}$ の係数を見て，

$$f(\rho)y_0 = 0$$

を得る．ここで

$$f(\rho) = \rho(\rho-1)\cdots(\rho-n+1) + p_{10}\rho(\rho-1)\cdots(\rho-n+2)$$
$$+ \cdots + p_{n-1,0}\rho + p_{n0}$$

とおいた．$y_0 \neq 0$ としていたので，

(2.33) $$f(\rho) = 0$$

が必要である．これは ρ についての n 次方程式で，**決定方程式**あるいは**特性方程式**と呼ばれる．

定義 2.6 単独高階型の微分方程式 (2.31) については，決定方程式 (2.33) の根を $x = a$ における**特性指数**という．

$m>0$ に対する $(x-a)^{\rho+m-n}$ の係数を 0 とおくと，

$$f(\rho+m)y_m = F_m(\rho; y_1, y_2, \ldots, y_{m-1})$$

という形の方程式が得られることがわかる．ここで $F_m(\rho; y_1, y_2, \ldots, y_{m-1})$ は $y_0, y_1, \ldots, y_{m-1}$ の線形結合で，係数は ρ の多項式である．$f(\rho+m) \neq 0$ であれば y_m は一意的に決まり，形式解 (2.32) が構成できる．特に，特性指数（決定方程式の根）の間に整数差がなければ，任意の特性指数 ρ に対して $\rho+m$ $(m>0)$ は決定方程式の根にならないので，n 個の線形独立な (2.32) の形の解が存在する．また整数差がある特性指数 $\rho_1, \rho_2, \ldots, \rho_k$ があった場合でも，それらの中で実部が一番大きな ρ_i については $f(\rho_i+m) \neq 0$ $(m>0)$ となるから，(2.32) の形の解が存在する．

整数差のある特性指数 ρ_1, ρ_2 があったとする．$\rho_1 = \rho_2$ の場合は，$\rho_1 + m$ $(m>0)$ が特性指数でなければ ρ_1 を特性指数とする解 (2.32) が構成できるが，このようにして得られる解は 1 次元分しかない．$\rho_2 = \rho_1 + k$ $(k>0)$ という場合には，実部の小さい方の ρ_1 を特性指数とする解を構成しようとするとき，

$$f(\rho_1+k)y_k = F_k(\rho_1; y_0, y_1, \ldots, y_{k-1})$$

という式に出会うが，左辺は 0 となる．このときたまたま右辺が $F_k(\rho_1; y_0, y_1, \ldots, y_{k-1}) = 0$ となるならば，この式は任意の y_k について成立し，y_k の値を任意に指定することで y_m $(m>k)$ の決定に進むことができる．$F_k(\rho_1; y_0, y_1, \ldots, y_{k-1}) \neq 0$ であれば矛盾を来すので，ρ_1 を特性指数とする (2.32) の形の解は存在しないことになる．

このような考察から，(2.32) の形の解による基本解系が構成できない可能性があるのは，決定方程式 (2.33) に整数差を持つ根（重根を含む）がある場合に限ることがわかる．その場合の基本解系を記述するため，決定方程式の根全体を整数差があるグループに類別する．1 つの類は，$\rho \in \mathbb{C}$ と $0 = k_0 < k_1 < \cdots < k_d$ という整数により

$$\rho+k_0, \rho+k_1, \ldots, \rho+k_d$$

と表される．またそれぞれの根の重複度を $e_0, e_1, \ldots, e_d$ とする．

$$q = \sum_{i=0}^{d} e_i - 1$$

とおく．以上の記号の下で主張が述べられる．

定理 2.9 微分方程式 (2.10) は，その確定特異点 $x = a$ において

$$(2.34) \quad (x-a)^\rho \left[\sum_{m=0}^\infty y_m (x-a)^m + \sum_{j=1}^q (\log(x-a))^j \sum_{m=0}^\infty z_{jm}(x-a)^m \right]$$

という形の解からなる基本解系を持つ．

この定理は，定理 2.5 と同様にして示すことができる．また別な証明方法としては，形式解 (2.32) において ρ をパラメーターとみて，ρ に関して偏微分することで新しい解を構成するという方法がある．これを Frobenius の方法という．Frobenius の方法については，高野 [132] に明快な記述があるので参考にされたい．

例 2.2 2 階方程式

$$(2.35) \quad y'' + p(x)y' + q(x)y = 0$$

について，定理 2.9 の主張を具体的に見てみよう．$x = a$ を確定特異点とし，

$$p(x) = \frac{1}{x-a} \sum_{m=0}^\infty p_m (x-a)^m, \quad q(x) = \frac{1}{(x-a)^2} \sum_{m=0}^\infty q_m (x-a)^m$$

とおくと，$x = a$ における決定方程式は

$$f(\rho) := \rho(\rho-1) + p_0 \rho + q_0 = 0$$

となる．この方程式の根を ρ_1, ρ_2 とおく．次の 3 つの場合に分けて考える．

(i) $\rho_1 - \rho_2 \notin \mathbb{Z}$
(ii) $\rho_1 - \rho_2 \in \mathbb{Z} \setminus \{0\}$
(iii) $\rho_1 = \rho_2$

(i) の場合には，

$$y_1(x) = (x-a)^{\rho_1} \sum_{m=0}^\infty y_{1m}(x-a)^m \quad (y_{10} \neq 0),$$
$$y_2(x) = (x-a)^{\rho_2} \sum_{m=0}^\infty y_{2m}(x-a)^m \quad (y_{20} \neq 0)$$

という形の線形独立な解が存在する．

(ii) の場合．$\mathrm{Re}\,\rho_1 < \mathrm{Re}\,\rho_2$ とし，$\rho_2 = \rho_1 + k \ (k > 0)$ とおく．すると

$$y_2(x) = (x-a)^{\rho_2} \sum_{m=0}^\infty y_{2m}(x-a)^m \quad (y_{20} \neq 0)$$

という形の解は存在する．ρ_1 を特性指数とする解

$$y_1(x) = (x-a)^{\rho_1} \sum_{m=0}^{\infty} y_{1m}(x-a)^m$$

を構成しようとするとき，

(2.36) $$f(\rho_1 + k)y_{1k} = F_k(\rho_1; y_{10}, y_{11}, \ldots, y_{1,k-1})$$

という式が現れる．左辺は $f(\rho_1 + k) = f(\rho_2) = 0$ により 0 となる．2 つの場合に分けよう．

(ii-i) $F_k(\rho_1; y_{10}, y_{11}, \ldots, y_{1,k-1}) \neq 0$

(ii-ii) $F_k(\rho_1; y_{10}, y_{11}, \ldots, y_{1,k-1}) = 0$

(ii-i) の場合には，y_{1k} をどのように取っても (2.36) は成立しない．

$$y(x) = (x-a)^{\rho_1}\left[\sum_{m=0}^{\infty} y_m(x-a)^m + \log(x-a)\sum_{m=k}^{\infty} z_m(x-a)^m\right]$$
$$= u(x) + \log(x-a)v(x)$$

とおいて方程式に代入すると，

(2.37) $$\begin{aligned}&u'' + \log(x-a)v'' + \frac{2}{x-a}v' - \frac{1}{(x-a)^2}v \\ &+ p(x)\left(u' + \log(x-a)v' + \frac{1}{x-a}v\right) + q(x)(u + \log(x-a)v) = 0\end{aligned}$$

となる．これより

$$v'' + p(x)v' + q(x)v = 0$$

が得られ，$v(x)$ は (2.35) の特性指数 $\rho_1 + k = \rho_2$ の解ということになり，したがって $y_2(x)$ の定数倍に等しいことがわかる．したがって (ii-i) の場合には，$y_2(x)$ と独立な解として，

$$y(x) = (x-a)^{\rho_1}\sum_{m=0}^{\infty} y_m(x-a)^m + y_2(x)\log(x-a) \quad (y_0 \neq 0)$$

が構成できる．

(ii-ii) の場合には，y_{1k} を任意に取って (2.36) が成立する．したがって

$$y_1(x) = (x-a)^{\rho_1}\sum_{m=0}^{\infty} y_{1m}(x-a)^m \quad (y_{10} \neq 0)$$

という形の解が構成でき，$y_1(x)$ と $y_2(x)$ で解の基本系をなす．y_{1k} の任意性は，

$y_1(x)$ を線形結合
$$y_1(x) + c y_2(x) \quad (c \text{ は定数})$$
に取り替えることに相当する.

(iii) の場合には,
$$y_1(x) = (x-a)^{\rho_1} \sum_{m=0}^{\infty} y_{1m}(x-a)^m \quad (y_{10} \neq 0)$$
という解は構成できる. これと線形独立なもう 1 つの解を構成するため,
$$y(x) = (x-a)^{\rho_1} \left[\sum_{m=0}^{\infty} y_m(x-a)^m + \log(x-a) \sum_{m=0}^{\infty} z_m(x-a)^m \right]$$
$$= u(x) + \log(x-a) v(x)$$
とおいて方程式に代入すると, (ii-i) の場合と同様に $v(x) = y_1(x)$ と取れることがわかる. よって
$$y(x) = (x-a)^{\rho_1} \sum_{m=0}^{\infty} y_m(x-a)^m + y_1(x) \log(x-a) \quad (y_0 \neq 0)$$
という形の解が構成でき, これと $y_1(x)$ が解の基本系をなす.

広く普及している言い方ではないが, (i) を generic case, (ii-i) および (iii) を logarithmic case, (ii-ii) を apparent case と言うことがある. 最も普通に起こるのが generic case で, (ii), (iii) は例外的な場合であるが, その例外的な中で普通に起こるのが logarithmic case, 例外的な中でも例外的なのが apparent case ということになる. 普通の場合と例外中の例外の場合に, 同じ形の基本解系が得られるのである.

2.3 局所モノドロミー

r を正数とし, 領域 D を
$$D = \{x \in \mathbb{C}\,;\, 0 < |x-a| < r\}$$
により定める. 連立 1 階型の微分方程式

(2.38) $$\frac{dY}{dx} = A(x) Y$$

において, $A(x)$ は領域 D で正則であるとする. 方程式の階数は n とする. U を D に含まれる単連結領域とし, 1 点 $b \in U$ を固定する. b を基点とし領域 D 内で a のまわりを正の向きに 1 周する閉曲線を Γ とする.

図 2.1

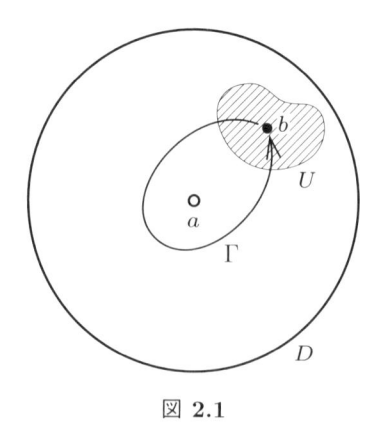

定理 2.10 微分方程式 (2.38) の U 上の任意の基本解行列 $\mathcal{Y}(x)$ の Γ に沿っての解析接続 $\Gamma_*\mathcal{Y}(x)$ は，再び U 上の基本解行列となる．したがってある $L \in \mathrm{GL}(n,\mathbb{C})$ が存在して，

$$(2.39) \qquad \Gamma_*\mathcal{Y}(x) = \mathcal{Y}(x)L$$

となる．

証明 定理 1.6 で示したように，$\mathcal{Y}(x)$ の行列式がある 1 点で 0 でなければ，$\mathcal{Y}(x)$ の解析接続についてもその行列式は常に 0 と異なる．よって $\Gamma_*\mathcal{Y}(x)$ はやはり U における基本解行列となる．

$\mathcal{Y}(x)$ が基本解行列だから，(2.39) を成立させる $n \times n$ 行列 L が存在する．$\det L = 0$ とすると，L の 0 固有ベクトルを (2.39) の両辺に右から掛けることで $\Gamma_*\mathcal{Y}(x)$ の列の間の自明でない線形関係が得られ，$\Gamma_*\mathcal{Y}(x)$ が基本解行列であることに反する．したがって $L \in \mathrm{GL}(n,\mathbb{C})$ が示された． □

定理 2.10 における行列 L は，微分方程式 (2.38) の基本解行列 $\mathcal{Y}(x)$ に関する Γ に対する**回路行列**（または**モノドロミー行列**）と呼ばれる．回路行列 L は，基本解行列を取り替えると次のように変化する．別の基本解行列を $\tilde{\mathcal{Y}}(x)$ とすると，$\tilde{\mathcal{Y}}(x) = \mathcal{Y}(x)C$ となる $n \times n$ 行列 C が存在する．この C が $\mathrm{GL}(n,\mathbb{C})$ に属することは，定理 2.10 の証明と同じ議論からわかる．このとき

$$\begin{aligned}\Gamma_*\tilde{\mathcal{Y}}(x) &= \Gamma_*\mathcal{Y}(x)C \\ &= \mathcal{Y}(x)LC \\ &= \tilde{\mathcal{Y}}(x)C^{-1}LC\end{aligned}$$

となるので，$\tilde{\mathcal{Y}}(x)$ に関する回路行列は $C^{-1}LC$ となる．したがって，回路行列 L の $\mathrm{GL}(n, \mathbb{C})$ における共役類は，基本解行列の取り方に依らずに一意的に定まる．このことから，次の定義が可能となる．

定義 2.7 (2.39) における行列 L（回路行列）の $\mathrm{GL}(n, \mathbb{C})$ における共役類を，方程式 (2.38) の $x = a$ における**局所モノドロミー**という．

以下では，$x = a$ が微分方程式 (2.38) の確定特異点である場合を考える．定理 2.4 により，(2.38) は次の形の基本解行列を持つ．

$$\mathcal{Y}(x) = P(x)\mathcal{Z}(x),$$

ここで $P(x)$ は D 上 1 価正則な行列関数で，$\mathcal{Z}(x)$ は

(2.40) $$\frac{dZ}{dx} = B(x)Z, \quad B(x) = \frac{1}{x-a}\sum_{m=0}^{\infty} B_m(x-a)^m$$

という形の微分方程式の基本解行列である．ただし場合によっては r を小さく取り替える必要がある．さて，$P(x)$ は D 上 1 価であるので，

$$\Gamma_* \mathcal{Y}(x) = P(x)\Gamma_* \mathcal{Z}(x)$$

が成り立つ．したがって (2.38) の局所モノドロミーは，(2.40) の局所モノドロミーに一致する．そこで (2.40) の局所モノドロミーを求める．

次の補題が基本となる．U, Γ は上の通りとする．

補題 2.11 ρ を複素数，A を複素数を成分とする正方行列とし，関数 $\log(x-a)$, $(x-a)^\rho$ および行列値関数 $(x-a)^A$ の U 上の分枝をそれぞれ任意に固定する．これらの分枝の Γ に沿った解析接続は，

(2.41) $$\Gamma_* \log(x-a) = \log(x-a) + 2\pi\sqrt{-1},$$

(2.42) $$\Gamma_* (x-a)^\rho = (x-a)^\rho e^{2\pi\sqrt{-1}\rho},$$

(2.43) $$\Gamma_* (x-a)^A = (x-a)^A e^{2\pi\sqrt{-1}A}$$

で与えられる．

証明 Γ に沿った解析接続により，$\arg(x-a)$ は 2π 増加する．すると (2.42)，(2.41) はそれぞれの関数の定義から直ちにしたがう．

行列の指数関数の定義は

$$e^A = \sum_{m=0}^{\infty} \frac{A^m}{m!}$$

である．この定義から，$AB = BA$ のときには

$$e^{A+B} = e^A e^B$$

がしたがうことに注意しておく．ベキ関数 $(x-a)^A$ は，行列の指数関数を用いて

$$(x-a)^A = e^{A\log(x-a)}$$

により定義される．したがって (2.41) により

$$\begin{aligned}\Gamma_*(x-a)^A &= e^{A(\log(x-a)+2\pi\sqrt{-1})} \\ &= e^{A\log(x-a)+2\pi\sqrt{-1}A} \\ &= e^{A\log(x-a)}e^{2\pi\sqrt{-1}A} \\ &= (x-a)^A e^{2\pi\sqrt{-1}A}\end{aligned}$$

が得られる． $\square$

定理 2.12 連立 1 階型微分方程式 (2.40) において，B_0 は非共鳴的であるとする．このとき (2.40) の $x=a$ における局所モノドロミーは

$$e^{2\pi\sqrt{-1}B_0}$$

により与えられる．

証明 定理 2.5 の (i) により，基本解行列として

$$\mathcal{Z}(x) = F(x)(x-a)^{B_0}$$

という形のものが存在する．ここで $F(x)$ は $x=a$ において正則で，特に 1 価である．したがって定理の主張は補題 2.11 の (2.43) から直ちにしたがう． $\square$

次に一般の場合，すなわち B_0 が非共鳴的とは限らない場合を考える．B_0 をその Jordan 標準形にうつす変換を微分方程式 (2.40) に行っても局所モノドロミーは変化しないので，B_0 はすでに (2.15) にある B_0^J になっているとする．このとき，定理 2.5 (ii) によって (2.17) の形の解が存在することがわかるが，この解は

$$[Z_0]_{\rho,0}, [Z_{k_1}]_{\rho,1}, \ldots, [Z_{k_d}]_{\rho,d}$$

を指定することで一意的に定まることになる．解 (2.17) をあらためて書くと

$$Z(x) = (x-a)^\rho \left[\sum_{m=0}^\infty Z_m(x-a)^m + \sum_{j=1}^q (\log(x-a))^j \sum_{m=0}^\infty W_{jm}(x-a)^m\right]$$

である．これの解析接続を考える．

$$v_0 = [Z_0]_{\rho,0}, v_1 = [Z_{k_1}]_{\rho,1}, \ldots, v_d = [Z_{k_d}]_{\rho,d}$$

とおき，さらに

$$v = \begin{pmatrix} v_0 \\ v_1 \\ \vdots \\ v_d \end{pmatrix}$$

とおく．$Z(x)$ はこの定数ベクトル v により一意的に決まるので，

$$Z(x) = Z(x;v)$$

と書くことにしよう．

定理 1.2 により $\Gamma_* Z(x;v)$ もまた同じ方程式 (2.40) の解となり，また補題 2.11 によって，解析接続後の特性指数も $\mathrm{mod}\,\mathbb{Z}$ で ρ と合同であることがわかる．(2.17) 以外の解の特性指数は ρ と整数差を持たないので，$\Gamma_* Z(x;v)$ はまた (2.17) の形をした解になる．このことから，

$$\Gamma_* Z(x;v) = Z(x;v')$$

となる定数ベクトル v' が定まることがわかる．この v' を $\Gamma_* v$ と表すことにする．すなわち

$$\Gamma_* Z(x;v) = Z(x;\Gamma_* v)$$

である．$\Gamma_* v$ を求めよう．

補題 2.11 によると，Γ に沿った解析接続で

$$(x-a)^\rho \rightsquigarrow e^{2\pi\sqrt{-1}\rho}(x-a)^\rho,$$
$$\log(x-a) \rightsquigarrow \log(x-a) + 2\pi\sqrt{-1}$$

という変化が起こる．

$$(\log(x-a))^j \rightsquigarrow (\log(x-a) + 2\pi\sqrt{-1})^j$$

に注意すると，

(2.44) $$Z_m \rightsquigarrow e^{2\pi\sqrt{-1}\rho}\left(Z_m + \sum_{j=1}^{q}(2\pi\sqrt{-1})^j W_{jm}\right)$$

という変化が引き起こされることがわかる．したがって

$$v_i = [Z_{k_i}]_{\rho,i} \rightsquigarrow e^{2\pi\sqrt{-1}\rho}\left(v_i + \sum_{j=1}^{q}(2\pi\sqrt{-1})^j[W_{jk_i}]_{\rho,i}\right)$$

となるので，これを元に v の変化を求めることができる．W_{jm} については，定理 2.5 の証明を引用する．定理 2.5 の証明と同様に，以下では $[\ ]_{\rho,i}$ の ρ を省略して $[\ ]_i$ と表す．

まず $v_0 = [Z_0]_0$ の変化を求める．

$$W_{j0} = \frac{1}{j!}(B_0 - \rho)^j Z_0$$

であったから，これより

$$[W_{j0}]_0 = \frac{1}{j!}(B_{0,\rho,0} - \rho)^j [Z_0]_0 = \frac{1}{j!}(B_{0,\rho,0} - \rho)^j v_0$$

を得る．これを (2.44) に代入し，$(B_{0,\rho,0} - \rho)^{p_0} = O$ に注意すると，

$$v_0 \rightsquigarrow e^{2\pi\sqrt{-1}\rho}\left(v_0 + \sum_{j=1}^{p_0-1}(2\pi\sqrt{-1})^j \frac{1}{j!}(B_{0,\rho,0} - \rho)^j v_0\right)$$
$$= e^{2\pi\sqrt{-1}\rho}\sum_{j=0}^{p_0-1}\frac{(2\pi\sqrt{-1}(B_{0,\rho,0} - \rho))^j}{j!} v_0$$

が得られる．

次に v_1 の変化を見よう．定理 2.5 の証明によると，

$$[W_{1k_1}]_1 = (B_{0,\rho,1} - (\rho + k_1))[Z_{k_1}]_1 + \left[\sum_{t=0}^{k_1-1} B_{k_1-t}Z_t\right]_1,$$
$$[W_{jk_1}]_1 = \frac{1}{j}\left((B_{0,\rho,1} - (\rho + k_1))[W_{j-1,k_1}]_1 + \left[\sum_{t=0}^{k_1-1} B_{k_1-t}W_{j-1,t}\right]_1\right)$$

である．右辺に現れる $Z_t, W_{j-1,t}$ は，$t < k_1$ なので v_0 から線形に決まる量である．したがってある行列 C_j が存在して，

$$[W_{jk_1}]_1 = \frac{1}{j!}(B_{0,\rho,1} - (\rho + k_1))^j v_1 + C_j v_0$$

となることがわかる．これより，$(B_{0,\rho,1} - (\rho + k_1))^{p_1} = O$ に注意して，

$$v_1 \rightsquigarrow e^{2\pi\sqrt{-1}\rho}\left(v_1 + \sum_{j=1}^{q}(2\pi\sqrt{-1})^j[W_{jk_1}]_1\right)$$
$$= e^{2\pi\sqrt{-1}\rho}\left(\sum_{j=0}^{p_1-1}\frac{(2\pi\sqrt{-1}(B_{0,\rho,1} - (\rho + k_1)))^j}{j!} v_1 + C_{10} v_0\right)$$

が得られる．ここで $\sum_{j=1}^{q}(2\pi\sqrt{-1})^j C_j = C_{10}$ とおいた．

同様の考察を続けることで，$h = 1, 2, \ldots, d$ について

$$v_h \rightsquigarrow e^{2\pi\sqrt{-1}\rho} \left(\sum_{j=0}^{p_h-1} \frac{(2\pi\sqrt{-1}(B_{0,\rho,h} - (\rho + k_h)))^j}{j!} v_h + \sum_{h'=0}^{h-1} C_{hh'} v_{h'} \right)$$

が得られる．以上をまとめると，

(2.45) $$\Gamma_* v = L_\rho v,$$

(2.46) $$L_\rho = e^{2\pi\sqrt{-1}\rho} \begin{pmatrix} D_0 & & & \\ C_{10} & D_1 & & \\ \vdots & \ddots & \ddots & \\ C_{d0} & \cdots & C_{d,d-1} & D_d \end{pmatrix}$$

となる．ただし

$$D_h = \sum_{j=0}^{p_h-1} \frac{(2\pi\sqrt{-1}(B_{0,\rho,h} - (\rho + k_h)))^j}{j!} \quad (0 \leq h \leq d)$$

とおいた．また，非対角ブロックに現れる $C_{hh'}$ は，記号上では明示していないが ρ に依存し，また $B(x)$ の Laurent 展開の高次の係数（B_1 以降）にも依存して決まる．また，L_ρ の固有値はすべて $e^{2\pi\sqrt{-1}\rho}$ であることが，次のようにしてわかる．L_ρ はブロック下三角行列で，対角ブロックには上三角行列が入っている．これに，

$$Q = \begin{pmatrix} & & & I \\ & & I & \\ & \iddots & & \\ I & & & \end{pmatrix}$$

という行列による相似変換を行うと，ブロックの位置を入れ替えた上三角行列が得られる．

$$Q^{-1} L_\rho Q = e^{2\pi\sqrt{-1}\rho} \begin{pmatrix} D_d & C_{d,d-1} & \cdots & C_{d0} \\ & \ddots & \ddots & \vdots \\ & & D_1 & C_{10} \\ & & & D_0 \end{pmatrix}.$$

この上三角行列の対角成分はすべて $e^{2\pi\sqrt{-1}\rho}$ であるから，L_ρ の固有値はすべて $e^{2\pi\sqrt{-1}\rho}$ である．

さて，以上の結果を局所モノドロミーの話に翻訳しよう．e_i を v と同じサイズの単位ベクトル（第 i 成分が 1 で，それ以外の成分が 0 のベクトル）とし，

$$Z(x; e_i) = Z_i(x)$$

とおく．すると $Z(x; v)$ は v に関して線形であることから，

$$Z(x; v) = (Z_1(x), Z_2(x), \dots)v$$

が成り立つ．さて (2.45) を用いると，

$$\begin{aligned} \Gamma_* Z_i(x) &= \Gamma_* Z(x; e_i) \\ &= Z(x; \Gamma_* e_i) \\ &= Z(x; L_\rho e_i) \\ &= (Z_1(x), Z_2(x), \dots) L_\rho e_i \end{aligned}$$

が得られる．よって $i = 1, 2, \dots$ についてこの結果を並べると，

$$\begin{aligned} \Gamma_*(Z_1(x), Z_2(x), \dots) &= (Z_1(x), Z_2(x), \dots) L_\rho I \\ &= (Z_1(x), Z_2(x), \dots) L_\rho \end{aligned}$$

を得る．こうして，B_0 の固有値のうち ρ の類に対応する解 (2.17) に関する解析接続を記述することができた．

この結果を B_0 の固有値のすべての類についてまとめることで，次の定理を得る．

定理 2.13 連立 1 階型の微分方程式

$$\frac{dZ}{dx} = B(x) Z, \quad B(x) = \frac{1}{x - a} \sum_{m=0}^\infty B_m (x - a)^m$$

において，B_0 は (2.15), (2.16) で与えられた B_0^J に一致しているとする．このとき (2.17) の形をした解を並べた基本解行列 $\mathcal{Z}(x)$ が存在して，

(2.47)
$$\begin{aligned} \Gamma_* \mathcal{Z}(x) &= \mathcal{Z}(x) L, \\ L &= \bigoplus_\rho L_\rho \end{aligned}$$

となる．ここで L_ρ は (2.46) で与えられた行列で，直和は B_0 の固有値の類にわたる．

定理 2.12, 2.13 は，微分方程式 (2.40) の局所モノドロミーが何により決定されるかを明らかにしている．すなわち，留数行列 B_0 が非共鳴的の場合には，局所

モノドロミーは B_0 のみによって決定される．B_0 が共鳴的の場合には，一般には B_0 だけではなく $B(x)$ の Laurent 展開における B_1 以降の有限個の係数も局所モノドロミーの決定に与る可能性がある．いずれにしても，局所モノドロミーは微分方程式の有限個のデータから決定されるのである．

以上では連立 1 階型の微分方程式について述べてきたが，これで単独高階型の微分方程式についても本質的に局所モノドロミーを記述できたことになっている．$x = a$ を確定特異点とする単独高階型の微分方程式

(2.48) $$y^{(n)} + p_1(x)y^{(n-1)} + \cdots + p_n(x)y = 0$$

の，単連結領域 U における基本解系を

$$\mathcal{Y}(x) = (y_1(x), y_2(x), \ldots, y_n(x))$$

としよう．このとき

$$\Gamma_* \mathcal{Y}(x) = \mathcal{Y}(x)L$$

となる行列 $L \in \mathrm{GL}(n, \mathbb{C})$ が定まる．この行列 L はやはり Γ に対する回路行列と呼ばれる．回路行列 L の $\mathrm{GL}(n, \mathbb{C})$ における共役類を，方程式 (2.48) の $x = a$ における局所モノドロミーと呼ぶ．単独高階型の方程式は，1 価関数を係数とする変換によって連立 1 階型に変換され，その際 $x = a$ が確定特異点という性質を保つようにできる．そのためにはたとえば変換 (0.3) を用いればよくて，このとき基本解系 $\mathcal{Y}(x)$ を第 1 行とするような対応する連立 1 階型微分方程式の基本解行列が作れる．したがってその基本解行列に関する回路行列 L そのものが，基本解系 $\mathcal{Y}(x)$ に関する回路行列を与える．

第 3 章

モノドロミー

3.1 定義

第 2 章の 2.3 節では，1 つの確定特異点のまわりを 1 周することで基本解系に起こる変化を記述する局所モノドロミーを求めた．それに対して，大域的な解析接続による変化を記述するのが（大域）モノドロミーである．それは次のように定義される．

D を Riemann 球 $\mathbb{P}^1 = \mathbb{C} \cup \{\infty\}$ 内の領域とし，D で正則な関数を係数とする線形微分方程式

(3.1) $$\frac{dY}{dx} = A(x)Y$$

あるいは

(3.2) $$y^{(n)} + p_1(x)y^{(n-1)} + \cdots + p_n(x)y = 0$$

を考える．(3.1) においては階数を n とする．1 点 $b \in D$ を取り，D 内に b の単連結近傍 U を取る．微分方程式 (3.1) または (3.2) の U 上の解の基本系 $\mathcal{Y}(x)$ を 1 つ取って固定する．$\mathcal{Y}(x)$ は (3.1) の場合は $n \times n$ 行列，(3.2) の場合は n 横ベクトルになる．

Γ を，b を基点とする D 内の 1 つの閉曲線とする．$\mathcal{Y}(x)$ の Γ に沿った解析接続を行うと，

$$\Gamma_* \mathcal{Y}(x) = \mathcal{Y}(x) M$$

となる $M \in \mathrm{GL}(n, \mathbb{C})$ が定まることが，定理 2.8 と同様にわかる．定理 1.3 により，M は Γ の D におけるホモトピー類 $[\Gamma] = \gamma$ によって一意的に決まることがわかる．そこで $M = M_\gamma$ と表すことにする．こうして写像

(3.3) $$\rho : \pi_1(D, b) \to \mathrm{GL}(n, \mathbb{C})$$
$$\gamma \mapsto M_\gamma$$

が定まる．この写像が，$\pi_1(D,b)$ における積を $\mathrm{GL}(n,\mathbb{C})$ における積にうつすことを見る．b を基点とする 2 つの閉曲線 Γ_1,Γ_2 に対し，その積 $\Gamma_1\Gamma_2$ は，先に Γ_1 を辿ってその後に Γ_2 を辿る閉曲線である．$[\Gamma_1]=\gamma_1, [\Gamma_2]=\gamma_2$ とおくと，$[\Gamma_1\Gamma_2]=\gamma_1\gamma_2$ となる．このとき

$$(\Gamma_1\Gamma_2)_*\mathcal{Y}(x) = (\Gamma_2)_*((\Gamma_1)_*\mathcal{Y}(x))$$
$$= (\Gamma_2)_*\mathcal{Y}(x)M_{\gamma_1}$$
$$= \mathcal{Y}(x)M_{\gamma_2}M_{\gamma_1}$$

となるので，

$$M_{\gamma_1\gamma_2} = M_{\gamma_2}M_{\gamma_1}$$

が得られる．すなわち

(3.4) $$\rho(\gamma_1\gamma_2) = \rho(\gamma_2)\rho(\gamma_1)$$

が成り立つ．このことから，写像 ρ が反準同型であることがわかった．「反」という文字は，積の順序が逆になることを表している．

定義 3.1 反準同型写像 ρ を，微分方程式 (3.1)（または (3.2)）の，基本解系 $\mathcal{Y}(x)$ に関する**モノドロミー表現**という．ρ の像は，$\mathrm{GL}(n,\mathbb{C})$ の部分群となる．これを (3.1)(または (3.2)) の**モノドロミー群**という．$\gamma\in\pi_1(D,b)$ の像 $\rho(\gamma)=M_\gamma$ のことを，γ に対する**モノドロミー行列**あるいは**回路行列**という．

注意 3.1 ρ は反準同型であるので，正確にはモノドロミー反表現と呼ぶべきであるが，慣習に従い表現という言い方を用いる．文献によっては $\pi_1(D,b)$ における積の定義を本書と逆にしている場合があり，そうすると ρ は準同型で文字通りの表現となる．

モノドロミー表現の，解の基本系 $\mathcal{Y}(x)$ に関する依存性を考える．局所モノドロミーのところで行った考察と同様であるが，あらためて述べよう．U 上のもう 1 つの基本解系 $\tilde{\mathcal{Y}}(x)$ があったとすると，U において

$$\tilde{\mathcal{Y}}(x) = \mathcal{Y}(x)C$$

となる $C\in\mathrm{GL}(n,\mathbb{C})$ が存在する．$\gamma\in\pi_1(D,b)$ の代表元 Γ を 1 つ取ると，

$$\Gamma_*\tilde{\mathcal{Y}}(x) = \Gamma_*(\mathcal{Y}(x)C)$$
$$= \mathcal{Y}(x)M_\gamma C$$
$$= \tilde{\mathcal{Y}}(x)C^{-1}M_\gamma C$$

となる．よって $\tilde{\mathcal{Y}}(x)$ に関するモノドロミー表現を

$$\tilde{\rho} : \pi_1(D,b) \to \mathrm{GL}(n,\mathbb{C})$$
$$\gamma \mapsto \tilde{M}_\gamma$$

と表すと，

$$\tilde{M}_\gamma = C^{-1} M_\gamma C$$

が成り立つ．こうして，$\tilde{\rho}$ は ρ と共役な表現となることが示された．

定理 3.1 $\mathcal{Y}(x), \tilde{\mathcal{Y}}(x)$ を微分方程式 (3.1)（または (3.2)）の U 上の基本解系とし，$\mathcal{Y}(x)$ に関するモノドロミー表現を ρ，$\tilde{\mathcal{Y}}(x)$ に関するモノドロミー表現を $\tilde{\rho}$ とするとき，

$$\tilde{\rho}(\gamma) = C^{-1} \rho(\gamma) C \quad (\gamma \in \pi_1(D,b))$$

が成り立つ．ここで $C \in \mathrm{GL}(n,\mathbb{C})$ は

$$\tilde{\mathcal{Y}}(x) = \mathcal{Y}(x) C$$

で定まる行列である．したがって特に，微分方程式 (3.1)（または (3.2)）から，モノドロミー表現の共役類が一意的に定まる．

次に，基点 b への依存性についても考えよう．$b' \in D$ を別の点とする．D 内で b と b' を結ぶ曲線 L を 1 つ取る．L の始点が b，終点が b' とする．この L により基本群の間の同型写像

$$L_\# : \pi_1(D,b) \to \pi_1(D,b')$$
$$[\Gamma] \mapsto [L^{-1} \Gamma L]$$

が得られる．U における基本解系 $\mathcal{Y}(x)$ に対し，$L_* \mathcal{Y}(x)$ は b' の D 内の単連結近傍における基本解系となる．$\mathcal{Y}(x)$ に関するモノドロミー表現 ρ と $L_* \mathcal{Y}(x)$ に関するモノドロミー表現 ρ' は，次の図式が可換となるように対応する．

$$\begin{array}{ccc} \pi_1(D,b) & \xrightarrow{\rho} & \mathrm{GL}(n,\mathbb{C}) \\ \downarrow{L_\#} & & \downarrow{\mathrm{id}} \\ \pi_1(D,b') & \xrightarrow{\rho'} & \mathrm{GL}(n,\mathbb{C}) \end{array}$$

実際，

$$(L^{-1} \Gamma L)_* (L_* \mathcal{Y}(x)) = (\Gamma L)_* \mathcal{Y}(x) = L_* \mathcal{Y}(x) M_{[\Gamma]}$$

であるから，
$$\rho'([L^{-1}\Gamma L]) = \rho([\Gamma])$$
が成り立つ．このことから，モノドロミー表現の像であるモノドロミー群については，その共役類は基本解系 $\mathcal{Y}(x)$ にも基点 b にも依らずに，微分方程式だけから定まることがわかる．この共役類を，(3.1)（または (3.2)）のモノドロミー群と呼ぶこともある．

3.2　大域モノドロミーと局所モノドロミー

前節で定義した（大域）モノドロミーと，2.3 節で定義した局所モノドロミーの関係を調べる．そのため，考える領域 D は，ある単連結領域から有限個の点を除いて得られる領域とする．すなわちある単連結領域 $\hat{D} \subset \mathbb{P}^1$ と $\hat{D}$ の有限部分集合 S があり，

(3.5) $$D = \hat{D} \setminus S$$

とする．

1 点 $b \in D$ を取り，b を基点とする D 内の閉曲線 Γ を考える．$a \in S$ とする．$a = \infty$ の場合には ∞ を含む $\mathbb{P}^1$ の chart で考えればよいので，以下 $a \neq \infty$ とする．点 x が Γ 上を始点から終点まで動くとき，$\arg(x-a)$ は 2π の整数倍だけ変化（増加あるいは減少）する．その整数を，Γ の a に関する**回転数**という．

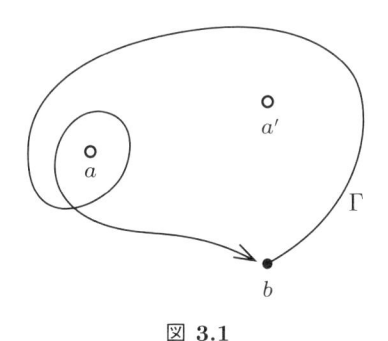

図 3.1

回転数は，解析的には
$$\frac{1}{2\pi\sqrt{-1}} \int_\Gamma \frac{dx}{x-a}$$
で与えられる．この表示から，回転数は Γ を D 内で連続的に変形しても変わら

ないことがわかる．したがって回転数は，Γ の $\pi_1(D,b)$ におけるホモトピー類 $[\Gamma]$ に対して定義される量と思うことができる．これを $n([\Gamma],a)$ で表そう．

a の近くに点 c を取り，a を中心，$|c-a|$ を半径とする円 K を描く．c を a の十分近くに取ることで，K およびその内部は $D \cup \{a\}$ に含まれるとしてよい．K は c を始点・終点とし，K に正の向きを与える．基点 b から c へ向かう D 内の曲線 L を任意に取る．閉曲線 LKL^{-1} あるいは LKL^{-1} で与えられる基本群 $\pi_1(D,b)$ の元を，a に関する $(+1)$-閉曲線（モノドロミー）と呼ぶ．γ を $a \in S$ に関する $(+1)$-閉曲線とすると，$n(\gamma,a) = 1$ および $n(\gamma,a') = 0$ $(a' \in S \setminus \{a\})$ が成り立つ．ただし γ がこの回転数の条件をみたしても，a に関する $(+1)$-閉曲線であるとは限らない．

この定義から，直ちに次の命題が得られる．

命題 3.2 a に関する 2 つの $(+1)$-閉曲線は $\pi_1(D,b)$ において互いに共役である．

証明 a に関する 2 つの $(+1)$-閉曲線 $\gamma = [LKL^{-1}]$ と $\gamma' = [L'KL'^{-1}]$ を取る．$\mu = [L'L^{-1}]$ とおくと

$$\begin{aligned}
\mu\gamma\mu^{-1} &= [(L'L^{-1})(LKL^{-1})(LL'^{-1})] \\
&= [L'KL'^{-1}] \\
&= \gamma'
\end{aligned}$$

となり，γ と γ' は共役である． $\square$

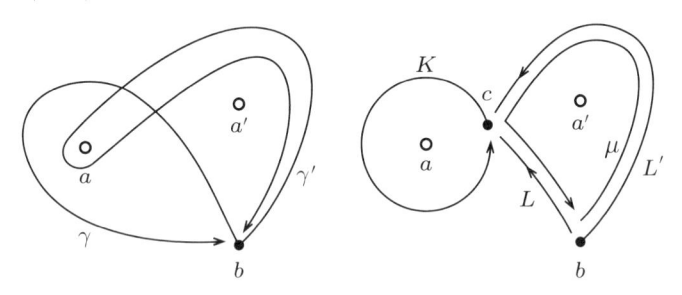

図 3.2

さて，D で正則な関数を係数とする線形微分方程式（(3.1) または (3.2)）のモノドロミー表現 ρ を考える．$a \in S$ を 1 つ取る．a のまわりを正の向きに 1 周し，他の $a' \in S$ を回らない元 $\gamma \in \pi_1(D,b)$ を 1 つ取ると，$\rho(\gamma)$ は γ の取り方に依存するが，定理 3.2 によってその共役類 $[\rho(\gamma)]$ は a のみによって一意的に定まる．さらに定理 3.1 と，その後に述べた基点への依存性によって，共役類 $[\rho(\gamma)]$ はモノ

ドロミー表現 ρ を定義するのに用いる基本解系にも，基点 b にも依存せずに定まることがわかる．したがって $[\rho(\gamma)]$ は，微分方程式と点 a のみによって定まる．

共役類 $[\rho(\gamma)]$ が基点 b にも依らずに定まるので，これは $x = a$ における局所モノドロミーに一致することがわかる．すなわち，次の定理が得られた．

定理 3.3 領域 D は (3.5) で定まるものとする．$a \in S$ とする．D で正則な関数を係数とする線形微分方程式 (3.1)（または (3.2)）のモノドロミー表現 ρ について，$\gamma \in \pi_1(D,b)$ を a のまわりを正の向きに 1 周し他の $a' \in S$ を回らない元とするとき，$\mathrm{GL}(n,\mathbb{C})$ における共役類 $[\rho(\gamma)]$ は $x = a$ における線形微分方程式 (3.1)（または (3.2)）の局所モノドロミーに一致する．

これまでは，閉曲線 Γ とその基本群におけるホモトピー類 $[\Gamma]$ を厳密に区別して扱ってきた．第 I 部では第 6 章を除いてそのような区別をしなくても混乱の恐れが生じないため，簡単のため，第 6 章以外では基本群の元とその代表元である曲線を区別せずに扱うこととする．したがって基本群の元 γ に対して，曲線 γ というような言い方をする．

3.3　有理関数を係数とする微分方程式のモノドロミー

微分方程式 (3.1)（または (3.2)）の係数が，すべて有理関数である場合を考える．この場合，方程式の特異点は有限個の点となる．それらを $a_0, a_1, \ldots, a_p$ としよう．この中には ∞ も許す．このとき微分方程式が定義される領域は

(3.6) $$D = \mathbb{P}^1 \setminus \{a_0, a_1, \ldots, a_p\}$$

である．基点 $b \in D$ を 1 つ取る．モノドロミー表現は基本群 $\pi_1(D,b)$ を定義域とする写像であるが，D が (3.6) という領域の場合には $\pi_1(D,b)$ については次のような表示（presentation）が知られている．

(3.7) $$\pi_1(D,b) = \langle \gamma_0, \gamma_1, \ldots, \gamma_p \mid \gamma_0 \gamma_1 \cdots \gamma_p = 1 \rangle.$$

ここで各 j $(0 \leq j \leq p)$ について，γ_j は a_j を正の向きに 1 周し，他の a_k は回らない閉曲線で，図 3.3 のように配置されているものである．

さて，$\mathcal{Y}(x)$ を b の単連結近傍 U における (3.1)（または (3.2)）の基本解系とし，$\mathcal{Y}(x)$ に関するモノドロミー表現を

$$\rho : \pi_1(D,b) \to \mathrm{GL}(n,\mathbb{C})$$

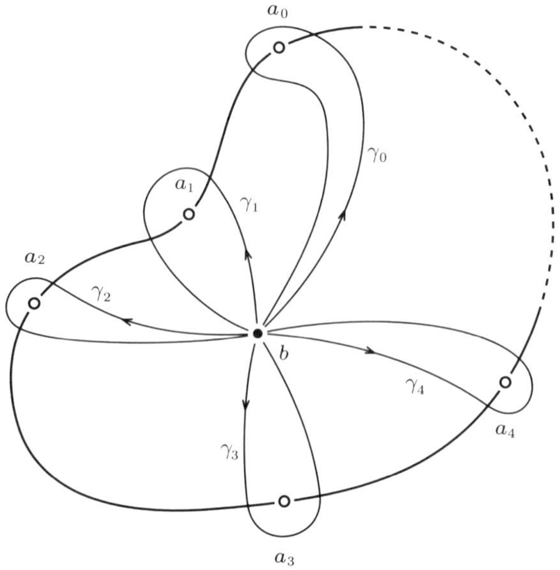

図 3.3

とする．
$$\rho(\gamma_j) = M_j \quad (0 \le j \le p)$$
とおく．このとき次が成り立つ．

定理 3.4 (i) モノドロミー表現 ρ は，行列の組 $(M_0, M_1, \ldots, M_p)$ によって一意的に定まる．

(ii) 行列の組 $(M_0, M_1, \ldots, M_p)$ の間には
$$M_p \cdots M_1 M_0 = I$$
という関係式が成り立つ．

(iii) 各 j に対し，$x = a_j$ における局所モノドロミーを $\mathcal{L}_j$ とおくと，
$$M_j \in \mathcal{L}_j$$
が成り立つ．

証明 (i) と (ii) は，基本群の表示 (3.7) から直ちにしたがう．(iii) は，定理 3.3 から直ちにしたがう． □

3.4 Fuchs 型微分方程式のモノドロミー

定義 3.2 微分方程式 (3.1) あるいは (3.2) が **Fuchs** 型であるとは，係数がすべて有理関数で，方程式の特異点 $x = a_0, a_1, \ldots, a_p$ がいずれも確定特異点であることである．

Fuchs 型微分方程式については，定理 2.12 および 2.13 により，各特異点における局所モノドロミーは微分方程式の係数から有限回の手順で計算可能な量となる．したがってモノドロミーを決定する行列の組 $(M_0, M_1, \ldots, M_p)$ に対して課される定理 3.4 (ii), (iii) の条件は，いずれも方程式を外から見て（つまり解の解析的な性質を用いることなく）計算される条件となっている．これらの条件のみでモノドロミーの共役類が決まってしまう場合がある．これは非常に例外的な場合だが，超幾何微分方程式をはじめ数多くの重要な例が該当する．そのような方程式は rigid と呼ばれ，5.4, 5.5 節で詳しく説明する．そのような例外を除くと，一般にはモノドロミーは，解の解析的な性質を用いなくては求められない．それはモノドロミーが解の解析接続を記述するものという定義から，ごく当然のことである．したがってモノドロミーを具体的に求めるのは非常に難しい問題であるが，もしモノドロミーが求められると，Fuchs 型方程式の場合は解についていろいろなことがわかる．この節ではその様子を説明していこう．

以下では，定理 3.4 における設定・記号をそのまま用いる．特にモノドロミー群 G は，モノドロミー表現を与える行列の組 $(M_0, M_1, \ldots, M_p)$ を用いて

$$G = \langle M_0, M_1, \ldots, M_p \rangle$$

として定まる群である．

3.4.1 Fuchs 型微分方程式とモノドロミーの等価性

Fuchs 型微分方程式の特異点のうち，そこにおける局所モノドロミーが自明である（すなわち単位行列（の共役類）になる）ものを**見掛けの特異点**（apparent singular point）という．それ以外の特異点を**分岐点**という．なお局所モノドロミーがスカラー行列（の共役類）になるものを，広義の見掛けの特異点と呼ぶ．$x = a$ が広義の見掛けの特異点で局所モノドロミーが αI ($\alpha \neq 0$) で与えられていれば，$\log \alpha$ の分枝を 1 つ定め

$$\lambda = \frac{\log \alpha}{2\pi\sqrt{-1}}$$

とおいて，未知関数に $(x-a)^{-\lambda}$ を掛ける gauge 変換を行うと，変換後の方程式においては $x=a$ は見掛けの特異点となる．

Fuchs 型微分方程式の特異点の集合を $\{a_0, a_1, \ldots, a_p\}$ とし，そのうち分岐点の集合が $\{a_0, a_1, \ldots, a_q\}$ $(0 \leq q \leq p)$ であるとすると，モノドロミー表現は実質的には

$$\pi_1(\mathbb{P}^1 \setminus \{a_0, a_1, \ldots, a_q\})$$

の表現となる．

定理 3.5 分岐点の集合が一致する 2 つの Fuchs 型微分方程式において，モノドロミー表現が同型であることと，2 つの方程式が有理関数を係数とする gauge 変換でうつり合うことは同値である．

証明 $\mathbb{P}^1$ から共通の分岐点集合および 2 つの方程式の見掛けの特異点を除いた空間を X とおき，$b \in X$ を取ると，各方程式のモノドロミー表現は $\pi_1(X, b)$ の表現となる．

2 つの方程式が連立 1 階型で与えられているとしよう．

$$\frac{dY}{dx} = A(x)Y, \quad \frac{dZ}{dx} = B(x)Z.$$

これらのモノドロミー表現が同型なら，それぞれの基本解行列 $\mathcal{Y}(x), \mathcal{Z}(x)$ を適当に選んで $\mathcal{Y}(x)$ および $\mathcal{Z}(x)$ に関するモノドロミー表現が一致するようにできる．すると任意の $\gamma \in \pi_1(X, b)$ に対して同一の $M_\gamma \in \mathrm{GL}(n, \mathbb{C})$ が存在して

$$\gamma_* \mathcal{Y}(x) = \mathcal{Y}(x) M_\gamma, \ \gamma_* \mathcal{Z}(x) = \mathcal{Z}(x) M_\gamma$$

となるので，

$$\gamma_*(\mathcal{Z}(x)\mathcal{Y}(x)^{-1}) = \mathcal{Z}(x)\mathcal{Y}(x)^{-1}$$

が得られ，$P(x) = \mathcal{Z}(x)\mathcal{Y}(x)^{-1}$ は X 上 1 価となる．定理 1.6 により $\mathcal{Y}(x)$ の行列式は X 上決して 0 にならないので，$P(x)$ は X 上正則でもある．また $\mathbb{P}^1 \setminus X$ においては $P(x)$ はたかだか確定特異点であるので，定理 2.1 によりたかだか極である．よって $P(x)$ の各成分は $\mathbb{P}^1$ 上有理型であり，したがって有理関数となる．これより

$$\mathcal{Z}(x) = P(x)\mathcal{Y}(x), \quad P(x) \in \mathrm{GL}(n, \mathbb{C}(x))$$

が得られる．これは 2 つの方程式が

$$Z = P(x)Y$$

という変換でうつり合うことを意味する．逆にこのような変換でうつり合う 2 つの方程式のモノドロミー表現が同型となることは明らかである．

単独高階型の微分方程式に対しては，解の基本系 $(y_1(x), y_2(x), \ldots, y_n(x))$ に対して Wronsky 行列

$$\mathcal{Y}(x) = \begin{pmatrix} y_1(x) & y_2(x) & \cdots & y_n(x) \\ y_1'(x) & y_2'(x) & \cdots & y_n'(x) \\ \cdots & \cdots & & \\ y_1^{(n-1)}(x) & y_2^{(n-1)}(x) & \cdots & y_n^{(n-1)}(x) \end{pmatrix}$$

を対応させることで，連立 1 階型の場合の証明に帰着される． □

3.4.2 可約モノドロミー

定義 3.3 $\mathrm{GL}(n, \mathbb{C})$ の部分群 G が**可約**であるとは，$\mathbb{C}^n$ の自明でない G 不変部分空間 W が存在することである．すなわち $W \neq \mathbb{C}^n, W \neq \{0\}$ である部分空間 $W \subset \mathbb{C}^n$ が存在して，

$$gW \subset W \qquad (\forall g \in G)$$

が成り立つことである．G が可約でないとき，**既約**という．

Fuchs 型微分方程式では，モノドロミー群が可約な場合には，方程式をより階数の低い方程式に帰着させることができる．その様子を単独高階型と 1 階連立型それぞれについて述べよう．

まず単独高階型の Fuchs 型微分方程式 (3.2) を考える．確定特異点を $a_0, a_1, \ldots, a_p$ とし，D を (3.6) で定める．微分作用素

$$\partial = \frac{d}{dx}$$

を用いると，(3.2) の左辺を与える微分作用素は

(3.8) $$L = \partial^n + p_1(x)\partial^{n-1} + \cdots + p_{n-1}(x)\partial + p_n(x)$$

で与えられる．すなわち (3.2) は $Ly = 0$ と表される．

定理 3.6 L を (3.8) で与えられる微分作用素とし，微分方程式 $Ly = 0$ は Fuchs 型であるとする．微分方程式 $Ly = 0$ のモノドロミー群 G が可約であれば，有理関数を係数とする 2 つの微分作用素

(3.9)
$$K = \partial^k + q_1(x)\partial^{k-1} + \cdots + q_k(x),$$
$$M = \partial^m + r_1(x)\partial^{m-1} + \cdots + r_m(x)$$

が存在して，

(3.10)
$$L = MK$$

が成り立つ．ここで k, m は $1 \le k < n$, $1 \le m < n$, $k + m = n$ をみたす自然数，$q_1(x), \ldots, q_k(s), r_1(x), \ldots, r_m(x)$ は有理関数である．

証明 G は基本解系 $\mathcal{Y}(x) = (y_1(x), y_2(x), \ldots, y_n(x))$ に関するモノドロミー群であるとする．G は可約なので，自明でない不変部分空間 W を持つ．W の次元を k とすると，$1 \le k < n$ である．W の基底 $w_1, w_2, \ldots, w_k$ をとり，それに $v_{k+1}, \ldots, v_n$ を補って $\mathbb{C}^n$ の基底を作る．任意の $g \in G$ について $gW \subset W$ が成り立つから，特に $gw_j \in W$ ($1 \le j \le k$) である．したがって

$$P = (w_1, w_2, \ldots, w_k, v_{k+1}, \ldots, v_n)$$

とおくと，

$$gP = P \left(\begin{array}{c|c} * & * \\ \hline O & * \end{array} \right)$$

が得られる．ただし右辺の右側の行列は，$(k, m) \times (k, m)$ の形にブロック分割されている．$P \in \mathrm{GL}(n, \mathbb{C})$ に注意しよう．基本解系 $\mathcal{Y}(x)P$ に関するモノドロミー群は，定理 3.1 により

$$P^{-1}GP = \{P^{-1}gP \, ; \, g \in G\}$$

となり，すべてブロック上三角行列からなる．

そこで $\mathcal{Y}(x)P$ をあらためて $\mathcal{Y}(x) = (y_1(x), y_2(x), \ldots, y_n(x))$ とおくことで，はじめから G がそのようになっているとしよう．すなわち任意の $\gamma \in \pi_1(D, b)$ について，

$$\gamma_* \mathcal{Y}(x) = \mathcal{Y}(x) \left(\begin{array}{c|c} M_\gamma^{11} & * \\ \hline O & * \end{array} \right)$$

となっていて，ここで $M_\gamma^{11} \in \mathrm{GL}(k, \mathbb{C})$ である．したがって

$$\gamma_*(y_1(x), \ldots, y_k(x)) = (y_1(x), \ldots, y_k(x)) M_\gamma^{11}$$

となる．これより任意の $i = 0, 1, 2, \ldots$ に対して

(3.11) $$\gamma_*(y_1^{(i)}(x),\ldots,y_k^{(i)}(x)) = (y_1^{(i)}(x),\ldots,y_k^{(i)}(x))M_\gamma^{11}$$

が成り立つ.

さて y を微分不定元として,

$$\begin{vmatrix} y & y_1 & \cdots & y_k \\ y' & y_1' & \cdots & y_k' \\ \vdots & \vdots & & \vdots \\ y^{(k)} & y_1^{(k)} & \cdots & y_k^{(k)} \end{vmatrix} = \Delta_0 y^{(k)} + \Delta_1 y^{(k-1)} + \cdots + \Delta_k y$$

により $\Delta_0, \Delta_1, \ldots, \Delta_k$ を定める. 特に Δ_0 は Wronskian

$$\Delta_0 = W(y_1, y_2, \ldots, y_k)(x)$$

である. もし Δ_0 が恒等的に 0 なら, 後述の定理 3.16 により $y_1(x), \ldots, y_k(x)$ は $\mathbb{C}$ 上線形従属である. これは $y_1(x), \ldots, y_k(x)$ が基本解系 $y_1(x), \ldots, y_n(x)$ の一部であることに矛盾するから, Δ_0 が恒等的に 0 になることはない. Δ_0 の D 内の零点の集合を N とおく. $i = 1, 2, \ldots, k$ に対して

$$q_i(x) = \frac{\Delta_i}{\Delta_0}$$

とおこう. すると $q_i(x)$ は $D \setminus N$ 上正則で, N の点はたかだか極である. 任意の $\gamma \in \pi_1(D, b)$ に対し, γ の代表元を $D \setminus N$ 内に取ったと考えると, (3.11) により

$$\gamma_* q_i(x) = \gamma_* \left(\frac{\Delta_i}{\Delta_0} \right) = \frac{\Delta_i |M_\gamma^{11}|}{\Delta_0 |M_\gamma^{11}|} = q_i(x)$$

が成り立つ. したがって $q_i(x)$ は $D \setminus N$ 上 1 価正則である. また $q_i(x)$ は $y_1(x), \ldots, y_k(x)$ の微分有理式だから, $a_0, a_1, \ldots, a_p$ は $q_i(x)$ のたかだか確定特異点で, 1 価性よりたかだか極となる (定理 2.1). よって $q_i(x)$ は $\mathbb{P}^1$ 上に極しか持たないので, 有理型関数となり, したがって有理関数である. 特に N は有限集合であることもわかった. さて有理関数 $q_1(x), \ldots, q_k(x)$ を係数とする微分作用素を

$$K = \partial^k + q_1(x) \partial^{k-1} + \cdots + q_k(x)$$

とおくと, $q_i(x)$ の定義から $(y_1(x), \ldots, y_k(x))$ は微分方程式 $Ky = 0$ の基本解系となることがわかる.

微分作用素 L, K の階数はそれぞれ n, k で $n > k$ なので, L を K で微分作用素として割るという操作が考えられる. まず

$$L_1 = L - \partial^{n-k}K$$

とすると，L_1 の階数は $n-1$ 以下になる．よって

$$L_1 = r_1(x)\partial^{n-1} + \cdots$$

と書くことができ，ここで $r_1(x)$ は有理関数である（0 でもよい）．次に

$$L_2 = L_1 - r_1(x)\partial^{n-k-1}K$$

とすると，L_2 の階数は $n-2$ 以下になり，有理関数 $r_2(x)$ を用いて

$$L_2 = r_2(x)\partial^{n-2} + \cdots$$

と書ける．この操作を続けていくと，

$$L - (\partial^{n-k} + r_1(x)\partial^{n-k-1} + \cdots + r_{n-k}(x))K = R$$

まで到達し，R の階数が $k-1$ 以下になる．ところで $y_1(x),\ldots,y_k(x)$ は線形独立で，$Ly=0$ の解でありかつ $Ky=0$ の解でもあるので，$Ry=0$ の解になる．しかし R の階数は $k-1$ 以下だから，これは $R=0$ を意味する．したがって

$$M = \partial^{n-k} + r_1(x)\partial^{n-k-1} + \cdots + r_{n-k}(x)$$

とおくことで，(3.10) が成立する． □

L が (3.10) のように微分作用素の積に因数分解されるときには，微分方程式 $Ly=0$ は次のように解くことができる．まず k 階の微分方程式 $Ky=0$ の解の基本系 $y_1(x),\ldots,y_k(x)$ を求める．これらは $Ly=0$ の解でもあるので，これで $Ly=0$ の k 個の線形独立な解が得られることになる．次に $m=n-k$ 階の微分方程式 $Mz=0$ を解いて，解の基本系 $z_1(x),\ldots,z_m(x)$ を求める．y が $Ly=0$ の解であれば，

$$0 = Ly = M(Ky)$$

より，$z=Ky$ は $Mz=0$ の解となる．よって定数変化法により，非斉次線形微分方程式

$$Ky = z_i(x)$$

の解 $y_{k+i}(x)$ を $i=1,2,\ldots,m$ に対して求めると，m 個の関数 $y_{k+1}(x),\ldots,y_n(x)$ は線形独立な $Ly=0$ の解となる．こうして得られた n 個の $Ly=0$ の解 $y_1(x),\ldots,y_k(x),y_{k+1}(x),\ldots,y_n(x)$ が線形独立であることは容易にわかるので，これらが $Ly=0$ の解の基本系を与える．つまり微分作用素が因数分解されていると

きには，より階数の低い微分方程式を解くことで解の基本系を手に入れることができるのである．

次の事実は定理 3.6 の証明から直ちにわかる．

系 3.7 定理 3.6 およびその証明中に現れた記号をそのまま用いる．
$$G_1 = \{M_\gamma^{11} \,; \gamma \in \pi_1(D, b)\}$$
とおくと，G_1 は微分方程式
$$Ky = 0$$
の基本解系 $(y_1(x), y_2(x), \ldots, y_k(x))$ に関するモノドロミー群となる．

なお Δ_0 の零点は $Ky = 0$ の特異点であるが，$Ly = 0$ の特異点ではないので $y_1, \ldots, y_k$ はそのまわりで 1 価である．よって Δ_0 の零点は $Ky = 0$ の見掛けの特異点となる．

連立 1 階型の方程式に対しては，巡回ベクトルを用いて単独高階型に変換し定理 3.6 に帰着させることで，次の結果が得られる．

定理 3.8 連立 1 階型の Fuchs 型微分方程式

(3.12) $$\frac{dY}{dx} = A(x)Y$$

のモノドロミー群が可約であるとする．このとき (3.12) は，有理関数係数の gauge 変換
$$Y = P(x)Z, \quad P(x) \in \mathrm{GL}(n, \mathbb{C}(x))$$
により，ブロック上三角行列を係数とする連立 1 階型の微分方程式
$$\frac{dZ}{dx} = B(x)Z, \quad B(x) = \begin{pmatrix} B_{11}(x) & B_{12}(x) \\ O & B_{22}(x) \end{pmatrix}$$
へ変換される．

証明 巡回ベクトルを用いると，微分方程式 (3.12) は単独高階型の方程式に変換される．すなわちある $Q(x) \in \mathrm{GL}(n, \mathbb{C}(x))$ による gauge 変換
$$Y = Q(x)U$$
によって，

$$\text{(3.13)} \qquad \frac{dU}{dx} = \begin{pmatrix} 0 & 1 & & & \\ & \ddots & \ddots & & \\ & & & \ddots & \ddots & \\ & & & & 0 & 1 \\ -p_n(x) & \cdots & \cdots & & -p_2(x) & -p_1(x) \end{pmatrix} U$$

とすることができる．ここで $p_i(x) \in \mathbb{C}(x)$ $(1 \leq i \leq n)$ である．$U = {}^t(u_1, u_2, \ldots, u_n)$ とし，$u = u_1$ とおくと，$u_i = u^{(i-1)}$ であり，(3.13) は微分作用素 (3.8) を用いた単独高階型の微分方程式 $Lu = 0$ と等価である．有理関数を係数とする gauge 変換はモノドロミー群を変えないので，$Lu = 0$ のモノドロミー群は可約である．すると定理 3.6 により，(3.9) の微分作用素 K, M が存在して

$$L = MK$$

と書ける．さて $Ku = v$ とおくと，u が $Lu = 0$ の解であることと，v が $Mv = 0$ の解であることは同値である．したがって $Lu = 0$ は

$$\begin{cases} Ku = v, \\ Mv = 0 \end{cases}$$

と等価である．そこで

$$Z = {}^t(u, u', \ldots, u^{(k-1)}, v, v', \ldots, v^{(m-1)})$$

とおくと，$Lu = 0$ はブロック上三角行列を係数とする微分方程式

$$\frac{dZ}{dx} = \left(\begin{array}{cccc|cccc} 0 & 1 & & & & & & \\ & \ddots & \ddots & & & & & \\ & & 0 & 1 & & & & \\ -q_k & \cdots & \cdots & -q_1 & 1 & & & \\ \hline & & & & 0 & 1 & & \\ & & O & & & \ddots & \ddots & \\ & & & & & & 0 & 1 \\ & & & & -r_m & \cdots & \cdots & -r_1 \end{array} \right) Z$$

へ変換される．U から Z への変換は，第 k 成分まではそのままで，v は

$$v = Ku = u_{k+1} + q_1(x)u_k + \cdots + q_k(x)u_1$$

と書け，さらにこれを微分していくことで

$$v^{(i)} = u_{i+k+1} + (u_{i+k} \text{ 以下の有理関数係数の線形結合})$$

も得られるので，有理関数係数の非退化な gauge 変換

$$Z = R(x)U, \quad R(x) \in \mathrm{GL}(n, \mathbb{C}(x))$$

であることがわかる．したがって

$$P(x) = Q(x)R(x)^{-1}$$

とおくことで定理の主張が得られる． □

以上のように，モノドロミー群が可約の場合には，より階数の低い微分方程式を解くことで解が得られることがわかった．しかし我々の証明では，階数の低い微分方程式については，$\mathbb{P}^1$ 上の有理型関数は有理関数であるという事実を用いて存在を示しているだけで構成的ではない．階数の低い微分方程式を具体的に構成するのは，また別な問題となる．

群 $G \subset \mathrm{GL}(n, \mathbb{C})$ の生成元が与えられているとき，G の既約性を判定する 1 つの方法を紹介しよう．次の補題が重要である．

補題 3.9 行列 $M \in \mathrm{M}(n, \mathbb{C})$ は対角化可能であるとし，M の固有空間による $\mathbb{C}^n$ の直和分解

$$\mathbb{C}^n = \bigoplus_\lambda V_\lambda$$

を考える．ここで λ は M の固有値，V_λ は M の λ 固有空間で，直和は M の相異なる固有値全体にわたる．各 λ に対し，この直和分解に対応した V_λ への射影を π_λ とする：

$$\pi_\lambda : \mathbb{C}^n \to V_\lambda.$$

W を $\mathbb{C}^n$ の M 不変部分空間とすると，各 λ について $\pi_\lambda(W) \subset W$ が成り立つ．

証明 M の相異なる固有値を $\lambda_1, \lambda_2, \ldots, \lambda_l$ とする．任意に $w \in W$ をとり，$\pi_{\lambda_i}(w) = w_i$ とおくと，

(3.14) $$w = w_1 + w_2 + \cdots + w_l$$

となる．$w_i \in V_{\lambda_i}$ だから，$Mw_i = \lambda_i w_i$ が成り立つ．このことに注意して (3.14) の両辺に M^j を左から作用させると，

$$M^j w = \lambda_1{}^j w_1 + \lambda_2{}^j w_2 + \cdots + \lambda_l{}^j w_l$$

を得る．$j = 0, 1, 2, \ldots, l-1$ についてこれらの式を連立させると，

$$(w, Mw, M^2 w, \ldots, M^{l-1} w) = (w_1, w_2, \ldots, w_l) \begin{pmatrix} 1 & \lambda_1 & \lambda_1{}^2 & \cdots & \lambda_1{}^{l-1} \\ 1 & \lambda_2 & \lambda_2{}^2 & \cdots & \lambda_2{}^{l-1} \\ \vdots & \vdots & \vdots & & \vdots \\ 1 & \lambda_l & \lambda_l{}^2 & \cdots & \lambda_l{}^{l-1} \end{pmatrix}$$

が得られる．左辺の各列は W に属し，また右辺の右側の行列は $\lambda_i \neq \lambda_j$ $(i \neq j)$ により非退化であるので，$w_1, w_2, \ldots, w_l \in W$ が得られる． □

群 $G \subset \mathrm{GL}(n, \mathbb{C})$ の既約性を調べるということは，G に自明でない不変部分空間が存在するかを調べることである．すなわち W を任意の G 不変部分空間としたとき，$W = \mathbb{C}^n$ あるいは $W = \{0\}$ が示されれば G は既約である．

さて，G が有限個の対角化可能な行列 $M_1, M_2, \ldots, M_m$ で生成されているとする．

$$G = \langle M_1, M_2, \ldots, M_m \rangle.$$

W を任意の G 不変部分空間とする．各 M_j に対し，補題 3.9 にある固有空間への射影 π_λ を取る毎に，$\pi_\lambda(W) \subset W$ が成り立つ．この事実を M_j や λ をいろいろ取り替えて用いることで，W を絞っていくことができ，その帰結として G の既約性が示されることがある．

このメカニズムを例を通して説明しよう．

例 3.1 m を 2 以上の整数とし，$n = 2m$ とおく．λ_i $(1 \leq i \leq m)$, μ_i $(1 \leq i \leq m-1)$, ν, ρ_1, ρ_2 を，$\mathbb{C}^\times$ の元で，

(3.15)
$$\prod_{i=1}^{m} \lambda_i \cdot \prod_{i=1}^{m-1} \mu_i \cdot \nu = \rho_1{}^m \rho_2{}^m,$$
$$\lambda_i \neq \lambda_j \ (i \neq j), \ \mu_i \neq \mu_j \ (i \neq j), \ \rho_1 \neq \rho_2$$
$$\lambda_i \neq 1 \ (1 \leq i \leq m), \ \mu_i \neq 1 \ (1 \leq i \leq m-1), \ \nu \neq 1$$

をみたすものとする．これらの量を用いて，n 次正則行列 M_1, M_2, M_3 を次の通り定める．

$$(3.16)\quad M_1 = \begin{pmatrix} \lambda_1 & & & \xi_{11} & \cdots & \xi_{1m} \\ & \ddots & & \vdots & & \vdots \\ & & \lambda_m & \xi_{m1} & \cdots & \xi_{mm} \\ \hline & O_m & & & I_m & \end{pmatrix},$$

$$M_2 = \begin{pmatrix} & I_m & & O_{m,m-1} & O_{m,1} \\ \hline \eta_{11} & \cdots & \eta_{1m} & \mu_1 & & & \eta_{1n} \\ \vdots & & \vdots & & \ddots & & \vdots \\ \eta_{m-1,1} & \cdots & \eta_{m-1,m} & & & \mu_{m-1} & \eta_{m-1,n} \\ \hline & O_{1,m} & & & O_{1,m-1} & & 1 \end{pmatrix},$$

$$M_3 = \begin{pmatrix} I_{n-1} & O_{n-1,1} \\ \hline \zeta_1 \; \cdots \; \zeta_{n-1} & \nu \end{pmatrix},$$

ここで

$$\xi_{ij} = -\frac{(\lambda_i - \rho_1)(\lambda_i - \rho_2)}{(\rho_1 \rho_2)^{m-1}} \prod_{\substack{1 \le k \le m \\ k \ne i}} \frac{\lambda_k \mu_j - \rho_1 \rho_2}{\lambda_k - \lambda_i} \quad (1 \le i \le m, 1 \le j \le m-1),$$

$$\xi_{im} = -\frac{(\lambda_i - \rho_1)(\lambda_i - \rho_2)}{(\rho_1 \rho_2)^{m-1}} \prod_{\substack{1 \le k \le m \\ k \ne i}} \frac{\lambda_k}{\lambda_k - \lambda_i} \quad (1 \le i \le m),$$

$$\eta_{ij} = \prod_{\substack{1 \le l \le m-1 \\ l \ne i}} \frac{\lambda_j \mu_l - \rho_1 \rho_2}{\mu_l - \mu_i} \quad (1 \le i \le m-1, 1 \le j \le m),$$

$$\eta_{in} = \prod_{\substack{1 \le l \le m-1 \\ l \ne i}} \frac{1}{\mu_i - \mu_l} \quad (1 \le i \le m-1),$$

$$\zeta_j = \frac{\nu}{\rho_1 \rho_2} \prod_{l=1}^{m-1} (\rho_1 \rho_2 - \lambda_j \mu_l) \quad (1 \le j \le m),$$

$$\zeta_{m+j} = -\frac{1}{\mu_j{}^m} \prod_{k=1}^{m} \frac{\lambda_k \mu_j - \rho_1 \rho_2}{\lambda_k} \quad (1 \le j \le m-1)$$

である. これらで生成される群

$$G = \langle M_1, M_2, M_3 \rangle$$

の既約性を考える. この群の由来は後述する.

命題 3.10 群 G が既約であるための必要十分条件は,

(3.17)
$$\lambda_i \neq \rho_k \qquad (1 \leq i \leq m,\ k = 1, 2),$$
$$\lambda_i \mu_j \neq \rho_1 \rho_2 \qquad (1 \leq i \leq m,\ 1 \leq j \leq m-1),$$
$$\rho_1 \neq 1,\ \rho_2 \neq 1$$

が成り立つことである.

証明 容易にわかるように, M_1, M_2, M_3 はいずれも対角化可能である. したがって補題 3.9 が適用できる. そこで準備として, 各 M_i の固有空間による直和分解とその直和成分への射影を求める. e_i を $\mathbb{C}^n$ の単位ベクトル (第 i 成分のみ 1 で他の成分は 0 であるベクトル) とする.

M_1 の固有値は 1 (m 重) および λ_i ($1 \leq i \leq m$) である. M_1 の 1 固有空間を X_0, λ_i 固有空間を X_i とおき, 直和分解

$$\mathbb{C}^n = X_0 \oplus X_1 \oplus \cdots \oplus X_m$$

に関する各直和成分への射影を

$$p_i : \mathbb{C}^n \to X_i \qquad (0 \leq i \leq m)$$

とおく. すると具体的に, $v = {}^t(v_1, \ldots, v_n) \in \mathbb{C}^n$ に対して

$$p_0(v) = \begin{pmatrix} x_1(v) \\ \vdots \\ x_m(v) \\ v_{m+1} \\ \vdots \\ v_n \end{pmatrix}, \quad p_i(v) = (v_i - x_i(v))e_i \quad (1 \leq i \leq m),$$

となることがわかる. ここで

$$x_i(v) = \frac{\sum_{k=1}^{m} \xi_{ik} v_{m+k}}{1 - \lambda_i} \qquad (1 \leq i \leq m)$$

とおいた. $1 \leq i \leq m$ に対しては $X_i = \langle e_i \rangle$ となることに注意する.

M_2 の固有値は 1 ($m+1$ 重) および μ_i ($1 \leq i \leq m-1$) である. M_2 の 1 固有空間を Y_0, μ_i 固有空間を Y_i とおき, 直和分解

$$\mathbb{C}^n = Y_0 \oplus Y_1 \oplus \cdots \oplus Y_{m-1}$$

に関する各直和成分への射影を

$$q_i : \mathbb{C}^n \to Y_i \qquad (0 \leq i \leq m-1)$$

とおく．具体的には，$v = {}^t(v_1, \ldots, v_n) \in \mathbb{C}^n$ に対して

$$q_0(v) = \begin{pmatrix} v_1 \\ \vdots \\ v_m \\ y_{m+1}(v) \\ \vdots \\ y_{n-1}(v) \\ v_n \end{pmatrix}, \quad q_i(v) = (v_{m+i} - y_{m+i}(v))e_{m+i} \quad (1 \leq i \leq m-1)$$

となる．ここで

$$y_{m+i}(v) = \frac{\sum_{k=1}^{m} \eta_{ik} v_k + \eta_{in} v_n}{1 - \mu_i} \qquad (1 \leq i \leq m-1)$$

である．$1 \leq i \leq m-1$ に対しては $Y_i = \langle e_{m+i} \rangle$ となることに注意する．

M_3 の固有値は 1 （$n-1$ 重）および ν である．M_3 の 1 固有空間を Z_0，ν 固有空間を Z_1 とおいて，直和分解

$$\mathbb{C}^n = Z_0 \oplus Z_1$$

に関する各直和成分への射影を

$$r_i : \mathbb{C}^n \to Z_i \qquad (i = 0, 1)$$

とおく．具体的には，やはり $v = {}^t(v_1, \ldots, v_n) \in \mathbb{C}^n$ に対して

$$r_0(v) = \begin{pmatrix} v_1 \\ \vdots \\ v_{n-1} \\ z_n(v) \end{pmatrix}, \quad r_1(v) = (v_n - z_n(v))e_n$$

となり，ここで

$$z_n(v) = \frac{\sum_{k=1}^{n-1} \zeta_k v_k}{1 - \nu}$$

である．$Z_1 = \langle e_n \rangle$ であることに注意する．

さて $G = \langle M_1, M_2, M_3 \rangle$ が可約であるとし，W を自明でない G 不変部分空間とする．X_i $(1 \leq i \leq m)$, Y_i $(1 \leq i \leq m-1)$ および Z_1 の形から，

$$\mathbb{C}^n = \bigoplus_{i=1}^{m} X_i \oplus \bigoplus_{i=1}^{m-1} Y_i \oplus Z_1$$

という 1 次元空間への直和分解が得られることがわかる．$W \neq \mathbb{C}^n$ としているので，この直和分解の直和成分の少なくとも 1 つと W の共通部分は $\{0\}$ となる．そこでまず，

$$W \cap X_i = \{0\}$$

がある i $(1 \leq i \leq m)$ について成り立つとする．この i を固定しておく．

$v \in W \setminus \{0\}$ を 1 つ取り，$y_j = q_j(v)$ とおく $(0 \leq j \leq m-1)$．すると補題 3.9 により $y_j \in W$ が得られる．もしある j $(1 \leq j \leq m-1)$ に対して $y_j \neq 0$ となったとすると，$W \cap Y_j \neq \{0\}$ となるので，$e_{m+j} \in W$ ということになる．すると再び補題 3.9 により $p_i(e_{m+j}) \in W$ が得られるが，p_i は X_i への射影で $W \cap X_i = \{0\}$ であったから，

$$p_i(e_{m+j}) = \frac{\xi_{ij}}{\lambda_i - 1} e_i = 0$$

となる．これより

$$\xi_{ij} = 0$$

が得られる．もし任意の j $(1 \leq j \leq m-1)$ に対して $y_j = 0$ となるなら，$v \neq 0$ であるので $y_0 \neq 0$ となる．よって $y_0 \in W \setminus \{0\}$ である．$r_0(y_0) = z_0, r_1(y_0) = z_1$ とおこう．すると補題 3.9 により $z_k \in W \cap Z_k$ $(k = 0, 1)$ が成り立つ．もし $z_1 \neq 0$ であれば，上と同様の議論により

$$\xi_{im} = 0$$

が得られる．もし $z_1 = 0$ なら，

$$v = y_0 = z_0 \in Y_0 \cap Z_0$$

ということになる．この場合には，$w = M_1 v \in W$ を考える．v の代わりに w から始めて同じ議論を行うと，$\xi_{ij} = 0, \xi_{im} = 0$ あるいは

$$w = M_1 v \in Y_0 \cap Z_0$$

が得られる．最後の場合には，$v \in Y_0, v \in Z_0, M_1 v \in Y_0, M_1 v \in Z_0$ が成り立つ

ことになり，これらから

$$\begin{cases} \sum_{l=1}^{m} \eta_{kl}v_l + (\mu_k - 1)v_{m+k} + \eta_{kn}v_n = 0 & (1 \le k \le m-1), \\ \sum_{l=1}^{n-1} \zeta_l v_l + (\nu - 1)v_n = 0, \\ \sum_{l=1}^{m} \eta_{kl}\Big((\lambda_l - 1)v_l + \sum_{p=1}^{m} \xi_{lp}v_{m+p}\Big) = 0 & (1 \le k \le m-1), \\ \sum_{l=1}^{m} \zeta_l\Big((\lambda_l - 1)v_l + \sum_{p=1}^{m} \xi_{lp}v_{m+p}\Big) = 0 \end{cases}$$

という連立 1 次方程式が得られる．この連立 1 次方程式の係数行列を Q とおこう．すなわちこの方程式が $Qv = 0$ と書かれるとする．このとき Q の行列式は次で与えられることがわかる（[29]）．

$$\det Q = \pm \frac{\prod_{1 \le i < j \le m}\left(\frac{\rho_1\rho_2}{\lambda_i} - \frac{\rho_1\rho_2}{\lambda_j}\right)}{\prod_{1 \le k < l \le m-1}(\mu_l - \mu_k)}(\rho_1 - 1)^m(\rho_2 - 1)^m.$$

$v \ne 0$ から $\det Q = 0$ が従い，これは仮定 (3.15) の下では

$$\rho_1 = 1,\ \rho_2 = 1$$

のいずれかが成り立つことを意味する．

$W \cap Y_i = \{0\}$ あるいは $W \cap Z_1 = \{0\}$ としても同じ条件が得られる．以上により，(3.17) が成り立てば G が既約であることが示された．

逆に (3.17) が成り立たないとする．$V_i = \langle e_i \rangle\ (1 \le i \le n)$ とおく．もし $\lambda_i = \rho_1$ または $\lambda_i = \rho_2$ であれば，$\bigoplus_{j \ne i} V_j$ が G 不変部分空間となる．$\lambda_i\mu_j = \rho_1\rho_2$ であれば，$V_i \oplus V_{m+j}$ が G 不変部分空間となる．最後に $\rho_1 = 1$ または $\rho_2 = 1$ であれば，$\det Q = 0$ となり，このとき Q の 0 固有空間が G 不変部分空間となる．以上により，(3.17) が成り立たなければ，G は可約である． □

G の由来を説明する．第 5 章で詳しく説明するが，Fuchs 型微分方程式に対しては，局所モノドロミーの固有値の重複度を表すスペクトル型というデータが対応する．スペクトル型

$$((m, 1^m), (m+1, 1^{m-1}), (2m-1, 1), (m, m))$$

を持つ Fuchs 型微分方程式は rigid となり，局所モノドロミーによってモノドロミーが一意的に決まることがわかる．ただしここで

$$1^m = \overbrace{1,1,\ldots,1}^{m}$$

である．G はこのスペクトル型を持つ微分方程式のモノドロミー群として得られたものである．正確に述べると，G が既約である（すなわち (3.17) が成り立つ）ときには，G はこの方程式のモノドロミー群となる．G が可約の場合には，モノドロミー群となる場合とそうでない場合があり得る．

以上この例に関しては，詳しいことは [145], [28], [29] などを参照されたい．

3.4.3 有限モノドロミー

単独高階型の Fuchs 型微分方程式

$$y^{(n)} + p_1(x)y^{(n-1)} + \cdots + p_n(x)y = 0 \tag{3.18}$$

を考える．特異点は $x = a_0, a_1, \ldots, a_p$ であるとする．

定理 3.11 Fuchs 型微分方程式 (3.18) において，モノドロミー群が有限群なら任意の解は代数関数である．逆に任意の解が代数関数なら，モノドロミー群は有限群である．

証明 モノドロミー群が有限群であるという条件は，基本群の基点や基本解系の取り方に依らない．そこで x_0 を $D = \mathbb{P}^1(\mathbb{C}) \setminus \{a_0, a_1, \ldots, a_p\}$ の任意の点，U を D における x_0 の単連結近傍とし，U における (3.18) の基本解系 $\mathcal{Y}(x)$ を 1 つ取る．$\mathcal{Y}(x)$ に関するモノドロミー群が有限群であったとする．(3.18) の U における任意の解 $y(x)$ を考える．モノドロミー群が有限であるから，$\mathcal{Y}(x)$ に対して x_0 を基点とするどのような閉曲線に沿った解析接続を行っても，その結果は有限個になる．$y(x)$ は $\mathcal{Y}(x)$ の線形結合で表されるので，$y(x)$ は有限多価であることがわかる．$y(x)$ の U 上のすべての分枝の集合を

$$F = \{y_1(x), y_2(x), \ldots, y_N(x)\}$$

とおこう．任意に $\gamma \in \pi_1(D, x_0)$ を取る．各 $y_j(x) \in F$ に対し，γ に沿った解析接続 $\gamma_* y_j(x)$ は，$y(x)$ の 1 つの分枝になるから F に属する．また $y_j(x) \neq y_k(x)$ であれば，$\gamma_* y_j(x) \neq \gamma_* y_k(x)$ が成り立つ．したがって γ に沿った解析接続は，F の元の間の置換を引き起こす．したがって，$s_i(x)$ ($1 \leq i \leq N$) を F の元の i 次基本対称式とすると，$s_i(x)$ は γ に沿った解析接続で不変になる．よって $s_i(x)$ は D 上 1 価正則で，特異点 $a_0, a_1, \ldots, a_p$ はたかだか確定特異点だから定理 2.1 によりたかだか極となり，$s_i(x)$ は有理関数であることがわかる．すると F の元は有理関

数を係数とする代数方程式

$$X^N - s_1(x)X^{N-1} + s_2(x)X^{N-2} - \cdots + (-1)^N s_N(x) = 0$$

の解であるので，代数関数となる．とくに $y(x)$ は代数関数である．

逆に (3.18) のすべての解が代数関数であるとすると，代数関数は有限多価だから，任意の基本解系についてその解析接続の結果は有限個となる．したがってモノドロミー群は有限群である． □

同様の結果は，連立 1 階型の方程式についても成立する．

定理 3.12 連立 1 階型の Fuchs 型微分方程式

$$\frac{dY}{dx} = A(x)Y$$

において，モノドロミー群が有限群なら任意の解は代数関数を成分とする．逆に任意の解が代数関数を成分とするなら，モノドロミー群は有限群である．

証明は，定理 3.11 の証明における任意の解 $y(x)$ のところを，任意の解 $Y(x)$ の各成分 $y_i(x)$ で置き換えればまったく同様である．

代数関数の特異点はすべて確定特異点であるので，ある線形微分方程式のすべての解が代数関数であれば，その微分方程式は Fuchs 型である．しかしもちろん，モノドロミー群が有限群であっても，微分方程式が Fuchs 型であるとは限らない．

次は定理 3.11, 3.12 から簡単に導かれる事実であるが，良く用いられる．

系 3.13 線形微分方程式のすべての解が代数関数であれば，各特異点における局所モノドロミーは（一般線形群の元として）有限位数である．特に，すべての特性指数は有理数である．

証明 定理 3.11 あるいは 3.12 によりモノドロミー群は有限群である．局所モノドロミーはモノドロミー群のある元の共役類であるので，その位数は有限となる．するとその固有値は 1 のベキ根となる．定理 2.13 により，局所モノドロミーの固有値は特性指数 λ により $e^{2\pi\sqrt{-1}\lambda}$ の形で与えられるので，特性指数は有理数でなければならない． □

微分方程式のすべての解が代数関数となるのはどのような場合か，というテーマを追求し，本質的な成果を上げたのは Schwarz である．彼は Gauss の超幾何微分方程式

$$(3.19) \qquad x(1-x)y'' + (\gamma - (\alpha+\beta+1)x)y' - \alpha\beta y = 0$$

について考察した．ここで $\alpha, \beta, \gamma \in \mathbb{C}$ はパラメーターである．(3.19) は Fuchs 型微分方程式で，$x = 0, 1, \infty$ を確定特異点に持つ．各特異点 $0, 1, \infty$ における特性指数の組を表（Riemann scheme という．5.2 節参照）にすると

$$\left\{\begin{array}{ccc} x=0 & x=1 & x=\infty \\ 0 & 0 & \alpha \\ 1-\gamma & \gamma-\alpha-\beta & \beta \end{array}\right\}$$

となる．

Schwarz の行った研究について，詳しいことは [112] などを参照されたい．ここでは Schwarz の研究の概略と，その研究のもたらした展開について簡単に説明する．

超幾何微分方程式 (3.19) のすべての解が代数関数であるためには，系 3.13 により $\alpha, \beta, \gamma \in \mathbb{Q}$ が必要なので，この条件を仮定する．(y_1, y_2) を (3.19) の解の基本系とすると，その Wronskian $y_1 y_2' - y_2 y_1'$ は $x^\gamma (1-x)^{\alpha+\beta-\gamma+1}$ の定数倍となり，特に仮定 $\alpha, \beta, \gamma \in \mathbb{Q}$ から代数関数となる．この事実を用いると，y_1, y_2 がともに代数関数であることと，その比 y_1/y_2 が代数関数であることが同値なことが示される．

そこで Schwarz は (3.19) に対し，その解の基本系の比 y_1/y_2 がどのような写像を定めるのかを調べることにした．この写像

$$\begin{array}{cccc} \sigma: & \mathbb{P}^1 \setminus \{0, 1, \infty\} & \to & \mathbb{P}^1 \\ & x & \mapsto & y_1(x)/y_2(x) \end{array}$$

を，今日では Schwarz 写像と呼ぶ．写像 σ はもちろん解の基本系 (y_1, y_2) の取り方に依存して決まるが，別の基本解系 $(\tilde{y}_1, \tilde{y}_2)$ に取り替えた場合には

$$(\tilde{y}_1, \tilde{y}_2) = (ay_1 + by_2, cy_1 + dy_2), \qquad \begin{pmatrix} a & b \\ c & d \end{pmatrix} \in \mathrm{GL}(2, \mathbb{C})$$

という関係が成り立つことから，

$$\tilde{y}_1(x)/\tilde{y}_2(x) = \frac{ay_1(x) + by_2(x)}{cy_1(x) + dy_2(x)} = \frac{a\sigma(x) + b}{c\sigma(x) + d}$$

のように 1 次分数変換を受けたものに変わる．

写像 σ の像を調べる．定義域 $\mathbb{P}^1 \setminus \{0,1,\infty\}$ は単連結でないため調べにくいので，その単連結部分領域である上半平面 $\mathbb{H} = \{x \in \mathbb{C}; \operatorname{Im} x > 0\}$ の像をまず調べる．そのためには，$\mathbb{H}$ の境界である実軸 $\mathbb{R}$ と $\mathbb{P}^1 \setminus \{0,1,\infty\}$ の共通部分となる $(-\infty, 0), (0,1), (1, +\infty)$ という 3 つの区間の像を求めればよい．

区間 $(0,1)$ の像を求めるため，解の基本系として，$x = 0$ において特性指数 0 の解 $\varphi_1(x)$ と，特性指数 $1 - \gamma$ の解 $x^{1-\gamma}\varphi_2(x)$ を採用する．ここで $\varphi_1(x), \varphi_2(x)$ は収束半径 1 を持つ $x = 0$ における収束ベキ級数で，$\varphi_1(0) = \varphi_2(0) = 1$ と正規化しておく．$\varphi_1(x)$ は超幾何級数 $F(\alpha, \beta, \gamma; x)$ に他ならないが，ここでは超幾何級数のみたす様々な性質を使うわけではない．1 つ使うのは，次の重要な事実である．$\alpha, \beta, \gamma \in \mathbb{Q}$ としているため，(3.19) は実関数を係数とする微分方程式になっていて，そのため $x \in \mathbb{R}$ のときには $\mathbb{R}$ 上の常微分方程式に関する結果を適用できる．$\varphi_1(x)$ は $x = 0$ の $\mathbb{R}$ における近傍における解で，(3.19) の係数は $(-\infty, 0)$ および $(0,1)$ で連続であることから，$\varphi_1(x)$ は $(-\infty, 1)$ で定義された実数値関数となる．また $u = x^{\gamma-1}y$ を未知関数とする微分方程式を (3.19) から求めると，(3.19) においてパラメーターを $(\alpha, \beta, \gamma) \to (\alpha - \gamma + 1, \beta - \gamma + 1, 2 - \gamma)$ と取り替えた微分方程式が得られ，この微分方程式も実関数係数となるので，$\varphi_2(x)$ も $(-\infty, 1)$ 上の実数値関数となることがわかる．

区間 $(0,1)$ 上で x の偏角を 0 に取ると，$x^{1-\gamma} > 0$ であり，

$$\lim_{x \to +0} x^{1-\gamma} = \begin{cases} 0 & (1 - \gamma > 0) \\ +\infty & (1 - \gamma < 0) \end{cases}$$

となる．そこで $1 - \gamma > 0$ のときには $y_1(x) = x^{1-\gamma}\varphi_2(x), y_2(x) = \varphi_1(x)$ とし，$1 - \gamma < 0$ のときには逆に $y_1(x) = \varphi_1(x), y_2(x) = x^{1-\gamma}\varphi_2(x)$ として，$\sigma(x) = y_1(x)/y_2(x)$ とおけば，いずれの場合にも $\displaystyle\lim_{x \to +0} \sigma(x) = 0$ となり，$\sigma(x)$ は $(0,1)$ 上で正の実数値を取る．よって $\sigma(x)$ による $(0,1)$ の像は，区間 $(0, \sigma(1))$ となる．

x が $(0,1)$ から上半平面を通って $(-\infty, 0)$ に移動すると $\arg x = \pi$ となるので，$(-\infty, 0)$ 上では $\arg \sigma(x) = \arg x^{|1-\gamma|} = |1 - \gamma|\pi$ となる．したがって，$\sigma(x)$ による $(-\infty, 0)$ の像は，0 と $\sigma(-\infty)$ を結ぶ傾きの角度 $|1 - \gamma|\pi$ の線分となる．

同様の考察を，$x = 1$ における特性指数 0 の解と特性指数 $\gamma - \alpha - \beta$ の解を基本解系として採用して行うと，$(0,1)$ の像および $(1, \infty)$ の像が，$|\gamma - \alpha - \beta|\pi$ という角度をなす 2 本の線分となることがわかる．さらに $x = \infty$ における特性指数 α の解と特性指数 β の解を基本解系とした場合の σ の像を考えると，$(1, +\infty)$ と $(-\infty, 0)$ の像は $|\alpha - \beta|\pi$ という角度をなす 2 本の線分となることがわかる．

先に注意したように，基本解系を取り替えることにより，σ は 1 次分数変換を受ける．1 次分数変換は円（直線を含む）を円（直線を含む）に写すので，したがってどのような基本解系を採用した場合でも，σ による $(-\infty), (0,1), (1,+\infty)$ の像は 3 本の円弧となる．今

$$\lambda = |1-\gamma|, \ \mu = |\gamma - \alpha - \beta|, \ \nu = |\alpha - \beta|$$

とおくと，$\lambda\pi, \mu\pi, \nu\pi$ がこの 3 本の円弧のなす角となる．そこで仮に $\lambda, \mu, \nu < 2$ とすると，これらの円弧は，内角 $\lambda\pi, \mu\pi, \nu\pi$ を持つ円弧三角形をなす．この円弧三角形の内部が，上半平面 $\mathbb{H}$ の像である．

上半平面から下半平面へ行くには，3 つの区間 $(-\infty, 0), (0,1), (1,+\infty)$ のいずれかを通ることになる．たとえば $(0,1)$ を通って $\sigma(x)$ を下半平面へ解析接続すると，下半平面の像は Schwarz の鏡像原理によって，上半平面の像であった円弧三角形の，$(0,1)$ に対応する辺に関する鏡像（折り返し）となることがわかる．このようにして，はじめの円弧三角形を元に，その各辺に関する鏡像を次々と取っていったものが，σ の像となるのである．

このように Schwarz 写像 σ により，(3.19) の解の挙動を幾何学的に記述することができるようになった．特に (3.19) のモノドロミー群の作用も，幾何学的に実現される．上半平面内に基点 b を取り，b の単連結近傍における解の基本系 (y_1, y_2) を 1 つ定める．b を基点として $x = 0$ のまわりを正の向きに 1 周する閉曲線 γ を取り，γ に沿った $\sigma(x) = y_1(x)/y_2(x)$ の解析接続を考える．γ は区間 $(-\infty, 0)$ を通って下半平面に達した後，区間 $(0,1)$ を通って上半平面に戻るので，$\sigma(x)$ ははじめは上半平面の像である円弧三角形 Δ_1 内にあって，その $(-\infty, 0)$ の像となる辺を通ってその辺に関する鏡像 Δ_2 へ移動し，その後 Δ_2 の $(0,1)$ の像となる辺を通ってその辺に関する鏡像 Δ_3 に移る．よって $\gamma_*\sigma(b)$ は Δ_3 内の点となる．b を基点とする他の閉曲線についても同様で，解析接続の結果は，$\sigma(b)$ を含む円弧三

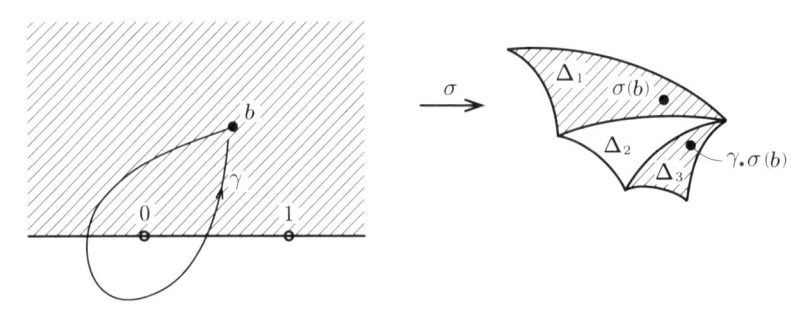

図 **3.4**

角形 Δ_1 を偶数回鏡映して得られる円弧三角形の中に実現されることになる．

Schwarz は，上半平面および下半平面の像となる円弧三角形たちが，互いに重なり合わない場合を考えた．それは σ の逆関数 σ^{-1} が 1 価となる場合である．そのためには，まず λ, μ, ν が自然数あるいは ∞ の逆数であることが必要である．

$$\lambda = \frac{1}{m},\ \mu = \frac{1}{n},\ \nu = \frac{1}{p}$$

とおく．ここで 3 つの場合に分けて考える．

(i) $\lambda + \mu + \nu > 1$,

(ii) $\lambda + \mu + \nu = 1$,

(iii) $\lambda + \mu + \nu < 1$.

(i) をみたすような m, n, p の組は，

$$(2, 2, k),\ (2, 3, 3),\ (2, 3, 4),\ (2, 3, 5)$$

だけである．ここで $k \in \mathbb{Z}_{>0}$．どの組についても，σ の行き先の $\mathbb{P}^1$ は，内角 $\lambda\pi, \mu\pi, \nu\pi$ の有限個の円弧三角形で覆い尽くされる．このことは σ の値域が $\mathbb{P}^1$ であり，かつモノドロミーが有限群であることを意味するので，これが (3.19) の解がすべて代数関数となる場合になる．このときのモノドロミー群は，それぞれ二面体群，正四面体群，正六面体群（正八面体群），正十二面体群（正二十四面体群）と呼ばれる有限群になる．

(ii) を成り立たせる m, n, p の組は，

$$(\infty, 2, 2),\ (3, 3, 3),\ (2, 4, 4),\ (2, 3, 6)$$

の 4 つである．このときは $\mathbb{P}^1$ は $\lambda\pi, \mu\pi, \nu\pi$ を内角とする無限個の円弧三角形で覆い尽くされる．逆関数 σ^{-1} は，$(\infty, 2, 2)$ の場合は三角関数で表され，その他の場合には楕円関数となる．

(iii) を成り立たせる m, n, p の組は無数にあるが，どの組に対しても，$\mathbb{P}^1$ 上に円 C が存在して，σ の値域は C の内部となることが示される．すなわち C の内部は円弧三角形で覆い尽くされるのだが，さらにその辺となる円弧はすべて C と直交することもわかる．このとき逆関数 σ^{-1} は保型関数となる．たとえば $(m, n, p) = (\infty, 3, 2)$ の場合には，対応する保型関数は楕円モジュラー関数 $j(\tau)$ であり，また $(m, n, p) = (\infty, \infty, \infty)$ の場合にはラムダ関数 $\lambda(\tau)$ である．

このように Schwarz の研究は，超幾何微分方程式のすべての解が代数関数となる場合を決定することから始めたものだが，微分方程式を用いて保型関数を組織的

に構成するという大きなテーマにまで到達したのであった．その研究は複素解析だけでなく実解析も用いる緻密なもので，関数の挙動を幾何学的に記述することを可能にした．

この Schwarz の保型関数に関する研究は，Poincaré ([112] を参照)，Picard [107], 寺田 [135], Deligne-Mostow [20] といった研究につながっていき，現在の大きな研究テーマに育っている．

話を有限モノドロミーに戻そう．Klein は，2 階の Fuchs 型微分方程式のモノドロミー群が有限であれば，その微分方程式は有限モノドロミーを持つ超幾何微分方程式 (3.19) に代数的な変換を施して得られるということを示した ([75])．

与えられた微分方程式が，有限モノドロミーを持つかどうかを判定するという問題を考える．一般に微分方程式からモノドロミー群の生成元を求めるのは大変難しい問題であるが，もし生成元がわかったとしても，それで生成される群が有限群になるかどうかを判定するのはまた難しい．そのような場合に基本となるのは次の事実である．

定理 3.14 $\mathrm{GL}(n,\mathbb{C})$ の部分群 G が有限群であれば，G 不変 Hermite 形式で正定値のものが存在する．

証明 $G = \{g_1, g_2, \ldots, g_k\}$ とする．

$$H = \sum_{i=1}^{k} {}^t\bar{g}_i g_i$$

とおくと，${}^t\bar{H} = H$ となるので H は Hermite 行列である．任意の $g \in G$ に対して

$$ {}^t\bar{g} H g = H $$

となることも H の定義から直ちにしたがうので，H は G 不変である．G の元は正則行列であるので，任意の $v \in \mathbb{C}^n \setminus \{0\}$ に対し $g_i v \neq 0$ である．よって ${}^t\bar{v}\, {}^t\bar{g}_i \cdot g_i v > 0$ が成り立つ．したがって

$$ {}^t\bar{v} H v > 0 $$

がすべての $v \in \mathbb{C}^n \setminus \{0\}$ に対して成り立ち，H が正定値であることが示された． □

有限群の分類定理を用いて有限モノドロミーを持つ微分方程式を決定する，という研究もなされている．

行列 $A \in \mathrm{GL}(n, \mathbb{R})$ が鏡映であるとは，A が対角化可能で，その固有値が 1 ($n-1$ 重) と -1 となっていることをいう．この概念の拡張として，$A \in \mathrm{GL}(n, \mathbb{C})$ が複素鏡映であるとは，A が対角化可能で，1 を $n-1$ 重の固有値に持つことをいう．複素鏡映で生成される $\mathrm{GL}(n, \mathbb{C})$ の部分群を，複素鏡映群という．Shephard-Todd [121] は，有限既約複素鏡映群の分類を行った．この分類を元に有限モノドロミーを持つ微分方程式を求める研究がある．

高野・坂内 [133] は，Jordan-Pochhammer 方程式と呼ばれるある系列の Fuchs 型微分方程式について，そのモノドロミー群が有限群になる場合を確定した．Jordan-Pochhammer 方程式のモノドロミー群は複素鏡映で生成されるので，Shephard-Todd の分類表を直接用いることができる．

Beukers-Heckman [8] は，一般超幾何微分方程式と呼ばれる別の系列の Fuchs 型微分方程式について，やはりモノドロミー群が有限群になる場合を確定した．一般超幾何微分方程式とは，一般超幾何級数 ${}_nF_{n-1}$ のみたす微分方程式である．この場合モノドロミー群は複素鏡映群にはならないが，生成元の中に複素鏡映があることを利用して，Shephard-Todd の分類表に持ち込んでいる．

任意の有限既約複素鏡映群 $G \subset \mathrm{GL}(n, \mathbb{C})$ に対して $n-1$ 変数の完全積分可能系 $\mathcal{M}$ が存在して，G をモノドロミー群として持つ任意の完全積分可能系は $\mathcal{M}$ に代数的な変換を施して得られる，ということが示される ([37])．2 階の Fuchs 型常微分方程式は，初等関数による gauge 変換を行うことで 1 点を除くすべての特異点における特性指数の 1 つを 0 に変換することができるので，モノドロミー群は複素鏡映群であるとしてよい．よって [37] の結果は，前述の Klein の結果の 1 つの拡張となっている．

Jordan-Pochhammer 方程式も一般超幾何微分方程式も，rigid な Fuchs 型微分方程式である．rigid な Fuchs 型微分方程式に対しては，そのモノドロミー群の生成元を求めることができる（5.5.1 節参照）．Belkale は，rigid な Fuchs 型微分方程式に対して，モノドロミーが有限となるための条件を Hermite 形式の言葉で記述した．ここではその定理の記述だけを紹介する．

rigid な Fuchs 型微分方程式のモノドロミー群の生成元は，局所モノドロミーの固有値を用いて有理的に表すことができる．モノドロミーが有限となる場合に興味があるので，すべての局所モノドロミーの位数が有限である場合を考えよう．すると局所モノドロミーの固有値は 1 のベキ根となるが，それらをすべて $\mathbb{Q}$ に添加した体を K とする．このときモノドロミー群 G は，$\mathrm{GL}(n, K)$ の部分群となるのである．Galois 群 $\Sigma = \mathrm{Gal}(K/\mathbb{Q})$ は $\mathrm{GL}(n, K)$ に作用する．$\sigma \in \Sigma$ による G の像を σG で表す．

定理 3.15（Belkale [6]） rigid な Fuchs 型微分方程式のモノドロミー群 G が有限群であるための必要十分条件は，任意の $\sigma \in \Sigma$ に対して，σG 不変な正定値 Hermite 形式が存在することである．

3.4.4 微分 Galois 理論と可解モノドロミー

この節では微分 Galois 理論からの話題を紹介する．微分 Galois 理論，あるいは微分代数学について本格的に論ずることはしないが，興味を持つ読者のために，参考文献として Kaplansky [61], 西岡 [92] の 2 冊を挙げておく．

体 K が**微分体**であるとは，以下の (i), (ii) をみたす写像
$$\partial : K \to K$$
が定義されていることである．

(i) $\partial(a+b) = \partial(a) + \partial(b)$ 　　$(a, b \in K)$,

(ii) $\partial(ab) = \partial(a)b + a\partial(b)$ 　　$(a, b \in K)$.

写像 ∂ を**微分**という．正確に言うと，体とその上で定義された微分の組 (K, ∂) のことを微分体という．微分体 (K, ∂) の部分集合
$$C_K = \{a \in K \,;\, \partial(a) = 0\}$$
は K の部分体となる．これを K の定数体と呼ぶ．以下混乱の恐れのないときは，$\partial(a)$ を ∂a と書く．

微分 ∂ はもちろん通常の微分を抽象化した概念である．複素数体 $\mathbb{C}$，有理関数体 $\mathbb{C}(x)$，領域 $D \subset \mathbb{C}$ における有理型関数の全体 $\mathcal{M}_D$ などは，$\mathbb{C}$ の座標を x とするとき，x に関する微分 $\dfrac{d}{dx}$ を微分として微分体となる．これらの定数体はいずれも $\mathbb{C}$ である．

微分体 K の元 $y_1, y_2, \ldots, y_n$ に対して，その Wronskian $W(y_1, y_2, \ldots, y_n)$ は第 1 章の (1.10) と同様に次で定義される．

$$W(y_1, y_2, \ldots, y_n) = \begin{vmatrix} y_1 & y_2 & \cdots & y_n \\ \partial y_1 & \partial y_2 & \cdots & \partial y_n \\ \vdots & \vdots & & \vdots \\ \partial^{n-1} y_1 & \partial^{n-1} y_2 & \cdots & \partial^{n-1} y_n \end{vmatrix}.$$

次の主張は完全に代数的な内容であるが，解析においても有用である．

定理 3.16 微分体 K の元 $y_1, y_2, \ldots, y_n$ が定数体 C_K 上線形従属であることと，それらの Wronskian $W(y_1, y_2, \ldots, y_n)$ が $0 \in K$ に等しいことは同値である．

証明 $y_1, y_2, \ldots, y_n$ が定数体 C_K 上線形従属とすると，

$$c_1 y_1 + c_2 y_2 + \cdots + c_n y_n = 0 \tag{3.20}$$

をみたす ${}^t(c_1, c_2, \ldots, c_n) \in (C_K)^n \setminus \{0\}$ が存在する．この式を $n-1$ 階まで微分していくと

$$\begin{pmatrix} y_1 & y_2 & \cdots & y_n \\ \partial y_1 & \partial y_2 & \cdots & \partial y_n \\ \vdots & \vdots & & \vdots \\ \partial^{n-1} y_1 & \partial^{n-1} y_2 & \cdots & \partial^{n-1} y_n \end{pmatrix} \begin{pmatrix} c_1 \\ c_2 \\ \vdots \\ c_n \end{pmatrix} = \begin{pmatrix} 0 \\ 0 \\ \vdots \\ 0 \end{pmatrix} \tag{3.21}$$

が得られるので，左辺の行列は 0 を固有値に持つ．したがってその行列式である Wronskian は 0 に等しい．

逆に $W(y_1, y_2, \ldots, y_n) = 0$ とすると，(3.21) をみたす ${}^t(c_1, c_2, \ldots, c_n) \in K^n \setminus \{0\}$ が存在する．一般性を失わずに $c_1 \neq 0$ と仮定してよいので，さらに $c_1 = 1$ と仮定できる．このとき (3.21) の第 1 成分である (3.20) を微分すると，

$$\partial y_1 + c_2 \partial y_2 + \cdots + c_n \partial y_n + (\partial c_2 \cdot y_2 + \cdots + \partial c_n \cdot y_n) = 0$$

が得られる．ここで (3.21) の左辺の第 2 成分が 0 であることから，

$$\partial c_2 \cdot y_2 + \cdots + \partial c_n \cdot y_n = 0$$

を得る．同様の考察を続けると

$$\begin{pmatrix} y_2 & \cdots & y_n \\ \vdots & & \vdots \\ \partial^{n-2} y_2 & \cdots & \partial^{n-2} y_n \end{pmatrix} \begin{pmatrix} \partial c_2 \\ \vdots \\ \partial c_n \end{pmatrix} = \begin{pmatrix} 0 \\ \vdots \\ 0 \end{pmatrix}$$

が得られる．これも一般性を失うことなく $W(y_2, \ldots, y_n) \neq 0$ と仮定できるので，これより

$$\partial c_2 = \cdots = \partial c_n = 0$$

となる．すなわち $c_1, c_2, \ldots, c_n \in C_K$ が示され，(3.20) が ${}^t(c_1, c_2, \ldots, c_n) \in (C_K)^n \setminus \{0\}$ について成立することがわかる． □

微分体 (L,∂) に対し，L の部分体 K が ∂ に関して閉じているとき，(K,∂) も微分体となる．このとき L/K を微分体の拡大という．L/K を微分体の拡大とし，$a \in L$ とする．K に a およびすべての $j \in \mathbb{Z}_{>0}$ についての $\partial^j a$ を添加して得られる L の部分体を $K\langle a \rangle$ で表す．すなわち

$$K\langle a \rangle = K(a, \partial a, \partial^2 a, \partial^3 a, \dots)$$

である．すると $(K\langle a \rangle, \partial)$ は微分体となり，$L/K\langle a \rangle$ は微分体の拡大である．帰納的に $K\langle a_1, a_2, \dots, a_l \rangle = K\langle a_1, a_2, \dots, a_{l-1} \rangle \langle a_l \rangle$ と定義する．

2 つの微分体 $(L_1, \partial_1), (L_2, \partial_2)$ について，体の準同型

$$\sigma : L_1 \to L_2$$

が微分と可換のとき，すなわち

$$\sigma(\partial_1(a)) = \partial_2(\sigma(a)) \qquad (a \in L_1)$$

が成り立つとき，σ を微分準同型という．さらに σ が同型であれば，微分同型という．

微分体の拡大 L/K において，L から L への微分同型で K の元を不変に保つものを，L の K 上の微分自己同型と呼ぶ．L の K 上の微分自己同型の全体のなす群を L/K の微分 Galois 群と呼び，$\mathrm{Gal}(L/K)$ で表す．すなわち

$$\mathrm{Gal}(L/K) = \{\sigma : L \to L \mid \sigma \text{ は微分同型}, \sigma(a) = a \ (\forall a \in K)\}$$

である．

微分体の拡大 L/K に対し，その中間体と微分 Galois 群の部分群の間の Galois 対応をつけるのが微分 Galois 理論である．L が，K にある微分方程式の解を添加して得られる拡大である場合に，Galois 対応が確立していると，その微分方程式の解がどれくらい複雑な関数なのかを，微分 Galois 群を見ることで判定できることになる．微分 Galois 理論については現在でも様々な研究が行われているが，その中で古典となっている Picard-Vessiot 理論を紹介する．この理論により，線形常微分方程式が求積法で解けるか，という判定法が与えられる．

微分体の拡大 L/K が **Picard-Vessiot 拡大**であるとは，K の元を係数とする線形微分方程式

(3.22) $$\partial^n y + a_1 \partial^{n-1} y + \cdots + a_{n-1} \partial y + a_n y = 0 \quad (a_i \in K)$$

があり，L は K にこの微分方程式の定数体上 C_L 線形独立な n 個の解 $y_1, y_2, \dots, y_n$ を添加して得られる微分体であること：

$$L = K\langle y_1, y_2, \ldots, y_n \rangle,$$

そしてさらに

$$C_L = C_K$$

が成り立つことである.

Wronskian を用いると,微分方程式 (3.22) を表に出さないで定義することもできる.L/K が Picard-Vessiot 拡大であるとは,$C_L = C_K$ であって,次の (i), (ii), (iii) をみたす $y_1, y_2, \ldots, y_n \in L$ が存在することである.

(i) $\qquad L = K\langle y_1, y_2, \ldots, y_n \rangle,$

(ii) $\qquad W(y_1, y_2, \ldots, y_n) \neq 0,$

(iii) $\begin{vmatrix} y_1 & y_2 & \cdots & y_n \\ \vdots & \vdots & & \vdots \\ \partial^{i-1} y_1 & \partial^{i-1} y_2 & \cdots & \partial^{i-1} y_n \\ \partial^{i+1} y_1 & \partial^{i+1} y_2 & \cdots & \partial^{i+1} y_n \\ \vdots & \vdots & & \vdots \\ \partial^n y_1 & \partial^n y_2 & \cdots & \partial^n y_n \end{vmatrix} / W(y_1, y_2, \ldots, y_n) \in K \quad (0 \leq i \leq n-1).$

この言い換えは,微分方程式 (3.22) が

(3.23) $\qquad W(y, y_1, y_2, \ldots, y_n) = 0$

と表されることに基づいている.

このことに注意すると,次の補題が得られる.

補題 3.17 K を微分体とし,K の元を係数とする微分方程式 (3.22) を考える.微分体の拡大 F/K があり,$y_1, y_2, \ldots, y_n \in F$ が C_F 上線形独立な (3.22) の解であるとすると,F に含まれる (3.22) の任意の解は $y_1, y_2, \ldots, y_n$ の C_F 係数の線形結合となる.

この補題は,F に含まれる解を z とすると,(3.23) によって

$$W(z, y_1, y_2, \ldots, y_n) = 0$$

となるので,定理 3.16 により $z, y_1, y_2, \ldots, y_n$ が C_F 上線形従属となることからしたがう.

さて L/K を,微分方程式 (3.22) の解 $y_1, y_2, \ldots, y_n$ を添加することで得られる Picard-Vessiot 拡大とする.このとき,$\mathrm{Gal}(L/K)$ が $\mathrm{GL}(n, C_K)$ の部分群として

実現されることを見る．$\sigma \in \mathrm{Gal}(L/K)$ とすると，σ が K 上の微分準同型であることから
$$\partial^n \sigma(y_j) + a_1 \partial^{n-1}\sigma(y_j) + \cdots + a_{n-1}\partial\sigma(y_j) + a_n \sigma(y_j) = 0$$
が $j = 1, 2, \ldots, n$ について成り立つ．したがって $\sigma(y_1), \sigma(y_2), \ldots, \sigma(y_n) \in L$ は (3.22) の解となり，また σ が同型であることから

(3.24) $$W(\sigma(y_1), \sigma(y_2), \ldots, \sigma(y_n)) = \sigma(W(y_1, y_2, \ldots, y_n)) \neq 0$$

となるので $C_L = C_K$ 上線形独立である．補題 3.17 により，
$$\sigma(y_j) = \sum_{k=1}^{n} c_{jk} y_k \quad (1 \leq j \leq n)$$
となる $c_{jk} \in C_L = C_K$ が存在する．(3.24) によって，行列 (c_{jk}) の行列式は消えないことがわかる．この対応は，群の準同型

$$\begin{array}{ccc} \mathrm{Gal}(L/K) & \to & \mathrm{GL}(n, C_K) \\ \sigma & \mapsto & (c_{jk}) \end{array}$$

となるので，$\mathrm{Gal}(L/K)$ は $\mathrm{GL}(n, C_K)$ の部分群と同型になる．

以上の準備の下で，Picard-Vessiot 理論の主要結果を述べることができる．定理の証明は Kaplansky [61] に委ねて省略する．

定理 3.18 Picard-Vessiot 拡大 L/K の微分 Galois 群 $\mathrm{Gal}(L/K)$ は，$\mathrm{GL}(n, C_K)$ の代数部分群である．

定理 3.19 Picard-Vessiot 拡大 L/K において，C_K は標数 0 の代数閉体であるとする．このとき L/K は正規拡大である．

L/K が正規拡大とは，$\mathrm{Gal}(L/K)$ のすべての元で動かないのは K の元に限ることをいう．

定理 3.20 Picard-Vessiot 拡大 L/K において，C_K は標数 0 の代数閉体であるとする．このとき，L/K の中間体と $\mathrm{Gal}(L/K)$ の代数部分群の間に 1 : 1 の Galois 対応がある．

Galois 対応は次のようにして得られる．L/K の中間体 M に対しては，微分 Galois 群 $\mathrm{Gal}(L/M)$ が対応する．$\mathrm{Gal}(L/K)$ の代数部分群 H に対しては，L/K の中間体

$$M = \{a \in L \mid \sigma(a) = a \ (\forall \sigma \in H)\}$$

が対応する．H が $\mathrm{Gal}(L/K)$ の正規部分群であることと，対応する M について M/K が正規拡大であることは，同値となる．このとき

$$\mathrm{Gal}(M/K) = \mathrm{Gal}(L/K)/H$$

が成り立つ．

次に求積法を考える．求積法というのは微分方程式の具体的な解法で，変数分離形の 1 階常微分方程式などが求積法で解けることはよく知られている．与えられた微分方程式が求積法で解けるかどうかを判定したいと考えるとき，まず求積法として許される操作を確定する必要がある．状況や目的によって様々な定義があり得るが，1 つの定義として一般 Liouville 拡大というものがある．

K を微分体とし，$a \in K$ とする．

$$\partial u = a$$

をみたす K の微分拡大体の元 u を，a の integral と呼ぶ．また

$$\partial u - au = 0$$

をみたす K の微分拡大体の元 u を，a の exponential of an integral と呼ぶ．解析関数のカテゴリーで考えると，$a(x)$ の integral は文字通り積分 $\int a(x)\,dx$ で与えられ，$a(x)$ の exponential of an integral は $\exp\left(\int a(x)\,dx\right)$ で与えられる．

微分体の拡大 N/K が**一般 Liouville 拡大**であるとは，微分体の拡大の列

$$K = K_0 \subset K_1 \subset K_2 \subset \cdots \subset K_n = N$$

で，各 K_{i+1}/K_i が有限次代数拡大か，K_i の元の integral を添加した拡大か，K_i の元の exponential of an integral を添加した拡大になっているものが存在することと定める．つまり，代数方程式を解く，不定積分をする，1 階線形微分方程式を解く，ということを許される操作として定め，これらの操作を有限回繰り返して解を得ることを求積法と定める，という考え方である．なお一般 Liouville 拡大の条件のうち，K_{i+1}/K_i が有限次代数拡大という条件を除いた場合を，**Liouville 拡大**という．

一般 Liouville 拡大は，Picard-Vessiot 理論によくマッチする．すなわち次の定理が成り立つ．

定理 3.21 Picard-Vessiot 拡大 L/K において，C_K は標数 0 の代数閉体であるとする．このとき，L が K の一般 Liouville 拡大に含まれるための必要十分条件は，$\mathrm{Gal}(L/K)$ の単位元の連結成分が可解であることである．

群 G が可解であるとは，G の正規鎖

$$G = N_0 \supset N_1 \supset \cdots \supset N_r = 1$$

で，各 N_{i-1}/N_1 が可換群となるものが存在することである．（ここで 1 は，単位元のみからなる群を表している．）これは，G の交換子列

$$G \supset D(G) \supset D^2(G) \supset D^3(G) \supset \cdots$$

が 1 で終わるということと同値である．ここで $D(G) = [G,G]$, $D^{i+1}(G) = [D^i(G), D^i(G)]$ である．ただし一般に群 G の部分群 K, H に対して $[K, H]$ はその交換子群，すなわち $khk^{-1}h^{-1}$ ($k \in K, h \in H$) で生成される G の部分群を表す．

以上が微分 Galois 理論の 1 つである Picard-Vessiot 理論の概略である．Kolchin [79] は Picard-Vessiot 拡大の概念を拡張して，強正規拡大の概念を得た．強正規拡大はその後梅村により再発見され，西岡-梅村の Painlevé 第 1 方程式の既約性（解が非常に超越的な関数であること）の証明に用いられた（[139]）．

さてここでやっと，本節の主題であるモノドロミーが微分 Galois 理論に登場する．

一般に微分 Galois 群を求めるのは非常に難しい問題である．しかし Fuchs 型微分方程式については，次のようにモノドロミー群を用いて微分 Galois 群を求めることができる．

定理 3.22 Fuchs 型微分方程式

(3.25) $$y^{(n)} + a_1(x)y^{(n-1)} + \cdots + a_n(x)y = 0$$

の解の基本系を $\mathcal{Y} = (y_1, y_2, \ldots, y_n)$ とし，

$$L = \mathbb{C}(x)\langle y_1, y_2, \ldots, y_n \rangle$$

とおく．このとき $\mathrm{Gal}(L/\mathbb{C}(x))$ は，$\mathcal{Y}$ に関するモノドロミー群の Zariski 閉包である．

群 G の Zariski 閉包とは，G を含む最小の代数群のことを指す．

証明 モノドロミー群 G の作用は閉曲線に沿った解析接続を表すものなので，解の基本系 $(y_1, y_2, \ldots, y_n)$ は別の解の基本系にうつり，$\mathbb{C}(x)$ の元は変化しない．したがって G の元は $\mathrm{Gal}(L/\mathbb{C}(x))$ の元と見ることができる．定理 3.18 により $\mathrm{Gal}(L/\mathbb{C}(x))$ は代数群となるので，G の Zariski 閉包 $\bar{G}$ も $\mathrm{Gal}(L/\mathbb{C}(x))$ に含まれることがわかる．すなわち $\bar{G} \subset \mathrm{Gal}(L/\mathbb{C}(x))$．

L の元は $y_1, y_2, \ldots, y_n$ の $\mathbb{C}(x)$ 係数の有理式だから，その特異点は微分方程式 (3.25) の特異点および分母の零点である．これらはいずれも確定特異点となるので，L の元が G の作用で不変であれば，1 価であり，定理 2.1 によってその特異点は極に限られる．したがってその L の元は有理関数となる．定理 3.19 により Picard-Vessiot 拡大 $L/\mathbb{C}(x)$ は正規であるから，このことは $\bar{G} \supset \mathrm{Gal}(L/\mathbb{C}(x))$ を意味する．

以上により $\bar{G} = \mathrm{Gal}(L/\mathbb{C}(x))$ が示された． $\square$

超幾何微分方程式 (3.19) は，昔から詳しく調べられてきた．パラメーター α, β, γ が特別な値を取るときに解が具体的にどのような関数になるか，ということについても，上述の Schwarz の研究をはじめ多くの研究がある．すでに Gauss は，初等関数がパラメーターが特殊な超幾何関数を用いて表される場合を列挙している．ここで超幾何関数とは，

$$F(\alpha, \beta, \gamma; x) = \sum_{n=0}^{\infty} \frac{(\alpha, n)(\beta, n)}{(\gamma, n) n!} x^n, \quad (\alpha, n) = \frac{\Gamma(\alpha + n)}{\Gamma(\alpha)}$$

という級数により与えられる関数で，超幾何微分方程式の $x = 0$ における特性指数 0 の解である．Gauss 全集からいくつか拾い出してみると，

$$(t+u)^n = t^n F(-n, \beta, \beta; -\frac{u}{t})$$

$$\log(1+t) = t F(1, 1, 2; -t)$$

$$e^t = 2 \lim_{k \to \infty} F(1, k, 1; \frac{t}{k})$$

$$\sin t = t \lim_{k, k' \to \infty} F(k, k', \frac{3}{2}; -\frac{t^2}{4kk'})$$

$$\cos t = \lim_{k, k' \to \infty} F(k, k', \frac{1}{2}; -\frac{t^2}{4kk'})$$

$$t = \sin t \, F(\frac{1}{2}, \frac{1}{2}, \frac{3}{2}; \sin^2 t)$$

$$t = \tan t \, F(\frac{1}{2}, 1, \frac{3}{2}; -\tan^2 t)$$

などがある．最後の 2 式は，それぞれ $\sin^{-1} t, \tan^{-1} t$ の表示と見ることができる．

初等関数は，$\mathbb{C}(x)$ 上の integral および exponential of an integral で生成される微分体の元と見ることができる．このように考えると，超幾何微分方程式が一般 Liouville 拡大を定めるようなパラメーターの値を決定する，というのは自然な問題と考えられる．この問題は，定理 3.22 と定理 3.21 により超幾何微分方程式のモノドロミー群の解析に帰着し，木村 [71] により解決された．

微分方程式 (3.25) が Fuchs 型でなく不確定特異点も持つ場合には，第 8 章で述べる Stokes 行列による変換をモノドロミー群に加えた一般モノドロミー群を考えると，その Zariski 閉包が $\mathrm{Gal}(L/\mathbb{C}(x))$ に一致する (Martinet-Ramis [84])．

第 4 章
接続問題

4.1 物理と接続問題

弦の振動を考える．長さ ℓ の弦が xy-平面の x 軸上の区間 $[0,\ell]$ に重なるように配置されているとする．すると弦の振動とは，各 $x \in (0,\ell)$ の位置にある質点が，時刻とともに y 方向に上下運動するものととらえられる．すなわち時刻 t における質点 x の y 方向の変位を $y(t,x)$ とすると，2 変数関数 $y(t,x)$ が弦の振動を表す．Newton の運動法則により，$y(t,x)$ は波動方程式

$$\frac{\partial^2 y}{\partial t^2} = c^2 \frac{\partial^2 y}{\partial x^2} \tag{4.1}$$

をみたすことがわかる．ここで c は弦の密度と張力により定まる定数である．

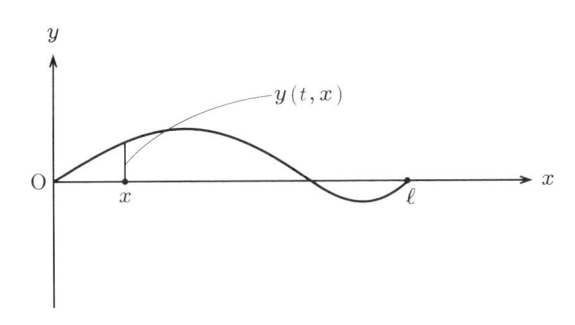

図 4.1

波動方程式 (4.1) を変数分離法によって解く．すなわち，

$$y(t,x) = v(t)z(x) \tag{4.2}$$

という形を仮定して解を求める．それぞれの変数に関する微分を $'$（ダッシュ）で表すことにすると，(4.2) を (4.1) に代入して

$$v''z = c^2 v z''$$

を得る．これを

(4.3) $$\frac{1}{c^2}\frac{v''}{v} = \frac{z''}{z}$$

と書き換えると，この両辺は定数である．なぜなら左辺は x によらず，右辺は t によらないからである．この定数を $-\lambda$ とおくと，

(4.4) $$v'' + c^2\lambda v = 0,$$
(4.5) $$z'' + \lambda z = 0$$

が得られる．(4.5) の解は，$\sin c\sqrt{\lambda}t, \cos c\sqrt{\lambda}t$ の線形結合であるので，

$$v(t) = v_0 \cos(c\sqrt{\lambda}t + \omega) \quad (v_0, \omega\colon 定数)$$

の形にまとめることができる．変数分離形の表示 (4.2) より，$z(x)$ は振動中の弦の形を表し，$v(t)$ はその形が時刻とともに拡大・縮小および反転する様子を表している．今求めた $v(t)$ の形から，$v(t)$ は周期 $\dfrac{2\pi}{c\sqrt{\lambda}}$ を持つ周期関数となるので，この周期が弦の振動の周期となり，したがって周波数はその逆数 $\dfrac{c\sqrt{\lambda}}{2\pi}$ で与えられる．よってこの振動の周波数は，λ の値によって決まることになる．その意味で，λ をスペクトル・パラメーターと呼ぼう．λ は，この時点ではまだ定数であることしかわかっていないことに注意しておく．

さて，弦の両端 $x=0$ と $x=\ell$ は固定されているので，

$$y(t,0) = y(t,\ell) = 0$$

が成り立っている．これより

(4.6) $$z(0) = z(\ell) = 0$$

がしたがう．よって微分方程式 (4.5) は境界条件 (4.6) をみたすような解を持たなくてはならず，そのための条件から λ が決まる．その仕組みを，一般化しやすい形に定式化して説明しよう．

線形微分方程式 (4.5) は $x = \infty$ のみに特異点を持つので，$x=0, x=\ell$ はともに正則点である．$x=0$ において，初期条件

$$z(0) = 0,\ z'(0) = 1$$

により定まる解を $s_0(x)$，

$$z(0) = 1,\ z'(0) = 0$$

により定まる解を $c_0(x)$ とおく．実際には

$$s_0(x) = \frac{1}{\sqrt{\lambda}} \sin \sqrt{\lambda} x, \; c_0(x) = \cos \sqrt{\lambda} x$$

である．また $x = \ell$ において，初期条件

$$z(\ell) = 0, \; z'(\ell) = 1$$

により定まる解を $s_\ell(x)$,

$$z(\ell) = 1, \; z'(\ell) = 0$$

により定まる解を $c_\ell(x)$ とおく．これらも具体的には

$$s_\ell(x) = \frac{1}{\sqrt{\lambda}} \sin \sqrt{\lambda}(x - \ell), \; c_\ell(x) = \cos \sqrt{\lambda}(x - \ell)$$

である．$(s_0(x), c_0(x))$ は $x = 0$ における解の基本系，$(s_\ell(x), c_\ell(x))$ は $x = \ell$ における解の基本系となる．

さて境界条件 (4.6) より，$x = 0$ の近傍においては

$$z(x) = a s_0(x) \quad (a: 定数)$$

でなくてはならない．そこで $s_0(x)$ を $x = \ell$ の近傍まで解析接続すると，その結果は $x = \ell$ における解の基本系 $(s_\ell(x), c_\ell(x))$ の線形結合で書けるから，

$$s_0(x) = A s_\ell(x) + B c_\ell(x)$$

となる定数 A, B が定まる．この A, B を接続係数という．したがって境界条件 (4.6) が成り立つための条件は

$$B = 0$$

である．今の場合は三角関数の性質を用いて

$$\begin{aligned}
s_0(x) &= \frac{1}{\sqrt{\lambda}} \sin \sqrt{\lambda}(x - \ell + \ell) \\
&= \frac{1}{\sqrt{\lambda}} \left(\sin \sqrt{\lambda}(x - \ell) \cos \sqrt{\lambda} \ell + \cos \sqrt{\lambda}(x - \ell) \sin \sqrt{\lambda} \ell \right) \\
&= \cos \sqrt{\lambda} \ell \, s_\ell(x) + \frac{1}{\sqrt{\lambda}} \sin \sqrt{\lambda} \ell \, c_\ell(x)
\end{aligned}$$

が得られるので，

$$A = \cos \sqrt{\lambda} \ell, \; B = \frac{1}{\sqrt{\lambda}} \sin \sqrt{\lambda} \ell$$

となる．よって $B = 0$ から

が導かれ，これから $\sqrt{\lambda}\ell = n\pi\ (n \in \mathbb{Z})$ が得られ，したがって

$$\sin\sqrt{\lambda}\ell = 0$$

$$\lambda = \left(\frac{n\pi}{\ell}\right)^2 \quad (n \in \mathbb{Z})$$

が得られる．このようにして，接続係数 B が 0 になることを通して，スペクトル・パラメーター λ の値を特定することができた．

2 番目の例として，静電場のポテンシャルを考える．空間内に電荷を帯びた物体を静置すると，そのまわりに電場が発生する．すなわち，その空間に電荷を帯びた別の物体を持ってくると引力または斥力を受けるが，これを空間の各点にその受ける力を表すベクトルが定まっている状態である，と考えるのである．この状態（ベクトル場）を，静電場という．

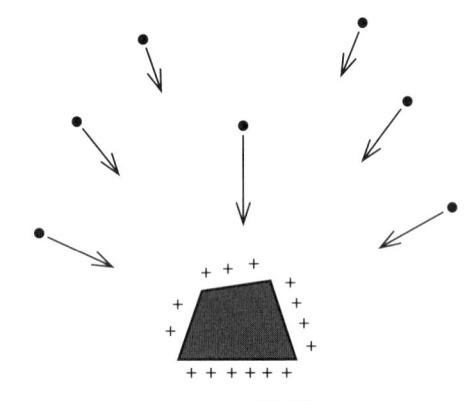

図 4.2: 静電場

静電場にはポテンシャルがあることが知られている．すなわち，ポテンシャルと呼ばれる 3 変数関数 $\phi(x,y,z)$ があって，点 (x,y,z) におけるベクトルが

$$\operatorname{grad}\phi(x,y,z) = \left(\frac{\partial\phi}{\partial x}(x,y,z), \frac{\partial\phi}{\partial y}(x,y,z), \frac{\partial\phi}{\partial z}(x,y,z)\right)$$

により与えられる．このポテンシャル ϕ は，電荷を帯びた物体が静置されている以外の場所では，Laplace 方程式

(4.7) $$\Delta\phi = \frac{\partial^2\phi}{\partial x^2} + \frac{\partial^2\phi}{\partial y^2} + \frac{\partial^2\phi}{\partial z^2} = 0$$

をみたすことがわかる．この Laplace 方程式を解いて，ポテンシャル ϕ を求めたい．

1つの方法として，空間の極座標により変数分離してみよう．空間の極座標は，図のように空間内の点を (r, θ, φ) で表す方法で，(x, y, z) 座標とは

$$\begin{cases} x = r\sin\theta\cos\varphi, \\ y = r\sin\theta\sin\varphi, \\ z = r\cos\theta \end{cases}$$

という関係がある．

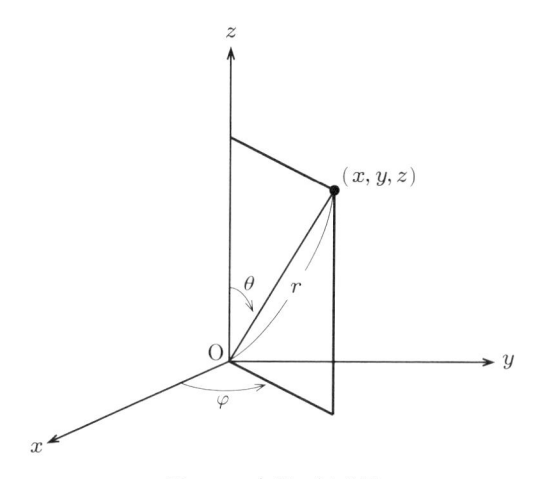

図 **4.3**: 空間の極座標

Laplace 方程式 (4.7) を (r, θ, φ) で書き換えたあと，

$$\phi(x, y, z) = R(r)\Theta(\theta)\Phi(\varphi)$$

という変数分離形を仮定すると，2 つのスペクトル・パラメーター λ, μ を導入することで，Laplace 方程式は次の 3 つの常微分方程式に分解する．

(4.8) $\qquad r^2 R'' + 2rR' - \lambda R = 0,$

(4.9) $\qquad \Theta'' + \dfrac{\cos\theta}{\sin\theta}\Theta' + \left(\lambda - \dfrac{\mu}{\sin^2\theta}\right)\Theta = 0,$

(4.10) $\qquad \Phi'' + \mu\Phi = 0.$

ϕ は $\mathbb{R}^3$ 上で 1 価だから，$\Phi(\varphi + 2\pi) = \Phi(\varphi)$ が成り立つ必要がある．(4.10) がこの条件をみたす解を持つということから $\mu = m^2$ $(m \in \mathbb{Z})$ がしたがう．以下では簡単のために $\mu = 0$ とする．このとき (4.9) は

$$\Theta'' + \dfrac{\cos\theta}{\sin\theta}\Theta' + \lambda\Theta = 0$$

となる．ここで
$$\cos\theta = t$$
とおいて変数を t に変換すると，この微分方程式は

(4.11) $$(1-t^2)\frac{d^2\Theta}{dt^2} - 2t\frac{d\Theta}{dt} + \lambda\Theta = 0$$

となる．この微分方程式は Legendre 微分方程式と呼ばれる，2 階 Fuchs 型の微分方程式である．確定特異点は $t = \pm 1, \infty$ の 3 点で，それぞれにおける特性指数は，$t = \pm 1$ ではいずれも $0, 0$ で，$t = \infty$ では 2 次方程式

$$\rho^2 - \rho - \lambda = 0$$

の 2 根 ρ_1, ρ_2 である．これらのデータを表にまとめると，

(4.12) $$\left\{\begin{matrix} t=1 & t=-1 & t=\infty \\ 0 & 0 & \rho_1 \\ 0 & 0 & \rho_2 \end{matrix}\right\}$$

となる．この表を Riemann scheme と呼ぶ（5.2 節参照）．

確定特異点 $t = \pm 1$ は $\theta = 0, \pi$ に対応し，極座標の定義から z 軸を表す．するとポテンシャル ϕ は z 軸に特異性を持つ可能性があることになるが，xyz 座標は解析のために仮想的に導入されたものだから，ポテンシャル ϕ にとって z 軸は何ら特別の意味を持たない．そう考えると，$\Theta(t)$ は $t = \pm 1$ において連続（正則）になっていなければならないであろう．

そこで Legendre 方程式 (4.11) を $t = \pm 1$ の近傍で解析しよう．$t = 1$ の近傍においては，

$$\Theta_1^+(t) = 1 + \sum_{m=1}^{\infty} a_m(t-1)^m,$$
$$\Theta_2^+(t) = \Theta_1^+(t)\log(t-1) + \sum_{m=0}^{\infty} b_m(t-1)^m$$

という形の基本解系が構成される．同様に $t = -1$ の近傍では

$$\Theta_1^-(t) = 1 + \sum_{m=1}^{\infty} c_m(t+1)^m,$$
$$\Theta_2^-(t) = \Theta_1^-(t)\log(t-1) + \sum_{m=0}^{\infty} d_m(t+1)^m$$

という形の基本解系が構成される．$\Theta(t)$ は $t = 1$ で連続であることから，$\Theta(t)$ は $\Theta_1^+(t)$ の定数倍でなくてはならない．$\Theta_1^+(t)$ を $t = 1$ まで解析接続すると，

$$\Theta_1^+(t) = A\Theta_1^-(t) + B\Theta_2^-(t)$$

となる定数 A, B が定まる．したがって $\Theta(t)$ が $t = -1$ においても連続となるためには，$B = 0$ が成り立たなくてはならない．

これらの定数 A, B は接続係数と呼ばれ，具体的に求めることができて

$$A = e^{\pi\sqrt{-1}(1-\alpha)}, \quad B = e^{\pi\sqrt{-1}(1-\alpha)}\frac{1 - e^{2\pi\sqrt{-1}\alpha}}{2\pi\sqrt{-1}}$$

となる．ここで α は

$$\lambda = \alpha(\alpha - 1)$$

により定まる数である．A, B の導出は 7.10 節で行う（定理 7.5）．ただし導出の過程では $\alpha \notin \mathbb{Z}$ を仮定している．B の具体形を見ると，$\alpha \notin \mathbb{Z}$ のときには $B \neq 0$ である．したがって $\alpha \in \mathbb{Z}$ が $B = 0$ となるための必要条件であることがわかる．一方 $\alpha \in \mathbb{Z}$ とすると，Legendre 方程式 (4.11) には多項式解が存在する．$n \in \mathbb{Z}_{\geq 0}$ に対して，Legendre 多項式と呼ばれる多項式 $P_n(t)$ が

$$P_n(t) = \frac{1}{2^n n!}\frac{d^n}{dt^n}(t^2 - 1)^n$$

により定義される．$\alpha \in \mathbb{Z}$ であって $\alpha \geq 1$ なら，(4.11) は $P_{\alpha-1}(t)$ を解に持ち，$\alpha \leq 0$ なら (4.11) は $P_{-\alpha}(t)$ を解に持つことが確かめられる．いずれの場合でも，(4.11) には $t = \pm 1$ の両方で同時に正則な解があることになるので，$\alpha \in \mathbb{Z}$ は，$B = 0$ であるための十分条件でもあることが示された．

以上により，スペクトル・パラメーター λ の値は，

$$\lambda = \alpha(\alpha - 1) \quad (\alpha \in \mathbb{Z})$$

と定まることがわかった．

2 つの例を通して，接続係数が 0 になるという条件により，変数分離法で現れたスペクトル・パラメーターの値が決定される様子がわかると思う．

4.2 接続問題の定式化

線形微分方程式の接続問題とは，一般的に述べるならば，2 つの基本解系の間に解析接続によって生じる線形関係を求める問題である．たとえばモノドロミーは，基点における 1 つの基本解系を考え，基点を始点とする閉曲線に沿った解析接続

によって得られた基本解系との間の線形関係を記述するものであるから，接続問題の一種ととらえることができる．接続問題は，数学や物理学のいろいろな問題の中に姿を現す．4.1 節ではその様子を少し見た．接続問題は解析接続を求める問題なので，一般には解析的に難しい問題である．

線形微分方程式においては，特異点の近傍における局所解が構成しやすいため，そのような局所解からなる基本解系の間の接続問題がよく考えられる．それを一般的に定式化すると，次のようになる．

$a_0, a_1, \ldots, a_p \in \mathbb{P}^1$ とし，

$$D = \mathbb{P}^1 \setminus \{a_0, a_1, \ldots, a_p\}$$

とおく．微分方程式 (E) は D 上 1 価正則な関数を係数とし，$a_0, a_1, \ldots, a_p$ を特異点に持つものとする．各 a_j に対して，a_j を中心とする半径 $r_j > 0$ の開円板 $B_j = B(a_j; r_j)$ を取る．r_j を適当に小さく取ることにより，それぞれの B_j は a_j 以外の特異点を含まないようにする．$D \cap B_j$ 内に単連結領域 U_j を取り，1 点 $b_j \in U_j$ を取る．また，b_j を基点とし，a_j のまわりを正の向きに 1 周する $D \cap B_j$ 内の閉曲線 ν_j を取る．さらに 1 点 $b \in D$ と，b を含む D 内の単連結領域 U，および各 j について b を始点，b_j を終点とする D 内の曲線 μ_j を取る．

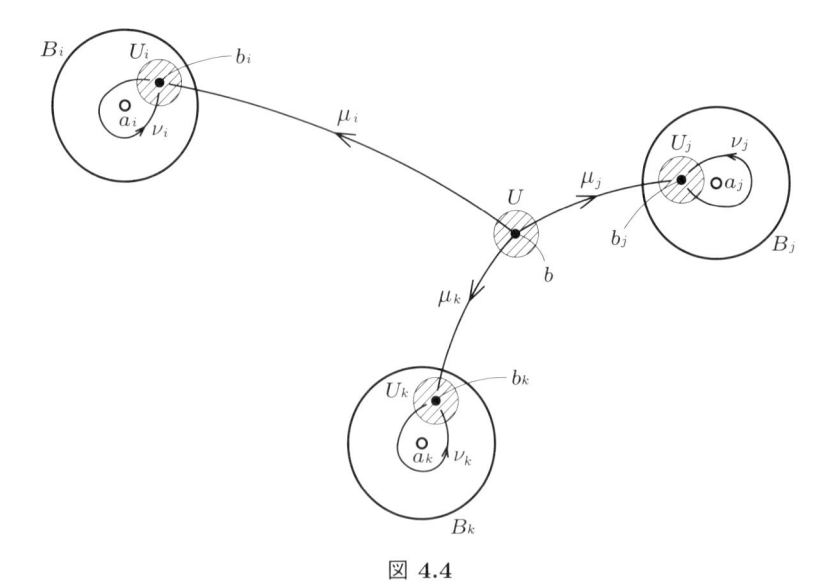

図 4.4

U 上の基本解系 $\mathcal{Y}$ を取る．また各 j に対し，U_j 上の基本解系 $\mathcal{Y}_j$ を取る．$\mathcal{Y}_j$ は，$x = a_j$ における局所挙動で特定される局所解を用いるのが普通である．これ

らの基本解系について，上で用意した曲線 μ_j, ν_j に沿った解析接続を行うと，

$$(\mu_j)_* \mathcal{Y} = \mathcal{Y}_j C_j, \quad (\nu_j)_* \mathcal{Y}_j = \mathcal{Y}_j L_j \quad (0 \leq j \leq p)$$

となる行列 C_j, L_j が定まる．これらの行列を**接続行列**と呼ぶ．定義 2.6, 2.7 により，L_j（の共役類）が $x = a_j$ における局所モノドロミーである．さらに 2 つの局所解の間の関係は，C_j たちを用いて

$$(\mu_i^{-1} \mu_j)_* \mathcal{Y}_i = \mathcal{Y}_j C_{ji}, \quad C_{ji} := C_j C_i^{-1}$$

と表される．このときの C_{ji} も接続行列と呼ばれる．L_j にはすでに局所モノドロミーという名前がついているので，接続行列というと C_j あるいは C_{ji} の方を指すことが多い．

各 j に対して

$$\gamma_j = \mu_j \nu_j \mu_j^{-1}$$

とおくと，$\gamma_0, \gamma_1, \ldots, \gamma_p$ は $\pi_1(D, b)$ の生成元となる．そして

$$(\gamma_j)_* \mathcal{Y} = \mathcal{Y} C_j^{-1} L_j C_j$$

が成り立つから，$\{C_j, L_j \mid 0 \leq j \leq p\}$ によりモノドロミーが決定される．したがって接続行列は，モノドロミーよりも詳しい情報を有していると考えることができる．

4.3　Fuchs 型微分方程式の接続問題

Fuchs 型微分方程式については，第 2 章で確定特異点における局所解を構成したので，それらについての接続問題を考えることができる．

階数が n の Fuchs 型微分方程式を考える．各確定特異点においては，重複を込めてちょうど n 個の特性指数がある．その n 個の特性指数を，差が整数となるものを 1 つの類として類別する．すなわち $\mathbb{Z}$ を法とする剰余類に分ける．この類別は定理 2.5 (ii) で考えたものである．以下，前節の記号を流用する．確定特異点 $x = a_j$ に対して，a_j の近くの単連結領域 U_j において微分方程式の解を考える．U_j 上の解の全体のなす線形空間を V_{a_j} とおく．ρ を 1 つの特性指数とし，ρ の類に属する特性指数を持つ U_j 上の解の全体を $V_{a_j, \rho}$ で表そう．すると $V_{a_j, \rho}$ は V_{a_j} の部分空間となる．

さて，a_j のまわりを 1 周する曲線 ν_j に沿った解析接続は，V_{a_j} の線形変換を引き起こす．

$$(\nu_j)_* : V_{a_j} \to V_{a_j}.$$

特性指数 ρ に対し, $e^{2\pi\sqrt{-1}\rho}$ は $(\nu_j)_*$ の固有値であり, それに対応する広義固有空間が $V_{a_j,\rho}$ となる. このことから, 直ちに次の事実がしたがう.

定理 4.1 確定特異点 $x = a_j$ における (U_j 上の) 解空間 V_{a_j} は, 次のように直和分解される.

$$V_{a_j} = \bigoplus_\rho V_{a_j,\rho}, \tag{4.13}$$

ここで ρ は $x = a_j$ における特性指数の類の代表元をわたる.

この直和分解に対応して, 接続問題を定式化し直すことができる. 2 つの確定特異点 $x = a_i, a_j$ の間の接続問題を考える. V_{a_i} の 1 つの直和成分 V_{a_i,ρ_0} から 1 つの解 $y(x)$ を取る. $y(x)$ の $\mu_i^{-1}\mu_j$ に沿った解析接続により, U_j 上の解が得られるので, 直和分解 (4.13) に応じてその解を分解することができる. すなわち

$$(\mu_i^{-1}\mu_j)_* y(x) = y_1(x) + y_2(x) + \cdots + y_l(x) \quad (y_k(x) \in V_{a_j,\rho_k}). \tag{4.14}$$

ここで $\rho_1, \rho_2, \ldots, \rho_l$ が $x = a_j$ における特性指数の類の代表元を表している. この分解 (4.14) を求めるのが, 内在的な意味での接続問題と考えられる.

内在的な接続問題を, 前節で定式化した接続問題に結びつけるには, 各固有空間 $V_{a_j,\rho}$ の基底を取る必要がある. 基底を取ることで $x = a_j$ における基本解系が決まり, 接続問題は基底による線形結合の係数である接続係数を求める問題になる. ここで, 直和分解 (4.13) は微分方程式に固有のものであったが, 各固有空間 $V_{a_j,\rho}$ の基底の取り方は必ずしもそうとは言えないので, 基底の取り方に依存する接続係数は, 完全に内在的な量とは言い切れないことを注意しておく. ただし固有空間の次元が 1 の場合には, 基底は定数倍を除いて決まるので, 接続係数は内在的な量と考えることができる.

このように, Fuchs 型微分方程式の接続問題は,

(i) 固有空間への直和分解 (4.13) に基づく分解 (4.14) を行う
(ii) 固有空間の基底を定めて, 接続係数を求める

という 2 つの段階に分けて考えることが肝要である.

4.3.1 超幾何微分方程式の接続問題

Gauss は, 超幾何微分方程式に対して接続問題を解いている. その方法を少し見てみよう.

超幾何微分方程式 (3.19) の 2 つの確定特異点 $x = 0, 1$ における特性指数は, そ

れぞれ $\{0, 1-\gamma\}$, $\{0, \gamma-\alpha-\beta\}$ である．いま

$$\gamma \notin \mathbb{Z},\ \gamma-\alpha-\beta \notin \mathbb{Z}$$

を仮定する．この仮定によって，確定特異点 $x=0,1$ における直和分解 (4.13) は，いずれも 1 次元空間の直和への分解となる．解析的には，局所解に対数項が現れないことがわかり，超幾何微分方程式の $x=0$ における基本解系 $\mathcal{Y}_0(x) = (y_{01}(x), y_{02}(x))$，$x=1$ における基本解系 $\mathcal{Y}_1(x) = (y_{11}(x), y_{12}(x))$ として，

$$\begin{aligned}
y_{01}(x) &= \varphi_1(x), \\
y_{02}(x) &= x^{1-\gamma}\varphi_2(x); \\
y_{11}(x) &= \psi_1(x-1), \\
y_{12}(x) &= (1-x)^{\gamma-\alpha-\beta}\psi_2(x-1)
\end{aligned}$$

という形のものが取れる．ここで $\varphi_1(x), \varphi_2(x), \psi_1(x), \psi_2(x)$ は 1 を初項とする ($x=0$ における) ベキ級数を表す．定理 2.5 により，この 4 つのベキ級数の収束半径はいずれも 1 以上である．したがってこの 4 つの解は，単連結領域

$$U = \{|x|<1\} \cap \{|x-1|<1\}$$

において定義されている．そこで，U における $\mathcal{Y}_0(x)$ と $\mathcal{Y}_1(x)$ の間の線形関係

(4.15) $$\mathcal{Y}_0(x) = \mathcal{Y}_1(x) C$$

が成立する．接続行列 $C = (c_{ij}) \in \mathrm{GL}(2, \mathbb{C})$ を求める問題を考える．なお $y_{02}(x), y_{12}(x)$ の U 上の分枝を，区間 $(0,1)$ 上で

$$\arg x = 0,\ \arg(1-x) = 0$$

として確定しておく．

(4.15) より，$y_{01}(x)$ については

(4.16) $$y_{01}(x) = c_{11}y_{11}(x) + c_{21}y_{12}(x)$$

という関係が成り立つ．いま

(4.17) $$\mathrm{Re}(\gamma-\alpha-\beta) > 0$$

を仮定すると，U 内で $x \to 1$ とするとき，(4.16) の右辺において

$$\begin{aligned}
y_{11}(x) &\to \psi_1(0) = 1, \\
y_{12}(x) &\to 0
\end{aligned}$$

となる．したがって
$$c_{11} = \lim_{\substack{x \to 1 \\ x \in U}} y_{01}(x) = \lim_{\substack{x \to 1 \\ x \in U}} \varphi_1(x)$$
となり，接続係数 c_{11} がベキ級数 $\varphi_1(x)$ の収束円上の点 $x=1$ における値 $\varphi_1(1)$ として求められることになる．

Gauss は，仮定 (4.17) の下で $\varphi_1(1)$ の値を求めた．$\varphi_1(x)$ は超幾何級数 $F(\alpha, \beta, \gamma; x)$ に他ならないので，超幾何級数の特殊値として書くと，

(4.18) $$F(\alpha, \beta, \gamma; 1) = \frac{\Gamma(\gamma)\Gamma(\gamma - \alpha - \beta)}{\Gamma(\gamma - \alpha)\Gamma(\gamma - \beta)}$$

が成り立つ．したがって接続係数 c_{11} はこの右辺の値となる．(4.18) は Gauss-Kummer の公式と呼ばれる．Gauss-Kummer の公式についてはいくつかの導出方法が知られているが，たとえば第 7 章で扱う積分表示を用いて求めることができる（定理 7.4）．

超幾何微分方程式の持つ対称性により，$\varphi_2(x), \psi_1(x), \psi_2(x)$ も超幾何級数を用いて表すことができる．具体的には，5.2 節で説明する Riemann scheme の変換公式と，超幾何微分方程式が Riemann scheme から一意的に定まるという性質（rigidity）を用いると，

$$\begin{aligned}
y_{01}(x) &= F(\alpha, \beta, \gamma; x), \\
y_{02}(x) &= x^{1-\gamma} F(\alpha - \gamma + 1, \beta - \gamma + 1, 2 - \gamma; x), \\
y_{11}(x) &= F(\alpha, \beta, \alpha + \beta - \gamma + 1; 1 - x), \\
y_{12}(x) &= (1-x)^{\gamma - \alpha - \beta} F(\gamma - \alpha, \gamma - \beta, \gamma - \alpha - \beta + 1; 1 - x)
\end{aligned}$$

が得られる．さて上述の通り c_{11} の値が求まったので，
$$y_{01}(x) = \frac{\Gamma(\gamma)\Gamma(\gamma - \alpha - \beta)}{\Gamma(\gamma - \alpha)\Gamma(\gamma - \beta)} y_{11}(x) + c_{21} y_{12}(x)$$
が成り立つ．この両辺で $x \to 0, x \in U$ という極限を取ると，
$$\begin{aligned}
1 = {}&\frac{\Gamma(\gamma)\Gamma(\gamma - \alpha - \beta)}{\Gamma(\gamma - \alpha)\Gamma(\gamma - \beta)} F(\alpha, \beta, \alpha + \beta - \gamma + 1; 1) \\
&+ c_{21} F(\gamma - \alpha, \gamma - \beta, \gamma - \alpha - \beta + 1; 1)
\end{aligned}$$
となり，右辺の超幾何級数の特殊値を Gauss-Kummer の公式 (4.18) を用いて表すことで，
$$c_{21} = \frac{\Gamma(\gamma)\Gamma(\alpha + \beta - \gamma)}{\Gamma(\alpha)\Gamma(\beta)}$$

が得られる．同様に

$$y_{02}(x) = c_{12}y_{11}(x) + c_{22}y_{12}(x)$$

という接続関係式についても，Gauss-Kummer の公式 (4.18) を用いることで接続係数 c_{12}, c_{22} を求めることができる．

こうして次の通り接続関係式が求められる．

$$y_{01}(x) = \frac{\Gamma(\gamma)\Gamma(\gamma-\alpha-\beta)}{\Gamma(\gamma-\alpha)\Gamma(\gamma-\beta)} y_{11}(x) + \frac{\Gamma(\gamma)\Gamma(\alpha+\beta-\gamma)}{\Gamma(\alpha)\Gamma(\beta)} y_{12}(x),$$
$$y_{02}(x) = \frac{\Gamma(2-\gamma)\Gamma(\gamma-\alpha-\beta)}{\Gamma(1-\alpha)\Gamma(1-\beta)} y_{11}(x) + \frac{\Gamma(2-\gamma)\Gamma(\alpha+\beta-\gamma)}{\Gamma(\alpha-\gamma+1)\Gamma(\beta-\gamma+1)} y_{12}(x).$$

この結果を見ると，接続係数 c_{ij} はガンマ関数の積の比の形で表されている．これは重要な事実で，そのため接続係数がどのようなパラメーター (α, β, γ) に対して 0 になるか（ならないか）ということを，簡単に読み取ることができるのである．

4.3.2 大島の結果

大島は，Fuchs 型微分方程式の接続問題に対して決定的な結果を得た．その詳しい内容については，本人による記述 [102], [103], [105] を参照されたい．ここでは大島の結果の概要を述べる．

第 5 章で，addition と middle convolution という 2 つの操作を定義する．これらは，Fuchs 型常微分方程式を Fuchs 型常微分方程式にうつす操作で，一般に方程式の階数を変化させる．またこれらの操作は可逆である．これらの操作によって，Fuchs 型微分方程式の有する様々な量が変化しながら伝わっていくことになる．大島は，接続係数についてもその変化を追跡できることを見出した．

addition と middle convolution を繰り返して，可能な限り階数を落とした方程式を basic と呼ぶ．

定理 4.2 Fuchs 型微分方程式 (E) の 2 つの特異点 $x = a_i, a_j$ と，それぞれにおける特性指数 ρ, ρ' について，

$$\dim V_{a_i,\rho} = \dim V_{a_j,\rho'} = 1$$

であるとする．$V_{a_i,\rho}, V_{a_j,\rho'}$ の基底 $y(x), z(x)$ を取る．このとき，$y(x)$ を $x = a_j$ に解析接続した結果の直和分解 (4.14) における $z(x)$ の係数は，(E) に対応する basic な方程式の対応する接続係数を用いて具体的に表示できる．

もう少し詳しく述べると，(E) の接続係数は，basic な方程式の接続係数に，微

分方程式の特性指数を変数とするガンマ関数の積の比を掛けたものとして表される，というのが結果である．なお (E) が rigid の場合には，baisc な方程式が自明なものとなるため，接続係数は上記のガンマ関数の積の比そのものになる．

4.3.3　固有空間の次元が高い場合

大島の結果（定理 4.2）は決定的であるが，局所モノドロミーの固有空間 $V_{a_j,\rho}$ の次元が 1 の場合の結果であった．ここでは固有空間の次元が 2 以上の場合に，接続問題をどのように解いたらよいかということについて論じたい．

たとえば $x=0$ を単独高階型の Fuchs 型微分方程式の確定特異点とし，特性指数 ρ について $\dim V_{0,\rho}=2$ とする．$V_{0,\rho}$ が対数項を持つ解を含まない，言い換えると $V_{0,\rho}$ が局所モノドロミーの固有値 $e^{2\pi\sqrt{-1}\rho}$ に対する固有空間となっている場合を考える．すると $V_{0,\rho}$ は

$$x^\rho(a_0+a_1x+a_2x^2+\cdots)$$

という形の解で張られる．$V_{0,\rho}$ の基底としては，たとえば $(a_0,a_1)=(1,0)$ で定まる解と $(a_0,a_1)=(0,1)$ で定まる解が取れる．これは $\mathbb{C}^2$ の基底として $\{(1,0),(0,1)\}$ を選んだということだが，$\mathbb{C}^2$ にとってこの基底と他の基底はまったく同等で，特にこの基底を選ぶ必然性があるわけではない．したがって対応する $V_{0,\rho}$ の基底も，特別な意味を有しない．そのためこれらの基底に対応して定まる接続係数 1 つ 1 つは意味のある量であることが期待できず，きれいな形に書けないように思われる．

基底の取り方に必然性がないために接続係数がきれいに求まらないとするなら，基底の取り方に依らないものを考え，その接続を調べてはどうだろうか．固有空間 $V_{a,\rho}$ の基底による Wronskian は，基底を取り替えた場合には定数倍の変化しか受けない．したがって固有空間の次元が高い場合に，この Wronskian の解析接続を考えるのは，自然で有用な方法と思われる．このような，微分方程式の階数より少ない個数の解の Wronskian を，部分 Wronskian と呼ぶ．部分 Wronskian のみたす微分方程式を，元の微分方程式から作ることができる．その微分方程式においては，元の微分方程式の固有空間 $V_{a,\rho}$ は 1 次元の固有空間に対応し，接続係数がきれいに求められることが期待される．第 5 章で rigid な Fuchs 型微分方程式を定義する．rigid な Fuchs 型微分方程式においては，モノドロミーが明示的に求められ，1 次元の固有空間の間の接続係数も明示的に求められる．部分 Wronskian のみたす微分方程式を構成する操作は rigidity とは独立で，rigid な微分方程式の部分 Wronskian のみたす微分方程式は rigid になる場合もならない場合もある．逆に rigid でない微分方程式の部分 Wronskian のみたす微分方程式が rigid になる場

合もある.

　部分 Wronskian 以外の方法について考えよう. 固有空間 $V_{a_j,\rho}$ を単なる線形空間と考えると, 次元が 2 以上の場合には特別な意味のある基底の取り方はないと述べてきた. しかし微分方程式の解空間と見た場合には, 微分方程式に由来する何か意味のある基底の取り方があるかもしれない. このことを 2 つの例で考えてみる.

　はじめの例は, 第 7 章 (7.8 節) で扱う次の積分である.

$$(4.19) \qquad y(x) = \int_\Delta s^{\lambda_1}(s-1)^{\lambda_2} t^{\lambda_3}(t-x)^{\lambda_4}(s-t)^{\lambda_5}\, ds\, dt.$$

積分領域 Δ をしかるべく取ると, (4.19) は $x=0,1,\infty$ を確定特異点とする 3 階の Fuchs 型微分方程式 ($_3$E$_2$) をみたす. ($_3$E$_2$) は一般化超幾何級数 $_3F_2\begin{pmatrix}\alpha_1,\alpha_2,\alpha_3\\ \beta_1,\beta_2\end{pmatrix};x\end{pmatrix}$ のみたす微分方程式である. $x=0$ における特性指数は $0, \lambda_1+\lambda_3+\lambda_4+\lambda_5+2, \lambda_3+\lambda_4+1$ である. また $x=1$ における特性指数は $0, 1, \lambda_2+\lambda_4+\lambda_5+2$ であり, したがって $\dim V_{1,0} = 2$ となる.

　7.8 節では, $0<x<1$ として, しかるべき積分領域 Δ_j ($1 \le j \le 13$) を与えている. (4.19) で $\Delta = \Delta_j$ とした積分を $y_j(x)$ とおく. これらの積分が, $x=0$ および $x=1$ における局所モノドロミーの固有空間の基底を与えている. すなわち

$$V_{0,0} = \langle y_{12}\rangle,$$
$$V_{0,\lambda_1+\lambda_3+\lambda_4+\lambda_5+2} = \langle y_6\rangle,$$
$$V_{0,\lambda_3+\lambda_4+1} = \langle y_8\rangle,$$
$$V_{1,\lambda_2+\lambda_4+\lambda_5+2} = \langle y_{11}\rangle,$$
$$V_{1,0} = \langle y_1, y_2, y_3, y_4\rangle$$

となっている. $V_{1,0}$ を張る 4 つの積分 y_1, y_2, y_3, y_4 から 2 個を選ぶと $V_{1,0}$ の基底となる. 微分方程式として意味のある基底の選び方はあるだろうか, というのが問題である.

　4.1 節で説明したように, 接続問題においては, 応用上は, いつ接続係数が 0 になるか, ということが重要である. これにこの節のはじめで述べた内在的な接続問題の視点を加えると, 接続問題において重要なのは, 解析接続した関数を直和分解したときに, 直和成分が 0 になるかどうか, という問題であると思われる. この問題は, 直和における固有空間の次元が 1 の場合には, 接続係数の消滅と同値である.

　そこで例に戻ると, V_0 の固有関数を $x=1$ に解析接続して V_1 における直和分解をしたときに, $V_{1,0}$ の元を含むかどうかを判定しやすいように $V_{1,0}$ の基底を取

れないだろうかと考える．幸い我々は，7.8 節で $y_j(x)$ の間の線形関係を求めている．すなわち (7.36), (7.37) という関係式で，I_{Δ_j} を $y_j(x)$ と読み換えればよい．これらの関係式を解くことで，接続係数を具体的に求めることができる．たとえば $V_{1,0}$ の基底として y_1, y_2 を採用して，V_0 における固有関数である y_{12}, y_6, y_8 をそれぞれ V_1 の基底 y_{11}, y_1, y_2 の線形結合として表してみる．その結果は，y_8 については

$$y_8 = a_{(8:1)} y_1 + a_{(8:2)} y_2 + a_{(8:11)} y_{11}$$

とおくとき，

$$\begin{aligned}
a_{(8:1)} &= \frac{A \cdot \Gamma(\lambda_2)\Gamma(1-\lambda_2)\Gamma(\lambda_4)\Gamma(1-\lambda_4)\Gamma(\lambda_{245})\Gamma(1-\lambda_{245})}{e_1 e_2 e_3 e_4{}^2 e_5{}^2}, \\
a_{(8:2)} &= -\frac{\Gamma(\lambda_2)\Gamma(1-\lambda_2)\Gamma(\lambda_4)\Gamma(1-\lambda_4)\Gamma(\lambda_{245})\Gamma(1-\lambda_{245})}{\Gamma(\lambda_1)\Gamma(1-\lambda_1)\Gamma(\lambda_{24})\Gamma(1-\lambda_{24})\Gamma(\lambda_{345})\Gamma(1-\lambda_{345})}, \\
a_{(8:11)} &= \frac{\Gamma(\lambda_{245})\Gamma(1-\lambda_{245})}{\Gamma(\lambda_5)\Gamma(1-\lambda_5)}
\end{aligned}$$

が得られる．ただしここで $e_i = e^{\pi\sqrt{-1}\lambda_i}$ $(1 \leq i \leq 5)$ であり，また

(4.20) $$\lambda_{ij\cdots k} = \lambda_i + \lambda_j + \cdots + \lambda_k$$

という略記法を用いた．さて $a_{(8:1)}$ の分子に現れる A は，

$$\begin{aligned}
A =& 1 - e_4{}^2 - e_1{}^2 e_5{}^2 + e_4{}^2 e_5{}^2 - e_2{}^2 e_4{}^2 e_5{}^2 + e_1{}^2 e_2{}^2 e_4{}^2 e_5{}^2 - e_3{}^2 e_4{}^2 e_5{}^2 \\
&+ e_1{}^2 e_3{}^2 e_4{}^2 e_5{}^2 - e_1{}^2 e_2{}^2 e_3{}^2 e_4{}^2 e_5{}^2 + e_2{}^2 e_3{}^2 e_4{}^4 e_5{}^2 + e_1{}^2 e_2{}^2 e_3{}^2 e_4{}^2 e_5{}^4 \\
&- e_1{}^2 e_2{}^2 e_3{}^2 e_4{}^4 e_5{}^4
\end{aligned}$$

という量で，因数分解することができない．そのため，$a_{(8:1)}$ がいつ 0 になるのかを読み取るのは大変難しい．ちなみに $a_{(8:2)}$ や $a_{(8:11)}$ がガンマ関数で書けるのは，これらの分母分子が 2 項 1 次式の積に因数分解できて，公式

$$e^{\pi\sqrt{-1}\lambda} - e^{-\pi\sqrt{-1}\lambda} = \frac{2\pi\sqrt{-1}}{\Gamma(\lambda)\Gamma(1-\lambda)}$$

に帰着できることによる．

$V_{1,0}$ の基底として y_1, y_2, y_3, y_4 から 2 個を選ぶ選び方は 6 通りあるが，そのうち 5 通りまでは，接続係数にこの A のような因数分解できない量を含むことがわかる．ただ 1 つ，$V_{1,0}$ の基底として y_1, y_3 を選んだ場合のみ，すべての接続係数がきれいに因数分解される．具体的には次の通りである．

$$y_{12} = c_{(12:1)}y_1 + c_{(12:3)}y_3 + c_{(12:11)}y_{11},$$
$$y_6 = c_{(6:1)}y_1 + c_{(6:3)}y_3 + c_{(6:11)}y_{11},$$
$$y_8 = c_{(8:1)}y_1 + c_{(8:3)}y_3 + c_{(8:11)}y_{11}$$

とおくとき，

$$c_{(12:1)} = \frac{\Gamma(\lambda_{12})\Gamma(1-\lambda_{12})\Gamma(\lambda_{245})\Gamma(1-\lambda_{245})}{\Gamma(\lambda_{13})\Gamma(1-\lambda_{13})\Gamma(\lambda_{125})\Gamma(1-\lambda_{125})},$$

$$c_{(12:3)} = \frac{\Gamma(\lambda_{12})\Gamma(1-\lambda_{12})\Gamma(\lambda_{245})\Gamma(1-\lambda_{245})}{\Gamma(\lambda_1)\Gamma(1-\lambda_1)\Gamma(\lambda_2-\lambda_3)\Gamma(1-\lambda_2+\lambda_3)},$$

$$c_{(12:11)} = \frac{\Gamma(\lambda_{245})\Gamma(1-\lambda_{245})}{\Gamma(\lambda_4)\Gamma(1-\lambda_4)},$$

$$c_{(6:1)} = -\frac{\Gamma(\lambda_{12})\Gamma(1-\lambda_{12})\Gamma(\lambda_4)\Gamma(1-\lambda_4)\Gamma(\lambda_{245})\Gamma(1-\lambda_{245})}{\Gamma(\lambda_{125})\Gamma(1-\lambda_{125})\Gamma(\lambda_{45})\Gamma(1-\lambda_{45})\Gamma(\lambda_{12345})\Gamma(1-\lambda_{12345})},$$

$$c_{(6:3)} = -\frac{\Gamma(\lambda_{12})\Gamma(1-\lambda_{12})\Gamma(\lambda_4)\Gamma(1-\lambda_4)\Gamma(\lambda_{245})\Gamma(1-\lambda_{245})}{\Gamma(\lambda_2)\Gamma(1-\lambda_2)\Gamma(\lambda_{1245})\Gamma(1-\lambda_{1245})\Gamma(\lambda_{345})\Gamma(1-\lambda_{345})},$$

$$c_{(6:11)} = \frac{\Gamma(\lambda_{245})\Gamma(1-\lambda_{245})}{\Gamma(\lambda_2)\Gamma(1-\lambda_2)},$$

$$c_{(8:1)} = -\frac{\Gamma(\lambda_{12})\Gamma(1-\lambda_{12})\Gamma(\lambda_4)\Gamma(1-\lambda_4)\Gamma(\lambda_{245})\Gamma(1-\lambda_{245})}{\Gamma(\lambda_4-\lambda_1)\Gamma(1-\lambda_4+\lambda_1)\Gamma(\lambda_5)\Gamma(1-\lambda_5)\Gamma(\lambda_{12345})\Gamma(1-\lambda_{12345})},$$

$$c_{(8:3)} = \frac{\Gamma(\lambda_{12})\Gamma(1-\lambda_{12})\Gamma(\lambda_4)\Gamma(1-\lambda_4)\Gamma(\lambda_{245})\Gamma(1-\lambda_{245})}{\Gamma(\lambda_1)\Gamma(1-\lambda_1)\Gamma(\lambda_{24})\Gamma(1-\lambda_{24})\Gamma(\lambda_{345})\Gamma(1-\lambda_{345})},$$

$$c_{(8:11)} = \frac{\Gamma(\lambda_{245})\Gamma(1-\lambda_{245})}{\Gamma(\lambda_5)\Gamma(1-\lambda_5)}$$

となる．この表示から，接続係数がどのようなパラメーターに対して 0 になるか（ならないか）ということが読み取れるので，$V_{1,0}$ の基底としては y_1, y_3 が有用であることがわかる．

もう 1 つの例を挙げる．Simpson の even family と呼ばれる，rigid な Fuchs 型常微分方程式の系列がある．そのうちの 4 階の微分方程式 (E_4) を考えよう．(E_4) は $x = 0, 1, \infty$ に確定特異点を持ち，それぞれにおける特性指数の重複度（スペクトル型）が

$$((112), (22), (1111))$$

となっている方程式として定まる．（スペクトル型については第 5 章 5.3.1 節を参照されたい．）また (E_4) は，次のような解の積分表示を持つ．

(4.21)
$$y(x) = \int_\Delta t_1{}^{\lambda_1}(t_1-1)^{\lambda_2}(t_1-t_2)^{\lambda_3} t_2{}^{\lambda_4}(t_2-t_3)^{\lambda_5}(t_3-1)^{\lambda_6}(t_3-x)^{\lambda_7}\,dt_1\,dt_2\,dt_3.$$

ここで $\lambda_1, \lambda_2, \ldots, \lambda_7$ はパラメーターで，
$$\lambda_2 + \lambda_3 + \lambda_5 + \lambda_6 + 2 = 0$$
という関係をみたすものである．この積分表示を用いて，接続係数を求めることができる．

$x = 0$ と $x = \infty$ の間の接続問題を考える．$x = \infty$ におけるスペクトル型は (1111) であるから，各固有空間の次元は 1 である．一方 $x = 0$ においては，1 次元固有空間が 2 個と 2 次元固有空間が 1 個ある．$x = \infty$ と $x = 0$ の 1 次元固有空間の間の接続係数は，ガンマ関数の積の比としてきれいに書き表すことができる．これは大島の結果に含まれる事実であり，また積分表示を直接用いて導出することもできる [39]．ここでは $x = \infty$ の各固有空間と，$x = 0$ における 2 次元固有空間の間の接続問題を考察しよう．

これらの固有空間の基底は，(4.21) の積分領域を適当に選ぶことにより与えられる．x は $-\infty < x < 0$ の位置にあるとする．$x = \infty$ における特性指数は，略記法 (4.20) を用いると
$$-\lambda_{1234567} - 3, \ -\lambda_{34567} - 2, \ -\lambda_{567} - 1, \ -\lambda_7$$
である．これらの特性指数に対応する解を与える積分領域を，順に
$$\Delta_{\infty,1}, \ \Delta_{\infty,2}, \ \Delta_{\infty,3}, \ \Delta_{\infty,4}$$
とおく．また $x = 0$ においては，特性指数
$$\lambda_{13457} + 3, \ \lambda_{457} + 2$$
を持つ解がそれぞれ 1 次元と，正則解が 2 次元ある．上記の 2 つの特性指数に対応する積分領域を，順に
$$\Delta_{0,1}, \ \Delta_{0,2}$$
とおく．また $x = 0$ での正則解を与える積分領域は，6 個見つけることができる．そのうち適当な 2 個を選び，
$$\Delta_{0,h1}, \ \Delta_{0,h2}$$
とおこう．領域 $\Delta_{a,k}$ で積分することで得られる解 (4.21) を，$y_{a,k}(x)$ とおくことにする．

左半平面 $\{\operatorname{Re} x < 0\}$ は上記の $x = \infty$ における解と $x = 0$ における解の共通の定義域になるから，そこで 2 つの基本解系
$$(y_{\infty,1}(x), y_{\infty,2}(x), y_{\infty,3}(x), y_{\infty,4}(x)), \ (y_{0,1}(x), y_{0,2}(x), y_{0,h1}(x), y_{0,h2}(x))$$

の間の線形関係が成り立つ．それを

$$y_{\infty,1}(x) = c_{11}y_{0,1}(x) + c_{21}y_{0,2}(x) + c_{31}y_{0,h1}(x) + c_{41}y_{0,h2}(x),$$
$$y_{\infty,2}(x) = c_{12}y_{0,1}(x) + c_{22}y_{0,2}(x) + c_{32}y_{0,h1}(x) + c_{42}y_{0,h2}(x),$$
$$y_{\infty,3}(x) = c_{13}y_{0,1}(x) + c_{23}y_{0,2}(x) + c_{33}y_{0,h1}(x) + c_{43}y_{0,h2}(x),$$
$$y_{\infty,4}(x) = c_{14}y_{0,1}(x) + c_{24}y_{0,2}(x) + c_{34}y_{0,h1}(x) + c_{44}y_{0,h2}(x)$$

とおく．このうち c_{1j}, c_{2j} $(1 \leq j \leq 4)$ はガンマ関数の積の比できれいに書ける．しかし，$x = 0$ における正則解を与える 6 個の積分領域からどの 2 個を選んだとしても，残りの係数 c_{3j}, c_{4j} $(1 \leq j \leq 4)$ はきれいな形にならない．

実は，$x = 0$ における正則解の空間 $V_{0,0}$ の良い基底を，次の方法で選ぶことができる．$y_{\infty,j}(x)$ $(1 \leq j \leq 4)$ のうち 2 個を選ぶ．たとえば $y_{\infty,1}(x)$ と $y_{\infty,2}(x)$ を選ぶ．これらを $x = 0$ に解析接続すると，解空間 V_0 の直和分解に対応して，

$$y_{\infty,1}(x) = c_{11}y_{0,1}(x) + c_{21}y_{0,2}(x) + h_1(x),$$
$$y_{\infty,2}(x) = c_{12}y_{0,1}(x) + c_{22}y_{0,2}(x) + h_2(x)$$

という分解が得られる．ここで $h_1(x), h_2(x) \in V_{0,0}$ である．この $h_1(x), h_2(x)$ を $V_{0,0}$ の基底として採用し，残りの $y_{\infty,3}(x), y_{\infty,4}(x)$ の解析接続を計算してみる．すると

$$y_{\infty,3}(x) = c_{13}y_{0,1}(x) + c_{23}y_{0,2}(x) + b_{33}h_1(x) + b_{43}h_2(x),$$
$$y_{\infty,4}(x) = c_{14}y_{0,1}(x) + c_{24}y_{0,2}(x) + b_{34}h_1(x) + b_{44}h_2(x)$$

という分解が得られるが，このとき $h_1(x), h_2(x)$ の係数 b_{3j}, b_{4j} $(j = 3, 4)$ は，すべてガンマ関数の積の比となるのである．したがって，$y_{\infty,3}(x)$ や $y_{\infty,4}(x)$ が $V_{0,0}$ の直和成分を含むかどうかは，この基底を用いることで容易に判定できる．

固有関数の解析接続の直和分解によって特定された解を基底に用いる，というのは，大久保 [100] において提唱されたアイデアである．このアイデアは様々な可能性を秘めていると思われる．

第 5 章

Fuchs 型微分方程式

有理関数を係数とする線形微分方程式で，すべての特異点が確定特異点であるものを Fuchs 型というのであった．ただし $x = \infty$ については，t を $\mathbb{P}^1$ における ∞ の局所座標（たとえば $t = 1/x$）とし，微分方程式を t を変数として書いたときに $t = 0$ が確定特異点であれば，$x = \infty$ を確定特異点とする．

Fuchs 型常微分方程式は，Euler, Gauss 以来研究されている古典的な対象であるが，最近その基礎の部分に関しても研究の進展があった．この節では，その進展をもたらした Katz の理論 [67] も含めて，Fuchs 型微分方程式の基礎理論を述べる．

5.1 Fuchs の関係式

単独高階型の Fuchs 型微分方程式

$$(5.1) \qquad y^{(n)} + p_1(x) y^{(n-1)} + \cdots + p_n(x) y = 0$$

を考える．(5.1) の確定特異点の集合を S とおく．各確定特異点 $a \in S$ における特性指数は決定方程式の根であった．決定方程式は n 次代数方程式なので，重複度も込めて n 個の特性指数が定まる．それらを

$$(5.2) \qquad \lambda_{a,1}, \lambda_{a,2}, \ldots, \lambda_{a,n}$$

とおく．これらの特性指数の，すべての $a \in S$ にわたる総和について成り立つ等式が，**Fuchs の関係式**である．

定理 5.1（Fuchs の関係式）Fuchs 型微分方程式 (5.1) において，確定特異点の集合を S とし，$a \in S$ における特性指数を (5.2) と書くとき，

$$(5.3) \qquad \sum_{a \in S} \sum_{k=1}^{n} \lambda_{a,k} = \frac{n(n-1)(\#S - 2)}{2}$$

が成り立つ．ただし $\#S$ は S の元の個数を表す．

証明 (5.1) の $\mathbb{C}$ 上の確定特異点を $a_1, a_2, \ldots, a_m$ とする．Fuchs の定理（定理 2.3）により，$x = a_1, a_2, \ldots, a_m$ は $p_1(x)$ のたかだか 1 位の極である．したがって $p_1(x)$ は，ある多項式 $q(x)$ を用いて

$$p_1(x) = \frac{q(x)}{\prod_{i=1}^{m}(x - a_i)}$$

と書ける．$q(x)$ の次数を l とし，

$$q(x) = q_0 x^l + \cdots$$

とおく．

$x = \infty$ は (5.1) の正則点か確定特異点である．方程式 (5.1) を，$t = \dfrac{1}{x}$ を変数に取り書き換える．$k = 1, 2, \ldots$ に対して

$$\frac{d^k}{dx^k} = (-1)^k \left(t^{2k} \frac{d^k}{dt^k} + k(k-1) t^{2k-1} \frac{d^{k-1}}{dt^{k-1}} + \cdots \right)$$

が成り立つことに注意すると，書き換えた方程式は

(5.4) $$\frac{d^n y}{dt^n} + \left(\frac{n(n-1)}{t} - \frac{1}{t^2} p_1\left(\frac{1}{t}\right) \right) \frac{d^{n-1} y}{dt^{n-1}} + \cdots = 0$$

となる．$t = 0$ が正則点あるいは確定特異点であるので，やはり Fuchs の定理によって，$d^{n-1}y/dt^{n-1}$ の係数は $t = 0$ をたかだか 1 位の極とする．

$$\frac{n(n-1)}{t} - \frac{1}{t^2} p_1\left(\frac{1}{t}\right) = \frac{n(n-1)}{t} - t^{m-2-l}(q_0 + O(t))$$

であることから，$m - 2 - l \geq -1$ が成り立つ．すなわち $l \leq m - 1$ となるので，$p_1(x)$ の部分分数分解は

$$p_1(x) = \sum_{i=1}^{m} \frac{r_i}{x - a_i}$$

となる．さらにこれより，

$$p_1(x) = \frac{\left(\sum_{i=1}^{m} r_i \right) x^{m-1} + \cdots}{\prod_{i=1}^{m}(x - a_i)}$$

が得られる．

確定特異点 $x = a_i$ における決定多項式は

$$\rho(\rho-1)\cdots(\rho-n+1) + r_i\rho(\rho-1)\cdots(\rho-n+2) + \cdots$$
$$= \rho^n - \left(\frac{n(n-1)}{2} - r_i\right)\rho^{n-1} + \cdots$$

であるので，$x = a_i$ における特性指数の和は

$$\frac{n(n-1)}{2} - r_i$$

に等しい．一方 (5.4) における $d^{n-1}y/dt^{n-1}$ の係数の $t = 0$ における留数は，

(5.5) $$n(n-1) - \sum_{i=1}^{m} r_i$$

である．この値が 0 でなければ，$x = \infty$ は確定特異点で，$x = \infty$ における特性指数の和は

$$\frac{n(n-1)}{2} - \left(n(n-1) - \sum_{i=1}^{m} r_i\right) = -\frac{n(n-1)}{2} + \sum_{i=1}^{m} r_i$$

に等しい．するとすべての確定特異点における特性指数の総和は

$$\sum_{i=1}^{m}\left(\frac{n(n-1)}{2} - r_i\right) + \left(-\frac{n(n-1)}{2} + \sum_{i=1}^{m} r_i\right) = \frac{n(n-1)(m-1)}{2}$$

となり，この場合は $\#S = m+1$ であるので (5.3) の右辺に等しくなる．(5.5) の値が 0 であれば $x = \infty$ は正則点で，確定特異点は $a_1, a_2, \ldots, a_m$ だけになり，これらの点における特性指数の総和は

$$\sum_{i=1}^{m}\left(\frac{n(n-1)}{2} - r_i\right) = \frac{n(n-1)}{2}m - \sum_{i=1}^{m} r_i$$
$$= \frac{n(n-1)m}{2} - n(n-1)$$
$$= \frac{n(n-1)(m-2)}{2}$$

となる．第 2 の等号は (5.5) の値が 0 であることによる．この場合は $\#S = m$ であるので，やはり (5.3) が成立する． □

Fuchs の関係式は，Fuchs 型微分方程式が存在するための必要条件であるが，十分条件ではない．Fuchs 型微分方程式が存在するための十分条件については，5.6 節で論ずる．

5.2　Riemann scheme

単独高階型の Fuchs 型微分方程式 (5.1) の 1 つの確定特異点 $x = a$ において考える．すべての特性指数の間に整数差がなければ，局所解には対数解（対数関数を含む解）は現れない．特性指数の間に整数差（0 を含む）がある場合には，対数解が現れる可能性がある．特に特性指数に重複がある場合には，必ず対数解が現れる．対数解の現れ方について考察しよう．

1 つの特性指数 λ と整数差のある特性指数がある場合を考える．λ と整数差のある特性指数の全体を

$$\lambda,\ \lambda + k_1,\ \lambda + k_2, \ldots,\ \lambda + k_{m-1}$$

とおく．ここで $k_1, k_2, \ldots, k_{m-1}$ は $0 \leq k_1 \leq k_2 \leq \cdots \leq k_{m-1}$ をみたす整数である．

(5.6) $$(k_1, k_2, \ldots, k_{m-1}) = (1, 2, \ldots, m-1)$$

となる場合が特別であることを示す．微分方程式 (5.1) に gauge 変換

$$y = (x-a)^\lambda z$$

を行い z についての微分方程式を考えることで，$\lambda = 0$ の場合に帰着される．

命題 5.2　単独高階型の微分方程式

(5.7) $$z^{(n)} + q_1(x) z^{(n-1)} + \cdots + q_n(x) z = 0$$

は $x = a$ を確定特異点に持ち，$x = a$ における特性指数に $0, 1, \ldots, m-1$ があって，これ以外の整数は特性指数ではないとする．このとき特性指数 $0, 1, \ldots, m-1$ に対する解が対数関数を含まないための必要十分条件は，$q_i(x)$ の $x = a$ における極の位数を b_i とするとき，

$$b_i \leq n - m \quad (n - m + 1 \leq i \leq n)$$

が成り立つことである．

証明　一般性を失うことなく，$a = 0$ としてよい．$x = 0$ は確定特異点であるので，$q_i(x)$ の $x = 0$ における極の位数はたかだか i である．

$$q_i(x) = \frac{1}{x^i} \sum_{k=0}^\infty q_{ik} x^k\ (1 \leq i \leq n), \quad z(x) = x^\rho \sum_{k=0}^\infty z_k x^k$$

とおいて，微分方程式 (5.7) の左辺に代入する．

$$f_0(\rho) = \rho(\rho-1)\cdots(\rho-n+1) + \sum_{i=1}^{n} q_{i0}\rho(\rho-1)\cdots(\rho-n+i+1),$$
$$f_k(\rho) = \sum_{i=1}^{n} q_{ik}\rho(\rho-1)\cdots(\rho-n+i+1) \quad (k \geq 1)$$

とおくと，(5.7) の左辺の $x^{\rho-n}$ の係数が 0 になることから

(5.8) $$f_0(\rho)z_0 = 0$$

が得られ，また $x^{\rho-n+k}$ $(k \geq 1)$ の係数が 0 になることから

(5.9) $$\sum_{i=0}^{k} f_{k-i}(\rho+i)z_i = 0$$

が得られる．$f_0(\rho)$ は決定多項式であり，$\rho = 0, 1, \ldots, m-1$ が特性指数であるから

$$f_0(0) = f_0(1) = \cdots = f_0(m-1) = 0$$

が成り立つ．また仮定から，$f_0(k) \neq 0$ が $k \geq m$ について成り立つ．したがって $z_0, z_1, \ldots, z_{m-1}$ が決まると，z_k $(k \geq m)$ は (5.9) によって一意的に定まる．

特性指数 $0, 1, \ldots, m-1$ に対する解が対数関数を含まないということは，$\rho = 0, 1, \ldots, m-1$ に対して z_k $(k \geq 0)$ が決まるということで，したがってそのための条件は，任意の $z_0, z_1, \ldots, z_{m-1}$ に対して (5.9) が成り立つことである．この条件は

$$f_k(\rho) = 0 \quad (1 \leq k \leq m-1, 0 \leq \rho \leq m-k-1)$$

で与えられ，$f_k(\rho)$ の定義によってこれは

$$q_{ik} = 0 \quad (n-m+1 \leq i \leq n, 0 \leq k \leq i-(n-m+1))$$

と同値である．これは $b_i \leq n-m$ $(n-m+1 \leq i \leq n)$ を意味する． □

例 5.1 3 階の微分方程式

$$z''' + q_1(x)z'' + q_2(x)z' + q_3(x)z = 0$$

について，$x = 0$ が確定特異点で特性指数 $0, 1, \rho$ を持つ場合を考える．ただし $\rho \notin \mathbb{Z}$ とする．命題 5.2 により，$x = 0$ で対数解を持たないためには，微分方程式が

$$z''' + \frac{Q_1(x)}{x}z'' + \frac{Q_2(x)}{x}z' + \frac{Q_3(x)}{x}z = 0$$

という形をしていることが必要十分である．ここで $Q_1(x), Q_2(x), Q_3(x)$ は $x=0$ で正則とする．また $x=0$ で対数解を持つためには，

$$z''' + \frac{Q_1(x)}{x} z'' + \frac{Q_2(x)}{x} z' + \frac{R_3(x)}{x^2} z = 0$$

という形が必要十分である．ここで $R_3(x)$ は $x=0$ で正則で $R_3(0) \neq 0$ とする．

命題 5.2 の証明からもわかるように，(5.6) が成り立ち対数解が現れず $\lambda = 0$ の場合には，$x = a$ において微分方程式 (5.1) には

$$y(x) = g(x-a) + \sum_{k=m}^{\infty} y_m (x-a)^m$$

という形の m 次元分の解が存在する．ここで $g(X)$ は次数がたかだか $m-1$ の多項式を表す．したがってこの上さらに $m=n$ であれば，$x=a$ は方程式 (5.1) の正則点となる．$m=n$ で $\lambda \neq 0$ の場合でも，(5.1) は $x=a$ を正則点とする微分方程式に $(x-a)^\lambda$ を掛けるという gauge 変換を施して得られるものとなるので，$x=a$ はほとんど正則点と思ってよい．このように見ると，(5.6) が成り立つ場合には，対数解が現れないことの方が自然であると考えることもできる．この場合を

$$[\lambda]_{(m)}$$

という記号で表すことにする．この記号は，まず特性指数 $\lambda, \lambda+1, \ldots, \lambda+m-1$ をまとめて表したものであり，さらにこれらを特性指数とする解には対数関数が現れないことも意味する．別な言い方をすると，

$$y(x) = (x-a)^\lambda [g(x-a) + O((x-a)^m)]$$

という形の解が存在することを表す記号である．ここで $g(X)$ は $m-1$ 次までの任意の多項式を表す．$[\lambda]_{(m)}$ を，拡張された特性指数と呼ぶ．

1 つの確定特異点においては，拡張された特性指数

$$[\lambda_1]_{(m_1)}, [\lambda_2]_{(m_2)}, \ldots, [\lambda_l]_{(m_l)}$$

で表される局所挙動が基本となる．ここで $\lambda_1, \lambda_2, \ldots, \lambda_l$ は整数差を持たない複素数で，$(m_1, m_2, \ldots, m_l)$ は n の分割である．別の言い方をすれば，

$$(x-a)^{\lambda_j}[g_j(x-a) + O((x-a)^{m_j})] \quad (j=1,2,\ldots,l)$$

という形の解からなる基本解系が存在する場合で，ただしここで $g_j(X)$ はたかだか $m_j - 1$ 次の任意多項式を表す．対数解は，λ_j たちの間に整数差がある場合に

現れる可能性がある.

さて微分方程式 (5.1) において,確定特異点を $a_0, a_1, \ldots, a_p$ とする.各 $x = a_j$ における拡張された特性指数が

$$[\lambda_{j,1}]_{(m_{j,1})}, [\lambda_{j,2}]_{(m_{j,2})}, \ldots, [\lambda_{j,l_j}]_{(m_{j,l_j})}$$

で与えられているとする.これらのデータを集めた表

(5.10) $$\begin{Bmatrix} x = a_0 & x = a_1 & \cdots & x = a_p \\ [\lambda_{0,1}]_{(m_{0,1})} & [\lambda_{1,1}]_{(m_{1,1})} & \cdots & [\lambda_{p,1}]_{(m_{p,1})} \\ \vdots & \vdots & & \vdots \\ [\lambda_{0,l_0}]_{(m_{0,l_0})} & [\lambda_{1,l_1}]_{(m_{1,l_1})} & \cdots & [\lambda_{p,l_p}]_{(m_{p,l_p})} \end{Bmatrix}$$

を **Riemann scheme** という.なお $m_{j,k} = 1$ のときは,$[\lambda_{j,k}]_{(1)}$ を単に $\lambda_{j,k}$ と書く.Riemann scheme を見ると Fuchs 型常微分方程式の局所挙動が一目でわかるので大変便利であるが,$\lambda_{j,k}$ ($k = 1, 2, \ldots, l_j$) の間に整数差があるときに対数解が現れるかどうかは表示されないので,その場合は対数解の現れ方を付記する必要がある.

Fuchs の関係式 (5.3) を Riemann scheme (5.10) のデータで書き表すと,

$$\sum_{j=0}^{p} \sum_{k=1}^{l_j} \sum_{i=0}^{m_{j,k}-1} (\lambda_{j,k} + i) = \frac{n(n-1)(p-1)}{2}$$

となる.

なお連立 1 階型の微分方程式については,Riemann scheme に相当する局所挙動の一覧表を考えることはできるが,確定した表記法はないようである.次の節では非共鳴的正規 Fuchs 型という連立 1 階型の微分方程式を考える.そこで定義されるスペクトル・データが,単独高階型の Riemann scheme に相当する.

例 5.2 Gauss の超幾何微分方程式

$$x(1-x)y'' + (\gamma - (\alpha + \beta + 1)x)y' - \alpha\beta y = 0$$

の Riemann scheme は

(5.11) $$\begin{Bmatrix} x = 0 & x = 1 & x = \infty \\ 0 & 0 & \alpha \\ 1 - \gamma & \gamma - \alpha - \beta & \beta \end{Bmatrix}$$

で与えられる.

3 階の一般化超幾何微分方程式 ($_3\mathrm{E}_2$) は，Euler 作用素 $\delta = x\dfrac{d}{dx}$ を用いて

$$\delta(\delta + \beta_1 - 1)(\delta + \beta_2 - 1)y = x(\delta + \alpha_1)(\delta + \alpha_2)(\delta + \alpha_3)y$$

と表される．この微分方程式の Riemann scheme は

$$\begin{Bmatrix} x=0 & x=1 & x=\infty \\ 0 & [0]_{(2)} & \alpha_1 \\ 1-\beta_1 & & \alpha_2 \\ 1-\beta_2 & -\beta_3 & \alpha_3 \end{Bmatrix}$$

で与えられる．ただし β_3 は $\alpha_1 + \alpha_2 + \alpha_3 = \beta_1 + \beta_2 + \beta_3$ で定める．

微分方程式の独立変数や未知関数の初等的な変換に対する Riemann scheme の変化を見てみよう．Fuchs 型微分方程式 (5.1) の Riemann scheme が (5.10) で与えられているとする．

まず独立変数 x に 1 次分数変換

$$\xi = \frac{ax+b}{cx+d}$$

を行って独立変数を ξ へ変換した場合を考える．各特異点 a_j は

$$b_j = \frac{aa_j + b}{ca_j + d}$$

へうつる．一方

$$x - a_j = (\xi - b_j)(C_j + O(\xi - b_j)) \quad (C_j \neq 0)$$

に注意すると（ただし a_j あるいは b_j が ∞ のときは，$x - a_j$ あるいは $\xi - b_j$ を ∞ における局所座標に読み替える），特性指数をはじめとする局所挙動はこの変数変換で変わらないことがわかる．したがって変換後の Riemann scheme は，1 行目が変わるだけで

$$\begin{Bmatrix} \xi = b_0 & \xi = b_1 & \cdots & \xi = b_p \\ [\lambda_{0,1}]_{(m_{0,1})} & [\lambda_{1,1}]_{(m_{1,1})} & \cdots & [\lambda_{p,1}]_{(m_{p,1})} \\ \vdots & \vdots & & \vdots \\ [\lambda_{0,l_0}]_{(m_{0,l_0})} & [\lambda_{1,l_1}]_{(m_{1,l_1})} & \cdots & [\lambda_{p,l_p}]_{(m_{p,l_p})} \end{Bmatrix}$$

となる．

未知関数に対する変換としては,

$$z(x) = y(x) \prod_{j=0}^{p} (x-a_j)^{\alpha_j}$$

という gauge 変換を考える. ここで $\alpha_j \in \mathbb{C}$ で, $a_0, a_1, \ldots, a_p$ の中には ∞ は含まれない場合を考える. $\sum_{j=0}^{p} \alpha_j = 0$ であれば $x = \infty$ は $z(x)$ においても正則点で, 各特異点 a_j においては特性指数が α_j だけシフトするので, $z(x)$ に対する微分方程式の Riemann scheme は

$$(5.12) \quad \left\{ \begin{array}{cccc} x = a_0 & x = a_1 & \cdots & x = a_p \\ [\lambda_{0,1} + \alpha_0]_{(m_{0,1})} & [\lambda_{1,1} + \alpha_1]_{(m_{1,1})} & \cdots & [\lambda_{p,1} + \alpha_p]_{(m_{p,1})} \\ \vdots & \vdots & & \vdots \\ [\lambda_{0,l_0} + \alpha_0]_{(m_{0,l_0})} & [\lambda_{1,l_1} + \alpha_1]_{(m_{1,l_1})} & \cdots & [\lambda_{p,l_p} + \alpha_p]_{(m_{p,l_p})} \end{array} \right\}$$

となる. $\sum_{j=0}^{p} \alpha_j \neq 0$ の場合には, $z(x)$ では $x = \infty$ が特異点として加わり, Riemann scheme には

$$\left\{ \begin{array}{c} x = \infty \\ [\alpha_\infty]_{(n)} \end{array} \right\}$$

という列が付け加わる. ただし $\alpha_\infty = -\sum_{j=0}^{p} \alpha_j$ とおいた. $a_0 = \infty$ の場合には,

$$z(x) = y(x) \prod_{j=1}^{p} (x-a_j)^{\alpha_j}$$

という gauge 変換を考えると, $z(x)$ に対する Riemann scheme は (5.12) と同じになる. ただし $\alpha_0 = -\sum_{j=1}^{p} \alpha_j$ とおく.

微分方程式が 2 階で特異点が 3 点の場合には, 独立変数の 1 次分数変換で特異点の位置を $0, 1, \infty$ へうつすことができる. さらに上記の gauge 変換により, $x = \infty$ 以外の特異点における特性指数は自由にシフトすることができるので, それらの特異点における特性指数の 1 つは 0 とすることができる. 例 5.2 における Gauss の超幾何微分方程式の Riemann scheme (5.11) は, そのような正規化を行ったあとの Riemann scheme の一般形となっている.

5.3 正規 Fuchs 型微分方程式

階数 n の連立 1 階型微分方程式

(5.13) $$\frac{dY}{dx} = A(x)Y$$

を考える．ここで $A(x)$ は有理関数を成分とする $n \times n$ 行列とする．微分方程式 (5.13) の特異点は $A(x)$ の極と，場合によっては $x = \infty$ である．$x = \infty$ については，∞ における局所座標 $t = \frac{1}{x}$ で方程式を書き換えると

$$\frac{dY}{dt} = -\frac{1}{t^2} A\left(\frac{1}{t}\right) Y$$

となるので，$-\frac{1}{t^2} A\left(\frac{1}{t}\right)$ が $t = 0$ を極に持つなら (5.13) の特異点となる．

これらの極の位数がすべて 1 の場合，特異点は確定特異点となり，(5.13) は Fuchs 型となる．そのような方程式は次のように書かれる．

(5.14) $$\frac{dY}{dx} = \left(\sum_{j=1}^{p} \frac{A_j}{x - a_j}\right) Y,$$

ここで $a_1, a_2, \ldots, a_p$ は $\mathbb{C}$ の相異なる p 点，$A_1, A_2, \ldots, A_p$ は $n \times n$ 定数行列である．$x = \infty$ について見ると，

$$-\frac{1}{t^2} A\left(\frac{1}{t}\right) = -\frac{1}{t} \sum_{j=1}^{p} \frac{A_j}{1 - a_j t} = \frac{A_0}{t} + O(1)$$

となるので，確かに $x = \infty$ は確定特異点である．ここで $x = \infty$ における留数行列を

(5.15) $$A_0 = -\sum_{j=1}^{p} A_j$$

とおいた．ただし $A_0 = O$ のときは $x = \infty$ は正則点となる．∞ を a_0 とおく．

(5.14) は $x = a_0, a_1, \ldots, a_p$ を確定特異点とする Fuchs 型微分方程式である．この形の微分方程式は，文献によって Schlesinger 標準形，Fuchsian system などいくつかの名前で呼ばれているが，本書では渋谷 [126] にならって**正規 Fuchs 型**と呼ぶことにする．

正規 Fuchs 型微分方程式 (5.14) は，次のように対数微分を用いて表すことができる．

$$dY = \left(\sum_{j=1}^{p} A_j d\log(x - a_j)\right) Y.$$

このように書けば, $x = \infty$ がたかだか確定特異点であることが直ちにわかる. 対数微分を用いた表示は, 第 II 部で扱う多変数完全積分可能系との関わりで重要である.

ここで正規 Fuchs 型微分方程式について, 歴史的な経緯を少し述べておこう. Riemann は, 基本群の表現を与えたとき, その表現をモノドロミー表現とするような Fuchs 型微分方程式が存在するか, という問題を提起した. これを Riemann 問題という. Riemann は Fuchs 型微分方程式としては単独高階型のものを考えていたようだが, その後 Riemann 問題を組織的に研究した Schlesinger は, Fuchs 型微分方程式として正規 Fuchs 型の連立 1 階微分方程式を考えた. 正規 Fuchs 型微分方程式が Schlesinger 標準形と呼ばれる所以である. 1900 年に提出された Hilbert の「数学の問題」で Riemann 問題が第 21 問題として取り上げられたため, Riemann 問題は Riemann-Hilbert 問題とも呼ばれるようになった. Riemann-Hilbert 問題は肯定的に解決されている. Riemann 問題については, 斎藤の優れた解説 [111] がある.

Riemann 問題が正規 Fuchs 型微分方程式を構成する問題ととらえられてきたことにより, Fuchs 型微分方程式が必ず正規 Fuchs 型微分方程式に変換されるか, ということについても研究されてきた. 木村 [72] は, 見かけの特異点をたかだか 1 個付け加えれば, Fuchs 型微分方程式は正規 Fuchs 型微分方程式に変換できることを示した ([126]). また Bolibruch[11] は, そのままでは正規 Fuchs 型に変換されないような Fuchs 型微分方程式があることを示した. 木村の結果により, 正規 Fuchs 型微分方程式に限っても, ほとんど一般性を失わないことがわかる.

正規 Fuchs 型微分方程式は, 後出の Katz の操作や変形理論と相性がよく, また確定特異点における局所挙動をつかまえやすいという点で有用である. 何より, 方程式の解析が行列の組 $(A_1, A_2, \ldots, A_p)$ の解析に帰着できる点が優れている.

5.3.1 非共鳴的正規 Fuchs 型微分方程式, スペクトル型

正方行列で, その異なる固有値の間に整数差がないものを非共鳴的と呼んだ (定義 2.4). 正規 Fuchs 型微分方程式 (5.14) において, すべての留数行列 A_j ($0 \leq j \leq p$) が非共鳴的であるとき, (5.14) を**非共鳴的**という.

命題 5.3 正規 Fuchs 型微分方程式 (5.14) が非共鳴的ならば, 各確定特異点 $x = a_j$ ($0 \leq j \leq p$) における局所モノドロミーは $e^{2\pi\sqrt{-1}A_j}$ により与えられる.

この命題は定理 2.11 から直ちにしたがう．非共鳴的の場合には，留数行列と局所モノドロミーが直接的に対応するため，非常に解析がしやすくなるのである．以下この節では，非共鳴的な正規 Fuchs 型微分方程式を考える．

非共鳴的正規 Fuchs 型微分方程式 (5.14) において，留数行列 A_j の Jordan 標準形を C_j とおくとき，組
$$(C_0, C_1, \ldots, C_p)$$
を**スペクトル・データ**と呼ぶ．スペクトル・データは局所挙動（局所モノドロミー）を完全に決定するデータであり，単独高階型の場合の Riemann scheme に相当する．

一般に，Jordan 標準形の行列 C から固有値の値の情報を忘れたものを，$C^\natural$ と表し，C の**スペクトル型**という．ただし各固有値の値は忘れるが，2 つの固有値が同じ値か違う値かという情報は忘れずに維持する．スペクトル型を記述するため，記号を用意する．

定義 5.1 A を正方行列，α をその固有値とする．$j = 1, 2, \ldots$ に対して，A の Jordan 標準形に含まれる α を固有値とするサイズが j 以上の Jordan 細胞の個数を $e_j(A; \alpha)$ で表す．

定義より，$e_j(A; \alpha)$ は次の性質をみたす．
$$e_1(A; \alpha) \geq e_2(A; \alpha) \geq \cdots,$$
$$\sum_\alpha \sum_{j \geq 1} e_j(A; \alpha) = n.$$
ただし n は行列 A のサイズを表し，$\sum_\alpha$ は A のすべての固有値にわたる和を表す．

さて Jordan 標準形の行列 C の異なる固有値を $\lambda_1, \lambda_2, \ldots,$ とすると，数値データ
$$((e_j(C; \lambda_1))_{j \geq 1}, (e_j(C; \lambda_2))_{j \geq 1}, \ldots)$$
によってスペクトル型が記述される．たとえば
$$C = \begin{pmatrix} \lambda & 1 & & & & \\ & \lambda & 1 & & & \\ & & \lambda & & & \\ & & & \lambda & & \\ & & & & \mu & 1 \\ & & & & & \mu \end{pmatrix}$$

であれば，そのスペクトル型は

$$((211),(11))$$

となる．このようにスペクトル型は，

$$e = ((e_j^{(1)})_{j\geq 1}, (e_j^{(2)})_{j\geq 1}, \dots) \in (\mathbb{Z}_{\geq 0})^\infty \times (\mathbb{Z}_{\geq 0})^\infty \times \cdots$$

という数値データで，

$$e_j^{(i)} \geq e_{j+1}^{(i)} \quad (j \geq 1, i = 1, 2, \dots),$$
$$\sum_i \sum_{j\geq 1} e_j^{(i)} < \infty$$

をみたすものにより与えられる．

$$|e| = \sum_i \sum_{j\geq 1} e_j^{(i)}$$

とおく．

C が対角行列のときは，スペクトル型は単に固有値の重複度を表す分割となる．このときはスペクトル型を，内側の括弧を省いて

$$(e_1(C;\lambda_1), e_1(C;\lambda_2), \dots)$$

のように表すことにする．このスペクトル型を半単純という．

スペクトル型は正方行列の共役類に対して定義される概念であるので，共役類 $\mathcal{A}$ あるいは $\mathcal{A}$ に属する行列 A についても，その Jordan 標準形 C のスペクトル型 $C^\natural$ により $\mathcal{A}$ あるいは A のスペクトル型を定め，それぞれ $\mathcal{A}^\natural$, $A^\natural$ と表す．

さて非共鳴的正規 Fuchs 型微分方程式 (5.14) のスペクトル・データが $(C_0, C_1, \dots, C_p)$ のとき，そのスペクトル型の組

$$(C_0^\natural, C_1^\natural, \dots, C_p^\natural)$$

を (5.14) の**スペクトル型**と呼ぶ．正方行列 A が非共鳴的であれば，

$$\left(e^{2\pi\sqrt{-1}A}\right)^\natural = A^\natural$$

であるので，非共鳴的正規 Fuchs 型微分方程式 (5.14) の局所モノドロミーの組 $(L_0, L_1, \dots, L_p)$ のスペクトル型は，微分方程式 (5.14) のスペクトル型と一致する．正方行列の組のスペクトル型についても，各行列が対角化可能（半単純）であるとき，半単純という．

一方留数行列の固有値については，1つの条件が課される．A_j の固有値を重複のあるものは重複分だけ並べて $\lambda_{j1}, \lambda_{j2}, \ldots, \lambda_{jn}$ とおく．A_0 の定義 (5.15) より

$$\sum_{j=0}^{p} A_j = O$$

となるので，両辺の trace を取ることで

(5.16) $$\sum_{j=0}^{p} \sum_{k=1}^{n} \lambda_{jk} = 0$$

という関係式が得られる．これは確定特異点における特性指数に対する条件となり，単独高階型の Fuchs 型微分方程式における Fuchs の関係式に相当するものである．そこで本書では，(5.16) のことも Fuchs の関係式と呼ぶ．

単独高階型の場合と同様に，(5.16) はスペクトル・データ $(C_0, C_1, \ldots, C_p)$ を持つ微分方程式が存在するための必要条件であり，十分条件ではない．どのようなスペクトル・データに対して既約な正規 Fuchs 型微分方程式が存在するか，という基本的な問題については，5.5 節で扱う．

5.3.2　大久保型微分方程式

正規 Fuchs 型微分方程式の特別な場合として，大久保型と呼ばれる連立 1 階型微分方程式がある．大久保型微分方程式は，それまでの研究に現れていた方程式の形をもとに，大久保謙二郎が提唱した標準形であり，Shäfke, Balser-Jurkat-Lutz らによっても扱われている．大久保型微分方程式は Riemann-Liouville 変換（Euler 変換）や Laplace 変換といった積分変換と相性がよく，様々な面で調べやすい形をしていて，標準形として重要な働きをする．

T と A を $n \times n$-定数行列で，T はさらに対角行列であるとする．これらを用いた連立 1 階型の微分方程式

(5.17) $$(x - T)\frac{dY}{dx} = AY$$

を**大久保型微分方程式**と呼ぶ．T が

$$T = \begin{pmatrix} t_1 I_{n_1} & & & \\ & t_2 I_{n_2} & & \\ & & \ddots & \\ & & & t_p I_{n_p} \end{pmatrix}, \quad t_i \neq t_j \ (i \neq j)$$

という形をしているとしたとき，

$$A_j = \begin{pmatrix} O & & & & \\ & \ddots & & & \\ & & I_{n_j} & & \\ & & & \ddots & \\ & & & & O \end{pmatrix} A$$

とおくと, (5.17) は

$$\frac{dY}{dx} = \left(\sum_{j=1}^{p} \frac{A_j}{x - t_j} \right) Y$$

と書くことができる．したがって大久保型微分方程式は正規 Fuchs 型微分方程式である．$x = \infty$ における留数行列は $-A$ となる．

Riemann-Liouville 変換について説明する．$f(x)$ を領域 $D \subset \mathbb{P}^1$ 上正則な関数, $a \in \bar{D}$ とし,

$$\lim_{\substack{x \to a \\ x \in D}} f(x) = 0$$

が成り立つとする．$\lambda \in \mathbb{C}$ に対し,

(5.18) $$(I_a^\lambda f)(x) = \frac{1}{\Gamma(\lambda)} \int_a^x f(s)(x-s)^{\lambda-1}\, ds$$

を Riemann-Liouville 積分という．a から x に至る積分路は D 内に取る．

Riemann-Liouville 積分については, 次の事実が基本的である.

定理 5.4 (i) $I_a^0 = \mathrm{id}$.
(ii) $I_a^\lambda \circ I_a^\mu = I_a^{\lambda+\mu}$.
(iii) $(I_a^{-n} f)(x) = f^{(n)}(x)$ $(n \in \mathbb{Z}_{\geq 0})$.

証明 (i) は (iii) で $n = 0$ の場合である．そこで (iii) を証明する．$n \in \mathbb{Z}_{\geq 0}$ とする．定義 (5.18) に $\lambda = -n$ を直接代入することはできないので, $\lambda \to -n$ とした極限を考える．第 7 章で導入される積分の正則化を端点 $s = x$ において行う．それは具体的には次のような操作である．a から x に至る積分路上, x の近くに点 c を取り, a から c に至る部分を L とおく．また c を始点・終点とする, 中心が x, 半径が $|c - x|$ の円に正の向きを与えたものを C とおく．すると

$$\int_a^x f(s)(x-s)^{\lambda-1}\, ds = \int_L f(s)(x-s)^{\lambda-1}\, ds + \frac{1}{1 - e^{2\pi\sqrt{-1}\lambda}} \int_C f(s)(x-s)^{\lambda-1}\, ds$$

が成立する (7.4 節参照)．左辺の積分を右辺で置き換えることを正則化と呼ぶ．

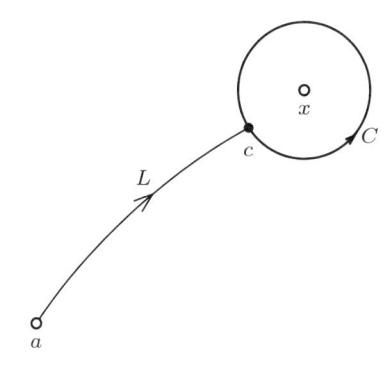

図 5.1

$\Gamma(\lambda)$ は $\lambda = -n$ において 1 位の極を持ち,

$$\Gamma(\lambda) = \frac{(-1)^n}{n!} \frac{1}{\lambda + n} + O(1)$$

と Laurent 展開される. このことから特に,

$$\lim_{\lambda \to -n} \frac{1}{\Gamma(\lambda)} = 0$$

である. また $1 - e^{2\pi\sqrt{-1}\lambda}$ は $\lambda = -n$ において 1 位の零点を持ち,

$$1 - e^{2\pi\sqrt{-1}\lambda} = -2\pi\sqrt{-1}(\lambda + n) + O((\lambda + n)^2)$$

と Taylor 展開される. したがって

$$(I_a^\lambda f)(x) = \frac{1}{\Gamma(\lambda)} \int_L f(s)(x-s)^{\lambda-1}\,ds + \frac{1}{\Gamma(\lambda)(1 - e^{2\pi\sqrt{-1}\lambda})} \int_C f(s)(x-s)^{\lambda-1}\,ds$$

において $\lambda \to -n$ という極限を取ると, 右辺の第 1 項は 0 に収束し, 右辺第 2 項は Cauchy の積分公式を用いて

$$\frac{(-1)^{n+1} n!}{2\pi\sqrt{-1}} \int_C \frac{f(s)}{(x-s)^{n+1}}\,ds = f^{(n)}(x)$$

となる.

(ii) は積分の順序交換により示される.

$$\begin{aligned}
((I_a^\lambda \circ I_a^\mu)(f))(x) &= \frac{1}{\Gamma(\lambda)\Gamma(\mu)} \int_a^x \left\{ \int_a^t f(s)(t-s)^{\mu-1} ds \right\} (x-t)^{\lambda-1} dt \\
&= \frac{1}{\Gamma(\lambda)\Gamma(\mu)} \int_a^x dt \int_a^t f(s)(t-s)^{\mu-1}(x-t)^{\lambda-1} ds \\
&= \frac{1}{\Gamma(\lambda)\Gamma(\mu)} \int_a^x ds \int_s^x f(s)(t-s)^{\mu-1}(x-t)^{\lambda-1} dt \\
&= \frac{1}{\Gamma(\lambda)\Gamma(\mu)} \int_a^x f(s)\, ds \\
&\qquad \times \int_0^1 ((x-s)u)^{\mu-1}((x-s)(1-u))^{\lambda-1}(x-s)\, du \\
&= \frac{B(\lambda,\mu)}{\Gamma(\lambda)\Gamma(\mu)} \int_a^x f(s)(x-s)^{\lambda+\mu-1} ds \\
&= (I_a^{\lambda+\mu} f)(x).
\end{aligned}$$

途中の置換積分は

$$u = \frac{t-s}{x-s}$$

により t から u へ変換したものである. $\square$

Riemann-Liouville 積分を積分による変換と考え，Riemann-Liouville 変換と呼ぶ．すなわち Riemann-Liouville 変換は，$\lambda \in \mathbb{C}$ をパラメーターとし，

$$f(x) \mapsto \int_\Delta f(s)(x-s)^{\lambda-1} dx$$

で与えられる変換である．積分路 Δ は，場合に応じて適当に設定することとする．Riemann-Liouville 変換は，Euler 変換とも呼ばれる．

定理 5.5 大久保型微分方程式 (5.17)

$$(x-T)\frac{dY}{dx} = AY$$

は，Riemann-Liouville 変換

$$Y(x) \mapsto Z(x) = \int_\Delta Y(s)(x-s)^{\lambda-1} dx$$

により，A を $A+\lambda$ にシフトした大久保型微分方程式

$$(x-T)\frac{dZ}{dx} = (A+\lambda)Z$$

にうつされる．

証明 まず形式的に主張を示す.

$$\begin{aligned}
&(x-T)\frac{dZ}{dx} \\
&= (x-T)(\lambda-1)\int_\Delta Y(s)(x-s)^{\lambda-2}\,ds \\
&= (\lambda-1)\int_\Delta (x-s+s-T)Y(s)(x-s)^{\lambda-2}\,ds \\
&= (\lambda-1)\int_\Delta Y(s)(x-s)^{\lambda-1}\,ds + (\lambda-1)\int_\Delta (s-T)Y(s)(x-s)^{\lambda-2}\,ds \\
&= (\lambda-1)Z(x) \\
&\quad + [-(s-T)Y(s)(x-s)^{\lambda-1}]_{\partial\Delta} + \int_\Delta \frac{\partial}{\partial s}[(s-T)Y(s)](x-s)^{\lambda-1}\,ds \\
&= (\lambda-1)Z(x) + \int_\Delta Y(s)(x-s)^{\lambda-1}\,ds \\
&\quad + \int_\Delta (s-T)\frac{dY}{ds}(s)(x-s)^{\lambda-1}\,ds \\
&= \lambda Z(x) + \int_\Delta AY(s)(x-s)^{\lambda-1}\,ds \\
&= (\lambda+A)Z(x).
\end{aligned}$$

積分路 Δ が

$$[-(s-T)Y(s)(x-s)^{\lambda-1}]_{\partial\Delta} = 0$$

が成り立つようにとられていると考えることで,この形式的な計算が正当化される.たとえば Δ は $Y(s)$ の確定特異点を結ぶ曲線で,両端の確定特異点において積分が正則化されているものを考えればよい.積分の正則化については,7.4 節で説明される.　□

次は Laplace 変換を考える.Laplace 変換も積分による変換

$$f(x) \mapsto \int_\Delta f(s)e^{-xs}\,ds$$

として定義される.積分路 Δ は,場合に応じて適当に選ばれる.この積分変換から,微分作用素の変換

(5.19) $$\begin{cases} \dfrac{d}{dx} & \mapsto & x, \\ x & \mapsto & -\dfrac{d}{dx} \end{cases}$$

が引き起こされるので,微分作用素に対しては (5.19) を Laplace 変換と定義する.

定理 5.6 大久保型微分方程式 (5.17)
$$(x-T)\frac{dY}{dx} = AY$$
は，Laplace 変換
$$Y(x) \mapsto Z(x) = \int_\Delta Y(s) e^{-xs}\, ds$$
により，

(5.20) $$\frac{dZ}{dx} = -\left(T + \frac{A+1}{x}\right) Z$$

にうつされる．

証明 (5.19) を大久保型微分方程式 (5.17) に形式的に適用すれば，
$$\left(-\frac{d}{dx} - T\right)(xZ) = AZ$$
となるので，これより (5.20) が得られる．

積分路 Δ に要請される条件を明らかにするため，積分についても見ていこう．

$$\begin{aligned}
xTZ(x) &= \int_\Delta Tx e^{-xs} Y(s)\, ds \\
&= -[Te^{-xs} Y(s)]_{\partial\Delta} + \int_\Delta Te^{-xs} \frac{dY}{dx}(s)\, ds \\
&= -\int_\Delta (s - T - s) e^{-xs} \frac{dY}{ds}(s)\, ds \\
&= -\int_\Delta e^{-xs} AY(s)\, ds + \int_\Delta s e^{-xs} \frac{dY}{ds}(s)\, ds \\
&= -AZ(x) + [se^{-xs} Y(s)]_{\partial\Delta} - \int_\Delta (e^{-xs} - xs e^{-xs}) Y(s)\, ds \\
&= -AZ(x) - Z(x) - x\int_\Delta \frac{\partial}{\partial x}(e^{-xs}) Y(s)\, ds \\
&= -(A+1)Z(x) - x\frac{dZ}{dx}(x).
\end{aligned}$$

この計算が成り立てば，(5.20) は直ちに得られる．そのためには
$$[Te^{-xs} Y(s)]_{\partial\Delta} = [se^{-xs} Y(s)]_{\partial\Delta} = 0$$
が成り立ち，さらに Δ 上の積分と微分 $\dfrac{d}{dx}$ が交換できる必要がある．これが Δ に対して要請される条件である．よって定理 5.5 のときと同様に，(5.17) の $\mathbb{C}$ 上の確定特異点を結ぶ路を Δ とし，積分が正則化されているとすればよい．あるいは Δ

の端点の 1 つを $s = \infty$ とし，Δ 上で s が ∞ に近づくとき，ある $\delta > 0$ に対して

$$\frac{\pi}{2} + \delta \leq \arg(-xs) \leq \frac{3}{2}\pi - \delta$$

が成立するようになっていてもよい． □

r を 1 以上の整数とする．$B_0, B_1, \ldots, B_r$ を $n \times n$-定数行列とするとき，

(5.21) $$\frac{dZ}{dx} = x^{r-1}\left(B_0 + \frac{B_1}{x} + \cdots + \frac{B_r}{x^r}\right)Z$$

という形の連立 1 階型微分方程式を，Poincaré 階数 r の Birkhoff 標準形という．Birkhoff 標準形においては，$x = \infty$ が Poincaré 階数 r の不確定特異点になっている．Birkhoff 標準形は，不確定特異点の解析に用いられる有用な標準形である．

定理 5.6 の方程式 (5.20) は，Poincaré 階数 1 の Birkhoff 標準形である．すなわち Laplace 変換によって，Poincaré 階数 1 の Birkhoff 標準形と大久保型微分方程式が対応する．このことは大久保型微分方程式を導入する 1 つの動機であり，Balser-Jurkat-Lutz[5] および Schäfke[118] は，Birkhoff 標準形 (5.20) の $x = \infty$ における Stokes 係数が，大久保型システム (5.17) の接続係数によって，ほとんどそのままの形で与えられることを示した．

大久保 [100] は，(5.17) が Birkhoff 標準形と関わるだけでなく，Fuchs 型微分方程式の研究にも有用であるとして，組織的な研究を進めた．横山 [147] による大久保型微分方程式の接続係数の記述は，この方向の研究における 1 つの到達点と考えられる．大久保-横山の理論については，横山 [145], [146] あるいは [30] などを参照されたい．

5.4 Rigidity

5.4.1 モノドロミーに対する rigidity

確定特異点における局所モノドロミーは，方程式から明示的に計算できる量である（2.3 節）．一方モノドロミー（大域モノドロミー）の方は，大域的な解析接続を表す難しい量であり，一般の場合に方程式から明示的に求める方法を，我々はまだ持っていない．ただし解の積分表示があるなど特別な事情がある場合には，大域モノドロミーを明示的に求めることができる（7.7 節参照）．大域モノドロミーが局所モノドロミーから一意的に決まる場合にも，大域モノドロミーは明示的に計算可能となる．大域モノドロミーが局所モノドロミーから一意的に決まる場合

を，rigid と呼ぶ．rigid ではない場合においては，大域モノドロミーが局所モノドロミーからどの程度まで決まるか，というのは，モノドロミーの難しさ・超越性を表す 1 つの指標と考えられる．本節では，この指標を，微分方程式は表に出さない形で定式化する．

S を $\mathbb{P}^1$ の有限部分集合とし，$X = \mathbb{P}^1 \setminus S$ とおく．$b \in X$ を 1 つ取り固定する．基本群 $\pi_1(X, b)$ の n 次元反表現

$$\rho : \pi_1(X, b) \to \mathrm{GL}(n, \mathbb{C})$$

を考える．$a \in S$ とする．定理 3.2 によって，a を正の向きに 1 周し他の $a' \in S$ は回らないような任意の閉曲線 $\gamma \in \pi_1(X, b)$ に対し，共役類 $[\rho(\gamma)]$ は a のみによって一意的に定まる．これを a における局所モノドロミーという．また ρ の反表現としての共役類 $[\rho]$ をモノドロミーと呼ぶ．モノドロミーは，X 上の階数 n の局所系と同じものである．

定義 5.2 モノドロミー $[\rho]$ が各 $a \in S$ における局所モノドロミーから一意的に定まるとき，$[\rho]$ を **rigid** という．

この定義を，少し具体的に見てみよう．$S = \{a_0, a_1, \ldots, a_p\}$ とし，$\pi_1(X, b)$ の表示として 3.3 節のものを用いる．

$$\pi_1(X, b) = \langle \gamma_0, \gamma_1, \ldots, \gamma_p \mid \gamma_0 \gamma_1 \cdots \gamma_p = 1 \rangle.$$

ここで γ_j は，a_j のまわりを正の向きに 1 周し，他の a_i を回らない閉曲線に代表される元である．

$$\rho(\gamma_j) = M_j \quad (0 \leq j \leq p)$$

とおくと，

$$M_p \cdots M_1 M_0 = I$$

が成り立ち，ρ は組 $(M_0, M_1, \ldots, M_p)$ によって決定される．a_j における局所モノドロミーは M_j の共役類 $[M_j]$ である．したがってモノドロミー $[\rho]$ が rigid であるとは，共役類の組 $([M_0], [M_1], \ldots, [M_p])$ によって類 $[(M_0, M_1, \ldots, M_p)]$ が一意的に定まることを指す．さらに言い換えると，他の反表現 $(N_0, N_1, \ldots, N_p)$ があって

$$N_j = C_j M_j C_j^{-1} \quad (0 \leq j \leq p)$$

をみたす $C_j \in \mathrm{GL}(n, \mathbb{C})$ が存在するとき，

$$N_j = D M_j D^{-1} \quad (0 \leq j \leq p)$$

をみたす $D \in \mathrm{GL}(n, \mathbb{C})$ が存在するなら，$[\rho]$ は rigid である．

例 **5.3** $\#S = 3, n = 2$ で $[\rho]$ が既約なら，$[\rho]$ は rigid である．

証明　ρ は

$$M_2 M_1 M_0 = I \tag{5.22}$$

をみたす組 $(M_0, M_1, M_2) \in \mathrm{GL}(2, \mathbb{C})^3$ により決まる．M_0, M_1, M_2 が対角化可能の場合に主張を示そう．

既約性より，M_0, M_1, M_2 はいずれもスカラー行列ではない．そこで

$$M_0 \sim \begin{pmatrix} \alpha_1 & \\ & \alpha_2 \end{pmatrix}, M_1 \sim \begin{pmatrix} \beta_1 & \\ & \beta_2 \end{pmatrix}, M_2 \sim \begin{pmatrix} \gamma_1 & \\ & \gamma_2 \end{pmatrix}$$

とすると，$\alpha_1 \neq \alpha_2, \beta_1 \neq \beta_2, \gamma_1 \neq \gamma_2$ となる．(5.22) の両辺の行列式を取ることで，$\alpha_1 \alpha_2 \beta_1 \beta_2 \gamma_1 \gamma_2 = 1$ が成り立つことがわかる．また (5.22) より，M_1, M_2 を決めれば M_0 は決まるので，$[(M_1, M_2)]$ が一意的に決まることを示せばよい．M_1 を対角化する行列による相似変換を施すことで，

$$(M_1, M_2) \sim \left(\begin{pmatrix} \beta_1 & \\ & \beta_2 \end{pmatrix}, \begin{pmatrix} a & b \\ c & d \end{pmatrix} \right)$$

とできる．既約性から $bc \neq 0$ がわかるので，

$$Q = \begin{pmatrix} 1 & \\ & c \end{pmatrix}$$

による相似変換をさらに施して，

$$\left(\begin{pmatrix} \beta_1 & \\ & \beta_2 \end{pmatrix}, \begin{pmatrix} a & b \\ c & d \end{pmatrix} \right) \sim \left(\begin{pmatrix} \beta_1 & \\ & \beta_2 \end{pmatrix}, \begin{pmatrix} a & bc \\ 1 & d \end{pmatrix} \right)$$

を得る．$bc = b_1$ とおく．

$$M_2 \sim \begin{pmatrix} \gamma_1 & \\ & \gamma_2 \end{pmatrix}, M_2 M_1 \sim \begin{pmatrix} \alpha_1^{-1} & \\ & \alpha_2^{-1} \end{pmatrix}$$

より，

$$\begin{pmatrix} a & b_1 \\ 1 & d \end{pmatrix} \sim \begin{pmatrix} \gamma_1 & \\ & \gamma_2 \end{pmatrix}, \begin{pmatrix} \beta_1 a & \beta_2 b_1 \\ \beta_1 & \beta_2 d \end{pmatrix} \sim \begin{pmatrix} \alpha_1^{-1} & \\ & \alpha_2^{-1} \end{pmatrix}$$

となる．これより

$$\begin{cases} a + d = \gamma_1 + \gamma_2, \\ ad - b_1 = \gamma_1 \gamma_2, \\ \beta_1 a + \beta_2 d = \alpha_1^{-1} + \alpha_2^{-1} \end{cases}$$

が得られるが，$\beta_1 \neq \beta_2$ によりこの方程式は一意解 (a, b_1, d) を持つ．したがって $[(M_0, M_1, M_2)]$ が一意的に定まることが示された． □

定義 5.3 すべての局所モノドロミーが対角化可能のとき，モノドロミーを半単純と呼ぶ．

例 5.4 $\#S = 3, n = 3$ で $[\rho]$ が既約，半単純であり，そのスペクトル型が $((111), (111), (21))$ であれば，$[\rho]$ は rigid である．

証明 $[\rho]$ を与える行列の組を (M_0, M_1, M_2) とすると，

$$M_2 M_1 M_0 = I$$

かつ

$$M_0 \sim \begin{pmatrix} \alpha_1 & & \\ & \alpha_2 & \\ & & \alpha_3 \end{pmatrix}, M_1 \sim \begin{pmatrix} \beta_1 & & \\ & \beta_2 & \\ & & \beta_3 \end{pmatrix}, M_2 \sim \begin{pmatrix} \gamma & & \\ & \gamma & \\ & & \gamma' \end{pmatrix}$$

とできる．ここで $\alpha_i \neq \alpha_j\ (i \neq j), \beta_i \neq \beta_j\ (i \neq j), \gamma \neq \gamma'$ であり，$\alpha_1 \alpha_2 \alpha_3 \beta_1 \beta_2 \beta_3 \gamma^2 \gamma' = 1$ が成り立っている．M_1 を対角化する行列による相似変換を施して，

$$(M_1, M_2) \sim \left(\begin{pmatrix} \beta_1 & & \\ & \beta_2 & \\ & & \beta_3 \end{pmatrix}, M_2' \right)$$

としておく．$\mathrm{rank}(M_2' - \gamma) = 1$ より，

$$M_2' = \gamma + \begin{pmatrix} x \\ y \\ z \end{pmatrix} \begin{pmatrix} p & q & r \end{pmatrix}$$

と書ける．既約性から $xyzpqr \neq 0$ がわかる．よって $p = 1$ と取ることができ，さらに

による相似変換を施すことにより,

$$(M_1, M_2) \sim \left(\begin{pmatrix} \beta_1 & & \\ & \beta_2 & \\ & & \beta_3 \end{pmatrix}, \gamma + \begin{pmatrix} x_1 \\ y_1 \\ z_1 \end{pmatrix} \begin{pmatrix} 1 & 1 & 1 \end{pmatrix} \right)$$

とできる. ここで $x_1 y_1 z_1 \neq 0$ である. さて

$$\mathrm{tr} M_2 = 2\gamma + \gamma', \ M_2 M_1 \sim \begin{pmatrix} \alpha_1^{-1} & & \\ & \alpha_2^{-1} & \\ & & \alpha_3^{-1} \end{pmatrix}$$

という条件から,

$$\begin{cases} x_1 + y_1 + z_1 = \gamma' - \gamma, \\ \beta_1 x_1 + \beta_2 y_1 + \beta_3 z_1 = A, \\ \beta_1(\beta_2 + \beta_3) x_1 + \beta_2(\beta_1 + \beta_3) y_1 + \beta_3(\beta_1 + \beta_2) z_1 = B \end{cases}$$

という x_1, y_1, z_1 に関する連立方程式が得られる. ここで A, B は, $\alpha_i, \beta_i, \gamma, \gamma'$ で表される量である.

$$\begin{vmatrix} 1 & 1 & 1 \\ \beta_1 & \beta_2 & \beta_3 \\ \beta_1(\beta_2 + \beta_3) & \beta_2(\beta_1 + \beta_3) & \beta_3(\beta_1 + \beta_2) \end{vmatrix} = -\prod_{i<j}(\beta_j - \beta_i)$$

であるからこの連立方程式は一意的に解かれる. したがって $[(M_0, M_1, M_2)]$ は一意的に決まり, $[\rho]$ は rigid である. □

ρ をモノドロミー表現とし, $\rho(\gamma_j) = M_j \ (0 \leq j \leq p)$ とおく. M_j の属する共役類 $[M_j]$ を $\mathcal{O}_j$ とおく. $\mathcal{O}_j$ は $x = a_j$ における局所モノドロミーである.

$$\begin{aligned}\mathcal{M} &= \mathcal{M}(\mathcal{O}_0, \mathcal{O}_1, \ldots, \mathcal{O}_p) \\ &= \{(N_0, N_1, \ldots, N_p) \in \mathcal{O}_0 \times \mathcal{O}_1 \times \cdots \times \mathcal{O}_p \, ; \, N_p \cdots N_1 N_0 = I\}/\sim\end{aligned}$$

とおく. 同値関係 $\sim$ は,

$$N_j' = D N_j D^{-1} \quad (0 \leq j \leq p)$$

となる $D \in \mathrm{GL}(n, \mathbb{C})$ が存在するとき $(N_0, N_1, \ldots, N_p) \sim (N_0', N_1', \ldots, N_p')$ と定める．$\mathcal{M}$ は，局所モノドロミーを指定したモノドロミーの moduli 空間である．$[\rho]$ が rigid であるとは，$\mathcal{M}$ が 1 点からなることである．

モノドロミーの rigidity を考察するときに基本的な役割を果たす，rigidity 指数を定義する．rigidity 指数は，$\mathcal{M}$ の generic な点の近傍における次元を記述するものと考えられる．

定義 5.4 ρ に対し，

$$\iota = (2 - (p+1))n^2 + \sum_{j=0}^{p} \dim Z(M_j)$$

を **rigidity 指数**という．ここで $Z(M_j)$ は M_j の中心化群（M_j と可換な可逆行列全体のなす群）を表す．

命題 5.7 rigidity 指数は偶数である．

これは初等的に証明できる事実である．証明は 5.5 節の後ろの方で与える．

rigidity 指数は，rigidity の有用な判定法を与える．それを述べたのが Katz による次の定理である．

定理 5.8 ρ が既約であれば，$\iota \leq 2$ である．ρ が既約のとき，ρ が rigid であるための必要十分条件は $\iota = 2$ である．

Katz [67] および Völklein [140] による証明を紹介しよう．その証明には，以下の Scott の補題を用いる．K を体とし，V を K 上の有限次元線形空間とする．$\mathrm{GL}(V)$ の元 σ に対し，

$$F(\sigma) = \{v \in V \mid \sigma(v) = v\}$$

とおく．また $\mathrm{GL}(V)$ の有限部分集合 Σ に対して，

$$F(\Sigma) = \bigcap_{\sigma \in \Sigma} F(\sigma)$$

とおく．これら V の部分空間に対して，

$$d(\sigma) = \mathrm{codim}\, F(\sigma),\ d(\Sigma) = \mathrm{codim}\, F(\Sigma)$$

と定める．さらに $\sigma \in \mathrm{GL}(V)$ に対し，$\sigma^* \in \mathrm{GL}(V^*)$ を

$$\langle \sigma(v), \sigma^*(v^*) \rangle = \langle v, v^* \rangle \quad (\forall v \in V, \forall v^* \in V^*)$$

により一意的に定まる元とする．ここで $\langle , \rangle$ は V と双対空間 V^* の pairing である．

補題 5.9 (Scott の補題 [120])　V を体 K 上の有限次元線形空間とし，$\sigma_1, \sigma_2, \ldots, \sigma_p$ を $\mathrm{GL}(V)$ の元で

$$\sigma_1 \sigma_2 \cdots \sigma_p = 1$$

をみたすものとする．このとき

$$d(\sigma_1) + \cdots + d(\sigma_p) \geq d(\Sigma) + d(\Sigma^*)$$

が成り立つ．ただし $\Sigma = \{\sigma_1, \sigma_2, \ldots, \sigma_p\}$, $\Sigma^* = \{\sigma_1^*, \sigma_2^*, \ldots, \sigma_p^*\}$ である．

証明　$C = \{(v_1, v_2, \ldots, v_p) \in V^p \mid v_i \in (1 - \sigma_i)V \ (1 \leq i \leq p)\}$ とおく．線形写像 β, δ を

$$\beta : V \to C$$
$$v \mapsto ((1 - \sigma_1)v, \ldots, (1 - \sigma_p)v),$$

$$\delta : C \to V$$
$$(v_1, \ldots, v_p) \mapsto v_1 + \sigma_1 v_2 + \cdots + \sigma_1 \cdots \sigma_{p-1} v_p$$

により定める．容易にわかるように

$$\mathrm{Im}\,\beta \subset \mathrm{Ker}\,\delta$$

が成り立つ．一方 $\mathrm{Im}\,\delta$ については，

$$\sigma_1(1 - \sigma_2) = (\sigma_1 - 1 + 1)(1 - \sigma_2) = (\sigma_1 - 1)(1 - \sigma_2) + (1 - \sigma_2)$$

といった関係式を用いることで

$$\mathrm{Im}\,\delta = (1 - \sigma_1)V + \cdots + (1 - \sigma_p)V =: W$$

が成り立つことがわかる．

さて，次の等式が成立する．

$$\dim W = d(\Sigma^*).$$

これを示すために，annihilator を用いる．線形空間 V の部分集合 A に対し，その annihilator A° は

$$A^\circ = \{f \in V^* \mid f|_A = 0\} \subset V^*$$

で定義される．定義より，部分空間 $A, B \subset V$ に対して

$$(A+B)^\circ = A^\circ \cap B^\circ,$$

$$(V/A)^* \simeq A^\circ$$

が成り立つことがわかる．これらの性質を用いると，

$$\begin{aligned}
V/W &\simeq (V/W)^* \\
&\simeq W^\circ \\
&= ((1-\sigma_1)V + \cdots + (1-\sigma_p)V)^\circ \\
&= \bigcap_{i=1}^p ((1-\sigma_i)V)^\circ
\end{aligned}$$

が得られる．ここで

$$((1-\sigma_i)V)^\circ = F(\sigma_i^*)$$

に注意すると，上式の最後の辺は $F(\Sigma^*)$ に一致することがわかる．したがって

$$\begin{aligned}
\dim W &= \dim V - \dim V/W \\
&= \operatorname{codim} W^\circ \\
&= \operatorname{codim} F(\Sigma^*) \\
&= d(\Sigma^*)
\end{aligned}$$

が得られる．

次に β の定義より，

$$\operatorname{Ker} \beta = F(\Sigma)$$

が直ちにしたがう．よって

$$\dim \operatorname{Im} \beta = \operatorname{codim} \operatorname{Ker} \beta = d(\Sigma)$$

が得られる．

最後に

$$\dim((1-\sigma_i)V) = \operatorname{codim} \operatorname{Ker}(1-\sigma_i) = d(\sigma_i)$$

であるから，

$$\dim C = \sum_{i=1}^p d(\sigma_i)$$

が得られる．

以上をつなぎ合わせると，

$$\sum_{i=1}^{p} d(\sigma_i) = \dim C$$
$$= \dim(C/\mathrm{Ker}\,\delta) + \dim(\mathrm{Ker}\,\delta/\mathrm{Im}\,\beta) + \dim \mathrm{Im}\,\beta$$
$$\geq \dim(C/\mathrm{Ker}\,\delta) + \dim \mathrm{Im}\,\beta$$
$$= \dim W + \dim \mathrm{Im}\,\beta$$
$$= d(\Sigma^*) + d(\Sigma)$$

が得られる． □

定理 5.8 の証明 $\rho = (M_0, M_1, \ldots, M_p)$ とする．ρ は反表現であったが，表現と反表現の違いは積の順序だけであるので，この証明中では表現として扱うことにする．したがって

$$M_0 M_1 \cdots M_p = I$$

が成り立っているとする．

まず定理の前半，ρ が既約なら $\iota \leq 2$ となることを示そう．$(N_0, N_1, \ldots, N_p) \in \mathrm{GL}(n, \mathbb{C})^{p+1}$ を，

(5.23) $\qquad N_i \sim M_i \ (0 \leq i \leq p), \ N_0 N_1 \cdots N_p = I$

をみたす組とする．$V = \mathrm{M}(n, \mathbb{C})$ とおき，各 i に対し線形変換 σ_i を

(5.24) $\qquad\qquad\qquad \sigma_i : V \to V$
$$A \mapsto M_i A N_i^{-1}$$

により定める．すると

$$\sigma_0 \cdots \sigma_p = 1$$

が成り立つことは直ちにわかる．この σ_i に対し，$F(\sigma_i), d(\sigma_i)$ を上述の通り定める．すると

$$d(\sigma_i) = n^2 - \dim Z(M_i)$$

が成り立つ．実際，$A \in F(\sigma_i)$ とすると，$M_i A = A N_i$ であり，$N_i = C_i M_i C_i^{-1}$ となる C_i を用いるとこれは

$$M_i A C_i = A C_i M_i$$

を意味する．これによって，$A \mapsto AC_i$ は $F(\sigma_i)$ から $\{B \in V \mid M_iB = BM_i\}$ への同型写像となるので，上記の等式が得られる．この等式より

(5.25) $$\iota = 2n^2 - \sum_{i=0}^{p} d(\sigma_i)$$

が得られる．

$B \in V$ に対して，

$$A \mapsto \mathrm{tr}\,(AB) \quad (A \in V)$$

は V^* の元となる．この対応によって V^* を V と同一視すると，$\sigma_i^* \in \mathrm{GL}(V^*)$ は

$$\sigma_i^*(B) = N_i B M_i^{-1} \quad (B \in V)$$

という $\mathrm{GL}(V)$ の元と見なすことができる．それは，$\sigma_i^*(B) = C$ とおくと，

$$\begin{aligned} \langle \sigma_i(A), \sigma_i^*(B) \rangle &= \mathrm{tr}\,(\sigma_i(A)C) \\ &= \mathrm{tr}\,(M_i A N_i^{-1} C) \\ &= \mathrm{tr}\,(A N_i^{-1} C M_i) \end{aligned}$$

となること，および $\langle \sigma_i(A), \sigma_i^*(B) \rangle = \langle A, B \rangle = \mathrm{tr}\,(AB)$ による．

さてここで $N_i = M_i\ (\forall i)$ としてみる．$\Sigma = \{\sigma_0, \ldots, \sigma_p\}$, $\Sigma^* = \{\sigma_0^*, \ldots, \sigma_p^*\}$ とおく．すると σ_i, σ_i^* の定義により，

$$F(\Sigma) = F(\Sigma^*) = \{A \in V \mid AM_i = M_i A\ (0 \leq i \leq p)\}$$

となる．$\rho = (M_0, M_1, \ldots, M_p)$ が既約であれば，Schur の補題によりすべての M_i と可換な行列はスカラー行列に限る．したがって $F(\Sigma) = F(\Sigma^*)$ はスカラー行列の全体となり，ともに次元は 1 である．すなわち

$$d(\Sigma) = d(\Sigma^*) = n^2 - 1$$

となるので，Scott の補題（補題 5.9）によって

$$\iota = 2n^2 - \sum_{i=0}^{p} d(\sigma_i) \leq 2n^2 - 2(n^2-1) = 2$$

が得られる．

続けて，ρ が既約のとき，$\iota = 2$ ならば ρ が rigid となることを示す．はじめの $(N_0, N_1, \ldots, N_p)$ を考え，σ_i もはじめの通りの定義 (5.24) とする．すると rigidity 指数 ι について (5.25) という関係式があるので，$\iota = 2$ と仮定すると

$$\sum_{i=0}^{p} d(\sigma_i) = 2n^2 - 2$$

が成り立つ．ここで Scott の補題（補題 5.9）を用いると，

$$2n^2 - 2 \geq d(\Sigma) + d(\Sigma^*)$$
$$= (n^2 - \dim F(\Sigma)) + (n^2 - \dim F(\Sigma^*))$$

となるので，

$$\dim F(\Sigma) + \dim F(\Sigma^*) \geq 2$$

が得られる．これより $\dim F(\Sigma) > 0$ あるいは $\dim F(\Sigma^*) > 0$ が成り立つことがわかる．$\dim F(\Sigma) > 0$ とすると，$F(\Sigma)$ には O と異なる元 A が存在する．定義より

$$M_i A = A N_i$$

がすべての i について成り立つ．すると $(M_0, M_1, \ldots, M_p)$ が既約であることから，A は 0 を固有値に持たないことがわかり，A は可逆である．したがって

$$N_i = A^{-1} M_i A \quad (0 \leq i \leq p)$$

となり，ρ が rigid であることが示された．$\dim F(\Sigma^*) > 0$ の場合も同様に

$$N_i = B M_i B^{-1} \quad (0 \leq i \leq p)$$

となる B の存在がわかるので，やはり ρ は rigid である．

最後に，ρ が既約のとき，ρ が rigid であれば $\iota = 2$ が成り立つことを示す．$U = \mathrm{GL}(n, \mathbb{C})^{p+1}$ とおき，写像 π を

$$\pi : U \to \mathrm{SL}(n, \mathbb{C})$$
$$(C_0, \ldots, C_p) \mapsto \prod_{i=0}^{p} (C_i M_i C_i^{-1})$$

により定める．

$$G = \mathrm{SL}(n, \mathbb{C}) \times \prod_{i=0}^{p} Z(M_i)$$

とおくと，群 G は U および $\mathrm{SL}(n, \mathbb{C})$ に次のように作用する．$(D, Z_0, Z_1, \ldots, Z_p) \in G$ に対し，

$$U \ni (C_0, \ldots, C_p) \mapsto (DC_0 Z_0^{-1}, \ldots, DC_p Z_p^{-1}) \in U,$$
$$\mathrm{SL}(n, \mathbb{C}) \ni A \mapsto DAD^{-1} \in \mathrm{SL}(n, \mathbb{C}).$$

この作用に関し，π は G-equivariant である．それは

$$\pi(DC_0Z_0{}^{-1},\ldots,DC_pZ_p{}^{-1}) = D\left(\prod_{i=0}^{p}(C_iM_iC_i{}^{-1})\right)D^{-1}$$

から直ちにしたがう．$I \in \mathrm{SL}(n,\mathbb{C})$ は G の作用の固定点であるので，G-equivariance によって G は $\pi^{-1}(I)$ へ作用することがわかる．

さて，ρ が rigid であれば，G は $\pi^{-1}(I)$ へ推移的に作用する．それは実際，$(N_0,\ldots,N_p)$ を (5.23) をみたす組とするとき，

$$N_i = C_iM_iC_i{}^{-1} \quad (0 \le i \le p)$$

となる $(C_0,\ldots,C_p) \in U$ があるが，$N_0\cdots N_p = I$ によってこの $(C_0,\ldots,C_p)$ は $\pi^{-1}(I)$ に入ることがわかる．ρ が rigid であれば，ある $D \in \mathrm{SL}(n,\mathbb{C})$ により

$$N_i = C_iM_iC_i{}^{-1} = DM_iD^{-1} \quad (0 \le i \le p)$$

が成り立つので，これは $D^{-1}C_i \in Z(M_i)$ を意味する．$D^{-1}C_i = Z_i$ とおけば，$(D,Z_0,\ldots,Z_p) \in G$ により $(C_0,\ldots,C_p)$ と $(I,\ldots,I)$ が結ばれていることになるから，G の作用は $\pi^{-1}(I)$ 上推移的である．

このことから，ρ が rigid であれば，

$$\dim G \ge \dim \pi^{-1}(I)$$

でなければならない．ここで

$$\dim G = \dim \mathrm{SL}(n,\mathbb{C}) + \sum_{i=0}^{p} \dim Z(M_i)$$
$$= n^2 - 1 + \sum_{i=0}^{p} \dim Z(M_i)$$

および

$$\dim \pi^{-1}(I) = (p+1)n^2 - (n^2-1)$$

に注意すると，ρ が rigid なら

$$n^2 - 1 + \sum_{i=0}^{p} \dim Z(M_i) \ge (p+1)n^2 - (n^2-1)$$

が成り立つことがわかる．これを書き換えて $\iota \ge 2$ が得られる．ρ が既約なら $\iota \le 2$ であったから，これから $\iota = 2$ がしたがう． □

ρ を既約とする．ρ の rigidity 指数 ι に対し，

(5.26) $$\alpha = 2 - \iota$$

と定めると，α は $\mathcal{M}$ の generic な点の近傍における次元を与える．この事実を説明しよう．

簡単のため，ρ は半単純とする．$(N_0, N_1, \ldots, N_p)$ を $\mathcal{M}$ の generic な点の代表元とする．まず各行列 N_j は，そのスペクトル型と固有値を指定することでどの程度決まるのか，ということを考える．

補題 5.10 $(n_1, n_2, \ldots, n_q)$ を n の分割とし，$\gamma_1, \gamma_2, \ldots, \gamma_q$ を相異なる複素数とする．対角行列

$$\bigoplus_{j=1}^{q} \gamma_j I_{n_j}$$

を Jordan 標準形に持つ行列は，

$$n^2 - \sum_{j=1}^{q} n_j{}^2$$

個のパラメーターに依存して決まる．そのような行列 A の一般形は，generic には次で与えられる．

$$A = \gamma_1 + \begin{pmatrix} A_1 \\ U_1 \end{pmatrix} \begin{pmatrix} I_{n'_1} & P_1 \end{pmatrix},$$

$$A_1 + P_1 U_1 = \gamma_2 - \gamma_1 + \begin{pmatrix} A_2 \\ U_2 \end{pmatrix} \begin{pmatrix} I_{n'_2} & P_2 \end{pmatrix},$$

$$A_2 + P_2 U_2 = \gamma_3 - \gamma_2 + \begin{pmatrix} A_3 \\ U_3 \end{pmatrix} \begin{pmatrix} I_{n'_3} & P_3 \end{pmatrix},$$

$$\vdots$$

$$A_{q-1} + P_{q-1} U_{q-1} = \gamma_q - \gamma_{q-1}.$$

ここで $1 \leq j \leq q-1$ に対して

$$n'_j = n - n_1 - n_2 - \cdots - n_j$$

と定めた．A_j, U_j, P_j はそれぞれ $n'_j \times n'_j$, $n_j \times n'_j$ および $n'_j \times n_j$ 行列であり，U_j, P_j $(1 \leq j \leq q-1)$ の成分がパラメーターとなる．

証明 まず $\mathrm{rank}(A - \gamma_1) = n - n_1 = n'_1$ であるから，$A - \gamma_1$ のはじめの n'_1 列

が線形独立であれば,

$$A - \gamma_1 = \begin{pmatrix} A_1 \\ U_1 \end{pmatrix} \begin{pmatrix} I_{n'_1} & P_1 \end{pmatrix}$$

と書ける．この表示を用いると

$$(A - \gamma_1)(A - \gamma_2) = \begin{pmatrix} A_1(A_1 + P_1 U_1 - \gamma'_2) & A_1(A_1 + P_1 U_1 - \gamma'_2)P_1 \\ U_1(A_1 + P_1 U_1 - \gamma'_2) & U_1(A_1 + P_1 U_1 - \gamma'_2)P_1 \end{pmatrix}$$

が得られる．ここで $\gamma'_2 = \gamma_2 - \gamma_1$ とおいた．さて

$$\mathrm{rank}((A - \gamma_1)(A - \gamma_2)) = n'_2, \quad \mathrm{rank}\begin{pmatrix} A_1 \\ U_1 \end{pmatrix} = n'_1$$

であるから,

$$\mathrm{rank}(A_1 + P_1 U_1 - \gamma'_2) = n'_2.$$

がしたがう．よって $A_1 + P_1 U_1 - \gamma'_2$ のはじめの n'_2 列が線形独立なら,

$$A_1 + P_1 U_1 - \gamma'_2 = \begin{pmatrix} A_2 \\ U_2 \end{pmatrix} \begin{pmatrix} I_{n'_2} & P_2 \end{pmatrix}$$

と書ける．この議論を続けることで, 補題にある表示が得られる．この表示においては, P_j, U_j $(1 \le j \le q-1)$ は任意に取ることができる．その成分の総数は,

$$\sum_{j=1}^{q-1} n'_j \cdot n_j + \sum_{j=1}^{q-1} n_j \cdot n'_j = 2 \sum_{i \ne j} n_i n_j$$
$$= (n_1 + \cdots + n_q)^2 - \sum_{i=1}^{q} n_i^2$$
$$= n^2 - \sum_{j=1}^{q} n_j^2$$

となる． □

補題 5.10 にある $\sum_{j=1}^{q} n_j^2$ は, 対角化可能でスペクトル型 $(n_1, n_2, \ldots, n_q)$ を持つ行列 A の中心化群 $Z(A)$ の次元である．したがって, 各 j に対し, N_j は $n^2 - \dim Z(N_j) = n^2 - \dim Z(M_j)$ 個のパラメーターに依存して決まる．すなわち, $(N_0, N_1, \ldots, N_p) \in \mathcal{O}_0 \times \mathcal{O}_1 \times \cdots \times \mathcal{O}_p$ という条件を課したとき, 自由に選べるパラメーターの個数は

$$\sum_{j=0}^{p}(n^2 - \dim Z(M_j)) = (p+1)n^2 - \sum_{j=0}^{p} \dim Z(M_j)$$

となる．条件 $N_p \cdots N_1 N_0 = I$ は n^2 個の連立方程式であるが，両辺の行列式が等しいという条件は固有値に関してすでに成り立っているので，独立な方程式の個数は $n^2 - 1$ となる．また同値関係は $\mathrm{GL}(n, \mathbb{C})$ の作用で与えられるが，このうち $\mathbb{C}^\times$ の作用（スカラー行列による作用）を除いたものが効果的に働くので，同値関係で割ることで $n^2 - 1$ だけ次元が下がることになる．以上により $\mathcal{M}$ の次元は

$$(p+1)n^2 - \sum_{j=0}^{p} \dim Z(M_j) - 2(n^2 - 1) = 2 - \iota = \alpha$$

となる．

この説明は数学的に厳密な証明ではないが，補題 5.10 と合わせて，代表元 $(N_0, N_1, \ldots, N_p)$ を実際に構成するときに有用である．

5.4.2　Fuchs 型方程式に対する rigidity

rigidity に関する議論は，非共鳴的正規 Fuchs 型微分方程式に対しても，ほぼ並行に進めることができる．階数 n の正規 Fuchs 型微分方程式

(5.27) $$\frac{dY}{dx} = \left(\sum_{j=1}^{p} \frac{A_j}{x - a_j} \right) Y$$

を考える．$a_0 = \infty$ とおき，A_0 は (5.15) で定める．方程式 (5.27) は非共鳴的であるとする．すると各 j $(0 \leq j \leq p)$ について，留数行列の共役類 $[A_j]$ は $x = a_j$ における局所挙動を与える．$[A_j] = \mathcal{O}'_j$ とおく．また正規 Fuchs 型微分方程式に対する同値関係として，$\mathrm{GL}(n, \mathbb{C})$ の元による gauge 変換

$$Y = PZ, \quad P \in \mathrm{GL}(n, \mathbb{C})$$

でうつるものを同値と定めることにすると，留数行列の組 $(A_0, A_1, \ldots, A_p)$ についての同値関係

$$(A_0, A_1, \ldots, A_p) \sim (P^{-1} A_0 P, P^{-1} A_1 P, \ldots, P^{-1} A_p P)$$

が導かれる．局所挙動が指定された正規 Fuchs 型微分方程式類の moduli 空間は，

$$\mathcal{M}' = \mathcal{M}'(\mathcal{O}'_0, \mathcal{O}'_1, \ldots, \mathcal{O}'_p)$$
$$= \{(A_0, A_1, \ldots, A_p) \in \mathcal{O}'_0 \times \mathcal{O}'_1 \times \cdots \times \mathcal{O}'_p ; \sum_{j=0}^{p} A_j = O\}/\sim$$

により与えられる．

定義 5.5 非共鳴的正規 Fuchs 型微分方程式 (5.27) に対する moduli 空間 $\mathcal{M}'$ が 1 点からなるとき，微分方程式 (5.27) を **rigid** という．

定義 5.6 非共鳴的正規 Fuchs 型微分方程式 (5.27) に対して，

$$\iota = (1-p)n^2 + \sum_{j=0}^{p} \dim Z(A_j)$$

を **rigidity 指数**という．

微分方程式 (5.27) は非共鳴的であるので，$x = a_j$ における局所モノドロミーは $[e^{2\pi\sqrt{-1}A_j}]$ により与えられ，A_j と $e^{2\pi\sqrt{-1}A_j}$ は同じスペクトル型を持つので

$$\dim Z(e^{2\pi\sqrt{-1}A_j}) = \dim Z(A_j)$$

が成り立つ．したがって微分方程式 (5.27) に対する rigidity 指数は，そのモノドロミー表現に対する rigidity 指数に一致する．特に rigidity 指数は偶数である．

定理 5.11 非共鳴的正規 Fuchs 型微分方程式 (5.27) に対し，留数行列の組 $(A_0, A_1, \ldots, A_p)$ が既約であれば，$\iota \leq 2$ である．留数行列の組 $(A_0, A_1, \ldots, A_p)$ が既約のとき，$\iota = 2$ は (5.27) が rigid であるための必要十分条件である．

証明は定理 5.8 の場合と同様である．

rigid な Fuchs 型微分方程式をすべて求める，というのは自然な問題である．この場合 rigid な Fuchs 型微分方程式とは，モノドロミー表現が rigid であるような Fuchs 型微分方程式を意味する．そのような方程式が正規 Fuchs 型の形で与えられるか，ということも問題となる．この問題については，後述の定理 5.22 によって肯定的に解かれる．一方すべての rigid な Fuchs 型微分方程式を求めることに関しては，完全なリストの作成はできていない．つまり rigid な方程式の現れ方がきわめて不規則になっているように思われる．その中で規則的に現れる系列はいくつか見出されている．たとえば横山のリスト [145]，Simpson のリスト [128] などである．横山のリストは，大久保型システムで rigid なものの 8 つの系列を与えている．3.4.1 節の例 3.1 で与えた行列の組 (M_1, M_2, M_3) は，横山のリストにある系列 (II*) の階数 $2m$ の方程式のモノドロミー行列である．モノドロミー表現が rigid であるため，モノドロミー行列が具体的に記述できている．

rigid ではない場合に，moduli 空間 $\mathcal{M}'$ は，generic な点の近傍において $\alpha = 2 - \iota$ という次元を持つ．これは $\mathcal{M}$ の場合と同様である．α 個の成分からなる $\mathcal{M}'$ の座標のことを，**アクセサリー・パラメーター**という．

5.5　Middle convolution

非共鳴的正規 Fuchs 型微分方程式に対する 2 つの操作を定義する．2 つの操作はいずれも，正規 Fuchs 型微分方程式

(5.28) $$\frac{dY}{dx} = \left(\sum_{j=1}^{p} \frac{A_j}{x - a_j} \right) Y$$

の留数行列の組 $(A_1, A_2, \ldots, A_p)$ に対する操作として定義される．これらは Katz [67] により定式化されたもので，以下では Dettweiler-Reiter による再定式化 [17], [18] に基づいて説明する．

第 1 の操作は addition と呼ばれるものである．$\alpha = (\alpha_1, \alpha_2, \ldots, \alpha_p) \in \mathbb{C}^p$ に対し，

$$(A_1, A_2, \ldots, A_p) \mapsto (A_1 + \alpha_1, A_2 + \alpha_2, \ldots, A_p + \alpha_p)$$

という変換を α による **addition** と呼び，ad_α で表す．

第 2 の操作は middle convolution と呼ばれるものである．$\lambda \in \mathbb{C}$ とする．$(A_1, A_2, \ldots, A_p)$ に対し，サイズが p 倍になった行列の組 $(G_1, G_2, \ldots, G_p)$ を

(5.29)
$$\begin{aligned} G_j &= \sum_{k=1}^{p} E_{jk} \otimes (A_k + \delta_{jk}\lambda) \\ &= \begin{pmatrix} O & \cdots & & \cdots & O \\ & \cdots & \cdots & \cdots & \\ A_1 & \cdots & A_j + \lambda & \cdots & A_p \\ & \cdots & \cdots & \cdots & \\ O & \cdots & & \cdots & O \end{pmatrix} \; (j \end{aligned}$$

$(1 \leq j \leq p)$ により定める．ここで E_{jk} は $p \times p$ の行列要素，すなわち (j, k) 成分のみが 1 で他の成分は 0 という $p \times p$ 行列を表し，δ_{jk} は Kronecker のデルタ ($j = k$ のとき 1, $j \neq k$ のとき 0 という値を取る) である．行列 A_j のサイズを n とし，$V = \mathbb{C}^n$ とおく．$V^p \simeq \mathbb{C}^{pn}$ の部分空間 $\mathcal{K}, \mathcal{L}$ を

(5.30)
$$\mathcal{K} = \left\{ \begin{pmatrix} v_1 \\ \vdots \\ v_p \end{pmatrix} ; v_j \in \mathrm{Ker} A_j \; (1 \leq j \leq p) \right\},$$
$$\mathcal{L} = \mathrm{Ker}(G_1 + G_2 + \cdots + G_p)$$

により定めると，$\mathcal{K}, \mathcal{L}$ はともに $(G_1, G_2, \ldots, G_p)$ 不変部分空間となることが容易

に確かめられる．したがって $(G_1, G_2, \ldots, G_p)$ は商空間 $V^p/(\mathcal{K}+\mathcal{L})$ への作用を引き起こす．その作用を与える行列の組を $(B_1, B_2, \ldots, B_p)$ とおく．こうして構成された変換

$$(5.31) \qquad (A_1, A_2, \ldots, A_p) \mapsto (B_1, B_2, \ldots, B_p)$$

を λ をパラメーターとする **middle convolution** と呼び，mc_λ で表す．

2 つの操作 addition と middle convolution の解析的な意味を説明しよう．addition ad_α により方程式 (5.28) は

$$\frac{dZ}{dx} = \left(\sum_{j=1}^p \frac{A_j + \alpha_j}{x - a_j} \right) Z$$

にうつる．この微分方程式の解 $Z(x)$ は，(5.28) の解 $Y(x)$ を用いて

$$(5.32) \qquad Z(x) = \prod_{j=1}^p (x - a_j)^{\alpha_j} Y(x)$$

により与えられることが容易にわかる．したがって ad_α は gauge 変換 (5.32) に対応する変換である．

middle convolution mc_λ について考える．まず定義の途中に現れた，$(G_1, G_2, \ldots, G_p)$ を留数行列とする微分方程式

$$(5.33) \qquad \frac{dU}{dx} = \left(\sum_{j=1}^p \frac{G_j}{x - a_j} \right) U$$

の解を，(5.28) の解 $Y(x)$ を用いて構成しよう．$1 \leq j \leq p$ に対し，

$$W_j(x) = \frac{Y(x)}{x - a_j}$$

とおく．

$$\begin{aligned}\frac{dW_j(x)}{dx} &= \frac{1}{x - a_j} \sum_{k=1}^p \frac{A_k}{x - a_k} Y(x) - \frac{Y(x)}{(x - a_j)^2} \\ &= \frac{1}{x - a_j} \sum_{k=1}^p (A_k - \delta_{jk}) W_k(x)\end{aligned}$$

となるので，

$$W(x) = \begin{pmatrix} W_1(x) \\ W_2(x) \\ \vdots \\ W_p(x) \end{pmatrix}$$

とおくと，$W(x)$ は大久保型微分方程式

$$(x-T)\frac{dW}{dx} = (G-1)W$$

をみたす．ただし

$$T = \begin{pmatrix} a_1 I_n & & & \\ & a_2 I_n & & \\ & & \ddots & \\ & & & a_p I_n \end{pmatrix}, \ G = \begin{pmatrix} A_1 & A_2 & \cdots & A_p \\ A_1 & A_2 & \cdots & A_p \\ \vdots & \vdots & & \vdots \\ A_1 & A_2 & \cdots & A_p \end{pmatrix}$$

とおいた．ここで $W(x)$ の Riemann-Liouville 変換

$$U(x) = \int_\Delta W(s)(x-s)^\lambda \, ds$$

を行うと，定理 5.5 により，$U(x)$ のみたす微分方程式は

$$(x-T)\frac{dU}{dx} = (G+\lambda)U$$

となる．これは方程式 (5.33) に他ならない．

$\mathcal{K}+\mathcal{L}$ の基底を $u_1, u_2, \ldots, u_m$ とし，それに $v_{m+1}, \ldots, v_{pn}$ を補って $\mathbb{C}^{pn}$ の基底を作る．$P = (u_1, \ldots, u_m, v_{m+1}, \ldots, v_{pn})$ とおく．$\mathcal{K}+\mathcal{L}$ が $(G_1, G_2, \ldots, G_p)$ 不変であることから，

$$G_j P = P \left(\begin{array}{c|c} * & * \\ \hline O & B_j \end{array} \right)$$

となることがわかる．右辺の行列は $(m, pn-m) \times (m, pn-m)$ に分割してある．gauge 変換

$$U = PV$$

を行うと，V のみたす微分方程式の留数行列は $P^{-1}G_j P$ に変わるので，

$$V = \left(\begin{array}{c} V_1 \\ \hline Z \end{array} \right)$$

とおくと，Z のみたす微分方程式が

$$\frac{dZ}{dx} = \left(\sum_{j=1}^p \frac{B_j}{x-a_j} \right) Z$$

となる．すなわち，middle convolution mc_λ は，(5.28) の解 $Y(x)$ に Riemann-Liouville 変換と gauge 変換を施すことに対応するのである．

middle convolution は，ある generic な状況下で非常によい性質を示す．その説明をするため，少し定式化を行う．$(A_1, A_2, \ldots, A_p)$ は正方行列の組であったが，これを線形写像の組ととらえる．すなわちある $\mathbb{C}$ 上の有限次元線形空間 V があり，

$$\boldsymbol{A} = (A_1, A_2, \ldots, A_p) \in (\mathrm{End}(V))^p$$

とする．言い換えると，V を $\boldsymbol{A}$-加群と思う．$V^p/(\mathcal{K}+\mathcal{L}) = mc_\lambda(V)$ とおくと，λ をパラメーターとする middle convolution とは，$\boldsymbol{A}$-加群 V から $(B_1, B_2, \ldots, B_p)$-加群 $mc_\lambda(V)$ を構成する操作ととらえられる．V^p の部分空間 $\mathcal{K}$ は $\boldsymbol{A}$-加群 V によって定まるので，V への依存性を表すときには $\mathcal{K}_V$ とも書く．また同じく部分空間 $\mathcal{L}$ は，$\boldsymbol{A}$-加群 V とパラメーター λ により定まるので，$\mathcal{L}_V(\lambda)$ とも書く．

$\boldsymbol{A}$-加群 V が条件 (M1) をみたすとは，

$$\bigcap_{j \neq i} \mathrm{Ker} A_j \cap \mathrm{Ker}(A_i + c) = \{0\} \quad (1 \leq i \leq p, \ \forall c \in \mathbb{C})$$

が成り立つこととする．また条件 (M2) をみたすとは，

$$\sum_{j \neq i} \mathrm{Im} A_j + \mathrm{Im}(A_i + c) = V \quad (1 \leq i \leq p, \ \forall c \in \mathbb{C})$$

が成り立つこととする．$\boldsymbol{A}$-加群 V が既約であるとは，$A_1, A_2, \ldots, A_p$ の共通の不変部分空間が自明なものしかないことと定める．

これらの言葉を用いると，middle convolution のみたす重要な性質が以下のように記述される．

定理 5.12 $\boldsymbol{A}$-加群 V に対して条件 (M2) を仮定する．このとき $mc_0(V)$ は V に同型である．

定理 5.13 $\boldsymbol{A}$-加群 V に対して条件 (M1), (M2) を仮定する．このとき任意の λ, μ に対し，$mc_\lambda(mc_\mu(V))$ は $mc_{\lambda+\mu}(V)$ に同型である．

定理 5.14 $\boldsymbol{A}$-加群 V に対して条件 (M1), (M2) を仮定する．このとき，任意の λ に対し，V が既約であることと $mc_\lambda(V)$ が既約であることは同値である．

注意 5.1 容易にわかるように，$\dim V > 1$ のときには，V が既約であれば (M1), (M2) をみたす．したがって定理 5.14 は，$\dim V > 1$ であれば，V が既約であることと $mc_\lambda(V)$ が既約であることが同値である，という主張になる．

定理 5.15 $\boldsymbol{A}$-加群 V に対して条件 (M2) を仮定する．このとき rigidity 指数は middle convolution によって不変である．

middle convolution が解析的には Riemann-Liouville 積分で実現されるので，定理 5.12 および定理 5.13 は，Riemann-Liouville 積分の性質である定理 5.4(i), (ii) に対応する主張であることがわかる．以下でこれらの定理を証明する．まずいくつかの補題を準備する．次の補題は定義から容易に導かれる．

補題 5.16 (i)
$$\mathcal{L} = \bigcap_{i=1}^{p} \mathrm{Ker} G_i.$$

(ii) $\lambda \neq 0$ のとき，
$$\mathcal{L} = \{{}^t(u, u, \ldots, u) \in V^p \,;\, \Big(\lambda + \sum_{i=1}^{p} A_i\Big) u = 0\}.$$

$\lambda = 0$ のとき，
$$\mathcal{L} = \{{}^t(u_1, u_2, \ldots, u_p) \in V^p \,;\, \sum_{i=1}^{p} A_i u_i = 0\},$$

したがって特に $\mathcal{K} \subset \mathcal{L}$．

(iii) $\lambda \neq 0$ のとき，
$$\mathcal{K} \cap \mathcal{L} = \{0\}.$$

したがってこのとき $\mathcal{K} + \mathcal{L} = \mathcal{K} \oplus \mathcal{L}$ となる．

補題 5.17 (i) W が $\boldsymbol{A}$-加群 V の部分加群なら，$mc_\lambda(W)$ は $mc_\lambda(V)$ の部分加群となる．

(ii) $V = W_1 \oplus W_2$ ならば，$mc_\lambda(V) = mc_\lambda(W_1) \oplus mc_\lambda(W_2)$ が成り立つ．

証明 (i) W は $\boldsymbol{A}$ 不変なので，行列 G_i の具体形から W^p は $(G_1, \ldots, G_p)$ 不変であることがわかる．

(5.34) $$\mathcal{K}_W + \mathcal{L}_W = W^p \cap (\mathcal{K}_V + \mathcal{L}_V)$$

が成り立つことを示そう．$\mathcal{K}_W = W^p \cap \mathcal{K}_V, \mathcal{L}_W = W^p \cap \mathcal{L}_V$ は成り立つ．よって包含関係 $\subset$ は明らかに成立．$\lambda = 0$ のときは $\mathcal{K}_V \subset \mathcal{L}_V, \mathcal{K}_W \subset \mathcal{L}_W$ であったから，(5.34) は明らかに成立．$\lambda \neq 0$ のとき．$w = {}^t(w_1, \ldots, w_p) \in W^p \cap (\mathcal{K}_V + \mathcal{L}_V)$ とすると，

$$\begin{pmatrix} w_1 \\ \vdots \\ w_p \end{pmatrix} = \begin{pmatrix} k_1 \\ \vdots \\ k_p \end{pmatrix} + \begin{pmatrix} l \\ \vdots \\ l \end{pmatrix} \in \mathcal{K}_V + \mathcal{L}_V,$$

$k_i \in \mathrm{Ker} A_i$, ${}^t(l,\ldots,l) \in \mathcal{L}_V$, と書ける．すると

$$\sum_{i=1}^p A_i w_i = \sum_{i=1}^p A_i l = -\lambda l$$

であるから $l \in W$．するとさらに $k_i = w_i - l \in W$ となり，$w \in \mathcal{K}_W + \mathcal{L}_W$ が成り立つ．すなわち (5.34) が示された．すると包含写像 $W^p \to V^p$ から

$$W^p/(\mathcal{K}_W + \mathcal{L}_W) \to V^p/(\mathcal{K}_V + \mathcal{L}_V)$$

が引き起こされ，単射になることがわかる．したがって $mc_\lambda(W) \subset mc_\lambda(V)$ となる．

(ii) は (i) から直ちにしたがう． $\square$

補題 5.18 $\boldsymbol{A}$-加群 V が条件 (M1) をみたすならば，任意の λ に対し，$mc_\lambda(V)$ も条件 (M1) をみたす．$\boldsymbol{A}$-加群 V が条件 (M2) をみたすならば，任意の λ に対し，$mc_\lambda(V)$ も条件 (M2) をみたす．

証明 (M1) に関する主張を示す．$\boldsymbol{A} = (A_1, A_2, \ldots, A_p)$ が (M1) をみたしているとする．i, c を任意に取り固定し，

$$\bar{v} \in \bigcap_{j \neq i} \mathrm{Ker} B_j \cap \mathrm{Ker}(B_i + c)$$

とする．$\bar{v} = 0$ を示せばよい．$\bar{v}$ の代表元 $v = {}^t(v_1, v_2, \ldots, v_p) \in V^p$ を取ると，

$$G_j v \in \mathcal{K} + \mathcal{L} \quad (j \neq i), \quad (G_i + c)v \in \mathcal{K} + \mathcal{L}$$

となる．

はじめに $\lambda = 0$ の場合を考える．このとき補題 5.16 (ii) により

$$\mathcal{L} = \{{}^t(l_1,\ldots,l_p)\,;\, \sum_{j=1}^p A_j l_j = 0\}$$

であり，したがって $\mathcal{K} \subset \mathcal{L}$ であるから，

$$G_j v \in \mathcal{L} \quad (j \neq i), \quad (G_i + c)v \in \mathcal{L}$$

となる．行列 G_j の具体形により，

$$G_j v = \begin{pmatrix} 0 \\ \vdots \\ \sum_{m=1}^{p} A_m v_m \\ \vdots \\ 0 \end{pmatrix} = \begin{pmatrix} l_1 \\ \vdots \\ l_j \\ \vdots \\ l_p \end{pmatrix} \in \mathcal{L}$$

となるので，$l_m = 0 \ (m \neq j)$ となり，${}^t(l_1, l_2, \ldots, l_p) \in \mathcal{L}$ であることから $A_j l_j = 0$ がしたがう．よって

$$\sum_{m=1}^{p} A_m v_m \in \mathrm{Ker} A_j \quad (j \neq i)$$

が得られる．一方

$$(G_i + c) v = \begin{pmatrix} cv_1 \\ \vdots \\ cv_i + \sum_{m=1}^{p} A_m v_m \\ \vdots \\ cv_p \end{pmatrix} = \begin{pmatrix} l'_1 \\ \vdots \\ l'_i \\ \vdots \\ l'_p \end{pmatrix} \in \mathcal{L}$$

も成り立っている．これを用いると，

$$\begin{aligned} c \sum_{m=1}^{p} A_m v_m &= \sum_{m=1}^{p} A_m (cv_m) \\ &= A_i \Big(l'_i - \sum_{m=1}^{p} A_m v_m \Big) + \sum_{j \neq i} A_j l'_j \\ &= -A_i \sum_{m=1}^{p} A_m v_m \end{aligned}$$

となるので，

$$(A_i + c) \Big(\sum_{m=1}^{p} A_m v_m \Big) = 0$$

が得られる．以上により

$$\sum_{m=1}^{p} A_m v_m \in \bigcap_{j \neq i} \mathrm{Ker} A_j \cap \mathrm{Ker}(A_i + c)$$

となるが，(M1) によりこの右辺は {0} だから
$$\sum_{m=1}^{p} A_m v_m = 0,$$
これは $v \in \mathcal{L}$ を意味するから，$\bar{v} = 0$ となる．

次に $\lambda \neq 0$ とする．補題 5.16 (ii) によりこのときは
$$\mathcal{L} = \{{}^t(l,\ldots,l) \,;\, \Big(\lambda + \sum_{m=1}^{p} A_m\Big)l = 0\}$$
である．$j \neq i$ については
$$G_j v = \begin{pmatrix} 0 \\ \vdots \\ \lambda v_j + \sum_{m=1}^{p} A_m v_m \\ \vdots \\ 0 \end{pmatrix} = \begin{pmatrix} k'_1 \\ \vdots \\ k'_j \\ \vdots \\ k'_p \end{pmatrix} + \begin{pmatrix} l' \\ \vdots \\ l' \\ \vdots \\ l' \end{pmatrix}$$
となる．ここで ${}^t(k'_1,\ldots,k'_p) \in \mathcal{K}$, ${}^t(l',\ldots,l') \in \mathcal{L}$ とした．すると $l' = -k'_m \in \mathrm{Ker} A_m\ (m \neq j)$ が成り立ち，これを用いて
$$0 = \Big(\lambda + \sum_{m=1}^{p} A_m\Big)l' = (\lambda + A_j)l'$$
が得られるので，
$$l' \in \bigcap_{m \neq j} \mathrm{Ker} A_m \cap \mathrm{Ker}(A_j + \lambda) = \{0\},$$
すなわち $l' = 0$ となる．したがって $j \neq i$ に対して

(5.35) $$\lambda v_j + \sum_{m=1}^{p} A_m v_m = k'_j \in \mathrm{Ker} A_j$$

となる．一方
$$(G_i + c)v = \begin{pmatrix} cv_1 \\ \vdots \\ (c+\lambda)v_i + \sum_{m=1}^{p} A_m v_m \\ \vdots \\ cv_p \end{pmatrix} = \begin{pmatrix} k_1 \\ \vdots \\ k_i \\ \vdots \\ k_p \end{pmatrix} + \begin{pmatrix} l \\ \vdots \\ l \\ \vdots \\ l \end{pmatrix}$$

も成り立っている．ここで ${}^t(k_1,\ldots,k_p) \in \mathcal{K}$, ${}^t(l,\ldots,l) \in \mathcal{L}$ とした．よって

(5.36) $$cv_j = k_j + l \quad (j \neq i),$$

(5.37) $$(c+\lambda)v_i + \sum_{m=1}^{p} A_m v_m = k_i + l$$

である．ここで
$$\sum_{m=1}^{p} A_m v_m = w$$
とおくと，(5.35), (5.36) よりそれぞれ
$$\lambda A_j v_j + A_j w = 0, \quad cA_j v_j = A_j l$$
が得られるので，
$$A_j(cw + \lambda l) = 0$$
が $j \neq i$ に対して成り立つ．また $c \neq 0$ とすると，(5.37), (5.36) を用いて

$$\begin{aligned}
A_i(cw + \lambda l) &= c(A_i l - (c+\lambda)A_i v_i) + \lambda A_i l \\
&= (c+\lambda)A_i l - c(c+\lambda)\Big(w - \sum_{j\neq i} A_j v_j\Big) \\
&= (c+\lambda)A_i l - c(c+\lambda)\Big(w - \frac{1}{c}\sum_{j\neq i} A_j l\Big) \\
&= (c+\lambda)A_i l - c(c+\lambda)w + (c+\lambda)(-\lambda l - A_i l) \\
&= -(c+\lambda)(cw + \lambda l)
\end{aligned}$$

が得られるから，
$$(A_i + c + \lambda)(cw + \lambda l) = 0$$
となる．したがって
$$cw + \lambda l \in \bigcap_{j\neq i} \operatorname{Ker} A_j \cap \operatorname{Ker}(A_i + c + \lambda) = \{0\}$$
となり，
$$w = -\frac{\lambda}{c}l$$
が得られる．さらに $c + \lambda \neq 0$ も成り立っているときには，(5.36), (5.37) により
$$v_j = \frac{1}{c}k_j + \frac{1}{c}l \quad (j \neq i),$$
$$v_i = \frac{1}{c+\lambda}(k_i + l + \frac{\lambda}{c}l) = \frac{1}{c+\lambda}k_i + \frac{1}{c}l$$

となるから，$v \in \mathcal{K} + \mathcal{L}$ となって $\bar{v} = 0$ が得られる．$c \neq 0$ で $c + \lambda = 0$ のときは，(5.35), (5.36) より，$j \neq i$ に対し

$$\lambda v_j + w = k'_j, \quad -\lambda v_j = k_j + l$$

となるから，

$$w - l \in \operatorname{Ker} A_j$$

が成り立つ．また (5.37) より $w - l \in \operatorname{Ker} A_i$ も成り立つので，

$$w - l \in \bigcap_{j=1}^{p} \operatorname{Ker} A_j = \{0\},$$

すなわち $w = l$ が得られる．ここで

$$v' = v + \frac{1}{\lambda} \begin{pmatrix} l \\ \vdots \\ l \end{pmatrix} = v + \frac{1}{\lambda} \begin{pmatrix} w \\ \vdots \\ w \end{pmatrix}$$

とおく．$v' = {}^t(v'_1, \ldots, v'_p)$ と書くと，$j \neq i$ に対しては

$$v'_j = v_j + \frac{1}{\lambda} l \in \operatorname{Ker} A_j$$

が成り立つ．一方

$$\begin{aligned} l &= w \\ &= \sum_{m=1}^{p} A_m \left(v'_m - \frac{1}{\lambda} l \right) \\ &= A_i v'_i - \frac{1}{\lambda} \left(\sum_{m=1}^{p} A_m \right) l \\ &= A_i v'_i - \frac{1}{\lambda} (-\lambda l) \end{aligned}$$

より，$A_i v'_i = 0$ も得られる．すなわち

$$v'_i \in \operatorname{Ker} A_i$$

となるので，$v' \in \mathcal{K}$ が示された．したがってこの場合も $\bar{v} = 0$ となる．最後に $c = 0$ の場合は，すべての j について

$$\lambda v_j + w \in \operatorname{Ker} A_j$$

が成り立つ．すると

$$A_j w = -\lambda A_j v_j$$

となるので,これをすべての j について足し合わせると,

$$\Big(\sum_{j=1}^p A_j\Big) w = -\lambda \sum_{j=1}^p A_j v_j = -\lambda w$$

が得られる.すなわち

$$\Big(\lambda + \sum_{j=1}^p A_j\Big) w = 0$$

となるので,${}^t(w,\ldots,w) \in \mathcal{L}$,したがって $v \in \mathcal{K} + \mathcal{L}$ が得られ,この場合も $\bar{v} = 0$ が成り立つ.

(M2) に関する主張は,定義から容易に示される. □

定理 5.12 の証明 $\lambda = 0$ より

$$\mathcal{L} = \{{}^t(v_1,\ldots,v_p)\,;\, \sum_{i=1}^p A_i v_i = 0\}$$

であり,$\mathcal{K} \subset \mathcal{L}$ であることに注意する.よって $mc_0(V) = V^p/\mathcal{L}$ である.写像

$$\varphi : V^p \to V$$

を

$$\begin{pmatrix} v_1 \\ \vdots \\ v_p \end{pmatrix} \mapsto \sum_{i=1}^p A_i v_i$$

により定めると,(M2) によって φ は全射となる.

$$\mathrm{Ker}\,\varphi = \mathcal{L}$$

であるから,φ は同型

$$mc_0(V) = V^p/\mathcal{L} \simeq V$$

を引き起こす.さらに各 i に対して

$$\varphi \circ G_i = A_i \circ \varphi$$

が成り立つことは直ちにわかるので,この同型は $(B_1,\ldots,B_p)$-加群 $mc_0(V)$ と $(A_1,\ldots,A_p)$-加群 V の間の同型となる. □

定理 5.13 の証明 定理 5.12 によって,$\lambda = 0$ または $\mu = 0$ のときには明らか

に成り立つので，$\lambda\mu \neq 0$ とする．$mc_\mu(V) = M$ とおくと，

$$M = V^p/(\mathcal{K}_V + \mathcal{L}_V(\mu)),$$
$$mc_\lambda(mc_\mu(V)) = M^p/(\mathcal{K}_M + \mathcal{L}_M)$$

である．$mc_\lambda(mc_\mu(V))$ を $(V^p)^p$ の商空間として記述し，それを用いて求める同型を構成する．

$1 \leq j \leq p$ に対して G_j を (5.29) により定める．いくつかの記号を用意する．

$$\mathcal{K}_1 = \mathcal{K}_V, \quad \mathcal{L}_1 = \mathcal{L}_V(\mu), \quad \mathcal{L}_1' = \mathcal{L}_V(\lambda + \mu),$$
$$\mathcal{K}_2 = \mathcal{K}_{V^p}, \quad \mathcal{L}_2 = \mathcal{L}_{V^p}(\lambda).$$

$\mathcal{K}_1, \mathcal{L}_1, \mathcal{L}_1'$ は V^p の部分空間，$\mathcal{K}_2, \mathcal{L}_2$ は $(V^p)^p$ の部分空間である．まず次を示そう．

(5.38) $$\mathcal{K}_M = (\mathcal{K}_2 + \mathcal{K}_1{}^p + \mathcal{L}_1{}^p)/(\mathcal{K}_1{}^p + \mathcal{L}_1{}^p),$$

(5.39) $$\mathcal{L}_M = (\mathcal{L}_2 + \mathcal{K}_1{}^p + \mathcal{L}_1{}^p)/(\mathcal{K}_1{}^p + \mathcal{L}_1{}^p).$$

定義により，$\bar{v} = {}^t(\bar{v}_1, \ldots, \bar{v}_p) \in \mathcal{K}_M$ とは

$$B_i \bar{v}_i = 0 \quad (\forall i)$$

を意味する．$\bar{v} \in M^p$ が $v = {}^t(v_1, \ldots, v_p) \in \mathcal{K}_2$ で代表されているなら，

$$G_i v_i = 0 \quad (\forall i)$$

であるから $\bar{v} \in \mathcal{K}_M$ がしたがう．すなわち (5.38) の包含関係 $\supset$ は成立する．$\bar{v} = {}^t(\bar{v}_1, \ldots, \bar{v}_p) \in \mathcal{K}_M$ とする．$\bar{v}$ が $v = {}^t(v_1, \ldots, v_p) \in (V^p)^p$ で代表されているとすると，

$$G_i v_i \in \mathcal{K}_1 + \mathcal{L}_1 \quad (\forall i)$$

が成り立つ．すると補題 5.18 の証明とまったく同様の議論により，性質 (M1) を用いて

$$G_i v_i \in \mathcal{K}_1 \quad (\forall i)$$

が導かれる．したがって各 i に対して

$$G_i v_i = {}^t(0, \ldots, k_i, \ldots, 0), \quad k_i \in \operatorname{Ker} A_i$$

となる．そこで

$$v_i' = v_i - \frac{1}{\mu}{}^t(0, \ldots, k_i, \ldots, 0)$$

とおくと $G_i v_i' = 0$ が成り立ち，よって ${}^t(v_1', \ldots, v_p') \in \mathcal{K}_2$ となる．すなわち $v \in \mathcal{K}_2 + \mathcal{K}_1{}^p$ が示された．これは (5.38) の包含関係 $\subset$ を意味するので，以上により (5.38) が示された．

次に (5.39) を示す．$\lambda \neq 0$ としているので，$\mathcal{L}_M$ の元は

$$\Big(\lambda + \sum_{i=1}^{p} B_i\Big) \bar{v}_0 = 0$$

となる $\bar{v}_0 \in M$ を用いて $\bar{v} = (\bar{v}_0, \ldots, \bar{v}_0)$ と表される．$v \in \mathcal{L}_2$ であれば，$v = {}^t(v_0, \ldots, v_0)$ であり

$$\Big(\lambda + \sum_{i=1}^{p} G_i\Big) v_0 = 0$$

となるから，v で代表される M^p の元は $\mathcal{L}_M$ に入る．すなわち (5.39) の包含関係 $\supset$ が成立する．$\bar{v} = {}^t(\bar{v}_0, \ldots, \bar{v}_0) \in \mathcal{L}_M$ とする．$\bar{v}$ の代表元 $v \in (V^p)^p$ として，$v = {}^t(v_0, \ldots, v_0)$ の形のものがとれる．このとき

$$\Big(\lambda + \sum_{i=1}^{p} G_i\Big) v_0 \in \mathcal{K}_1 + \mathcal{L}_1$$

となっている．これを具体的に書くと，

$$\Big(\lambda + \sum_{i=1}^{p} G_i\Big) v_0 = \left[\lambda + \mu + \begin{pmatrix} A_1 & \cdots & A_p \\ & \cdots & \\ A_1 & \cdots & A_p \end{pmatrix} \right] v_0 = k + l,$$

$k \in \mathcal{K}_1, l \in \mathcal{L}_1$ となる．$\mathcal{K}_1, \mathcal{L}_1$ の定義により

$$\Big(\lambda + \sum_{i=1}^{p} G_i\Big) k = (\lambda + \mu) k, \quad \Big(\lambda + \sum_{i=1}^{p} G_i\Big) l = \lambda l$$

となるから，$\lambda + \mu \neq 0$ のときには

$$v_0' = v_0 - \frac{1}{\lambda + \mu} k - \frac{1}{\lambda} l$$

とおくと

$$\Big(\lambda + \sum_{i=1}^{p} G_i\Big) v_0' = 0$$

が成り立ち，${}^t(v_0', \ldots, v_0') \in \mathcal{L}_2$ となる．すなわち $\bar{v} \in \mathcal{L}_M$ の代表元として $\mathcal{L}_2$ の元を取ることができた．また $\lambda + \mu = 0$ のときには，

$$\begin{pmatrix} A_1 & \cdots & A_p \\ & \cdots & \\ A_1 & \cdots & A_p \end{pmatrix} v_0 = k + l$$

より，$k = {}^t(k_1, \ldots, k_p)$ とすると $k_1 = \cdots = k_p$ となるので，

$$k_1 = \cdots = k_p \in \bigcap_{i=1}^{p} \mathrm{Ker} A_i = \{0\},$$

すなわち $k = 0$ がしたがう．そこで

$$v_0' = v_0 - \frac{1}{\lambda} l$$

とおけば

$$\Big(\lambda + \sum_{i=1}^{p} G_i\Big) v_0' = 0$$

となるから，やはり ${}^t(v_0', \ldots, v_0') \in \mathcal{L}_2$ となる．すなわちこの場合も $\mathcal{L}_M$ の代表元として $\mathcal{L}_2$ の元を取ることができた．したがって (5.39) の包含関係 $\subset$ が成り立ち，(5.39) が示された．以上により

$$mc_\lambda(mc_\mu(V)) = (V^p)^p / (\mathcal{K}_2 + \mathcal{L}_2 + \mathcal{K}_1{}^p + \mathcal{L}_1{}^p)$$

という記述が得られた．

写像 φ を

$$\varphi : (V^p)^p \to V^p$$

$$\begin{pmatrix} v_1 \\ \vdots \\ v_p \end{pmatrix} \mapsto \sum_{i=1}^{p} G_i v_i$$

により定める．φ から写像

$$\bar{\varphi} : mc_\lambda(mc_\mu(V)) \to mc_{\lambda+\mu}(V)$$

が引き起こされることを見る．そのためには

$$\varphi(\mathcal{K}_2 + \mathcal{L}_2 + \mathcal{K}_1{}^p + \mathcal{L}_1{}^p) \subset \mathcal{K}_1 + \mathcal{L}_1'$$

を示せばよい．$v = {}^t(v_1, \ldots, v_p) \in \mathcal{K}_1{}^p$ とすると，$v_i \in \mathcal{K}_1$ で，$\mathcal{K}_1$ は $(G_1, \ldots, G_p)$ 不変だから $G_i v_i \in \mathcal{K}_1$，したがって

が成り立つ. $v = {}^t(v_1, \ldots, v_p) \in \mathcal{L}_1^p$ とすると,

$$v_i \in \mathcal{L}_1 = \bigcap_{j=1}^p \mathrm{Ker} G_j$$

であるから $\varphi(v) = 0$ である. 以上により $\varphi(\mathcal{K}_1^p + \mathcal{L}_1^p) \subset \mathcal{K}_1$ が示された. $v \in \mathcal{K}_2$ とすると, 定義から直ちに $\varphi(v) = 0$ となる. また $v \in \mathcal{L}_2$ とすると, $v = {}^t(v_0, \ldots, v_0)$ で

(5.40) $\quad \left(\lambda + \sum_{i=1}^p G_i\right) v_0 = \left[\lambda + \mu + \begin{pmatrix} A_1 & \cdots & A_p \\ & \cdots & \\ A_1 & \cdots & A_p \end{pmatrix}\right] v_0 = 0$

となる. したがって $v_0 \in \mathcal{L}_1'$ であり, $\varphi(v) = -\lambda v_0$ であるから $\varphi(v) \in \mathcal{L}_1'$ が成り立つ. こうして $\bar{\varphi}$ が定義できることがわかった.

$v = {}^t(v_1, \ldots, v_p) \in (V^p)^p$ に対して

$\varphi(v) = G_1 v_1 + \cdots + G_p v_p$

$= \begin{pmatrix} A_1 + \mu & A_2 & \cdots & A_p \\ O & \cdots & \cdots & O \\ & \cdots & \cdots & \\ O & \cdots & \cdots & O \end{pmatrix} v_1 + \cdots + \begin{pmatrix} O & \cdots & \cdots & O \\ & \cdots & \cdots & \\ O & \cdots & \cdots & O \\ A_1 & \cdots & A_{p-1} & A_p + \mu \end{pmatrix} v_p$

となっているので, 仮定 (M2) により $v_1, \ldots, v_p$ を適当に選べば V^p の任意の元は $\varphi(v)$ で与えられる. すなわち φ は全射であり, したがって $\bar{\varphi}$ も全射である.

最後に $\bar{\varphi}$ が単射であることを示す. $\bar{\varphi}$ は全射であるので, $mc_\lambda(mc_\mu(V))$ と $mc_{\lambda+\mu}(V)$ の次元が等しいことを示せばよい. 定義により $\mathcal{L}_1^p \subset \mathcal{K}_2$ が直ちにわかる. また $\lambda \neq 0$ としているので, $\mathcal{K}_2 + \mathcal{L}_2 = \mathcal{K}_2 \oplus \mathcal{L}_2$ である. したがって

$\dim(\mathcal{K}_2 + \mathcal{L}_2 + \mathcal{K}_1^p + \mathcal{L}_1^p)$
$= \dim \mathcal{K}_2 + \dim \mathcal{L}_2 + \dim \mathcal{K}_1^p - \dim(\mathcal{K}_2 \cap \mathcal{K}_1^p) - \dim(\mathcal{L}_2 \cap \mathcal{K}_1^p)$

となることに注意する.

$v = {}^t(v_1, \ldots, v_p) \in \mathcal{K}_2$ とすると, $v_i \in \mathrm{Ker} G_i$ $(1 \leq i \leq p)$ であり, $v_i = {}^t(v_{i1}, \ldots, v_{ip})$ とおくと

$$0 = G_i v_i = \begin{pmatrix} 0 \\ \vdots \\ \sum_{j=1}^{p} A_j v_{ij} + \mu v_{ii} \\ \vdots \\ 0 \end{pmatrix}$$

となる．よって v_i は写像

$$V^p \to V$$
$$\begin{pmatrix} u_1 \\ \vdots \\ u_p \end{pmatrix} \mapsto \sum_{j \neq i} A_j u_j + (A_i + \mu) u_i$$

の核に属する．(M2) によってこの写像の階数は $\dim V$ に等しいので，核の次元は $\dim V^p - \dim V$ となる．したがって

$$\dim \mathcal{K}_2 = p(\dim V^p - \dim V) = p^2 \dim V - p \dim V$$

となる．$\lambda \neq 0$ としているので，$\mathcal{L}_2$ の元は $v = {}^t(v_0, \ldots, v_0)$ と書け，v_0 は (5.40) をみたす．したがって $v_0 \in \mathcal{L}_1'$ となるので，

$$\dim \mathcal{L}_2 = \dim \mathcal{L}_1'$$

が成り立つ．${}^t(v_1, \ldots, v_p) \in \mathcal{K}_2 \cap \mathcal{K}_1{}^p$ とすると，

$$v_i \in \mathcal{K}_1 \cap \mathrm{Ker} G_i \quad (\forall i)$$

である．$v_i = {}^t(v_{i1}, \ldots, v_{ip})$ と書くと，

$$0 = G_i v_i = {}^t(0, \ldots, \lambda v_{ii}, \ldots, 0)$$

となるので $v_{ii} = 0$．したがって

$$\dim(\mathcal{K}_2 \cap \mathcal{K}_1{}^p) = \sum_{i=1}^{p} \Big(\sum_{j \neq i} \dim \mathrm{Ker} A_j \Big)$$
$$= \dim \mathcal{K}_1{}^p - \dim \mathcal{K}_1$$

が得られる．$\mathcal{L}_2 \cap \mathcal{K}_1{}^p$ の元は ${}^t(v_0, \ldots, v_0)$ と表され，$v_0 \in \mathcal{K}_1$ であることから

$$0 = \Big(\lambda + \sum_{i=1}^{p} G_i \Big) v_0 = (\lambda + \mu) v_0$$

をみたす. $\lambda + \mu \neq 0$ なら $v_0 = 0$ となるので, $\mathcal{L}_2 \cap \mathcal{K}_1{}^p = \{0\}$ が成り立つ. また $\lambda + \mu = 0$ のときは, $v_0 \in \mathcal{K}_1$ であれば ${}^t(v_0, \ldots, v_0) \in \mathcal{L}_2$ となるので,

$$\dim(\mathcal{L}_2 \cap \mathcal{K}_1{}^p) = \dim \mathcal{K}_1$$

となる.

$\lambda + \mu \neq 0$ とする. このとき $\mathcal{K}_1 + \mathcal{L}'_1 = \mathcal{K}_1 \oplus \mathcal{L}'_1$ であるので, 上記の結果と組み合わせると

$\dim(V^p)^p/(\mathcal{K}_2 + \mathcal{L}_2 + \mathcal{K}_1{}^p + \mathcal{L}_1{}^p)$
$= p^2 \dim V - ((p^2 \dim V - p \dim V) + \dim \mathcal{L}'_1 + \dim \mathcal{K}_1{}^p - (\dim \mathcal{K}_1{}^p - \dim \mathcal{K}_1))$
$= p \dim V - \dim \mathcal{K}_1 - \dim \mathcal{L}'_1$
$= \dim V^p/(\mathcal{K}_1 + \mathcal{L}'_1)$

が成り立つ. また $\lambda + \mu = 0$ のときは, $\mathcal{K}_1 \subset \mathcal{L}'_1$ となることに注意するとやはり

$$\dim(V^p)^p/(\mathcal{K}_2 + \mathcal{L}_2 + \mathcal{K}_1{}^p + \mathcal{L}_1{}^p)$$
$$= p^2 \dim V - ((p^2 \dim V - p \dim V) + \dim \mathcal{L}'_1 + \dim \mathcal{K}_1{}^p$$
$$\qquad - (\dim \mathcal{K}_1{}^p - \dim \mathcal{K}_1) - \dim \mathcal{K}_1)$$
$$= p \dim V - \dim \mathcal{L}'_1$$
$$= \dim V^p/(\mathcal{K}_1 + \mathcal{L}'_1)$$

が成り立つ. したがっていずれの場合でも

$$\dim mc_\lambda(mc_\mu(V)) = \dim mc_{\lambda+\mu}(V)$$

が成り立つので, $\bar{\varphi}$ が単射であることが示された.

以上により, $\bar{\varphi}$ は同型となる. 各 i に対し

$$H_i = \begin{pmatrix} O & \cdots & & \cdots & O \\ & \cdots & \cdots & \cdots & \\ G_1 & \cdots & G_i + \lambda & \cdots & G_p \\ & \cdots & \cdots & \cdots & \\ O & \cdots & \cdots & \cdots & O \end{pmatrix} {\scriptstyle (i,}$$

$$G'_i = \begin{pmatrix} O & \cdots & & \cdots & O \\ & \cdots & & \cdots & \\ A_1 & \cdots & A_i + \lambda + \mu & \cdots & A_p \\ & \cdots & & \cdots & \\ O & \cdots & & \cdots & O \end{pmatrix} {\scriptstyle (i}$$

とおくとき，

$$\varphi \circ H_i = G'_i \circ \varphi \quad (\forall i)$$

が成り立つことが直接確かめられるので，φ は加群としての同型である． □

定理 5.14 の証明 V は (M1), (M2) をみたし既約とする．補題 5.18 により，$mc_\lambda(V)$ も (M1), (M2) をみたす．M を $mc_\lambda(V)$ の $\{0\}$ と異なる極小の部分加群とすると，特に M は既約である．$mc_\lambda(V)$ が (M1) をみたすので，M もやはり (M1) をみたす．さらに M が既約であることを用いると，(M2) もみたすことがわかる．$-\lambda$ をパラメーターとする middle convolution を考え，

$$W = mc_{-\lambda}(M)$$

とおくと，定理 5.12, 5.13 により W は V の部分空間となり，さらに補題 5.17 によって V の部分加群となる．V は既約なので $W = V$ または $W = \{0\}$ である．すると再び定理 5.12, 5.13 により $M = mc_\lambda(W) = mc_\lambda(V)$ または $M = \{0\}$ となるので，$mc_\lambda(V)$ は既約である．

逆の主張は，定理 5.12, 5.13 により上記の証明に帰着する． □

定理 5.15 は，middle convolution によって各留数行列 A_j の Jordan 標準形がどう変化するかを見ることによって示すことができる．留数行列の Jordan 標準形の変化は，それ自身重要な結果であるので，定理として記述しておこう．

定理 5.19 $(A_1, A_2, \ldots, A_p)$-加群 V は (M2) をみたすとする．$\lambda \neq 0$ とし，

$$mc_\lambda(A_1, A_2, \ldots, A_p) = (B_1, B_2, \ldots, B_p)$$

とおく．

(i) $1 \leq i \leq p$ とする．A_i の Jordan 標準形に Jordan 細胞 $J(\alpha; m)$ があると，B_i の Jordan 標準形に Jordan 細胞 $J(\alpha + \lambda; m')$ が現れる．ここで

$$m' = \begin{cases} m & (\alpha \neq 0, -\lambda), \\ m-1 & (\alpha = 0), \\ m+1 & (\alpha = -\lambda) \end{cases}$$

である．これらの Jordan 細胞のサイズの和が B_i のサイズに満たない場合は，その差の分の個数の $J(0; 1)$ を追加して B_i の Jordan 標準形が得られる．

(ii)
$$A_0 = -\sum_{i=1}^{p} A_i, \ B_0 = -\sum_{i=1}^{p} B_i$$

については，次が成り立つ．A_0 の Jordan 標準形に Jordan 細胞 $J(\alpha; m)$ があると，B_0 の Jordan 標準形に Jordan 細胞 $J(\alpha - \lambda; m')$ が現れる．ここで

$$m' = \begin{cases} m & (\alpha \neq 0, \lambda), \\ m+1 & (\alpha = 0), \\ m-1 & (\alpha = \lambda) \end{cases}$$

である．これらの Jordan 細胞のサイズの和が B_0 のサイズに満たない場合は，その差の分の個数の $J(-\lambda; 1)$ を追加して B_0 の Jordan 標準形が得られる．

補題 5.20 $(A_1, \ldots, A_p)$-加群 V に (M2) を仮定する．
(i) $1 \leq i \leq p$ について，線形写像

$$\phi_i : \mathrm{Im}(G_i|_{mc_\lambda(V)}) \to \mathrm{Im} A_i$$
$$\overline{{}^t(0, \ldots, w_i, \ldots, 0)} \mapsto A_i w_i$$

は同型となる．さらに

$$\phi_i \circ G_i = (A_i + \lambda) \circ \phi_i$$

が成り立つ．

(ii) 線形写像

$$\phi_0 : \mathrm{Im}((G_0 + \lambda)|_{mc_\lambda(V)}) \to \mathrm{Im}(A_0 - \lambda)$$
$$\overline{{}^t(w_1, \ldots, w_1)} \mapsto (A_0 - \lambda) w_1$$

は同型となる．さらに

$$\phi_0 \circ G_0 = (A_0 - \lambda) \circ \phi_0$$

が成り立つ．

証明 (i) $v = {}^t(v_1, \ldots, v_p) \in V^p$, $k = {}^t(k_1, \ldots, k_p) \in \mathcal{K}$, $l \in \mathcal{L}$ を任意に取ると,

$$G_i(v+k+l) = \begin{pmatrix} 0 \\ \vdots \\ \sum_{j \neq i} A_j v_j + (A_i + \lambda) v_i + \lambda k_i \\ \vdots \\ 0 \end{pmatrix} =: \begin{pmatrix} 0 \\ \vdots \\ w_i + \lambda k_i \\ \vdots \\ 0 \end{pmatrix}$$

となり, $k_i \in \mathrm{Ker} A_i$ だから ϕ_i の値は k,l に依らないことがわかる. すなわち ϕ_i は well-defined である. $A_i w_i = 0$ なら $w_i \in \mathrm{Ker} A_i$ で, ${}^t(0, \ldots, w_i, \ldots, 0) \in \mathcal{K}$ であるから ϕ_i は単射である. 仮定 (M2) により

$$w_i = \sum_{j \neq i} A_j v_j + (A_i + \lambda) v_i$$

は V の任意の元を与えるので, ϕ_i は全射となる.

$$\phi_i \circ G_i(G_i(v)) = \phi_i \left(G_i \begin{pmatrix} 0 \\ \vdots \\ w_i \\ \vdots \\ 0 \end{pmatrix} \right) = \phi_i \left(\begin{pmatrix} 0 \\ \vdots \\ (A_i + \lambda) w_i \\ \vdots \\ 0 \end{pmatrix} \right) = (A_i + \lambda) A_i w_i$$

より, $\phi_i \circ G_i = (A_i + \lambda) \circ \phi_i$ が得られる.

(ii) $\phi_0((G_0 + \lambda)(\mathcal{K} + \mathcal{L})) = 0$ だから ϕ_0 は well-defined である. $(A_0 - \lambda) w_1 = 0$ は ${}^t(w_1, \ldots, w_1) \in \mathcal{L}$ を意味するので, ϕ_0 は単射である. 仮定 (M2) により

$$w_1 = -\sum_{j=1}^p A_j v_j$$

は V の任意の元を与えるので, ϕ_0 は全射である. また上記の w_1 を用いると,

$$\phi_0 \circ G_0((G_0 + \lambda)v) = \phi_0 \left(\begin{pmatrix} (A_0 - \lambda) w_1 \\ \vdots \\ (A_0 - \lambda) w_1 \end{pmatrix} \right) = (A_0 - \lambda)^2 w_1$$
$$= (A_0 - \lambda) \circ \phi_0((G_0 + \lambda)v)$$

となるので, $\phi_0 \circ G_0 = (A_0 - \lambda) \circ \phi_0$ が得られる. □

行列の Jordan 標準形について，必要な事柄を想起しておく．行列 A の Jordan 標準形に Jordan 細胞 $J(\alpha;m)$ があるということは，

$$(A-\alpha)^m x = 0,\ (A-\alpha)^{m-1}x \neq 0,\ x \notin \mathrm{Im}(A-\alpha)$$

となる x が存在することである．このとき

$$x, (A-\alpha)x, \ldots, (A-\alpha)^{m-1}x$$

は線形独立となり，これらを部分基底として得られる基底による A の表現が，A の Jordan 標準形である．

定理 5.19 の証明 (i) $1 \leq i \leq p$ とする．$B_i = G_i|_{mc_\lambda(V)}$ であるから，B_i の固有値は G_i の固有値の集合に含まれる．G_i の定義 (5.29) により，G_i の固有値は $A_i + \lambda$ の固有値とそのほかに $(p-1)n$ 重の 0 からなる．よって，A_i の Jordan 標準形に現れる各 Jordan 細胞 $J(\alpha;m)$ が B_i の Jordan 標準形にどのように伝わるかを見れば，B_i の Jordan 標準形が把握できる．

はじめに $\alpha \neq 0, -\lambda$ の場合を考える．A_i の Jordan 標準形に Jordan 細胞 $J(\alpha;m)$ があるので，

$$(A_i - \alpha)^m x = 0,\ (A_i-\alpha)^{m-1}x \neq 0,\ x \notin \mathrm{Im}(A_i-\alpha)$$

となる x が存在する．

$$x_1 = x,\ x_2 = (A_i-\alpha)x,\ \ldots,\ x_m = (A_i-\alpha)^{m-1}x$$

とおくとこれらは線形独立で，$J(\alpha;m)$ に対応する部分基底を構成する．まず $x_j \in \mathrm{Im}A_i\ (1 \leq j \leq m)$ を示そう．$(A_i-\alpha)^m x = 0$ を展開すると

$$(-\alpha)^m x = A_i(-A_i^{m-1} - \cdots - m(-\alpha)^{m-1})x$$

が得られるので，$\alpha \neq 0$ としていることから $x \in \mathrm{Im}A_i$ である．$x = A_i u$ と書くと，$(A_i-\alpha)^j x = A_i(A_i-\alpha)^j u$ により $x_j \in \mathrm{Im}A_i$ も成り立つ．さて，(M2) を仮定しているため補題 5.20 が適用できて，同型

$$\phi : \mathrm{Im}(G_i|_{mc_\lambda(V)}) \to \mathrm{Im}A_i$$

が存在する．したがって

$$y_1 = \phi^{-1}(x_1), \ldots, y_m = \phi^{-1}(x_m)$$

は $mc_\lambda(V)$ において線形独立となる．ϕ が

をみたすので，
$$(\phi \circ G_i)(y_j) = (A_i + \lambda)(A_i - \alpha)^{j-1}x$$
$$= (A_i - \alpha)^j x + (\alpha + \lambda)(A_i - \alpha)^{j-1}x$$
が得られ，したがって
$$(G_i - (\alpha + \lambda))y_j = y_{j+1}$$
が $1 \leq j \leq m-1$ に対して成り立つ．また $j = m$ のときは，$(A_i - \alpha)^m x = 0$ により
$$(G_i - (\alpha + \lambda))y_m = 0$$
が得られる．一方 $y_1 = (G_i - (\alpha + \lambda))y_0$ となる y_0 が存在したとすると，
$$(\phi \circ G_i)(y_0) = A_i \phi(y_0) + \lambda \phi(y_0),$$
$$(\phi \circ G_i)(y_0) = \phi(y_1 + (\alpha + \lambda)y_0) = x - (\alpha + \lambda)\phi(y_0)$$
より
$$x = (A_i - \alpha)\phi(y_0) \in \mathrm{Im}(A_i - \alpha)$$
となり仮定に反する．よって $y_1 \notin \mathrm{Im}(G_i - (\alpha + \lambda))$ が示された．以上によって，$y_1, \ldots, y_m$ を部分基底として，B_i の Jordan 標準形は Jordan 細胞 $J(\alpha + \lambda; m)$ を持つことが示された．

次に $\alpha = 0$ の場合を考える．A_i の Jordan 細胞 $J(0; m)$ に対応する部分基底は，
$$A_i{}^m x = 0, \ A_i{}^{m-1}x \neq 0, \ x \notin \mathrm{Im} A_i$$
をみたす x を用いて
$$x_1 = x, \ x_2 = A_i x, \ \ldots, \ x_m = A_i{}^{m-1}x$$
により与えられる．$x_2, \ldots, x_m \in \mathrm{Im} A_i$ だから
$$y_2 = \phi^{-1}(x_2), \ y_3 = \phi^{-1}(x_3), \ \ldots, \ y_m = \phi^{-1}(x_m)$$
は $\mathrm{Im} G_i$ の元で $mc_\lambda(V)$ において独立となり，さらに
$$(G_i - \lambda)y_i = y_{i+1} \quad (2 \leq i \leq m-1),$$
$$(G_i - \lambda)y_m = 0$$

をみたす. $y_2 = (G_i - \lambda)y_1$ となる y_1 が存在したとする. $y_2 \neq 0$ だから $y_1 \neq 0$ であり, $\lambda \neq 0$ より,
$$y_1 = \frac{1}{\lambda}(G_i y_1 - y_2) \in \mathrm{Im}\,G_i$$
となる. よって
$$u = \phi(y_1)$$
とおくと, $u \in \mathrm{Im}\,A_i, u \neq 0$ である. さて
$$A_i x = \phi(y_2) = \phi((G_i - \lambda)y_1) = A_i \phi(y_1) = A_i u$$
であるから, $x - u = z$ とおくと $z \in \mathrm{Ker}\,A_i$ である. V を A_i の Jordan 標準形を与える基底により直和分解し,
$$V = \langle x_1, x_2, \ldots, x_m \rangle \oplus W$$
とおく. この分解に応じて
$$u = u' + u'', \ z = z' + z''$$
とおく. すなわち $u', z' \in \langle x_1, x_2, \ldots, x_m \rangle$ である. このとき $x = u' + z'$ となるが, $z' \in \mathrm{Ker}\,A_i$ が成り立つから $z' \in \langle x_m \rangle$, また $u' \in \mathrm{Im}\,A_i$ が成り立つから $u' \in \langle x_2, \ldots, x_m \rangle$ となり,
$$x_1 = x = u' + z' \in \langle x_2, \ldots, x_m \rangle$$
という矛盾を生じる. したがって y_1 の存在が否定され, $y_2 \notin \mathrm{Im}(G_i - \lambda)$ が示された. 以上により, $y_2, \ldots, y_m$ を部分基底として, B_i の Jordan 標準形は Jordan 細胞 $J(\lambda; m-1)$ を持つことが示された.

最後に $\alpha = -\lambda$ の場合を考える. A_i の Jordan 細胞 $J(-\lambda; m)$ に対応する部分基底は,
$$(A_i + \lambda)^m x = 0, \ (A_i + \lambda)^{m-1} x \neq 0, \ x \notin \mathrm{Im}(A_i + \lambda)$$
をみたす x を用いて
$$x_1 = x, \ x_2 = (A_i + \lambda)x, \ \ldots, \ x_m = (A_i + \lambda)^{m-1} x$$
により与えられる. $(A_i + \lambda)^m x = 0$ により, $a \neq 0, -\lambda$ の場合と同様に $x_j \in \mathrm{Im}\,A_i$ ($1 \leq j \leq m$) が得られる. よって同型 ϕ により
$$y_1 = \phi^{-1}(x_1), \ \ldots, \ y_m = \phi^{-1}(x_m)$$
を定めると, $y_1, \ldots, y_m$ は $\mathrm{Im}\,G_i$ の元で $mc_\lambda(V)$ において独立である. さて $y_1 \in$

$\mathrm{Im} G_i$ だから,
$$y_1 = {}^t(0,\ldots,0,y_{1i},0,\ldots,0)$$
と書け,
$$y_1 = G_i y_0$$
となる $y_0 \in V^p$ が存在する. $y_0 \in \mathcal{K}+\mathcal{L}$ とすると, $y_{1i} \in \mathrm{Ker} A_i$ がしたがうが,
$$x_1 = \phi(y_1) = A_i y_{1i} = 0$$
という矛盾を生じる. したがって y_0 は $mc_\lambda(V)$ において 0 と異なる. さらに $y_0 = G_i y_{-1}$ となる y_{-1} が存在したとすると,
$$y_0 = {}^t(0,\ldots,0,y_{0i},0,\ldots,0)$$
と書け, $y_{1i} = (A_i + \lambda) y_{0i}$ となる. すると
$$x_1 = \phi(y_1) = A_i y_{1i} = (A_i + \lambda) A_i y_{0i}$$
となって $x \notin \mathrm{Im}(A_i + \lambda)$ に反する. 以上により, $y_0, y_1, \ldots, y_m$ を部分基底として, B_i の Jordan 標準形は Jordan 細胞 $J(0; m+1)$ を持つことが示された.

(ii) $B_0 = G_0|_{mc_\lambda(V)}$ より, B_0 の固有値は G_0 の固有値の集合に含まれる.
$$G_0 = -\lambda - \begin{pmatrix} A_1 & A_2 & \cdots & A_p \\ & \cdots & \cdots & \\ A_1 & A_2 & \cdots & A_p \end{pmatrix}$$
であるから, G_0 の固有値は $A_0 - \lambda$ の固有値とそのほかに $(p-1)n$ 重の $-\lambda$ からなる. これ以降は (i) の証明と同様なので, 省略する. □

注意 5.2 $\lambda \neq 0$ のときは $\mathcal{K} + \mathcal{L} = \mathcal{K} \oplus \mathcal{L}$ であるから, B_i のサイズは

(5.41) $$np - (\dim \mathcal{K} + \dim \mathcal{L})$$

となる. したがって定理 5.18 によって B_i $(0 \le i \le p)$ の Jordan 標準形は確定する.

命題 5.21 J をただ 1 つの固有値を持つ Jordan 行列とし, 各 $j = 1, 2, 3\ldots$ に対して e_j を J に含まれるサイズが j 以上の Jordan 細胞の個数とする. このとき
$$\dim Z(J) = \sum_{j \ge 1} e_j{}^2$$
が成り立つ.

証明 直和 $J(\alpha;m) \oplus J(\alpha;n)$ の場合に，中心化群の次元が
$$m + n + 2\min\{m,n\}$$
であることに注意すればよい. □

定理 5.15 の証明 $\lambda = 0$ の場合は定理 5.12 により明らかに成立する．定理 5.19 と同様に $\lambda \neq 0$ とし，
$$mc_\lambda(A_1, \ldots, A_p) = (B_1, \ldots, B_p)$$
とする．
$$\dim \mathcal{K} = k, \ \dim \mathcal{L} = l$$
とおく．各 i $(1 \leq i \leq p)$ に対し
$$\dim \mathrm{Ker} A_i = k_i$$
とおくと，
$$k = \sum_{i=1}^{p} k_i$$
である．$\dim V = n$ とすると，$mc_\lambda(V)$ の次元は $pn - k - l$ となる．定理 5.19 から直ちに，次の関係が得られる．$1 \leq i \leq p$ とすると，

(5.42)
$$\begin{aligned} e_j(B_i; \alpha + \lambda) &= e_j(A_i; \alpha) \quad (\alpha \neq 0, -\lambda), \\ e_j(B_i; \lambda) &= e_{j+1}(A_i; 0), \\ e_j(B_i; 0) &= e_{j-1}(A_i; -\lambda) \quad (j > 1), \end{aligned}$$

B_0 については

(5.43)
$$\begin{aligned} e_j(B_0; \alpha - \lambda) &= e_j(A_0; a) \quad (\alpha \neq 0, \lambda), \\ e_j(B_0; 0) &= e_{j+1}(A_0; \lambda), \\ e_j(B_0; -\lambda) &= e_{j-1}(A_0; 0) \quad (j > 1). \end{aligned}$$

また一般に正方行列 A の固有値 α に対する広義固有空間の次元が
$$\sum_{j \geq 1} e_j(A; \alpha)$$
で与えられること，さらに
$$k_i = \dim \mathrm{Ker} A_i = e_1(A_i; 0)$$

であることに注意し，$\dim mc_\lambda(V)$ を $e_j(B_i;\beta)$ を用いて表すことによって，
$$e_1(B_i;0) = (p-1)n - k - l + k_i$$
が得られる．同様に
$$l = \dim \mathcal{L} = e_1(A_0;\lambda)$$
に注意すると，
$$e_1(B_0;-\lambda) = (p-1)n - k$$
が得られる．ここで命題 5.21 を適用すると，$1 \leq i \leq p$ については
$$\dim Z(B_i) = ((p-1)n - (k+l))^2 + 2k_i((p-1)n - (k+l)) + \dim Z(A_i),$$
B_0 については
$$\dim Z(B_0) = ((p-1)n - (k+l))^2 + 2l((p-1)n - (k+l)) + \dim Z(A_0)$$
が成り立つことがわかる．これらを定義に代入することで，rigidity 指数が不変に保たれることが示される． □

半単純の場合に，定理 5.19 の結果を具体的に書き下しておこう．$(A_0, A_1, \ldots, A_p)$ を半単純とする．
$$mc_\lambda(A_0, A_1, \ldots, A_p) = (B_0, B_1, \ldots, B_p)$$
も半単純になるには，$-\lambda$ がどの A_i $(1 \leq i \leq p)$ の固有値とも一致せず，かつ A_0 が固有値 0 を持たないことが必要十分である．これを仮定する．

各 i に対し，A_i のスペクトル型を
$$A_i^\natural = (e_{i1}, e_{i2}, \ldots, e_{iq_i})$$
とおく．ただし $1 \leq i \leq p$ のときは e_{i1} は A_i の固有値 0 の重複度を表し，$i = 0$ のときは e_{01} は A_0 の固有値 λ の重複度を表すとする．(この規約のため，e_{i1} については値 0 も許す．)
$$g = \sum_{i=0}^{p} e_{i1}$$
とおく．すると
$$\dim mc_\lambda(V) = pn - g$$
であり，さらに定理 5.19 および上記の定理 5.15 の証明から，
(5.44) $$B_i^\natural = (e_{i1} + (p-1)n - g, e_{i2}, \ldots, e_{iq_i})$$

が得られる．
$$g - (p-1)n = d$$
とおく．スペクトル型に固有値の値も添えて記述すると，$1 \leq i \leq p$ については
$$\begin{pmatrix} 0 & \alpha_{i2} & \cdots & \alpha_{iq_i} \\ e_{i1} & e_{i2} & \cdots & e_{iq_i} \end{pmatrix} \xrightarrow{mc_\lambda} \begin{pmatrix} 0 & \alpha_{i2} + \lambda & \cdots & \alpha_{iq_i} + \lambda \\ e_{i1} - d & e_{i2} & \cdots & e_{iq_i} \end{pmatrix},$$
$i = 0$ については
$$\begin{pmatrix} \lambda & \alpha_{02} & \cdots & \alpha_{0q_0} \\ e_{01} & e_{02} & \cdots & e_{0q_0} \end{pmatrix} \xrightarrow{mc_\lambda} \begin{pmatrix} -\lambda & \alpha_{02} - \lambda & \cdots & \alpha_{0q_0} - \lambda \\ e_{01} - d & e_{02} & \cdots & e_{0q_0} \end{pmatrix}$$
という変化になる．

例 5.5 $p = 2$ とし，いくつかの場合に (5.44) で定まるスペクトル型の変化
$$(A_0^\sharp, A_1^\sharp, A_2^\sharp) \to (B_0^\sharp, B_1^\sharp, B_2^\sharp)$$
を見る．

(i) $n = 3$, $(A_0^\sharp, A_1^\sharp, A_2^\sharp) = ((111),(111),(111))$ の場合．$g = 1+1+1 = 3$ より $d = 0$ となるので，スペクトル型は変化しない．

(ii) $n = 3$, $(A_0^\sharp, A_1^\sharp, A_2^\sharp) = ((21),(111),(111))$ の場合．$g = 2+1+1 = 4$ より $d = 1$ となり，スペクトル型の変化は
$$((21),(111),(111)) \to ((11),(11),(11))$$
となる．分割に 0 が現れた場合は，その固有空間が消滅したことを意味するので，分割から省いて記述している．

(iii) $n = 3$, $(A_0^\sharp, A_1^\sharp, A_2^\sharp) = ((21),(21),(111))$ の場合．この場合は rigidity 指数が
$$\iota = (1-2) \cdot 3^2 + ((2^2 + 1^2) + (2^2 + 1^2) + (1^2 + 1^2 + 1^2)) = 4$$
となるので，定理 5.11 により，(A_0, A_1, A_2) は存在したとしても可約である．

(iv) $n = 5$, $(A_0^\sharp, A_1^\sharp, A_2^\sharp) = ((311),(311),(11111))$ の場合．rigidity 指数は $\iota = 2$ であり，既約な組が存在するための必要条件はみたしている．$g = 3+3+1 = 7$ より $d = 2$ となる．形式的に (5.44) に当てはめると
$$((311),(311),(11111)) \to ((111),(111),(-11111))$$
となるが，固有空間の次元が -1 というのは意味をなさない．このことから組 (A_0, A_1, A_2) が存在しないことが結論される．

この例からわかるように，rigidity 指数と middle convolution によるスペクトル型の変化を見ることで，組 $(A_0, A_1, \ldots, A_p)$ が存在するか，存在して既約になり得るか，といったことを判定できる．そのような判定のアルゴリズムについては，次の節で詳しく論じる．最もわかりやすいのは rigid の場合で，それは Katz 理論の主要結果の 1 つである．そこでは middle convolution に加えて addition も用いるので，addition について言及しておこう．

これまで middle convolution の性質をいくつか見てきたが，addition についての対応する主張は明らかに成立する．すなわちまず，

$$ad_0 = \mathrm{id}, \ ad_\alpha \circ ad_\beta = ad_{\alpha+\beta}$$

が成り立つ．任意の $\alpha \in \mathbb{C}^p$ に対して，ad_α は V の次元と既約性を保つ．さらに ad_α は $(A_0, A_1, \ldots, A_p)$ のスペクトル型を変えず，したがって rigidity 指数も保つ．

さて Katz の結果を述べよう．

定理 5.22 任意の既約 rigid な組 $(A_0, A_1, \ldots, A_p)$ は，addition と middle convolution を有限回繰り返すことで，階数 1 の組にうつすことができる．

証明 n を 2 以上とし，$(A_0, A_1, \ldots, A_p)$ を階数（サイズ）n の既約 rigid な組とする．各 i に対し，A_i の固有空間の次元の最大値を m_i とおく．すると

$$\dim Z(A_i) \leq m_i^2 \times \frac{n}{m_i} = nm_i$$

が成り立つ．rigidity 指数が 2 であることから，

$$2 = (1-p)n^2 + \sum_{i=0}^{p} \dim Z(A_i) \leq (1-p)n^2 + \sum_{i=0}^{p} nm_i,$$

これより

$$\sum_{i=0}^{p} m_i \geq (p-1)n + \frac{2}{n} > (p-1)n$$

が得られる．さてそこで，A_i の固有値で固有空間の次元が m_i となるものを α_i とおき，$(-\alpha_1, \ldots, -\alpha_p)$ による addition を行う．

$$ad_{(-\alpha_1, \ldots, -\alpha_p)}(A_1, \ldots, A_p) = (B_1, \ldots, B_p), \ B_0 = -\sum_{i=1}^{p} B_i$$

とおくと，

$$\dim \mathrm{Ker} B_i = m_i \quad (1 \leq i \leq p)$$

であり，また B_0 の固有値 $\alpha_0 + \sum_{i=1}^{p} \alpha_i = \sum_{i=0}^{p} \alpha_i$ の固有空間の次元が m_0 である．よって $\lambda = \sum_{i=0}^{p} \alpha_i$ をパラメーターとする middle convolution を行うと，$mc_\lambda(V)$ の次元は

$$pn - \sum_{i=1}^{p} m_i - m_0 < pn - (p-1)n = n$$

となって，真に階数が下がる． $\square$

注意 5.3 定理 5.22 において $(A_0, A_1, \ldots, A_p)$ は既約としているので，特に (M2) をみたす．よって 0 をパラメーターとする middle convolution mc_0 は定理 5.12 により同型となり，$\dim mc_0(V) = \dim V$ が成り立つ．このことから上記の証明中の $\lambda = \sum_{i=0}^{p} \alpha_i$ は 0 と異なることがしたがう．

例 5.6 既約 rigid 半単純な組のスペクトル型を，階数が $2, 3, 4$ の場合に列挙する．階数が 2 のものは

$$((11), (11), (11))$$

のみである．階数が 3 のものは，

$$((21), (111), (111)),\ ((21), (21), (21), (21))$$

の 2 個である．階数が 4 のものは，

$$((31), (1111), (1111)),\ ((22), (211), (1111)),\ ((211), (211), (211)),$$

$$((31), (31), (22), (211)),\ ((31), (22), (22), (22)),$$

$$((31), (31), (31), (31), (31))$$

の 6 個である．これらのスペクトル型は，次節で紹介するアルゴリズムを用いて求められる．

Katz の定理（定理 5.22）により，rigid な微分方程式 (5.14) は階数が 1 の微分方程式

(5.45) $$\frac{dy}{dx} = \left(\sum_{j=1}^{p} \frac{\alpha_j}{x - a_j} \right) y$$

に帰着する．この微分方程式は明示的に解け，解

$$(5.46) \quad y(x) = \prod_{j=1}^{p}(x-a_j)^{\alpha_j}$$

が得られる．したがって addition と middle convolution によっていろいろな情報がどのように伝わるかを見れば，rigid な微分方程式についての情報が明示的に得られることになる．こうしてモノドロミー，接続係数，解の積分表示，解の級数表示，既約性条件など多くの重要な情報が，rigid な微分方程式について記述されることになった．本書ではこのうち解の積分表示について記述を与える（[36]）．そのほかの情報の記述に関しては，[105] を参照されたい．

既約 rigid な正規 Fuchs 型微分方程式

$$(5.47) \quad \frac{dY}{dx} = \left(\sum_{j=1}^{p}\frac{A_j}{x-a_j}\right)Y$$

を考える．定理 5.22 により，(5.47) は階数 1 の方程式 (5.45) に addition と middle convolution を有限回施すことで得られる．addition, middle convolution は，解に対する変換としては，それぞれベキ関数を掛けるという gauge 変換と，Riemann-Liouville 変換という積分変換で実現されるのであった．階数 1 の方程式 (5.45) は解の表示 (5.46) を持つので，この解を種としてこれらの変換を繰り返すと，(5.47) の解の表示が得られることになる．

定理 5.23 既約 rigid な正規 Fuchs 型微分方程式は，

$$(5.48)\ Y(x) = Q\prod_{j=1}^{p}(x-a_j)^{\alpha_{q+1,j}}\int_{\Delta}\prod_{i=1}^{q}\prod_{j=1}^{p}(t_i-a_j)^{\alpha_{ij}}\prod_{i=1}^{q-1}(t_i-t_{i+1})^{\lambda_i}(t_q-x)^{\lambda_q}\eta$$

という形の解の積分表示を持つ．ここで

$$\alpha_{ij} \in \mathbb{C}\ (1 \leq i \leq q+1,\ 1 \leq j \leq p),\quad \lambda_i \in \mathbb{C}\ (1 \leq i \leq q-1)$$

で，Q は定数係数の線形変換，η は $(t_1,\ldots,t_q)$ の twisted q 形式からなるベクトル，Δ は $(t_1,\ldots,t_q)$ 空間における twisted cycle である．

注意 5.4 twisted q 形式，twisted cycle といった概念については，7.9 節を参照されたい．

証明 階数 1 の方程式 (5.45) から方程式 (5.47) を構成する addition と middle convolution の連なり（chain）を考える．middle convolution は，留数行列の組からテンソル積により p 倍のサイズの行列を作る操作 (5.29) と商空間への制限を取るという操作を組み合わせたものである．したがって addition (ad) と middle convolution の chain は

$$\cdots \to ad \to \text{テンソル積} \to \text{制限} \to ad \to \text{テンソル積} \to \text{制限} \to \cdots$$

という chain へ分解される．この chain は，

(5.49) $$\cdots \to ad \to \text{テンソル積} \to ad \to \text{テンソル積} \to \cdots$$

という操作を行ったあとで，最後に 1 度だけ商空間への制限を取るという線形変換を行うことで実現できる．そのことを示すには，

(5.50) $$\text{テンソル積} \to \text{制限} \to ad \to \text{テンソル積} \to \text{制限}$$

に対して，

(5.51) $$\text{テンソル積} \to ad \to \text{テンソル積} \to \text{制限}$$

が同じ結果を与えるような後者の制限の取り方があることを示せばよい．行列の組 $(A_1, A_2, \ldots, A_p)$ に対し，(5.29) の通りテンソル積によって $(G_1, G_2, \ldots, G_p)$ を構成する．middle convolution mc_λ の結果 $(B_1, B_2, \ldots, B_p)$ は

$$P^{-1} G_j P = \left(\begin{array}{c|c} * & * \\ \hline O & B_j \end{array} \right)$$

により定まる．この結果に $(\alpha_1, \alpha_2, \ldots, \alpha_p) \in \mathbb{C}^p$ による addition を行い，テンソル積を作る．すなわち

$$H_j = \begin{pmatrix} & & O & & \\ B_1 + \alpha_1 & \cdots & B_j + \alpha_j + \mu & \cdots & B_p + \alpha_p \\ & & O & & \end{pmatrix}$$

により $(H_1, H_2, \ldots, H_p)$ を構成する．これに対し

$$Q^{-1} H_j Q = \left(\begin{array}{c|c} * & * \\ \hline O & C_j \end{array} \right)$$

として $(C_1, C_2, \ldots, C_p)$ を定める．これが (5.50) の結果である．一方 $(G_1, G_2, \ldots, G_p)$ に対して $(\alpha_1, \alpha_2, \ldots, \alpha_p) \in \mathbb{C}^p$ による addition を行い，それに対してテンソル積を構成することを考える．すなわち

$$K_i = \begin{pmatrix} & & O & & \\ G_1 + \alpha_1 & \cdots & G_j + \alpha_j + \mu & \cdots & G_p + \alpha_p \\ & & O & & \end{pmatrix}$$

により $(K_1, K_2, \ldots, K_p)$ を構成する. このとき

$$\begin{pmatrix} P & & \\ & \ddots & \\ & & P \end{pmatrix}^{-1} K_j \begin{pmatrix} P & & \\ & \ddots & \\ & & P \end{pmatrix}$$

$$= \left(\begin{array}{c|c|c|c|c|c|c} \multicolumn{7}{c}{O} \\ \hline * & * & \cdots & * & * & \cdots & * & * \\ \hline O & B_1 + \alpha_1 & \cdots & O & B_j + \alpha_j + \mu & \cdots & O & B_p + \alpha_p \\ \hline \multicolumn{7}{c}{O} \end{array} \right)$$

となるので, 適当な置換行列 S を用いると

$$S^{-1} \begin{pmatrix} P & & \\ & \ddots & \\ & & P \end{pmatrix}^{-1} K_j \begin{pmatrix} P & & \\ & \ddots & \\ & & P \end{pmatrix} S = \left(\begin{array}{c|c} * & * \\ \hline O & H_j \end{array} \right)$$

とすることができる. したがって

$$R = \begin{pmatrix} P & & \\ & \ddots & \\ & & P \end{pmatrix} S \begin{pmatrix} I & \\ & Q \end{pmatrix}$$

とおくことで

$$R^{-1} K_j R = \left(\begin{array}{c|c} * & * \\ \hline O & C_j \end{array} \right)$$

が得られる. すなわちこの R によって (5.51) は (5.50) と同じ結果を与えることができるのである.

さて一連の操作 (5.49) によって, 解がどのように変化していくかを見る. 本節のはじめの方で説明したように, 一般に $U(x)$ を解とする正規 Fuchs 型微分方程式に mc_λ を行った場合の解の変化は次のように求められる. まず

$$\hat{U}(x) = \begin{pmatrix} \dfrac{U(x)}{x - a_1} \\ \vdots \\ \dfrac{U(x)}{x - a_p} \end{pmatrix}$$

の Riemann-Liouville 変換

$$V(x) = \int_\Delta \hat{U}(t)(t-x)^\lambda \, dt$$

を作る．これがテンソル積により階数が p 倍になった方程式の解である．これに商空間への制限を与える線形変換 P を行って

$$W(x) = PV(x)$$

としたものが mc_λ を行った方程式の解となる．階数 1 の方程式 (5.45) の解は (5.46) であり，これに λ_1 をパラメーターとするテンソル積を行った方程式の解は

$$\int_{\delta_1} \prod_{j=1}^{p} (t_1 - a_j)^{\alpha_{1j}} (t_1 - x)^{\lambda_1} \eta_1,$$

$$\eta_1 = {}^t(dt_1/(t_1 - a_1), dt_1/(t_1 - a_2), \ldots, dt_1/(t_1 - a_p))$$

で与えられる．ただし $\alpha_{1j} = \alpha_j$ とおいた．これに addition を行うと

$$\prod_{j=1}^{p} (x - a_j)^{\alpha_{2j}} \int_{\delta_1} \prod_{j=1}^{p} (t_1 - a_j)^{\alpha_{1j}} (t_1 - x)^{\lambda_1} \eta_1,$$

となり，続けて λ_2 をパラメーターとするテンソル積を行うと，解の表示として

$$\int_{\delta_2} \prod_{i=1}^{2} \prod_{j=1}^{p} (t_i - a_j)^{\alpha_{ij}} (t_1 - t_2)^{\lambda_1} (t_2 - x)^{\lambda_2} \eta_2,$$

$$\eta_2 = \left(\frac{dt_1 \wedge dt_2}{(t_1 - a_k)(t_2 - a_l)} \right)_{(k,l) \in \{1,\ldots,p\}^2}$$

が得られる．この操作を続け，最後に線形変換を行うことで (5.48) にある表示に到達することは，容易にわかるであろう． $\square$

ここで，rigidity 指数が偶数であること（命題 5.7）の証明を与えておこう．

命題 5.7 の証明 定理 5.15 の証明で用いた記号をそのまま用いる．そのため rigidity 指数の定義は定義 5.6 の方を採用する．命題 5.21 より

$$\dim Z(A_i) = \sum_\alpha \sum_{j \geq 1} e_j(A_i; \alpha)^2$$

である．ここで α は A_i の相異なる固有値をわたる．

$$\sum_{j \geq 1} e_j(A_i; \alpha)^2 \equiv \sum_{j \geq 1} e_j(A_i; \alpha) \pmod{2}$$

であり，この右辺は A_i の固有値 α に対する広義固有空間の次元に等しいので，

$$\dim Z(A_i) \equiv \sum_{\alpha} \sum_{j \geq 1} e_j(A_i; \alpha) = n \pmod{2}$$

が得られる．よって n が偶数なら ι も偶数である．n が奇数のときも，

$$\iota \equiv (1-p)n^2 + (p+1)n \equiv (1-p) + (p+1) = 2 \pmod{2}$$

より，やはり ι は偶数である． □

5.5.1 モノドロミーに対する middle convolution

ここまでは正規 Fuchs 型微分方程式に対する addition と middle convolution を定義し，それを用いた解析を行ってきた．同様の操作はモノドロミーに対しても定義され，上で証明してきた諸定理の類似の主張が示される．その内容について詳しいことは [17] の記述を参照して頂くことにして，ここでは middle convolution などの定義と主要結果の記述のみを紹介することにする．

正則行列の組 $(M_1, M_2, \ldots, M_p) \in \mathrm{GL}(n, \mathbb{C})^p$ を考える．$(\lambda_1, \lambda_2, \ldots, \lambda_p) \in (\mathbb{C}^\times)^p$ を取ったとき，

$$(M_1, M_2, \ldots, M_p) \mapsto (\lambda_1 M_1, \lambda_2 M_2, \ldots, \lambda_p M_p)$$

という写像を $(\lambda_1, \lambda_2, \ldots, \lambda_p)$ による **multiplication** という．これは addition の類似であり，次のように addition と関係している．正規 Fuchs 型微分方程式

$$\frac{dY}{dx} = \left(\sum_{j=1}^p \frac{A_j}{x - a_j} \right) Y \tag{5.52}$$

のモノドロミー表現を与える行列の組を $(M_1, M_2, \ldots, M_p)$ とする．すなわち (5.52) のある基本解行列 $\mathcal{Y}(x)$ に関するモノドロミー表現において，$x = a_i$ を正の向きに 1 周し他の a_j は回らない閉曲線に対する回路行列が M_i であるとする．(5.52) の留数行列の組 $(A_1, A_2, \ldots, A_p)$ に対して addition を行い $(A_1 + \alpha_1, A_2 + \alpha_2, \ldots, A_p + \alpha_p)$ が得られたとすると，この結果を留数行列とする正規 Fuchs 型微分方程式の基本解行列として

$$\mathcal{Y}(x) \prod_{j=1}^p (x - a_j)^{\alpha_j}$$

を取ることができる．この基本解行列に関するモノドロミー表現は，

$$(e^{2\pi\sqrt{-1}\alpha_1} M_1, e^{2\pi\sqrt{-1}\alpha_2} M_2, \ldots, e^{2\pi\sqrt{-1}\alpha_p} M_p)$$

という，$(M_1, M_2, \ldots, M_p)$ に multiplication を行った結果で与えられる．

次に middle convolution を定義しよう. $\lambda \in \mathbb{C}^\times$ を 1 つ取る. $(M_1, M_2, \ldots, M_p) \in \mathrm{GL}(n,\mathbb{C})^p$ を考え, この組に対してサイズが p 倍になった行列の組 $(G_1, G_2, \ldots, G_p)$ を

$$G_j = \begin{pmatrix} I_n & O & \cdots & & \cdots & & O & O \\ & \ddots & & & & & & \\ & & \ddots & & & & & \\ M_1 - I_n & \cdots & M_{j-1} - I_n & \lambda M_j & \lambda(M_{j+1} - I_n) & \cdots & \lambda(M_p - I_n) \\ & & & & \ddots & & & \\ & & & & & \ddots & & \\ O & O & \cdots & & \cdots & & O & I_n \end{pmatrix} \quad (j$$

により定める. ここで $\mathbb{C}^{pn}$ の部分空間 $\mathcal{K}, \mathcal{L}$ をそれぞれ

$$\mathcal{K} = \left\{ \begin{pmatrix} v_1 \\ \vdots \\ v_p \end{pmatrix} ; v_j \in \mathrm{Ker}(M_j - I_n) \ (1 \leq j \leq p) \right\},$$

$$\mathcal{L} = \bigcap_{j=1}^{p} \mathrm{Ker}(G_j - I)$$

により定めると, これらは $(G_1, G_2, \ldots, G_p)$ 不変部分空間になることが容易にわかる. $(G_1, G_2, \ldots, G_p)$ が商空間 $\mathbb{C}^{pn}/(\mathcal{K} + \mathcal{L})$ へ引き起こす作用を与える行列の組を $(N_1, N_2, \ldots, N_p)$ とするとき, 対応

$$(M_1, M_2, \ldots, M_p) \mapsto (N_1, N_2, \ldots, N_p)$$

を λ をパラメーターとする **middle convolution** といい, MC_λ で表す. 正規 Fuchs 型微分方程式 (5.52) に対する middle convolution は, 方程式の解への変換として解析的に実現できた. $(M_1, M_2, \ldots, M_p)$ を (5.52) のモノドロミー表現を与える行列の組とすると, ここで与えた middle convolution は, その解析的実現となる正規 Fuchs 型微分方程式のモノドロミー表現を与えることが示される ([18]).

定理 5.12 の直前に与えた条件 (M1), (M2) に類似した条件がやはり $(M_1, M_2, \ldots, M_p)$-加群 V に対しても定義される. V がそれらの条件をみたすとき, 定理 5.12 - 5.15 に対応する主張が成り立つ. 正確な記述は [17] に委ね, 結論部分だけを書くと,

$$MC_1(V) \simeq V,$$
$$MC_\lambda(MC_\mu(V)) \simeq MC_{\lambda\mu}(V)$$

が成り立ち，また MC_λ は既約性と rigidity 指数を保つ．

この節の主要結果であった定理 5.22 に対応する主張は，定理として挙げておこう．

定理 5.24 任意の既約 rigid な $\mathrm{GL}(n,\mathbb{C})$ の元の組 $(M_1, M_2, \ldots, M_p)$ は，multiplication と middle convolution を有限回繰り返すことで，$\mathrm{GL}(1,\mathbb{C})$ の元の組にうつすことができる．

5.6 Fuchs 型微分方程式の存在問題

指定された局所モノドロミーを持つようなモノドロミー表現は存在するか，というのは自然で基本的な問である．これを定式化すると，次のようになる．$\mathrm{GL}(n,\mathbb{C})$ の共役類の組 $(L_0, L_1, \ldots, L_p)$ を与えたとき，

$$M_p \cdots M_1 M_0 = I$$

をみたす行列の組 $(M_0, M_1, \ldots, M_p)$ で $M_j \in L_j$ $(0 \leq j \leq p)$ となるものが存在するか．特に $(M_0, M_1, \ldots, M_p)$ として既約なものが存在するか，ということを問う問題を Deligne-Simpson 問題という．

これの加法的類似として，加法的 Deligne-Simpson 問題も考えられる．$\mathrm{M}(n,\mathbb{C})$ の共役類の組 $(C_0, C_1, \ldots, C_p)$ を与えたとき，

(5.53) $$A_0 + A_1 + \cdots + A_p = O$$

となる行列の組 $(A_0, A_1, \ldots, A_p)$ で $A_j \in C_j$ $(0 \leq j \leq p)$ となる既約なものが存在するか，という問題である．これは $(A_0, A_1, \ldots, A_p)$ を留数行列の組とする正規 Fuchs 型方程式の存在を問う問題ととらえることができる．Riemann-Hilbert 問題が肯定的に解かれているため，この 2 つの問題はほぼ等価である．（与えられたモノドロミー表現を持つ Fuchs 型微分方程式を，正規 Fuchs 型方程式の形に書くことができるか，という別の問題が含まれる．これについてはすでに 5.3 節のはじめのところで言及した.)

共役類は，スペクトル型と固有値の値により決まる．Deligne-Simpson 問題は，Kostov [81] および Crawley-Boevey [16] により解かれたが，特に Crawley-Boevey の結果を見ると，スペクトル型が重要な働きをしていることがわかる．そこで本節

では Crawley-Boevey の結果を紹介し，Deligne-Simpson 問題をスペクトル型に対する問題としてとらえ直す．すなわち (5.53) をみたす既約な行列の組が存在するようなスペクトル型を特徴付ける問題ととらえる．この新しく定式化された問題は，addition と middle convolution を用いて解くことができる．その解法を与えるアルゴリズムを紹介する．

はじめに Crawley-Boevey の結果を紹介しよう．$(C_0, C_1, \ldots, C_p)$ を $\mathrm{M}(n,\mathbb{C})$ の共役類の組とする．この組に対応する Kac-Moody ルート系を以下のように定義する．まず各 i $(0 \leq i \leq p)$ に対し，$\xi_{i,1}, \xi_{i,2}, \ldots, \xi_{i,d_i} \in \mathbb{C}$ を

$$\prod_{j=1}^{d_i}(A_i - \xi_{i,j}) = O$$

をみたすように取る．ただし A_i は C_i に属する任意の行列である．集合 $\{\xi_{i,j}\}$ は C_i のすべての固有値を含むが，C_i の固有値以外の値を含んでもよいものとする．さらに $r_{i,j}$ を

$$r_{i,j} = \mathrm{rank} \prod_{k=1}^{j}(A_i - \xi_{i,k})$$

と定める．明らかに

(5.54) $$n = r_{i,0} \geq r_{i,1} \geq \cdots \geq r_{i,d_i} = 0$$

が成り立つ．ξ が C_i の固有値で，$\xi = \xi_{i,j}$ となる番号 j が $j_1 < j_2 < \cdots$ となっているとすると，

(5.55) $$r_{i,j_k-1} - r_{i,j_k} = e_k(A_i; \xi)$$

であることがわかる．

$$I = \{0\} \cup \{[i,j]\,;\, 0 \leq i \leq p,\, 1 \leq j \leq d_i\}$$

を頂点の集合とする．図 5.2 のような星形 Dynkin 図形を考える．これを用いて，一般化 Cartan 行列 $C = (C_{uv})_{u,v \in I}$ を

$$C_{uv} = \begin{cases} 2 & (u = v), \\ -1 & (u \neq v,\, u \text{ と } v \text{ は辺で結ばれている}), \\ 0 & (\text{それ以外}) \end{cases}$$

により定義する．頂点 $v \in I$ に対する単位ベクトルを ε_v と書き，ε_v による鏡映

図 5.2

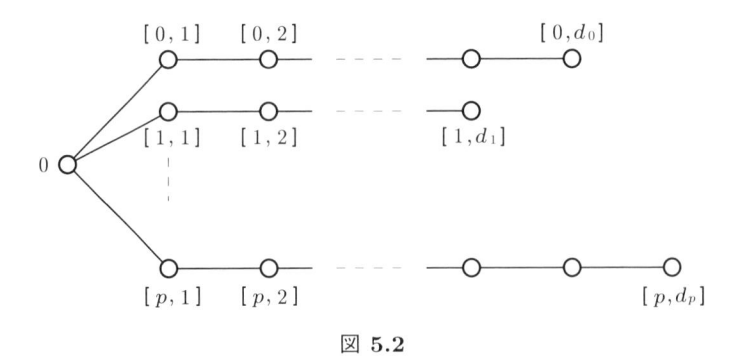

$s_v : \mathbb{Z}^I \to \mathbb{Z}^I$ を

(5.56) $$s_v(\alpha) = \alpha - ({}^t\varepsilon_v C\alpha)\varepsilon_v \quad (\alpha \in \mathbb{Z}^I)$$

で定める．これらの鏡映で生成される群 $W = \langle s_v \mid v \in I \rangle$ が Weyl 群である．また基本領域 B を

$$B = \{\alpha \in (\mathbb{Z}_{\geq 0})^I \setminus \{0\}; \alpha \text{ の support は連結}, {}^t\varepsilon_v C\alpha \leq 0 \ (\forall v \in I)\}$$

と定める．$\varepsilon_v \ (v \in I)$ を W の作用でうつしたものの全体を Δ_{re} と表し，その元を実ルートと呼ぶ．また B の元を W の作用でうつしたものの全体を Δ_{im}^+ と表し，

$$\Delta_{\mathrm{im}} = \Delta_{\mathrm{im}}^+ \cup -\Delta_{\mathrm{im}}^+$$

とおいて，その元を虚ルートと呼ぶ．

$$\Delta = \Delta_{\mathrm{re}} \cup \Delta_{\mathrm{im}}$$

を Kac-Moody ルート系といい，Δ の元をルートと呼ぶ．

$$\Delta^+ = \Delta \cap (\mathbb{Z}_{\geq 0})^I$$

とおき，この元を正ルートと呼ぶ．すると

$$\Delta = \Delta^+ \cup -\Delta^+$$

であることが知られている．写像 $q : \mathbb{Z}^I \to \mathbb{Z}$ を

$$q(\alpha) = 1 - \frac{1}{2}{}^t\alpha C\alpha \quad (\alpha \in \mathbb{Z}^I)$$

で定める．$q(-\alpha) = q(\alpha), q(s_v(\alpha)) = q(\alpha)$ が成り立つことから，q は Δ の元に対しては非負となり，そのうち 0 となるのは実ルートの場合であることがわかる．

$\lambda \in \mathbb{C}^I$ に対し,
$$\Delta_\lambda^+ = \{\alpha \in \Delta^+ \, ; \, \lambda \cdot \alpha := \sum_{v \in I} \lambda_v \alpha_v = 0\}$$
とおく.さらに
$$\Sigma_\lambda = \{\alpha \in \Delta_\lambda^+ \, ; \, \alpha = \beta^{(1)} + \beta^{(2)} + \cdots \text{ と} \Delta_\lambda^+ \text{の元の 2 個以上の和で表したとき}$$
$$q(\alpha) > q(\beta^{(1)}) + q(\beta^{(2)}) + \cdots \text{ となる}\}$$
とおく.

すると Crawley-Boevey の結果は次のように述べられる.

定理 5.25 $\mathrm{M}(n, \mathbb{C})$ の共役類の組 $(C_0, C_1, \ldots, C_p)$ に対し $\xi_{i,j}$ および $r_{i,j}$ を上記のように取り,$\lambda \in \mathbb{C}^I$ および $\alpha \in \mathbb{Z}^I$ を
$$\lambda_0 = -\sum_{i=0}^p \xi_{i,1}, \; \lambda_{[i,j]} = \xi_{i,j} - \xi_{i,j+1},$$
$$\alpha_0 = n, \; \alpha_{[i,j]} = r_{i,j}$$
により定める.すると (5.53) をみたすような既約な組 $(A_0, A_1, \ldots, A_p)$ で $A_i \in C_i$ $(0 \le i \le p)$ となるものが存在するためには,$\alpha \in \Sigma_\lambda$ が必要十分である.さらにこのとき,α が実ルートなら解 $(A_0, A_1, \ldots, A_p)$ は共役を除いて一意的であり,α が虚ルートなら,無限個の互いに共役ではない解が存在する.

この定理は,quiver の表現の存在に帰着させることで証明される.本書では証明には立ち入らない.論文 [16], [15] を参照されたい.

Crawley-Boevey のこの美しい定理を,我々の視点から見直してみよう.共役類の組 $(C_0, C_1, \ldots, C_p)$ に対して,定理 5.25 の λ はその固有値の情報を与え,α はそのスペクトル型を与えるものである.λ と α の間の関係式 $\lambda \cdot \alpha = 0$ は,Fuchs の関係式 (5.16) に相当し,(5.53) をみたす解が存在するために必要な条件である.解が存在したとすると,その解に addition を行ったものはやはり既約で,各共役類をスカラー・シフトした共役類に対する解になる.すなわち解の存在についての本質的な部分は,固有値の特定の値ではなくスペクトル型によって決定されると考えられる.そこで我々は α に注目しよう.

共役類の組 $(C_0, C_1, \ldots, C_p)$ のスペクトル型と α の対応を見てみる.まず
$$r_{i,1} = \mathrm{rank}(A_i - \xi_{i,1}) = n - \dim \mathrm{Ker}(A_i - \xi_{i,1}) = n - e_1(A_i; \xi_{i,1})$$
である.$r_{i,2}$ は,$r_{i,1}$ から,$(A_i - \xi_{i,1})$ に $(A_i - \xi_{i,2})$ を掛けることによって減ず

る階数を差し引いたものである．$\xi_{i,2} = \xi_{i,1}$ の場合は，(5.55) により差し引く値は $e_2(A_i;\xi_{i,1})$ となり，$\xi_{i,2} \neq \xi_{i,1}$ のときは差し引く値は $\dim \operatorname{Ker}(A_i - \xi_{i,2}) = e_1(A_i;\xi_{i,2})$ となる．以下同様に，$r_{i,j}$ は，$r_{i,j-1}$ から $e_k(A_i;\xi_{i,j})$ を差し引いたものになる．ここで k は，$\xi_{i,1},\ldots,\xi_{i,j-1}$ に現れる $\xi_{i,j}$ の個数に 1 を加えた数である．

以上の考察を元に，Weyl 群の作用がどのような変化を引き起こすのかを考えよう．まず頂点 $v = [i,j]$ に対応する鏡映 s_v を考える．$s_v(\alpha) = \beta$ とおくと，定義 (5.56) により $\alpha, \beta \in \mathbb{Z}^I$ で異なるのは第 v 成分のみで，

$$\begin{aligned}\beta_{[i,j]} &= \alpha_{[i,j]} - (-\alpha_{[i,j-1]} + 2\alpha_{[i,j]} - \alpha_{[i,j+1]})\\ &= \alpha_{[i,j-1]} - (\alpha_{[i,j]} - \alpha_{[i,j+1]})\\ &= r_{i,j-1} - (r_{i,j} - r_{i,j+1})\end{aligned}$$

となる．これを $r_{i,j} = r_{i,j-1} - (r_{i,j-1} - r_{i,j})$ と比較すると，$s_v = s_{[i,j]}$ は $\xi_{i,j}$ と $\xi_{i,j+1}$ の順番を入れ替える作用であることがわかる．

次に頂点 0 に対する鏡映 s_0 を考える．やはり $s_0(\alpha) = \beta$ とおくと，定義により第 0 成分のみが変化し，

$$\begin{aligned}\beta_0 &= \alpha_0 - \left(2\alpha_0 - \sum_{i=0}^{p} \alpha_{[i,1]}\right)\\ &= \sum_{i=0}^{p} \alpha_{[i,1]} - \alpha_0\\ &= \sum_{i=0}^{p} r_{i,1} - n\\ &= \sum_{i=0}^{p} (n - e_1(A_i;\xi_{i,1})) - n\\ &= pn - \sum_{i=0}^{p} e_1(A_i;\xi_{i,1})\end{aligned}$$

となる．$\beta_0 = n'$ とおく．$e_1(A_i;\xi_{i,1}) = \dim \operatorname{Ker}(A_i - \xi_{i,1})$ なので，(5.41) と比較すると，この値 n' は middle convolution を行ったあとの階数とよく似た形をしていることに気づくだろう．そこで middle convolution の状況が実現するように，まず addition を行う．すなわち $\{0, 1, \ldots, p\}$ から任意に 1 つ i_0 を選び，$i \neq i_0$ に対して

$$A_i \mapsto A_i - \xi_{i,1} = A'_i$$

と変換する．その結果，A_{i_0} は

$$A_{i_0} \mapsto A_{i_0} + \sum_{i \neq i_0} \xi_{i,1} = A'_{i_0}$$

へと変換される.
$$\mu = \sum_{i=0}^{p} \xi_{i,1}$$
とおくと,
$$\mathrm{Ker}(A_{i_0} - \xi_{i_0,1}) = \mathrm{Ker}(A'_{i_0} - \mu)$$
となる. そこでこの addition を行ったあとに μ をパラメーターとする middle convolution を行うと,
$$e_1(A_i; \xi_{i,1}) = \dim \mathrm{Ker} A'_i \; (i \neq i_0), \quad e_1(A_{i_0}; \xi_{i_0,1}) = \dim \mathrm{Ker}(A'_{i_0} - \mu)$$
であることから, 階数が n' と一致する組
$$(B_0, B_1, \ldots, B_p) = mc_\mu(A'_0, A'_1, \ldots, A'_p)$$
が得られることになる.

他の頂点 $v = [i, j]$ における $\beta_{[i,j]} = \alpha_{[i,j]} = r_{i,j}$ が, $(B_0, B_1, \ldots, B_p)$ に由来するものと見なせることを示そう. $(A'_0, A'_1, \ldots, A'_p)$ と $(B_0, B_1, \ldots, B_p)$ の間には (5.42), (5.43) に対応する関係が成り立つので, $i \neq i_0$ については
$$\begin{aligned}
e_1(B_i; 0) &= n' - \sum_{j \geq 2} e_j(B_i; 0) - \sum_{\eta \neq 0} \sum_{j \geq 1} e_j(B_i; \eta) \\
&= n' - \sum_{j \geq 1} e_j(A'_i; -\mu) - \sum_{j \geq 2} e_j(A'_i; 0) - \sum_{\xi \neq 0, -\mu} \sum_{j \geq 1} e_j(A'_i; \xi) \\
&= n' - \sum_{j \geq 2} e_j(A'_i; 0) - \sum_{\xi \neq 0} \sum_{j \geq 1} e_j(A'_i; \xi) \\
&= n' - (n - e_1(A'_i; 0))
\end{aligned}$$
となり,
$$\beta_{[i,1]} = \alpha_{[i,1]} = n - e_1(A'_i; 0) = n' - e_1(B_i; 0)$$
が得られる. すなわち $\beta_{[i,1]}$ は B_i により決まる値と見なせる. $j \geq 2$ については, $\beta_{[i,j]}$ は $\beta_{[i,j-1]}$ からある $e_k(A'_i; \xi)$ を差し引いたものであるが, $e_1(A'_i; 0)$ 以外の $e_k(A'_i; \xi)$ は必ずある $e_{k'}(B_i; \eta)$ に一致するので, やはり B_i を用いて決まる値と見なせる. $i = i_0$ の場合も同様で,
$$\beta_{[i_0,1]} = \alpha_{[i_0,1]} = n - e_1(A'_{i_0}; \mu) = n' - e_1(B_{i_0}; -\mu)$$
が成り立つことから, $\beta_{[i_0,j]}$ はすべて B_{i_0} により決まる値と見なせる.

以上により, 次の定理が得られた.

定理 5.26 Weyl 群の作用は，次の通りの意味を持つ．頂点 $[i,j]$ に対応する鏡映 $s_{[i,j]}$ は，$\xi_{i,j}$ と $\xi_{i,j+1}$ を入れ替えるという作用と一致する．頂点 0 に対応する鏡映 s_0 は，行列の組 $(A_0, A_1, \ldots, A_p)$ に対して addition

$$A_i \mapsto A_i - \xi_{i,1} \quad (i \ne i_0)$$

を行ってから，

$$\mu = \sum_{i=0}^{p} \xi_{i,1}$$

をパラメーターとする middle convolution を行うという作用と一致する．ここで i_0 は $\{0, 1, \ldots, p\}$ から任意に選ぶことができる．

ここで，Σ_λ に現れる $q(\alpha)$ の意味を考える．

命題 5.27
$$^t\alpha C \alpha = \iota,$$
ただし ι は rigidity 指数．

証明 $\alpha_{[i,j]}$ は，n から j 個の $e_k(A_i; \xi_{i,l})$ を差し引いたものなので，

$$\alpha_{[i,j]} = n - e_{i,1} - e_{i,2} - \cdots - e_{i,j}$$

とおける．ここで $e_{i,1}, e_{i,2} \ldots$ は $\{e_k(A_i; \xi_{i,l}); k \ge 1, l \ge 1\}$ をある順に並べたものである．すると次の通り主張は示される．

$$\begin{aligned}
^t\alpha C \alpha &= \sum_{u,v \in I} \alpha_u \alpha_v \,^t\varepsilon_u C \varepsilon_v \\
&= 2\alpha_0{}^2 - 2\sum_i \alpha_0 \alpha_{[i,1]} + 2\sum_{i,j} \alpha_{[i,j]}{}^2 - 2\sum_{i,j} \alpha_{[i,j]}\alpha_{[i,j+1]} \\
&= 2\alpha_0\Big(\alpha_0 - \sum_i \alpha_{[i,1]}\Big) + 2\sum_{i,j} \alpha_{[i,j]}(\alpha_{[i,j]} - \alpha_{[i,j+1]}) \\
&= 2n\Big(n - \sum_i (n - e_{i,1})\Big) + 2\sum_{i,j}(n - e_{i,1} - \cdots - e_{i,j})e_{i,j+1} \\
&= 2\Big(-pn^2 + n\sum_i e_{i,1}\Big) + 2n\sum_{i,j} e_{i,j+1} - 2\sum_{i,j}\sum_{k=1}^{j} e_{i,k}e_{i,j+1} \\
&= -2pn^2 + 2n\sum_{i,j} e_{i,j} - 2\sum_i \sum_{k<l} e_{i,k}e_{i,l} \\
&= -2pn^2 + 2(p+1)n^2 + \sum_{i=0}^{p}\Big(\sum_j e_{i,j}{}^2 - (\sum_j e_{i,j})^2\Big) \\
&= 2n^2 + \sum_{i=0}^{p}\sum_{j \ge 1} e_{i,j}{}^2 - (p+1)n^2
\end{aligned}$$

$$= (1-p)n^2 + \sum_{i=0}^{p} \sum_{j \geq 1} e_{i,j}{}^2$$
$$= \iota. \qquad \square$$

この命題により，
$$q(\alpha) = 1 - \frac{1}{2}\iota = \frac{1}{2}(2-\iota)$$
となるが，右辺に現れた $2-\iota$ はアクセサリー・パラメーターの個数 (moduli 空間の次元) である．単独高階型 Fuchs 型微分方程式のアクセサリー・パラメーターの個数は，正規 Fuchs 型方程式の場合の 1/2 になることが知られているので，$q(\alpha)$ は単独高階型 Fuchs 型微分方程式のアクセサリー・パラメーターの個数を表すことがわかる．

定理 5.25 から，スペクトル型に関する主張を抽出する．つまり共役類の組を与えるのではなくそのスペクトル型のみを与えたとき，固有値の集合を適当に取ることで既約な組 $(A_0, A_1, \ldots, A_p)$ が存在するための条件を記述する．

そのため上記の Kac-Moody ルート系に関する定義に少し変更を加える．はじめに $\alpha \in \mathbb{Z}^I$ を与えるので，I の定義における d_i をあらかじめ決めておくのは適当でない．そこで
$$I_d = \{0\} \cup \{[i,j]\,;\, 0 \leq i \leq p,\ 1 \leq j \leq d\}$$
とおいて，
$$I = \bigcup_{d \geq 1} I_d$$
とする．この新しい I に対して，一般化 Cartan 行列 C，基本領域 B，鏡映 s_v およびルート系などは，まったく同様に定義される．なお p についても限定しない設定も可能だが，ここでは任意に固定された非負整数として扱うこととする．

共役類の組に由来する $\alpha \in \mathbb{Z}^I$ については，(5.55) により
$$\alpha_0 \geq \alpha_{[i,1]} \geq \alpha_{[i,2]} \geq \cdots \quad (0 \leq i \leq p)$$
という性質を持つ．そこでこの条件をみたす $\mathbb{Z}^I$ の元の集合を $\mathbb{Z}_o^I$ と書くことにする．

定義 5.7 既約な行列の組 $(A_0, A_1, \ldots, A_p)$ で (5.53) をみたすもののスペクトル型 $(A_0^\natural, A_1^\natural, \ldots, A_p^\natural)$ を，**既約実現可能なスペクトル型**と呼ぶ．またこの組から得られる $\alpha \in \mathbb{Z}_o^I$ についても，既約実現可能という．

定理 5.28 $\alpha \in \mathbb{Z}_o^I$ が既約実現可能であるためには，$q(\alpha) \neq 1$ であれば α が正ルートであることが必要十分である．$q(\alpha) = 1$ の場合には，α が正ルートでありかつ α のすべての成分の最大公約数が 1 となることが必要十分である．α が実ルートであることと，対応する既約な行列の組が rigid であることは同値である．

証明 定理 5.25 により，α が既約実現可能であるための条件は，$\lambda \in \mathbb{C}^I$ が存在して $\alpha \in \Sigma_\lambda$ となることである．そこで $\alpha \in \mathbb{Z}_o^I \cap \Delta^+$ に対して

$$\alpha = \beta^{(1)} + \beta^{(2)} + \cdots + \beta^{(k)}$$

という正ルートによる分解があったとする．λ に対する条件式

(5.57) $$\lambda \cdot \beta^{(i)} = 0 \quad (1 \leq i \leq k)$$

が条件式

(5.58) $$\lambda \cdot \alpha = 0$$

に従属でなければ，(5.58) をみたしかつ (5.57) をみたさない λ が存在する．このような λ に対しては $\alpha \in \Sigma_\lambda$ となるので，α は既約実現可能である．(5.57) が (5.58) に従属になるのは，各 i について $\beta^{(i)} = c_i \alpha$ となる $c_i \in \mathbb{C}$ が存在する場合に限られるから，このとき

$$\alpha = m\beta$$

となる．ここで m は 2 以上の整数である．この場合を考える．λ を (5.58) をみたすようにとり，$\alpha \in \Sigma_\lambda$ となるための条件を見よう．定義より

(5.59) $$q(\alpha) - mq(\beta) = (m-1)(mq(\beta) - (m+1))$$

が得られる．$q(\beta) = 0$ とすると $q(\alpha) < 0$ となるので，この場合は起こらない．$q(\beta) = 1$ とすると (5.59) の右辺は負となるので，$\alpha \notin \Sigma_\lambda$ となる．なお $q(\beta) = 1$ と $q(\alpha) = 1$ は同値である．$q(\beta) > 1$ なら (5.59) の右辺は正となり，$\alpha \in \Sigma_\lambda$ である．まとめると，$q(\alpha) \neq 1$ であれば，既約実現可能と正ルートであることは同値となる．$q(\alpha) = 1$ のときには，α が正ルートであって，かつ $\alpha = m\beta$ となる $m \geq 2$ が存在しないことが，既約実現可能のための条件となる． $\square$

このように既約実現可能なスペクトル型を，ルート系のことばで特徴付けることができた．この関係を用いて，与えられたスペクトル型が既約実現可能かどうかを判定するアルゴリズムを構成することができる．

スペクトル型を

(5.60) $(e^{(0)}, e^{(1)}, \ldots, e^{(p)}), \quad e^{(i)} = ((e_j^{(i;1)})_{j\geq 1}, (e_j^{(i;2)})_{j\geq 1}, \ldots) \quad (0 \leq i \leq p)$

とする．各 $e^{(i)}$ が 1 つの行列のスペクトル型になっている．同じサイズの行列の組を考えているので，各 i について

$$|e^{(i)}| = \sum_k \sum_{j\geq 1} e_j^{(i;k)} = n$$

となっているとする．

ステップ I rigidity 指数

$$\iota = (1-p)n^2 + \sum_{i=0}^{p} \sum_k \sum_{j\geq 1} (e_j^{(i;k)})^2$$

を計算する．$\iota \geq 4$ なら実現可能であったとしても既約にならない（定理 5.11）．また $\iota = 0$ のときはすべての $e_j^{(i;k)}$ の最大公約数が 2 以上であれば，やはり実現可能であったとしても既約にならない（定理 5.28）．それ以外であるとする．

ステップ II 各 i に対し，$e_1^{(i;k)}$ が最大となる k を選ぶ．必要なら番号を入れ替えて，$k = 1$ であるようにする．

$$d = \sum_{i=0}^{p} e_1^{(i;1)} - (p-1)n$$

を求める．

$$d \leq 0$$

であれば既約実現可能である（理由は後述する）．$d > 0$ とする．ある i について

$$e_1^{(i;1)} < d$$

となる場合は既約実現可能ではない．そこで

$$e_1^{(i;1)} \geq d > 0 \quad (0 \leq i \leq p)$$

とする．

ステップ III 新しいスペクトル型 $(e^{(0)\prime}, e^{(1)\prime}, \ldots, e^{(p)\prime})$ を，

$$e^{(i)\prime} = ((e_1^{(i;1)} - d), (e_2^{(i;1)}, e_3^{(i;1)}, \ldots), (e_j^{(i;2)})_{j\geq 1}, (e_j^{(i;3)})_{j\geq 1}, \ldots) \quad (0 \leq i \leq p)$$

により定める．このとき

$$n' = |e^{(i)'}| = n - d \quad (0 \leq i \leq p)$$

となる．$n' = 1$ の場合は既約実現可能で，rigid である．$n' > 1$ の場合は，この新しいスペクトル型に対してステップ II を実行する．

ステップ II では，既約実現可能か，既約実現可能ではないか，あるいは $d > 0$ のいずれかとなる．$d > 0$ の場合はステップ III へ移行するが，$n' = n - d$ により階数が真に下がるので，このアルゴリズムは有限回で停止することがわかる．

さて，ステップ II で $d \leq 0$ となるなら既約実現可能であるとした理由を説明しよう．そのため，このアルゴリズムと Kac-Moody ルート系との関係を見ることにする．$n > 1$ とし，スペクトル型 (5.60) に対応する $\alpha \in \mathbb{Z}^I$ を考える．すなわち

$$\alpha_0 = n, \ \alpha_{[i,j]} = n - e_{i,1} - e_{i,2} - \cdots - e_{i,j}$$

とおく．ここで $e_{i,1}, e_{i,2}, \ldots$ は $e_j^{(i;k)}$ ($k = 1, 2, \ldots; j \geq 1$) を適当な順に並べたものである．ただし k が共通で $j_1 < j_2$ のときは，$e_{j_2}^{(i;k)}$ は $e_{j_1}^{(i;k)}$ よりも後に現れるようになっている．必要なら頂点 $[i,j]$ に対応する鏡映 $s_{[i,j]}$ を繰り返し行うことにより，

(5.61) $$e_{i,1} \geq e_{i,2} \geq \cdots \quad (0 \leq i \leq p)$$

が実現されているとする．すると特に

$$e_{i,1} = e_1^{(i;1)}$$

である．さてこのとき

$$\begin{aligned}
{}^t\varepsilon_0 C\alpha &= 2\alpha_0 - \sum_{i=0}^{p} \alpha_{[i,1]} \\
&= 2n - \sum_{i=0}^{p}(n - e_{i,1}) \\
&= \sum_{i=0}^{p} e_1^{(i;1)} - (p-1)n \\
&= d
\end{aligned}$$

であり，また

$$\begin{aligned}
{}^t\varepsilon_{[i,1]} C\alpha &= -\alpha_0 + 2\alpha_{[i,1]} - \alpha_{[i,2]} = e_{i,2} - e_{i,1}, \\
{}^t\varepsilon_{[i,j]} C\alpha &= -\alpha_{[i,j-1]} + 2\alpha_{[i,j]} - \alpha_{[i,j+1]} = e_{i,j+1} - e_{i,j} \quad (j > 1)
\end{aligned}$$

である．よってもし $d \leq 0$ であれば，(5.61) と合わせて

$$^t\varepsilon_v C\alpha \leq 0 \quad (v \in I)$$

となるので，α は基本領域 B に属する．すなわちルートである．したがって定理 5.28 により α は既約実現可能，すなわちスペクトル型 (5.60) は既約実現可能となる．なおステップ III でスペクトル型 (5.60) から新しいスペクトル型 $(e^{(0)'}, e^{(1)'}, \ldots, e^{(p)'})$ を構成する操作は，頂点 0 に対応する鏡映 s_0 であり，定理 5.26 の通り addition と middle convolution の組み合わせともとらえることができる．さらに Katz の定理（定理 5.22）は，このアルゴリズムが $n = 1$ となることで停止する場合となっている．

例 5.7 (i) 例 5.5(i) におけるスペクトル型 $((111), (111), (111))$ は，$d = 0$ であったから既約実現可能である．

(ii) 同じく例 5.5(ii) におけるスペクトル型 $((21), (111), (111))$ は，$d = 1$ であったから新しいスペクトル型 $((11), (11), (11))$ へうつされる．さらにこの新しいスペクトル型についても $d = 1$ となるので，スペクトル型 $((1), (1), (1))$ へうつされる．階数が 1 となるので，既約実現可能で rigid であることがわかる．

(iii) スペクトル型 $(((21)1), ((21)1), ((111)1))$ を考える．rigidity 指数は 0 である．$d = 5 - 4 = 1$ より，新しいスペクトル型

$$((111), (111), (0(11)1)) = ((111), (111), ((11)1))$$

へうつされる．この新しいスペクトル型については $d = 0$ となるので，既約実現可能である．なおこのスペクトル型の変換を Jordan 標準形の組の変換として表すと，

$$\left(\begin{pmatrix} \lambda_1 & 1 & & \\ & \lambda_1 & & \\ & & \lambda_1 & \\ & & & \lambda_2 \end{pmatrix}, \begin{pmatrix} \mu_1 & 1 & & \\ & \mu_1 & & \\ & & \mu_1 & \\ & & & \mu_2 \end{pmatrix}, \begin{pmatrix} \nu_1 & 1 & & \\ & \nu_1 & 1 & \\ & & \nu_1 & \\ & & & \nu_2 \end{pmatrix} \right)$$

$$\rightarrow \left(\begin{pmatrix} \lambda_1' & & \\ & \lambda_2' & \\ & & \lambda_3' \end{pmatrix}, \begin{pmatrix} \mu_1' & & \\ & \mu_2' & \\ & & \mu_3' \end{pmatrix}, \begin{pmatrix} \nu_1' & 1 & \\ & \nu_1' & \\ & & \nu_2' \end{pmatrix} \right)$$

となる．

例 5.8 例 5.6 で既約 rigid 半単純な組のスペクトル型を，階数 2, 3, 4 の場合に列挙した．それらが既約実現可能であることは，上記のアルゴリズムに当てはめることで確かめられる．階数 4 の場合，rigidity 指数 ι が 2 に等しいようなスペ

クトル型としては，例 5.6 に挙げたもののほかに

$$((31),(31),(31),(1111))$$

がある．このスペクトル型については $d = 3+3+3+1-2\times 4 = 2$ となり，(1111) に対しては $e_1 = 1 < 2 = d$ となるので既約実現可能ではないことがわかる．

スペクトル型を指定したとき，それを留数行列のスペクトル型に持つような正規 Fuchs 型微分方程式が存在するか，という問題を考えてきたが，これと同様に，与えられたスペクトル型を持つ単独高階型の Fuchs 型微分方程式が存在するか，という問題が考えられる．この問題は大島により定式化され，完全に解決された．定理 5.28 と同様の結果が得られているが，証明は Crawley-Boevey とはまったく独立のものである．

大島はさらに，上記のアルゴリズムにおける d が 0 以下となるスペクトル型を **basic** と呼び，指定された rigidity 指数を持つような basic なスペクトル型は有限個であることを示した．basic なスペクトル型とは, addition と middle convolution によりうつり合うことでスペクトル型を類別したとき，各類における階数が最小となるスペクトル型ととらえることができる．rigidity 指数が 0 の場合の basic なスペクトル型のリストは Kostov [80] が求めていて，次の 4 つである．

(5.62)
$$((11),(11),(11),(11)),\ ((111),(111),(111)),$$
$$((22),(1111),(1111)),\ ((33),(222),(111111)).$$

このリストのスペクトル型は半単純のものであるが，各スペクトル型において，一番内側の括弧の中の数をいくつか括弧でくくったものも basic なスペクトル型である．たとえば第 2 のスペクトル型からは，

$$(((11)1),((11)1),((11)1)),\ (((11)1),(111),(111)),\ (((111)),((11)1),(111))$$

など，半単純ではないものが得られる．rigidity 指数が -2 の場合の basic スペクトル型のリストは大島により得られていて，次の 13 個である．

$$\begin{aligned}
&((11),(11),(11),(11),(11)),\ ((21),(21),(111),(111)),\\
&((22),(22),(22),(211)),\ ((31),(22),(22),(1111)),\\
&((211),(1111),(1111)),\ ((32),(11111),(11111)),\\
&((221),(221),(11111)),\ ((33),(2211),(111111)),\\
&((222),(222),(2211)),\ ((44),(2222),(22211)),\\
&((44),(332),(11111111)),\ ((55),(3331),(22222)),\\
&((66),(444),(2222211)).
\end{aligned}$$
(5.63)

これらについても同様に，半単純でない basic スペクトル型をも表すと理解する．rigidity 指数が -4 の場合の basic スペクトル型のリストも大島により得られている．

以上の内容については，詳細は [103], [104] を参照されたい．

第6章

変形理論

6.1 モノドロミー保存変形

Fuchs 型微分方程式

(6.1) $$\frac{dY}{dx} = A(x)Y$$

を考える．$A(x)$ は x の有理関数を成分とする $n \times n$ 行列である．一般性を失うことなく，∞ は (6.1) の確定特異点としてよい．そこで (6.1) の確定特異点を，$t_0 = \infty, t_1, t_2, \ldots, t_p$ としよう．∞ 以外の特異点をまとめて

$$t = (t_1, t_2, \ldots, t_p)$$

とおく．$t_1, t_2, \ldots, t_p$ は，$A(x)$ の各成分である x の有理関数に極の位置として入っているが，それだけでなく，その有理関数の係数も $t_1, t_2, \ldots, t_p$ に解析的に依存しているとする．そのことをはっきり表すため，$A(x)$ を $A(x,t)$ と書き，方程式 (6.1) も

(6.2) $$\frac{dY}{dx} = A(x,t)Y$$

と書いておく．

さて，

$$\mathbb{P}^1 \setminus \{t_0, t_1, \ldots, t_p\} = D_t$$

とおき，1 点 $x_0 \in D_t$ を取る．各 j $(1 \leq j \leq p)$ に対して，t_j を正の向きに 1 周し，他の t_k は回らないような，x_0 を基点とする閉曲線 Γ_j を取る．第 3 章で述べたように，これらの曲線のホモトピー類が基本群 $\pi_1(D_t, x_0)$ を生成するのであった．

$$\pi_1(D_t, x_0) = \langle [\Gamma_1], [\Gamma_2], \ldots, [\Gamma_p] \rangle.$$

しかし以下では，ホモトピー類は取らずに，曲線 Γ_j そのものを考えることにする．

t が固定されていると考えて，(6.2) の基本解系 $\mathcal{Y}(x,t)$ を 1 つ取ると，

$$\Gamma_{j*}\mathcal{Y}(x,t) = \mathcal{Y}(x,t)M_j$$

によって，$\mathcal{Y}(x,t)$ に関するモノドロミー表現を与える行列（回路行列）M_j ($1 \leq j \leq p$) が定まる．M_j は固定された t 毎に決まるので，t に依存すると考えられる．次に t を動かすことを考える．Γ_j は固定された曲線としているので，t を微少変動しても，Γ_j ($1 \leq j \leq p$) は $\pi_1(D_t, x_0)$ の生成元を与える．これらのことに注意して，次の定義を与える．

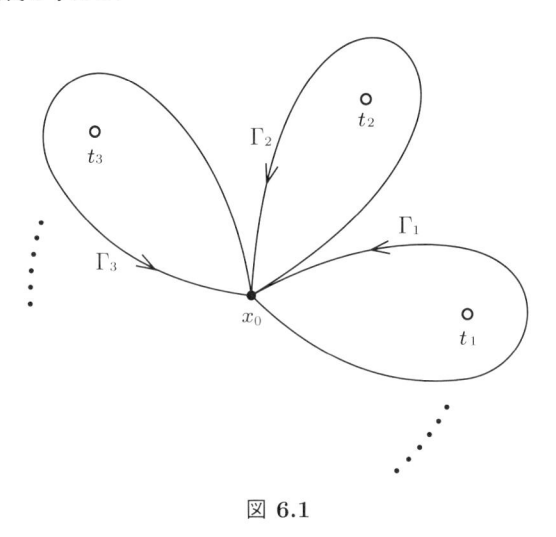

図 6.1

定義 6.1 Fuchs 型微分方程式 (6.2) の基本解系 $\mathcal{Y}(x,t)$ に関する回路行列 M_j ($1 \leq j \leq p$) が，t を微少変動したときに t に依存せず変化しないとき，基本解系 $\mathcal{Y}(x,t)$ を**モノドロミー保存解**という．

この定義の意味は，なかなかつかみにくいかもしれない．前述したように，$A(x,t)$ の成分には極の位置として t が入っている．もし t が極の位置としてのみ入っていたとすると，方程式 (6.2) は t を決める毎に確定し，そのモノドロミー表現も確定する．したがって，基本解系 $\mathcal{Y}(x,t)$ をどのように選んでも，モノドロミー表現自体が t によって変化するかもしれないので，そうだとすると t に依存しない回路行列を得ることはできない．我々は $A(x,t)$ の成分である有理関数の係数も t に依存するとして，極の位置の変化につれて有理関数の係数もうまく変化させることで，モノドロミー表現を変化させないようにできるだろうか，ということを考えるのである．

定理 6.1 Fuchs 型微分方程式 (6.2) にモノドロミー保存解が存在するための必要十分条件は，x については有理関数であるような (x,t) を変数とする $n \times n$ 行列 $B_j(x,t)$ $(1 \leq j \leq p)$ が存在して，偏微分方程式系

(6.3)
$$\begin{cases} \dfrac{\partial Y}{\partial x} = A(x,t)Y, \\ \dfrac{\partial Y}{\partial t_j} = B_j(x,t)Y \quad (1 \leq j \leq p) \end{cases}$$

が完全積分可能となることである．

偏微分方程式系 (6.3) が完全積分可能とは，系を構成する偏微分方程式がすべて両立し，かつ系の解空間の次元が有限となることをいう．詳しくは本書の第 II 部で論じる．

証明 (6.2) にモノドロミー保存解 $\mathcal{Y}(x,t)$ が存在したとする．すなわち

$$\Gamma_{k*}\mathcal{Y}(x,t) = \mathcal{Y}(x,t)M_k$$

により定まる回路行列 M_k が $t = (t_1, t_2, \ldots, t_p)$ に依存しない．したがってこの両辺の t_j に関する偏導関数を考えると，

$$\begin{aligned}\Gamma_{k*}\frac{\partial \mathcal{Y}}{\partial t_j}(x,t) &= \frac{\partial}{\partial t_j}\Big(\Gamma_{k*}\mathcal{Y}(x,t)\Big) \\ &= \frac{\partial}{\partial t_j}\Big(\mathcal{Y}(x,t)M_k\Big) \\ &= \frac{\partial \mathcal{Y}}{\partial t_j}(x,t)M_k\end{aligned}$$

を得る．そこで各 j に対して

(6.4)
$$B_j(x,t) = \frac{\partial \mathcal{Y}}{\partial t_j}(x,t)\mathcal{Y}(x,t)^{-1}$$

とおくと，

$$\begin{aligned}\Gamma_{k*}B_j(x,t) &= \frac{\partial \mathcal{Y}}{\partial t_j}(x,t)M_k\Big(\mathcal{Y}(x,t)M_k\Big)^{-1} \\ &= B_j(x,t)\end{aligned}$$

が成り立つ．したがって $B_j(x,t)$ は，x の関数としては D_t 上の 1 価関数となる．$B_j(x,t)$ は Fuchs 型微分方程式の基本解系から作られているため，x の関数として $B_j(x,t)$ の特異点は $x = t_0, t_1, \ldots, t_p$ のみであり，それらはたかだか確定特異点である．すると定理 2.1 によって，それらの特異点はたかだか極である．した

がって $B_j(x,t)$ は $\mathbb{P}^1$ 上の有理型関数となるので，x の関数としては有理関数となる．偏微分方程式系 (6.3) のうち t_j に関する方程式は，$B_j(x,t)$ の定義によって $\mathcal{Y}(x,t)$ によってみたされる．すなわち $\mathcal{Y}(x,t)$ は，偏微分方程式系 (6.3) の基本解系となる．このことから (6.3) が完全積分可能であることがしたがう．

逆に x に関する有理関数 $B_j(x,t)$ を係数とする偏微分方程式系 (6.3) が完全積分可能であるとする．本書の第 II 部で証明するが（定理 9.1），このとき (6.3) には基本解系 $\mathcal{Y}(x,t)$ が存在する．

$$\Gamma_{k*}\mathcal{Y}(x,t) = \mathcal{Y}(x,t)M_k$$

によって行列 M_k を定義する．この左辺を t_j に関して偏微分すると，

$$\begin{aligned}\frac{\partial}{\partial t_j}\Big(\Gamma_{k*}\mathcal{Y}(x,t)\Big) &= \Gamma_{k*}\frac{\partial \mathcal{Y}}{\partial t_j}(x,t) \\ &= \Gamma_{k*}\Big(B_j(x,t)\mathcal{Y}(x,t)\Big) \\ &= B_j(x,t)\mathcal{Y}(x,t)M_k\end{aligned}$$

となる．一方右辺を t_j に関して偏微分すると，

$$\frac{\partial}{\partial t_j}\Big(\mathcal{Y}(x,t)M_k\Big) = B_j(x,t)\mathcal{Y}(x,t)M_k + \mathcal{Y}(x,t)\frac{\partial M_k}{\partial t_j}$$

これらより，$\mathcal{Y}(x,t)$ が可逆行列であることに注意すると，

$$\frac{\partial M_k}{\partial t_j} = O$$

が得られる．したがって (6.3) の基本解系 $\mathcal{Y}(x,t)$ は，(6.2) のモノドロミー保存解である． □

定義 6.2 Fuchs 型微分方程式 (6.2) がモノドロミー保存解を持つように，$A(x,t)$ の t に関する依存性を決めることを，(6.2) の**モノドロミー保存変形**（あるいは単に**変形**）という．

定理 6.1 により，モノドロミー保存変形は，常微分方程式 (6.2) が，特異点の位置 t に関する偏微分方程式系と両立するように $A(x,t)$ を決定する問題となる．言い換えると，常微分方程式 (6.2) を完全積分可能系 (6.3) にまで延長する問題なので，モノドロミー保存変形を holonomic 変形とも呼ぶ．これは完全積分可能系が holonomic 系と呼ばれることに由来する．

6.2 正規 Fuchs 型微分方程式の変形

正規 Fuchs 型微分方程式

(6.5) $$\frac{dY}{dx} = \left(\sum_{j=1}^{p} \frac{A_j}{x - t_j}\right) Y$$

について，モノドロミー保存変形を考える．ここで A_j $(1 \leq j \leq p)$ は x に関しては定数である $n \times n$ 行列で，$t = (t_1, t_2, \ldots, t_p)$ には依存しているとする．$t_0 = \infty$ とおき，

$$A_0 = -\sum_{j=1}^{p} A_j$$

とおく．微分方程式 (6.5) がモノドロミー保存解を持つように，A_j の t への依存性を決めるのが問題である．

以下この節では，$A_0, A_1, \ldots, A_p$ はすべて非共鳴的であるとする．まず次の事実に注意する．

定理 6.2 $A_0, A_1, \ldots, A_p$ はすべて非共鳴的であるとする．微分方程式 (6.5) がモノドロミー保存解を持つならば，$A_0, A_1, \ldots, A_p$ のそれぞれの共役類は t に依存しない．

証明 モノドロミー保存解に関する回路行列 M_j が t に依存しないので，その共役類も t に依存しない．正規 Fuchs 型微分方程式 (6.5) においては，各 A_j が非共鳴的であれば

$$M_j \sim e^{2\pi\sqrt{-1}A_j}$$

が成り立つので，$e^{2\pi\sqrt{-1}A_j}$ の共役類が t に依存しないことになる．A_j は t に連続的に依存しているので，これから A_j の共役類が t に依存しないことがしたがう．□

本節の目標は，次の定理と系を示すことである．

定理 6.3 (i) 正規 Fuchs 型微分方程式 (6.5) において，A_j $(0 \leq j \leq p)$ は非共鳴的であるとする．(6.5) がモノドロミー保存解を持つための必要十分条件は，x に関しては定数であるような正則行列 Q が存在して，

(6.6) $$Q A_j Q^{-1} = A_j' \quad (1 \leq j \leq p)$$

とおくとき，偏微分方程式系

$$\text{(6.7)} \quad \begin{cases} \dfrac{\partial Z}{\partial x} = \left(\sum_{j=1}^{p} \dfrac{A_j'}{x-t_j} \right) Z, \\ \dfrac{\partial Z}{\partial t_j} = -\dfrac{A_j'}{x-t_j} Z \quad (1 \leq j \leq p) \end{cases}$$

が完全積分可能となることである.

(ii) 偏微分方程式系 (6.7) が完全積分可能であるための必要十分条件は,

$$\text{(6.8)} \quad \begin{cases} \dfrac{\partial A_i'}{\partial t_i} = -\sum_{\substack{j=1 \\ j \neq i}}^{p} \dfrac{[A_i', A_j']}{t_i - t_j} \quad (1 \leq i \leq p), \\ \dfrac{\partial A_i'}{\partial t_j} = \dfrac{[A_i', A_j']}{t_i - t_j} \quad (1 \leq i, j \leq p,\ j \neq i) \end{cases}$$

で与えられる.

注意 6.1 (i) 前節でも述べたように, 偏微分方程式系の完全積分可能性・完全積分可能条件については第 II 部で扱う. 必要に応じてそちらの記述を参照されたい.

(ii) 上記の偏微分方程式系 (6.7) およびその完全積分可能条件 (6.8) は, 外微分を用いるとそれぞれ次のように表すことができる.

$$\text{(6.9)} \quad dZ = \left(\sum_{j=1}^{p} A_j' d\log(x-t_j) \right) Z,$$

$$\text{(6.10)} \quad dA_i' = -\sum_{j \neq i} [A_i', A_j'] d\log(t_i - t_j) \quad (1 \leq i \leq p).$$

これらは Pfaff 系, あるいは全微分方程式と呼ばれる方程式系である. (6.9) は線形 Pfaff 系で, (6.10) は非線形 Pfaff 系となる.

証明 偏微分方程式系 (6.7) の完全積分可能条件が (6.8) で与えられることは, 第 II 部の第 9 章における議論から直ちにわかる. そこで以下では (i) の主張を示す.

定理 6.1 で示したように, モノドロミー保存解があるための条件は, 完全積分可能系 (6.3) を与える $B_j(x,t)$ が存在することである. 微分方程式が正規 Fuchs 型の場合には, $B_j(x,t)$ が以下のようにして具体的に求められる.

$\mathcal{Y}(x,t)$ を (6.5) のモノドロミー保存解とし, 各 j $(1 \leq j \leq p)$ に対し $B_j(x,t)$ を (6.4) により定める. この定義より, $B_j(x,t)$ は x の関数としては有理関数で, 極の位置は $\{t_0, t_1, \ldots, t_p\}$ に含まれる. そこで $x = t_k$ における Laurent 展開を求めよう.

まず $B_j(x,t)$ の $x = t_j$ における Laurent 展開を考える. 系 2.6 により, $x = t_j$

においては
$$\mathcal{Y}_j(x,t) = F_j(x,t)(x-t_j)^{\Lambda_j}$$
という形の基本解系が存在する．ただしここで Λ_j は A_j の Jordan 標準形，また
$$P_j^{-1} A_j P_j = \Lambda_j$$
となる正則行列 P_j を取るとき，$F_j(x,t)$ は
$$F_j(x,t) = P_j + \sum_{m=1}^{\infty} F_{jm}(t)(x-t_j)^m$$
で与えられる収束級数である．定理 6.2 により，Λ_j は t に依らない．モノドロミー保存解 $\mathcal{Y}(x,t)$ は，この基本解系 $\mathcal{Y}_j(x,t)$ と接続行列 C_j を用いて
$$\mathcal{Y}(x,t) = \mathcal{Y}_j(x,t) C_j$$
という形で表される．これを $B_j(x,t)$ の定義 (6.4) に代入して計算する．

$$\begin{aligned}
B_j(x,t) &= \frac{\partial}{\partial t_j}\Big(F_j(x-t_j)^{\Lambda_j} C_j\Big)\Big(F_j(x-t_j)^{\Lambda_j} C_j\Big)^{-1} \\
&= \Big(\frac{\partial F_j}{\partial t_j}(x-t_j)^{\Lambda_j} C_j - F_j \Lambda_j (x-t_j)^{\Lambda_j - 1} C_j + F_j (x-t_j)^{\Lambda_j} \frac{\partial C_j}{\partial t_j}\Big) \\
&\quad \times C_j^{-1} (x-t_j)^{-\Lambda_j} F_j^{-1} \\
&= \frac{\partial F_j}{\partial t_j} F_j^{-1} - F_j \Lambda_j (x-t_j)^{-1} F_j^{-1} \\
&\quad + F_j (x-t_j)^{\Lambda_j} \frac{\partial C_j}{\partial t_j} C_j^{-1} (x-t_j)^{-\Lambda_j} F_j^{-1}
\end{aligned}$$

$B_j(x,t)$ は $x=t_j$ で 1 価であった．右辺の第 1 項，第 2 項も，$x=t_j$ において 1 価である．（特に第 1 項は $x=t_j$ において 1 価正則である．）したがって右辺第 3 項も $x=t_j$ において 1 価でなければならない．右辺の第 3 項を考察する．Λ_j を固有値によって直和に分ける．すなわち

$$\Lambda_j = \begin{pmatrix} \Lambda_{j1} & & \\ & \ddots & \\ & & \Lambda_{jq} \end{pmatrix}$$

と書き，Λ_{jk} の固有値は λ_{jk} のみで，$k \neq l$ なら $\lambda_{jk} \neq \lambda_{jl}$ であるとする．$\partial C_j / \partial t_j \cdot C_j^{-1}$ も同じサイズにブロック分割する．すなわち

$$\frac{\partial C_j}{\partial t_j} C_j^{-1} = \begin{pmatrix} C_{11} & \cdots & C_{1q} \\ \vdots & & \vdots \\ C_{q1} & \cdots & C_{qq} \end{pmatrix}$$

と書き, C_{kl} は Λ_{jk} と同じ数の行, Λ_{jl} と同じ数の列を持つブロックとする. すると $(x-t_j)^{\Lambda_j} \partial C_j/\partial t_j \cdot C_j^{-1}(x-t_j)^{-\Lambda_j}$ の (k,l) ブロックは $(x-t_j)^{\Lambda_{jk}} C_{kl}(x-t_j)^{-\Lambda_{jl}}$ となり, 全体に $(x-t_j)^{\lambda_{jk}-\lambda_{jl}}$ がかかる. $k \neq l$ なら, A_j が非共鳴的という仮定から $\lambda_{jk} - \lambda_{jl} \notin \mathbb{Z}$ となり, このベキ関数は $x = t_j$ で 1 価ではない. したがって $C_{kl} = O$ $(k \neq l)$ でなければならない. 対角ブロック C_{kk} については, Λ_{jk} がサイズ 2 以上の Jordan 細胞を持つなら, $(x-t_j)^{\Lambda_{jk}}$ に現れる $\log(x-t_j)$ が打ち消されて現れてこないことから, C_{kk} が Λ_j と可換であることがしたがう. 以上の考察から, 第 3 項は $x = t_j$ において正則であることが結論される. したがって $B_j(x,t)$ の $x = t_j$ における Laurent 展開の主要部は, 右辺の第 2 項からしか現れないことがわかった. そこで右辺第 2 項を詳しく見ると,

$$\begin{aligned} &- F_j \Lambda_j (x-t_j)^{-1} F_j^{-1} \\ &= -(P_j + F_{j1}(x-t_j) + \cdots) \Lambda_j (x-t_j)^{-1} (P_j + F_{j1}(x-t_j) + \cdots)^{-1} \\ &= -P_j \Lambda_j P_j^{-1} (x-t_j)^{-1} + \cdots \\ &= -\frac{A_j}{x-t_j} + \cdots \end{aligned}$$

となるので, $B_j(x,t)$ の $x = t_j$ における主要部は $-A_j/(x-t_j)$ である.

$B_j(x,t)$ の $x = t_k$ $(k \neq j, 0)$ における Laurent 展開は, $x = t_k$ における基本解系

$$\mathcal{Y}_k(x,t) = F_k(x,t)(x-t_k)^{\Lambda_k}$$

を用いて同様に計算されるが,

$$\frac{\partial}{\partial t_j}(x-t_k)^{\Lambda_k} = O$$

であるので負ベキの項が現れず, $B_j(x,t)$ は $x = t_k$ では正則であることがわかる. 同様にして, $B_j(x,t)$ は $x = \infty$ においても正則であることがわかる. 以上により, 有理関数 $B_j(x,t)$ は

(6.11) $$B_j(x,t) = -\frac{A_j}{x-t_j} + B_j^0(t)$$

という形をしていることがわかった. ここで $B_j^0(t)$ は x に関しては定数である.

次に，$B_j^0(t)$ を消すような変換を考える．$\mathcal{Y}(x,t)$ はモノドロミー保存解であったので，任意の正則行列 $Q(t)$ に対して，

$$\mathcal{Z}(x,t) = Q(t)\mathcal{Y}(x,t)$$

に関する回路行列も t に依存しない．すなわち $\mathcal{Z}(x,t)$ は，それのみたす微分方程式のモノドロミー保存解となる．$\mathcal{Z}(x,t)$ のみたす微分方程式は，$QA_jQ^{-1} = A_j'$ とおくと，

$$\frac{\partial Z}{\partial x} = \left(\sum_{j=1}^p \frac{A_j'}{x-t_j}\right)Z$$

である．各 j に対し，

$$B_j'(x,t) = \frac{\partial \mathcal{Z}}{\partial t_j}\mathcal{Z}^{-1}$$

とおく．すると $B_j(x,t)$ の表示 (6.11) を用いて

$$B_j'(x,t) = \frac{\partial Q}{\partial t_j}Q^{-1} + Q\left(-\frac{A_j}{x-t_j} + B_j^0\right)Q^{-1}$$

となる．そこで Q を

$$\frac{\partial Q}{\partial t_j}Q^{-1} + QB_j^0(x,t)Q^{-1} = O$$

となるように取ることを考える．これがすべての j について成立するためには，偏微分方程式系

(6.12) $$\frac{\partial Q}{\partial t_j} = -QB_j^0(t) \quad (1 \leq j \leq p)$$

が完全積分可能である必要がある．(6.12) が完全積分可能であることは，次のようにしてわかる．(6.11) を

$$\frac{\partial \mathcal{Y}}{\partial t_j}\mathcal{Y}^{-1} = -\frac{A_j}{x-t_j} + B_j^0$$

と書き，両辺を t_k について偏微分すると

$$\frac{\partial^2 \mathcal{Y}}{\partial t_k \partial t_j}\mathcal{Y}^{-1} - \frac{\partial \mathcal{Y}}{\partial t_j}\mathcal{Y}^{-1}\frac{\partial \mathcal{Y}}{\partial t_k}\mathcal{Y}^{-1} = -\frac{\frac{\partial A_j}{\partial t_k}}{x-t_j} + \frac{\partial B_j^0}{\partial t_k}$$

を得る．左辺の第 2 項は $-B_j(x,t)B_k(x,t)$ である．j と k を入れ替えた式も成立するが，左辺第 1 項は j,k を入れ替えても同じであることから，

$$B_j(x,t)B_k(x,t) - \frac{\frac{\partial A_j}{\partial t_k}}{x-t_j} + \frac{\partial B_j^0}{\partial t_k} = B_k(x,t)B_j(x,t) - \frac{\frac{\partial A_k}{\partial t_j}}{x-t_k} + \frac{\partial B_k^0}{\partial t_j}$$

が得られる．$B_j(x,t), B_k(x,t)$ を (6.11) を用いて書き換えると，

$$\left(-\frac{A_j}{x-t_j} + B_j^0\right)\left(-\frac{A_k}{x-t_k} + B_k^0\right) - \frac{\frac{\partial A_j}{\partial t_k}}{x-t_j} + \frac{\partial B_j^0}{\partial t_k}$$
$$= \left(-\frac{A_k}{x-t_k} + B_k^0\right)\left(-\frac{A_j}{x-t_j} + B_j^0\right) - \frac{\frac{\partial A_k}{\partial t_j}}{x-t_k} + \frac{\partial B_k^0}{\partial t_j}$$

となる．ここで $x \to \infty$ とすると，

$$B_j^0 B_k^0 + \frac{\partial B_j^0}{\partial t_k} = B_k^0 B_j^0 + \frac{\partial B_k^0}{\partial t_j}$$

が得られ，これは (6.12) の完全積分可能条件である．したがって (6.12) は完全積分可能で，その基本解行列を Q として $\mathcal{Z}$ を定義すると，

$$B_j'(x,t) = -\frac{A_j'}{x-t_j}$$

となる．

以上により，(6.5) にモノドロミー保存解が存在するなら，偏微分方程式系 (6.7) が完全積分可能である．

逆に，ある正則行列 Q により $A_j' = QA_jQ^{-1}$ $(1 \leq j \leq p)$ と定義したとき，$A_1', A_2', \ldots, A_p'$ が (6.8) をみたしたとする．このとき偏微分方程式系 (6.7) は完全積分可能となるので，基本解行列 $\mathcal{Z}(x,t)$ が存在する．

$$\mathcal{Y}(x,t) = Q^{-1}\mathcal{Z}(x,t)$$

とおくと，$\mathcal{Y}(x,t)$ は (6.5) の基本解系となり，(6.7) を変換して得られる完全積分可能系をみたすので，(6.5) のモノドロミー保存解である． □

系 6.4 微分方程式 (6.5) の $x = \infty$ における局所解

$$\mathcal{Y}(x,t) = F_0(x,t)x^{-\Lambda_0}$$

がモノドロミー保存解となるための必要十分条件は，偏微分方程式系

$$\begin{cases} \dfrac{\partial Y}{\partial x} = \left(\sum_{j=1}^{p} \dfrac{A_j}{x-t_j}\right)Y, \\ \dfrac{\partial Y}{\partial t_j} = -\dfrac{A_j}{x-t_j}Y \quad (1 \leq j \leq p) \end{cases}$$

が完全積分可能となることであり，さらにそのための必要十分条件は

$$(6.13) \begin{cases} \dfrac{\partial A_i}{\partial t_i} = -\sum\limits_{\substack{j=1 \\ j\neq i}}^{p} \dfrac{[A_i, A_j]}{t_i - t_j} & (1 \leq i \leq p), \\ \dfrac{\partial A_i}{\partial t_j} = \dfrac{[A_i, A_j]}{t_i - t_j} & (1 \leq i,j \leq p,\ j \neq i) \end{cases}$$

で与えられる．

証明 この $\mathcal{Y}(x,t)$ を用いて $B_j(x,t)$ を構成すると，$B_j^0(x,t) = O$ となることがわかる． □

定義 6.3 微分方程式系 (6.13) を **Schlesinger 系**と呼ぶ．

Schlesinger 系は，正規 Fuchs 型微分方程式の留数行列の組 $(A_1, A_2, \ldots, A_p)$ に対する代数的微分方程式であるが，$x = \infty$ における局所解がモノドロミー保存解になっているという $(A_1, A_2, \ldots, A_p)$ にとっては非常に超越的な条件が付加されている．一方定理 6.3 の微分方程式 (6.8) にはそのような超越的な条件は付加されていないが，組 $(A_1, A_2, \ldots, A_p)$ の $\mathrm{GL}(n;\mathbb{C})$ の相似変換による同値類に対する方程式となっているので，$(A_1, A_2, \ldots, A_p)$ が直接の未知関数となっているわけではない．そこで (6.8) から，$(A_1, A_2, \ldots, A_p)$ が直接の未知関数として現れるような方程式を導くことを考える．

まず次のことに注意しておこう．上述の通り，(6.8) は $(A_1, A_2, \ldots, A_p)$ の同値類に対する方程式であったが，さらに定理 6.2 により，その解に対して各 A_j の共役類は不変に保たれる．したがって (6.8) は，5.3 節で導入した moduli 空間 $\mathcal{M}'$ 上の微分方程式ととらえることができる．$\mathcal{M}'$ はアクセサリー・パラメーターによって座標が入るので，(6.8) はアクセサリー・パラメーターを未知関数とする微分方程式となる．この微分方程式を，通常**変形方程式**と呼ぶ．アクセサリー・パラメーターの取り方を決めて，変形方程式を具体的に書き下すのは重要な問題である．これについては 6.4 節で論ずる．

さて微分方程式 (6.8) を書き換えていくのだが，アイデアは，未知関数として

$$\mathrm{tr}(A_i A_j) \quad (i \neq j)$$

を用いることである．$Q \in \mathrm{GL}(n;\mathbb{C})$ によって $(A_1, \ldots, A_p)$ と $(A'_1, \ldots, A'_p)$ が (6.6) という関係にあるとき，

$$\mathrm{tr}(A_i A_j) = \mathrm{tr}(A'_i A'_j)$$

が成り立つので，方程式 (6.8) の代わりに Schlesinger 系 (6.13) を用いて計算しても，これらの未知関数については同じ方程式が得られることになる．なお，このような未知関数を用いるという発想は，次の結果に由来すると思われる．

定理 6.5（Procesi [108]） K を標数 0 の体とする．$\mathrm{End}(K^n)^p$ に対する $\mathrm{GL}(n,K)$ の作用を

$$Q \cdot (A_1, A_2, \ldots, A_p) = (QA_1Q^{-1}, QA_2Q^{-1}, \ldots, QA_pQ^{-1})$$

（$(A_1, A_2, \ldots, A_p) \in \mathrm{End}(K^n)^p$, $Q \in \mathrm{GL}(n,K)$）で定めるとき，この作用に関する不変多項式のなす環は，K 上

$$\mathrm{tr}(A_{i_1}A_{i_2}\cdots A_{i_k}) \quad (1 \leq k \leq 2^n - 1)$$

で生成される．

Schlesinger 系 (6.13) から，この新しい未知関数に対する微分方程式を導こう．簡単な計算により，

$$(6.14) \quad \begin{cases} \dfrac{\partial}{\partial t_i}\mathrm{tr}(A_iA_j) = -\displaystyle\sum_{k \neq i,j} \dfrac{\mathrm{tr}([A_i, A_k]A_j)}{t_i - t_k}, \\ \dfrac{\partial}{\partial t_i}\mathrm{tr}(A_jA_k) = \dfrac{\mathrm{tr}([A_i, A_j]A_k)}{t_i - t_j} + \dfrac{\mathrm{tr}(A_j[A_i, A_k])}{t_i - t_k} \end{cases}$$

が得られる（i, j, k は相異なる）．右辺に現れた $\mathrm{tr}([A_i, A_j]A_k)$ などが $\mathrm{tr}(A_iA_j)$ ($i \neq j$) の関数として表されるなら，(6.14) は $\mathrm{tr}(A_iA_j)$ ($i \neq j$) に関する閉じた微分方程式系となる．そうでない場合には，この新しく現れた関数の偏微分をやはり (6.13) を用いて計算すると

$$(6.15) \quad \begin{cases} \dfrac{\partial}{\partial t_i}\mathrm{tr}([A_i, A_j]A_k) = -\displaystyle\sum_{l \neq i} \dfrac{\mathrm{tr}([[A_i, A_l], A_j]A_k)}{t_i - t_l} \\ \qquad\qquad + \dfrac{\mathrm{tr}([A_i, [A_i, A_j]]A_k)}{t_i - t_j} + \dfrac{\mathrm{tr}([A_i, A_j][A_i, A_k])}{t_i - t_k}, \\ \dfrac{\partial}{\partial t_i}\mathrm{tr}([A_j, A_k]A_l) = \dfrac{\mathrm{tr}([[A_i, A_j], A_k]A_l)}{t_i - t_j} + \dfrac{\mathrm{tr}([A_j, [A_i, A_k]]A_l)}{t_i - t_k} \\ \qquad\qquad + \dfrac{\mathrm{tr}([A_j, A_k][A_i, A_l])}{t_i - t_l} \end{cases}$$

が得られる．ここで右辺に新しく現れた $\mathrm{tr}([[A_i, A_j], A_k]A_l)$ などが，これまでに現れていた関数の関数として表されない場合には，さらに同様の操作を繰り返す．このようにして (6.13) から，無限個の未知関数についての無限連立微分方程式 (H) を得る．しかし上述のように変形方程式の未知関数はアクセサリー・パラメーター

で，その個数（moduli 空間 $\mathcal{M}'$ の次元）は有限だから，これら無限個の未知関数は関数的に従属である．すなわち (H) は実質的には，有限個の未知関数に関して閉じた有限連立微分方程式となる．(H) を **Hitchin** 系と呼ぶことにする．

以上により，次の定理が得られた．

定理 6.6 非共鳴的正規 Fuchs 型微分方程式 (6.5) がモノドロミー保存解を持つための必要十分条件は，留数行列の組 $(A_0, A_1, \ldots, A_p)$ の共役類が t に依存せず，さらに Hitchin 系 (H) の解となることである．

6.3 変形と addition, middle convolution

非共鳴的正規 Fuchs 型微分方程式に対するモノドロミー保存変形は，留数行列の組 $(A_0, A_1, \ldots, A_p)$ の属する moduli 空間 $\mathcal{M}'$ 上の微分方程式として記述された．一方 5.4 節で導入した addition と middle convolution という操作は，見かけ上は行列の組 $(A_0, A_1, \ldots, A_p)$ を別の行列の組 $(B_0, B_1, \ldots, B_p)$ へうつす変換であるが，moduli 空間の間の変換ととらえるのが自然である．そして addition も middle convolution も rigidity 指数を変えないが，それは moduli 空間の次元，すなわち変形方程式の未知関数の個数を変えないことになる．ではこれらの操作は，変形方程式自身を変えないのであろうか．この問は，Hitchin 系を考察することで肯定的に解決される（[35]）．

定理 6.7 パラメーターが t によらない addition と middle convolution は，Hitchin 系を不変に保つ．

証明 Schlesinger 系から Hitchin 系を導く手順を見ると，Hitchin 系の未知関数は $\{\mathrm{tr}\, U\,;\, U \in \mathcal{U}\}$ という集合をなすことがわかる．ここで $\mathcal{U}$ は，2 つの異なる留数行列の積 $A_i A_j$ から始めて，1 つ 1 つの A_i を $[A_k, A_l]$ で置き換えるという操作を順次繰り返して得られる無限集合である．その構成法から，$\mathcal{U}$ の元は

(6.16) $\qquad A_i A_j,\ [U_1, U_2] A_i,\ [U_1, U_2][U_3, U_4] \quad (U_1, U_2, U_3, U_4 \in \mathcal{U})$

という形をしていることがわかる．

まず Htichin 系が addition に関して不変であることを見る．$\alpha = (\alpha_1, \alpha_2, \ldots, \alpha_p)$ を t によらない定数の組とし，

(6.17) $\qquad ad_\alpha (A_1, A_2, \ldots, A_p) \mapsto (A_1 + \alpha_1, A_2 + \alpha_2, \ldots, A_p + \alpha_p)$

を考える．このとき (6.16) のそれぞれの trace の変化を見てみる．まず A_iA_j については

$$\mathrm{tr}(A_iA_j) \mapsto \mathrm{tr}((A_i+\alpha_i)(A_j+\alpha_j))$$
$$= \mathrm{tr}(A_iA_j) + \alpha_i\mathrm{tr}A_j + \alpha_j\mathrm{tr}A_i + \alpha_i\alpha_j$$

となる．$(A_1, A_2, \ldots, A_p)$ は Hitchin 系の解としているので，各 A_i の共役類は t に依存しない．したがってその trace も t に依存しないことになり，

$$\frac{\partial}{\partial t_k}\mathrm{tr}((A_i+\alpha_i)(A_j+\alpha_j)) = \frac{\partial}{\partial t_k}\mathrm{tr}(A_iA_j)$$

が得られる．$\mathrm{tr}(A_iA_j)$ は Hitchin 系の左辺にしか現れないので，この部分に関しては変化しないことが示された．$[U_1,U_2]A_i$ に現れる U_1,U_2 には，A_j はすべて $[A_j,A_k]$ の形で入っている．したがって U_1,U_2 は addition(6.17) で変化しない．すると

$$\mathrm{tr}([U_1,U_2]A_i) \mapsto \mathrm{tr}([U_1,U_2](A_i+\alpha_i)$$
$$= \mathrm{tr}([U_1,U_2]A_i) + \alpha_i\mathrm{tr}[U_1,U_2]$$
$$= \mathrm{tr}([U_1,U_2]A_i)$$

となるので，やはり変化しないことがわかる．同じく $\mathrm{tr}([U_1,U_2][U_3,U_4])$ も変化しない．以上で Hitchin 系は addition(6.17) で変化しないことが示された．

次に Hitchin 系が middle convolution mc_λ に関しても不変であることを示す．middle convolution については，5.5 節の記号 (5.29), (5.30), (5.31) を用いる．まず Hitchin 系の未知関数が，

(6.18) $$(A_1, A_2, \ldots, A_p) \mapsto (G_1, G_2, \ldots, G_p)$$

という変換でどのように変化するかを考える．Hitchin 系の未知関数は，どれも行列の積

$$A_iA_jA_k\cdots A_l$$

の trace の和・差により与えられる．これを変換した $G_iG_jG_k\cdots G_m$ は，第 i ブロック行のみに O でないブロックが現れ，対角ブロックとなる (i,i) ブロックは

$$\tilde{A}_j\tilde{A}_k\cdots\tilde{A}_l\tilde{A}_i$$

となる．ここで $\tilde{A}_i$ は A_i もしくは $A_i+\lambda$ を表す．したがって

$$\mathrm{tr}(G_iG_jG_k\cdots G_l) = \mathrm{tr}(\tilde{A}_j\tilde{A}_k\cdots\tilde{A}_l\tilde{A}_i) = \mathrm{tr}(\tilde{A}_i\tilde{A}_j\tilde{A}_k\cdots\tilde{A}_l)$$

となる．前半の addition に関する議論と同様の理由で，この右辺の $\tilde{A}_i$ 等は A_i で置き換えられる．したがって変換 (6.18) により Hitchin 系は不変であることが示された．

最後に変換

$$(6.19) \qquad (G_1, G_2, \ldots, G_p) \mapsto (B_1, B_2, \ldots, B_p)$$

による変化を考える．$\mathcal{K} + \mathcal{L}$ の基底 $u_1, u_2, \ldots, u_m$ に $v_{m+1} \ldots, v_{pn}$ を補って V^p の基底を作り，

$$Q = (u_1, u_2, \ldots, u_m, v_{m+1}, \ldots, v_{pn})$$

とおく．すると $1 \leq i \leq p$ について

$$Q^{-1} G_i Q = \begin{pmatrix} C_i & * \\ O & B_i \end{pmatrix}$$

となるので，

$$\mathrm{tr}(G_i G_j G_k \cdots G_l) = \mathrm{tr}(B_i B_j B_k \cdots B_l) + \mathrm{tr}(C_i C_j C_k \cdots C_l)$$

が得られる．$\mathcal{K} + \mathcal{L}$ の基底を，特に次のように取ることができる．$u_j \in \mathcal{K}$ なら，ある l について

$$u_j = \begin{pmatrix} 0 \\ \vdots \\ 0 \\ w \\ 0 \\ \vdots \\ 0 \end{pmatrix} (l, \quad w \in \mathrm{Ker} A_l$$

という形をしている．すると

$$G_i u_j = \delta_{il} \lambda u_j$$

となり，また $u_j \in \mathcal{L}$ であれば

$$G_i u_j = 0$$

となるので，C_i は対角行列になる．その対角成分は，$u_j \in \mathrm{Ker} A_i$ となる j のところは λ, その他は 0 である．したがって特に，$i \neq j$ なら $C_i C_j = O$ となる．よっ

て $i,j,k,\ldots,l$ の中に異なるものがあれば

$$C_i C_j C_k \cdots C_l = O$$

となるが，Hitchin 系の未知関数に由来するものについてはすべてこの場合に該当するので，

$$\mathrm{tr}(G_i G_j G_k \cdots G_l) = \mathrm{tr}(B_i B_j B_k \cdots B_l)$$

が結論される．したがって Hitchin 系は変換 (6.19) によっても不変であることが示された． □

6.4　Painlevé 方程式，Garnier 系

前節の結果から，すべての変形方程式を求めるには，basic なスペクトル型に対応する Fuchs 型微分方程式の変形方程式を求めればよいことがわかった．$n=2$ で $p+1$ 個のスペクトル型がすべて (11) であるようなスペクトル型

(6.20) $$((11),(11),\ldots,(11))$$

については，

$$d = (p+1) \times 1 - (p-1) \times 2 = 3-p$$

となるので，$p \geq 3$ のとき basic である．本節ではこの basic スペクトル型の系列に対応する変形方程式を求める．$p=3$ のときの変形方程式は **Painlevé 方程式**，$p \geq 4$ のときの変形方程式は **Garnier 系**と呼ばれる．

変形方程式を求めるには，moduli 空間の座標としてのアクセサリー・パラメーターの取り方を決めればよい．rigidity 指数が $\iota = 6 - 2p$ となるので，アクセサリー・パラメーターの個数は $2 - \iota = 2p - 4$ であることがわかる．アクセサリー・パラメーターの取り方はいろいろあり，次節で扱う正準座標を用いるのが自然であるが，ここでは素朴な取り方をしてみる．次の補題はいろいろな場合にアクセサリー・パラメーターを取ろうというとき有用である．

補題 6.8 A, B を $n \times n$ 行列の generic な組とする．generic の意味は証明中に説明される．このとき，$P^{-1}AP$ が上三角行列，$P^{-1}BP$ が下三角行列となるような $P \in \mathrm{GL}(n, \mathbb{C})$ が存在する．

証明 $u_1, u_2, \ldots, u_n$ を A の線形独立な広義固有ベクトルの組で，

$$Au_i \in \langle u_1, \ldots, u_i \rangle \quad (1 \leq i \leq n)$$

をみたすもの，$v_1, v_2, \ldots, v_n$ を B の線形独立な広義固有ベクトルの組で，

$$Bv_i \in \langle v_i, \ldots, v_n \rangle \quad (1 \leq i \leq n)$$

をみたすものとする．これらの基底によって，それぞれ A は上三角の Jordan 標準形，B は下三角の Jordan 標準形となる．各 i について，v_i の属する B の広義固有空間の固有値を β_i とおく．$u_1, \ldots, u_{n-1}, v_n$ が線形独立であると仮定する．

さて $i = 2, 3, \ldots, n-1$ に対して，次のような u_i' が取れる．

$$u_i' \in \langle u_1, \ldots, u_i \rangle,$$
$$v_i \in \langle u_i', \ldots, u_{n-1}', v_n \rangle,$$
$$Bu_i' \in \beta_i u_i' + \langle u_{i+1}', \ldots, u_{n-1}', v_n \rangle.$$

これを証明しよう．$u_{i+1}', \ldots, u_{n-1}'$ までが取れていたとする．ここで $u_1, \ldots, u_i, u_{i+1}', \ldots, u_{n-1}', v_n$ は線形独立であると仮定する．すると

$$v_i = c_1 u_1 + \cdots + c_i u_i + c_{i+1} u_{i+1}' + \cdots + c_{n-1} u_{n-1}' + c_n v_n$$

となる $c_1, c_2, \ldots, c_n \in \mathbb{C}$ がある．

$$u_i' = c_1 u_1 + \cdots + c_i u_i$$

とおくと

$$\begin{aligned}
Bu_i' &= B(v_i - c_{i+1} u_{i+1}' - \cdots - c_{n-1} u_{n-1}' - c_n v_n) \\
&\in \beta_i v_i + \langle v_{i+1}, \ldots, v_n \rangle + \langle u_{i+1}', \ldots, u_{n-1}', v_n \rangle \\
&= \beta_i (u_i' + \langle u_{i+1}', \ldots, u_{n-1}', v_n \rangle) + \langle u_{i+1}', \ldots, u_{n-1}', v_n \rangle \\
&= \beta_i u_i' + \langle u_{i+1}', \ldots, u_{n-1}', v_n \rangle
\end{aligned}$$

が成り立つので，この u_i' が条件をみたすものである．$u_1, u_2', \ldots, u_{n-1}', v_n$ が線形独立であると仮定する．u_i' の取り方から，

$$Au_i' \in \langle u_1, u_2', \ldots, u_i' \rangle, \ Bu_i' \in \langle u_i', \ldots, u_{n-1}', v_n \rangle$$

が成り立つので，

$$P = (u_1, u_2', \ldots, u_{n-1}', v_n)$$

とおくと，P による相似変換で A は上三角行列，B は下三角行列にうつされる．

上記でいくつかのベクトルの組の線形独立性を仮定したが，その線形独立性が成

り立つ場合を generic ということにする. □

A, B が半単純（対角化可能）でそれぞれの固有値に重複がある場合には，A, B をより精密に正規化することができる．このことについては，文献 [34] の Proposition 2.5 を参照されたい．

スペクトル型 (6.20) を持つ行列の組

$$(A_0, A_1, \ldots, A_p), \quad \sum_{i=0}^{p} A_i = O$$

を考える．補題 6.8 により，A_0 は上三角，A_1 は下三角としてよい．また addition を行うことで，A_i $(1 \le i \le p)$ の固有値の 1 つは 0 であるようにできる．残りの固有値を θ_i とおくと，

$$A_0 = \begin{pmatrix} \kappa_1 & a \\ 0 & \kappa_2 \end{pmatrix}, \ A_1 = \begin{pmatrix} \theta_1 & 0 \\ q_1 & 0 \end{pmatrix}, \ A_i \sim \begin{pmatrix} \theta_i & \\ & 0 \end{pmatrix} \quad (1 \le i \le p)$$

となる．ただし κ_1, κ_2 は A_0 の固有値で，

$$\kappa_1 + \kappa_2 + \sum_{i=1}^{p} \theta_i = 0$$

をみたす．補題 5.10 を用いて $A_2, \ldots, A_p$ をパラメトライズすることができ，

$$(6.21) \qquad A_i = \begin{pmatrix} \theta_i - q_i p_i & (\theta_i - q_i p_i) p_i \\ q_i & q_i p_i \end{pmatrix} \quad (2 \le i \le p)$$

が得られる．対角行列による相似変換で，$p_2 = 1$ とすることができる．すなわち

$$A_2 = \begin{pmatrix} \theta_2 - q_2 & \theta_2 - q_2 \\ q_2 & q_2 \end{pmatrix}$$

となる．条件 $\sum_{i=0}^{p} A_i = O$ により，

$$\begin{cases} \kappa_1 + \theta_1 + (\theta_2 - q_2) + \sum_{i=3}^{p} (\theta_i - q_i p_i) = 0, \\ a + (\theta_2 - q_2) + \sum_{i=3}^{p} (\theta_i - q_i p_i) p_i = 0, \\ q_1 + \sum_{i=2}^{p} q_i = 0 \end{cases}$$

が得られる．これにより a, q_1, q_2 は，q_i, p_i $(3 \le i \le p)$ の多項式として表される．

特に

(6.22) $$q_1 = \kappa_2 + \sum_{i=3}^{p} q_i(p_i - 1), \quad q_2 = -\kappa_2 - \sum_{i=3}^{p} q_i p_i$$

となる．こうして $2(p-2)$ 個のアクセサリー・パラメーター q_i, p_i $(3 \leq i \leq p)$ を取ることができた．

このアクセサリー・パラメーターでパラメトライズされた $A_1, \ldots, A_p$ を Schlesinger 系 (6.13) に代入することで，変形方程式が得られる．

命題 6.9 スペクトル型 (6.20) に対応する変形方程式は，次で与えられる．

(6.23)
$$\begin{cases} \dfrac{\partial q_i}{\partial t_i} = -\dfrac{1}{t_i - t_1}(\theta_1 q_i - \theta_i q_1 + 2q_1 q_i p_i) \\ \qquad - \dfrac{1}{t_i - t_2}(\theta_2 q_i - \theta_i q_2 + 2q_2 q_i(p_i - 1)) \\ \qquad - \sum_{\substack{j=3 \\ j \neq i}}^{p} \dfrac{1}{t_i - t_j}(\theta_j q_i - \theta_i q_j + 2q_j q_i(p_i - p_j)), \\ \dfrac{\partial q_i}{\partial t_j} = \dfrac{1}{t_i - t_j}(\theta_j q_i - \theta_i q_j + 2q_j q_i(p_i - p_j)), \\ \dfrac{\partial p_i}{\partial t_i} = \dfrac{1}{t_i - t_1}(\theta_1 + q_1 p_i)p_i + \dfrac{1}{t_i - t_2}(\theta_2 + q_2(p_i - 1))(p_i - 1) \\ \qquad + \sum_{\substack{j=3 \\ j \neq i}}^{p} \dfrac{1}{t_i - t_j}(\theta_j + q_j(p_i - p_j))(p_i - p_j), \\ \dfrac{\partial p_i}{\partial t_j} = -\dfrac{1}{t_i - t_j}(\theta_j + q_j(p_i - p_j))(p_i - p_j), \end{cases}$$

$(3 \leq i, j \leq p, i \neq j)$．ただし q_1, q_2 は (6.22) の通りである．

この変形方程式 (6.23) が，Garnier 系の 1 つの表示である．

注意 6.2 $\mathbb{P}^1$ の自己同型である 1 次分数変換により，3 点は任意に指定された 3 点にうつすことができる．そこで (6.5) の特異点のうち，$t_0 = \infty$ のほか t_1, t_2 が固定されていると考える．$t_1 = 0, t_2 = 1$ というような正規化がよく行われる．変形方程式 (6.23) においてもそのような固定がされていると考え，独立変数は $t_3, \ldots, t_p$ としている．

系 6.10 スペクトル型 $((11), (11), (11), (11))$ に対応する変形方程式は，次で与えられる．

$$
(6.24)\begin{cases}
\dfrac{dq}{dt} = -\dfrac{1}{t}(\theta_1 q - \theta_3(\kappa_2 + q(p-1)) + 2(\kappa_2 + q(p-1))qp) \\
\qquad - \dfrac{1}{t-1}(\theta_2 q + \theta_3(\kappa_2 + qp) - 2(\kappa_2 + qp)q(p-1)), \\
\dfrac{dp}{dt} = \dfrac{1}{t}(\theta_1 + (\kappa_2 + q(p-1))p)p \\
\qquad + \dfrac{1}{t-1}(\theta_2 - (\kappa_2 + qp)(p-1))(p-1).
\end{cases}
$$

これは命題 6.9 で $p=3$ の場合であり, $t_1=0, t_2=1$ と正規化したものである. $t_3=t, q_3=q, p_3=p$ とおいた (この p は直前に $p=3$ とおいた個数を表す p ではなく,未知関数 $p(t)$ であることに注意されたい). この変形方程式 (6.24) が Painlevé 方程式 (正確に言うと Painlevé 第 6 方程式[1]) の 1 つの表示である.

Garnier 系を, アクセサリー・パラメーターでパラメトライズされた $(A_1,\ldots,A_p)$ を Schlesinger 系 (6.13) へ代入することで求めた. 系 6.4 で述べた通り, Schlesinger 系 (6.13) は $x=\infty$ における局所解がモノドロミー保存解となる条件を与えるものなので, 上記の Garnier 系 (6.23) の解を代入した正規 Fuchs 型微分方程式 (6.5) においては, $x=\infty$ における局所解がモノドロミー保存解を与えることがわかる.

Painlevé 方程式は, 非線形常微分方程式で定義されるような新しい特殊関数を見つけたいという着想を, Painlevé が解析的な問題として定式化し, その答として 19 世紀の終わりから 20 世紀のはじめにかけて Painlevé らによって発見されたものである. その後, 上述の系 6.10 にある通り, 同じ方程式がモノドロミー保存変形からも得られることがわかった ([23], [58], [59], [57]). さらにそれからしばらく経って, 初期値空間や対称性という視点から見ることで, Painlevé 方程式には非常に興味深い構造があることが判明してきた ([96], [97], [94], [113]). なお最近では, 共形場理論に現れる共形ブロックがある場合に Painlevé 第 6 方程式の τ 関数 (τ 関数については [95] などを参照されたい) を与えることが見出され, さらに新しい展開が期待されているところである ([53], [54], [7]). また Garnier 系は, Painlevé 方程式を与えるモノドロミー保存変形の自然な拡張として考案され, Painlevé 方程式からの類推を元にこれも盛んに研究されてきている ([56], [70]). これらの方程式を, 第 5 章で展開した Katz 理論の立場, もっと端的に言えばスペクトル型の視点からとらえたというのが本節の内容である.

本節のはじめに書いたように, 定理 6.7 によって, 変形方程式は basic なスペ

---

[1] Painlevé 方程式は第 1 から第 6 までの 6 個あり, そのうち第 1 から第 5 までは不確定特異点を持つ線形常微分方程式の変形方程式として得られる. 本書ではそれらは扱わない.

クトル型について求めれば十分である．スペクトル型を規定する基本的な指標は rigidity 指数である．また対応する Fuchs 型微分方程式の変形を考えるためには，特異点の個数が 4 以上である必要がある．rigid なスペクトル型に対応する変形については，このあと 6.6 節で論ずる．次に来るのは rigidity 指数が 0 の場合で，この場合の basic なスペクトル型は (5.62) に挙げてある．このうち特異点 4 点以上に対応するのは

$$((11),(11),(11),(11))$$

のみで，系 6.10 にある通りこのスペクトル型が Painlevé 方程式を与える．このようにとらえると，Painlevé 方程式は，rigid の次に来るものとして canonical な意味を持つことがわかる．つぎに rigidity 指数が -2 の場合を考えると，basic なスペクトル型は (5.63) に挙げてあり，このうち特異点 4 点以上に対応するのは，

$$((11),(11),(11),(11),(11)),\ ((21),(21),(111),(111)),$$
$$((22),(22),(22),(211)),\ ((31),(22),(22),(1111))$$

の 4 個である．第 1 のものは命題 6.9 にある通り Garnier 系を与える．残り 3 個については，坂井 [114] が変形方程式を求め，次節で説明する Hamilton 系の形で与えた．さらに rigidity 指数が -4 の場合には，鈴木 [131] が同様の結果を得ている．このようにスペクトル型という視点は，微分方程式の変形理論に対してもよい眺望を与えるものとなっている．

6.5　変形方程式の Hamilton 構造

　変形方程式は，アクセサリー・パラメーターの取り方によって見かけ上の姿を変える．変形方程式がきれいな形となるようにアクセサリー・パラメーターを取ることは，重要な問題である．たとえば各行列 A_i のすべての成分がアクセサリー・パラメーターで有理的に表されるなら，変形方程式は未知関数に関して有理的な微分方程式となり，格段に解析がしやすくなる．さらに，何らかの自然な構造と整合するようにアクセサリー・パラメーターを選ぶことも重要である．そのような構造の 1 つに，Hamilton 構造がある．Painlevé 方程式などいくつかの具体的な変形方程式は，Hamilton 方程式として記述できることが知られていた．神保・三輪・毛織・佐藤 [60] ではその事実を一般化し，変形方程式は一般に Hamilton 構造を持つことを示した．この節ではその結果を Fuchs 型常微分方程式の変形の場合に紹介し，Hamilton 構造とアクセサリー・パラメーターの取り方との関わりについて

考察する.

正規 Fuchs 型微分方程式 (6.5) のモノドロミー保存変形を記述する方程式系 (6.8) が，Hamilton 方程式の形に書き表されることを示す．系 6.4 にあるように，ある条件をみたすモノドロミー保存解が存在する場合には，(6.8) は Schlesinger 系 (6.13) となるのであった．Hamilton 方程式の導出にあたっては，とりあえず Schlesinger 系 (6.13) から議論を始めることにする．定理 6.3 の後の注意と同様に，Schlesinger 系 (6.13) は線形 Pfaff 系

$$(6.25) \qquad dY = \left(\sum_{j=1}^{p} A_j d\log(s - t_j) \right) Y$$

の完全積分可能条件であり，それ自身非線形 Pfaff 系

$$(6.26) \qquad dA_i = - \sum_{j \neq i} [A_i, A_j] d\log(t_i - t_j) \quad (1 \leq i \leq p)$$

として表される．A_i の Jordan 標準形を Λ_i とおく．定理 6.2 により，Λ_i は定数行列 ($t_1, t_2, \ldots, t_p$ にも依存しない) である．さてここでさらに，$x = t_i$ で正規化された局所解

$$\mathcal{Y}_i(x) = F_i(x)(x - t_i)^{\Lambda_i}, \ F_i(x) = \sum_{m=0}^{\infty} F_{im}(x - t_i)^m$$

が線形 Pfaff 系 (6.25) の解になっていると仮定する．$F_{i0} = Q_i$ とおくと，系 2.6 にある通り Q_i は

$$Q_i^{-1} A_i Q_i = \Lambda_i$$

となる可逆行列である．さらに $P_i = Q_i^{-1} A_i$ とおくと，

$$Q_i P_i = A_i, \ P_i Q_i = \Lambda_i$$

が成り立つ．さて $\mathcal{Y}_i(x)$ を (6.25) に代入すると

$$(dF_i + F_i \Lambda_i d\log(x - t_i))(x - t_i)^{\Lambda_i} = \left(\sum_{j=1}^{p} A_j d\log(x - t_j) \right) F_i (x - t_i)^{\Lambda_i}$$

となる．両辺の $(x - t_i)^{\Lambda_i}$ は取り除くことができる．その後両辺の $(x - t_i)^{-1}$ の係数を見ると $Q_i \Lambda_i = A_i Q_i$ により等しくなっているので，それらを両辺から取り除き，その上で $x = t_i$ を代入すると

$$dQ_i = \left(\sum_{j \neq i} A_j d\log(t_i - t_j) \right) Q_i$$

が得られる．一方 $d(P_iQ_i) = d\Lambda_i = O$ を用いると，

$$dP_i = -P_i dQ_i \cdot Q_i^{-1}$$
$$= -P_i \left(\sum_{j \neq i} A_j d\log(t_i - t_j) \right)$$

を得る．これに $A_j = Q_j P_j$ を代入することで，Q_i, P_i を未知関数とする Pfaff 系

(6.27) $\begin{cases} dQ_i = \left(\sum\limits_{j \neq i} Q_j P_j d\log(t_i - t_j) \right) Q_i, \\ dP_i = -P_i \left(\sum\limits_{j \neq i} Q_j P_j d\log(t_i - t_j) \right) \end{cases} \quad (1 \leq i \leq p)$

が得られた．以上の導出においては $x = t_i$ における局所解 $\mathcal{Y}_i(x)$ がモノドロミー保存解であるということを仮定していたが，(6.27) と $A_i = Q_i P_i$ を用いると，その仮定に関わらず (6.26) が導かれる．したがってこの Pfaff 系 (6.27) は，確かにモノドロミー保存変形を記述するものとなる．この Pfaff 系が，実は Hamilton 方程式であることを次に示す．

次のような性質をみたす双線形形式 $\{\cdot, \cdot\}$ を **Poisson 括弧**という．

$$\{g, f\} = -\{f, g\},$$
$$\{fg, h\} = \{f, h\}g + f\{g, h\}, \ \{f, gh\} = \{f, g\}h + g\{f, h\},$$
$$\{f, \{g, h\}\} + \{g, \{h, f\}\} + \{h, \{f, g\}\} = 0.$$

行列 Q_i, P_i $(1 \leq i \leq p)$ の成分を

$$Q_i = (q_{iuv})_{1 \leq u, v \leq n}, \ P_i = (p_{iuv})_{1 \leq u, v \leq n}$$

と表し，これらの成分を変数とする関数に対する Poisson 括弧を

$$\{q_{iuv}, p_{ivu}\} = 1,$$
$$\text{他の組合せでは} = 0$$

により定める．別な言い方をすると，

(6.28) $\displaystyle \{f, g\} = \sum_{i=1}^{p} \sum_{u,v=1}^{n} \left(\frac{\partial f}{\partial q_{iuv}} \frac{\partial g}{\partial p_{ivu}} - \frac{\partial f}{\partial p_{ivu}} \frac{\partial g}{\partial q_{iuv}} \right)$

と定めるということである．行列関数 $F = (f_{uv})_{u,v}$ とスカラー関数 g に対しては，記号を流用して

$$\{F, g\} = (\{f_{uv}, g\})_{u,v}$$

と定める．Pfaff 系 (6.27) がこの Poisson 括弧を用いて記述されることを見てみよう．

Pfaff 系 (6.27) の第 1 式を成分毎に書くと，

$$dq_{iuv} = \sum_{j \neq i} \left(\sum_{r=1}^{n} (Q_j P_j)_{ur} q_{irv} \right) d\log(t_i - t_j)$$

となる．ここで

$$q_{irv} = -\left\{ \sum_{s=1}^{n} q_{irs} p_{isu}, q_{iuv} \right\} = \{(Q_i P_i)_{ru}, q_{iuv}\}$$

と書けることから，

$$dq_{iuv} = -\sum_{j \neq i} \left(\sum_{r=1}^{n} A_{jur}\{A_{iru}, q_{iuv}\} \right) d\log(t_i - t_j)$$
$$= -\sum_{j \neq i} \left\{ \sum_{r=1}^{n} A_{jur} A_{iru}, q_{iuv} \right\} d\log(t_i - t_j)$$
$$= \sum_{j \neq i} \{q_{iuv}, \mathrm{tr}(A_i A_j)\} d\log(t_i - t_j)$$

が得られる．ここでさらに

(6.29)
$$\omega = \frac{1}{2} \sum_{\substack{k,l=1 \\ k \neq l}}^{p} \mathrm{tr}(A_k A_l) d\log(t_k - t_l)$$

という 1 形式を導入すると，上記の方程式は

$$dq_{iuv} = \{q_{iuv}, \omega\}$$

と表されることがわかる．p_{iuv} についても同様の結果が得られるので，それらをまとめると，(6.27) は

(6.30) $\qquad dQ_i = \{Q_i, \omega\}, \ dP_i = \{P_i, \omega\} \quad (1 \leq i \leq p)$

と表される．ω は $\mathrm{tr}(A_k A_l)$ を用いて書かれているので，$(A_1, A_2, \ldots, A_p)$ の一斉相似変換に対する不変量である．したがって (6.30) は，導出の過程では Schlesinger 系 (6.13) を用いたが，より一般の方程式系 (6.8)，あるいはそれの書き換えである Pfaff 系 (6.10) から導かれた方程式ととらえることができる．

この方程式 (6.30) は Hamilton 方程式である．それを Hamiltonian が見える形に書き直そう．ω を

$$\omega = \sum_{i=1}^{p} H_i \, dt_i$$

と書くと,

$$(6.31) \qquad H_i = \operatorname{tr}\left(A_i \sum_{j \neq i} \frac{A_j}{t_i - t_j}\right)$$

である．この表示と外微分の定義を用いると，Pfaff 系 (6.30) は

$$\frac{\partial Q_i}{\partial t_j} = \{Q_i, H_j\}, \; \frac{\partial P_i}{\partial t_j} = \{P_i, H_j\} \quad (1 \leq i, j \leq p)$$

という偏微分方程式系として表されることがわかる．さらに Poisson 括弧の定義 (6.28) を用いると，この偏微分方程式系は

$$(6.32) \qquad \frac{\partial q_{iuv}}{\partial t_j} = \frac{\partial H_j}{\partial p_{ivu}}, \; \frac{\partial p_{ivu}}{\partial t_j} = -\frac{\partial H_j}{\partial q_{iuv}} \quad (1 \leq i, j \leq p, 1 \leq u, v \leq n)$$

であることがわかる．これはすなわち多時間 $(t_1, t_2, \ldots, t_p)$ に関する Hamilton 方程式で，時間変数 t_j に対する Hamiltonian が H_j になっている．以上をまとめて次の定理が得られる．

定理 6.11 非共鳴的正規 Fuchs 型微分方程式 (6.5) のモノドロミー保存変形は，$2p$ 個の行列 Q_i, P_i ($1 \leq i \leq p$) の成分を正準変数とする Hamilton 方程式 (6.30) で与えられる．ここで ω は (6.29) で定義される 1 形式である．この方程式 (6.30) は，(6.31) で定義される H_i を Hamiltonian として，(6.32) の形にも書き表される．

こうして変形方程式は，内在的に Hamilton 構造を持っていることがわかった．しかもこの議論で得られた Hamiltonian (6.31) は，正準変数の多項式となっており，大変解析しやすい．ただし Hamilton 方程式 (6.30) で用いられた正準変数の個数は，$2pn^2$ と過剰である．この節の冒頭に述べたように，変形方程式の従属変数はアクセサリー・パラメーターであり，その個数は $2 - \iota$ (ι は rigidity 指数) であって A_i たちの成分の個数 pn^2 より確実に少ない．なお各 A_i の階数が低い場合には，正準変数を減らすことができる．それを示すために，次の事実に注意する．

補題 6.12 $n \times n$ 行列 A の階数 m が n より小さいとする．A の Jordan 標準形を

$$\begin{pmatrix} \Lambda' & \\ & O \end{pmatrix}$$

とおく．ここで Λ' は $m \times m$ 行列である．このとき，$n \times m$ 行列 Q' と $m \times n$ 行列 P' で

$$Q'P' = A, \ P'Q' = \Lambda'$$

となるものが存在する.

証明 $Q^{-1}AQ = \begin{pmatrix} \Lambda' & \\ & O \end{pmatrix}$

となる Q を 1 つ取る. Q および Q^{-1} を $(m, n-m) \times (m, n-m)$ にブロック分割し,

$$Q = \begin{pmatrix} S & T \\ U & V \end{pmatrix}, \ Q^{-1} = \begin{pmatrix} X & Y \\ Z & W \end{pmatrix}$$

とおくと,

$$A = Q \begin{pmatrix} \Lambda' & \\ & O \end{pmatrix} Q^{-1} = \begin{pmatrix} S \\ U \end{pmatrix} \Lambda' \begin{pmatrix} X & Y \end{pmatrix}$$

が成り立つ. そこで

$$Q' = \begin{pmatrix} S \\ U \end{pmatrix}, \ P' = \Lambda' \begin{pmatrix} X & Y \end{pmatrix}$$

とおくと, 補題の第 1 式が成り立つ. また $Q^{-1}Q = I_n$ より $XS + YU = I_m$ が成り立つことに注意すると, 補題の第 2 式が得られる. □

したがって A_i の階数が低い場合には, Q_i, P_i をこの補題にある Q', P' に取り替えても同様の議論が成立し, 同じ形の Hamilton 方程式が得られる. こうすることで, Hamilton 方程式 (6.30) の正準変数の個数は $2n \sum_{i=1}^{p} \mathrm{rank} A_i$ にまで減らすことができる.

しかし一般には, このようにしても正準変数の個数はアクセサリー・パラメーターの個数を超える. 一般の場合に, Hamiltonian が多項式となるような正準変数の個数をアクセサリー・パラメーターの個数にまで減らすことができるかという問題は, まだ未解決である. ただし知られている例では, すべてちょうどアクセサリー・パラメーターの個数の正準変数が見出されているようである ([114], [131]).

6.4 節では命題 6.9 で Garnier 系を求めたが, そのときの従属変数は Hamilton 構造のことは考慮せずに選んだものであった. 行列 A_i は q_i, p_i を用いて (6.21) のように表されていたが, これを

$$A_i = \begin{pmatrix} \theta_i - q_i p_i \\ q_i \end{pmatrix} \begin{pmatrix} 1 & p_i \end{pmatrix}$$

と書くと，ちょうど補題 6.12 にある表示になっている．ただし $p_1 = 0, p_2 = 1$ という正規化がされている．したがって命題 6.9 における Garnier 系の従属変数は，この節で導入した正準変数に他ならないことがわかる．実際にこの A_i の表示（あるいは同じことだが (6.21)）を用いて (6.31) の H_i を求めると

$$H_i = \sum_{j \neq i} \frac{(\theta_i + q_i(p_i - p_j))(\theta_j + q_j(p_i - p_j))}{t_i - t_j}$$

となり，これを用いて Hamilton 方程式 (6.32) を書き下すと，確かに命題 6.8 の Garnier 系 (6.23) に一致することがわかる．

このような事例から推量するなら，変形方程式の正準変数を求めるときには，まず補題 6.12 の Q', P' のように各行列 A_i をパラメトライズする行列を取り，それらに対して補題 6.8 や補題 5.10 を用いて正規化・パラメトリゼーションを試みる，というのが実際的な方法ではないかと思われる．

6.6　rigid な微分方程式の変形

rigid ということばは変形を許さないという意味で採用されたものなので，rigid な微分方程式の変形というと自家撞着と思われるかもしれないが，定義に当てはめると rigid な微分方程式こそ容易に変形可能であることがわかる．

Fuchs 型微分方程式 (6.1) が rigid で，特異点 $t_0, t_1, \ldots, t_p$ を持つとする．$p \geq 3$ とし，特異点のうち 3 点 t_0, t_1, t_2 は 1 次分数変換によりそれぞれ $\infty, 0, 1$ へと正規化されているとする．この微分方程式のモノドロミーは，rigidity によって局所モノドロミーから一意的に決まるので，特異点の位置 $t_3, \ldots, t_p$ には依存しない．したがってモノドロミー保存解が存在し，微分方程式 (6.1) は変形可能となるのである．だから定理 6.1 により，

$$\frac{\partial Y}{\partial t_j} = B_j(x, t) Y \quad (3 \leq j \leq p)$$

という t_j に関する微分方程式が存在して，x に関する微分方程式 (6.1) と両立することになる．正規 Fuchs 型微分方程式の場合は，定理 6.3 の証明にあるように，一般に rigid とは限らない場合でも t_j に関する微分方程式は

$$\frac{\partial Y}{\partial t_j} = \left(\frac{A_j}{t_j - x} + B_j^0(t) \right) Y$$

という形で与えられる．右辺の A_j は t に依らないので，$B_j^0(t)$ を求めることが問

題となる．正規 Fuchs 型微分方程式が rigid の場合には，$B_j^0(t)$ は多変数完全積分可能系における middle convolution を用いて具体的に構成することができ，x だけでなく $t = (t_3, \ldots, t_p)$ に関しても有理的となることがわかる．構成方法については第 II 部第 12 章で与える．ここでは具体例を 1 つ与えよう．

例 6.1 rigid なスペクトル型 $((21), (21), (21), (21))$ を持つ行列の組 (A_0, A_1, A_2, A_3) で，$A_0 + A_1 + A_2 + A_3 = O$ をみたすものは次のように与えられる．

$$A_1 = \begin{pmatrix} \alpha_1 + \lambda & \alpha_2 & \alpha_3 \\ 0 & 0 & 0 \\ 0 & 0 & 0 \end{pmatrix}, A_2 = \begin{pmatrix} 0 & 0 & 0 \\ \alpha_1 & \alpha_2 + \lambda & \alpha_3 \\ 0 & 0 & 0 \end{pmatrix}, A_3 = \begin{pmatrix} 0 & 0 & 0 \\ 0 & 0 & 0 \\ \alpha_1 & \alpha_2 & \alpha_3 + \lambda \end{pmatrix}.$$

ここで $\alpha_1, \alpha_2, \alpha_3, \lambda \in \mathbb{C}$ である．これらを留数行列とする正規 Fuchs 型微分方程式の変形を考えよう．∞ 以外の特異点のうち 2 つを $0, 1$ と正規化し，残りの特異点を t とおく．すると正規 Fuchs 型微分方程式は

$$\frac{dY}{dx} = \left(\frac{A_1}{x} + \frac{A_2}{x-t} + \frac{A_3}{x-1} \right) Y$$

と書ける．このとき，これと両立する t に関する偏微分方程式が次で与えられる．

$$\frac{\partial Y}{\partial t} = \left(\frac{B_1}{t} + \frac{A_2}{t-x} + \frac{B_3}{t-1} \right) Y,$$

ここで

$$B_1 = \begin{pmatrix} \alpha_2 & -\alpha_2 & 0 \\ -\alpha_1 & \alpha_1 & 0 \\ 0 & 0 & 0 \end{pmatrix}, B_3 = \begin{pmatrix} 0 & 0 & 0 \\ 0 & \alpha_3 & -\alpha_3 \\ 0 & -\alpha_2 & \alpha_2 \end{pmatrix}$$

である．この 2 つの微分方程式が両立することは，行列の組 $(A_1, A_2, A_3, B_1, B_3)$ が第 9 章の例 9.1 にある完全積分可能条件 (9.15) をみたすことからわかる．

第 7 章

解の積分表示

解の積分表示は，複素領域における微分方程式の理論の中で大きなウエイトを占めるテーマであるが，本書では本格的に取り扱う余裕はない．そこでこの節においていくつかの示唆的な例を取り上げ，積分表示がどのように用いられるのか，また積分表示に関する理論はどのように進んでいるのか，といったことを説明する．

7.1 積分と standard loading

はじめに，次の積分を考えよう．

(7.1) $$I_{p,q} = \int_p^q (t-a)^\lambda (t-b)^\mu (t-c)^\nu \, dt.$$

ここで a, b, c は実軸上の 3 点で $a < b < c$ とし，λ, μ, ν は複素数，p, q は $\{-\infty, a, b, c, +\infty\}$ のうちの隣り合う 2 点で $p < q$ なるものとする．積分は実軸上の開区間 (p, q) で行うものと考える．

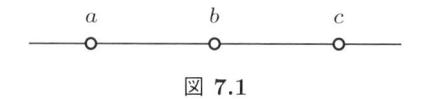

図 **7.1**

p, q をこのように取ると，(7.1) は広義積分となって収束の問題が生じる．しかし我々は積極的にこのように取るのである．その理由はじきに明らかとなるが，ベータ関数

(7.2) $$B(\alpha, \beta) = \int_0^1 t^{\alpha-1}(1-t)^{\beta-1} \, dt$$

においてやはり積分の端点が被積分関数の分岐点（特異点）にとられていて，そのためベータ関数が有用な働きをすることと通底する．とはいえ発散する可能性を考慮し続けるのはやっかいなので，当面 λ, μ, ν は広義積分 (7.1) が収束するようと

られていると仮定しよう．たとえば p,q のうちに a がある場合には，

$$\mathrm{Re}\,\lambda > -1$$

を仮定する．後にこの仮定は，

$$\lambda \notin \mathbb{Z}_{<0}$$

まで緩和されることになる．

　(7.1) の被積分関数は多価関数なので，分枝を定める必要がある．ここでは standard loading という方法を採る．これは三町 [87] の考案による方法で，積分表示の解析に威力を発揮する．被積分関数の括弧の中の 1 次式，すなわち $t-a, t-b, t-c$ の 1 つを f で表そう．積分領域（今の場合は開区間 (p,q)）上では $f > 0$ か $f < 0$ である．$f > 0$ であればそのままとし，$f < 0$ であれば f を $-f$ に取り替えた別の被積分関数を考える．別とは言っても，(7.1) とは (-1) の複素数乗の違いがあるだけである．この操作を行うと，被積分関数の括弧の中はすべて積分領域内で正となるので，その偏角を 0 と定める．これを実行すると，(7.1) とは少し定義が変わって，

$$
\begin{aligned}
I_{-\infty,a} &= \int_{-\infty}^{a} (a-t)^\lambda (b-t)^\mu (c-t)^\nu \, dt, \\
I_{a,b} &= \int_{a}^{b} (t-a)^\lambda (b-t)^\mu (c-t)^\nu \, dt, \\
I_{b,c} &= \int_{b}^{c} (t-a)^\lambda (t-b)^\mu (c-t)^\nu \, dt, \\
I_{c,+\infty} &= \int_{c}^{+\infty} (t-a)^\lambda (t-b)^\mu (t-c)^\nu \, dt.
\end{aligned}
\tag{7.3}
$$

ということになる．被積分関数の分枝は，括弧の中の偏角がすべて 0 として確定される．なおベータ関数 (7.2) の定義では，すでに standard loading が施されていると思うことができる．

7.2　積分の線形関係

　これから，a,b,c を変数と考える．すると $I_{p,q}$ は a,b,c の関数となるが，それらの間には $\mathbb{C}$ 上の線形関係がある．それは以下のようにして求められる．

　$I_{-\infty,a}$ の被積分関数

$$U(t) = (a-t)^\lambda (b-t)^\mu (c-t)^\nu$$

は，$(-\infty, a)$ 上で確定した分枝を持っている．これを上半平面 $\{t \in \mathbb{C} \mid \operatorname{Im} t > 0\}$ に解析接続すると，そこでの 1 価関数が得られる．それを上半平面内の単純閉曲線に沿って積分すると，Cauchy の積分定理により 0 となる．やはり Cauchy の積分定理により，上半平面内の閉曲線に沿った積分は，$(-\infty, a), (a, b), (b, c), (c, +\infty)$ 上の積分の和に等しい．ただし 1 つの区間から次の区間に移るときには，分岐点 a, b, c を上半平面を通って回避する．

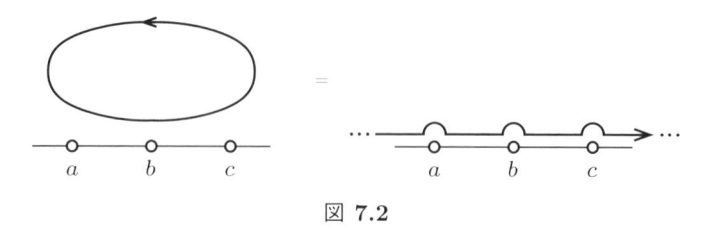

図 **7.2**

被積分関数 $U(t)$ の分枝の動きを追跡する．$(-\infty, a)$ で定義されていた $(a-t)^\lambda$ を上半平面を通って (a, b) 上に解析接続すると，$\arg(a-t)$ は 0 から $-\pi$ に変化するので，(a, b) 上ですでに $\arg(t-a) = 0$ と定められているとすると

$$(a-t)^\lambda \rightsquigarrow (e^{-\pi\sqrt{-1}}(t-a))^\lambda = e^{-\pi\sqrt{-1}\lambda}(t-a)^\lambda$$

となる．

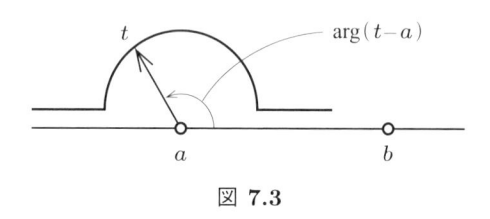

図 **7.3**

同様に，上半平面を通る (a, b) から (b, c) への解析接続では

$$(b-t)^\mu \rightsquigarrow e^{-\pi\sqrt{-1}\mu}(t-b)^\mu$$

となり，また同じく上半平面を通る (b, c) から $(c, +\infty)$ への解析接続では

$$(c-t)^\nu \rightsquigarrow e^{-\pi\sqrt{-1}\nu}(t-c)^\nu$$

となる．そこで

$$e^{\pi\sqrt{-1}\lambda} = e_1,\ e^{\pi\sqrt{-1}\mu} = e_2,\ e^{\pi\sqrt{-1}\nu} = e_3$$

とおくと，上半平面内の閉曲線上の積分が 0 ということから

(7.4) $\quad I_{-\infty,a} + e_1{}^{-1} I_{a,b} + (e_1 e_2)^{-1} I_{b,c} + (e_1 e_2 e_3)^{-1} I_{c,+\infty} = 0$

を得る．同様のことを，下半平面内の閉曲線上の積分で考えると，

(7.5) $\quad I_{-\infty,a} + e_1 I_{a,b} + e_1 e_2 I_{b,c} + e_1 e_2 e_3 I_{c,+\infty} = 0$

も得られる．

以上 2 本の関係式 (7.4), (7.5) の係数行列

(7.6) $\quad \begin{pmatrix} 1 & e_1{}^{-1} & (e_1 e_2)^{-1} & (e_1 e_2 e_3)^{-1} \\ 1 & e_1 & e_1 e_2 & e_1 e_2 e_3 \end{pmatrix}$

の階数が 2 であれば，4 つの $I_{p,q}$ のうち適当な 2 つを用いて，残り 2 つを線形結合として表すことができる．よって関数 $I_{p,q}$ のなす線形空間の次元は，たかだか 2 であることがわかる．特に λ, μ, ν が generic であれば，(7.6) のどの 2 列も線形独立になるので，$I_{p,q}$ の任意の 2 つにより残り 2 つが線形結合で表される．よって $I_{p,q}$ のなす線形空間の基底として，たとえば有界な区間上の積分である $I_{a,b}$ と $I_{b,c}$ を取ることができる．

7.3 積分の挙動

$I_{p,q}$ の (a,b,c) の関数としての挙動を調べよう．まず b, c を固定して，a だけの関数と考える．a はとりあえず $-\infty < a < b$ の範囲を動く変数と考える．さて a がその両端の点 $-\infty, b$ に近づくとき，次の挙動が得られる．

命題 7.1

(7.7) $\quad I_{-\infty,a} \sim B(-\lambda - \mu - \nu - 1, \lambda + 1)(-a)^{\lambda+\mu+\nu+1} \quad (a \to -\infty)$,

(7.8) $\quad I_{b,c} \sim (c-b)^{\mu+\nu+1} B(\mu+1, \nu+1)(-a)^{\lambda} \quad (a \to -\infty)$,

(7.9) $\quad I_{a,b} \sim (c-b)^{\nu} B(\lambda+1, \mu+1)(b-a)^{\lambda+\mu+1} \quad (a \to b)$,

(7.10) $\quad I_{c,+\infty} \sim (c-b)^{\lambda+\mu+\nu+1} B(-\lambda-\mu-\nu-1, \nu+1) \quad (a \to b)$.

ここで A, γ を定数，ξ を $x = x_0$ における局所座標とするとき，

$$f(x) \sim A \xi^\gamma \quad (x \to x_0)$$

という表記は，

$$f(x) = \xi^\gamma \left(A + \sum_{n=1}^{\infty} A_n \xi^n \right)$$

となる $\xi = 0$ の近傍で収束するベキ級数 $\sum_{n=1}^{\infty} A_n \xi^n$ が存在することを表す．（このときもちろん

$$\lim_{x \to x_0} \frac{f(x)}{A \xi^{\gamma}} = 1$$

は成り立つが，このことだけを表す表記ではないことに注意されたい．）

証明 (7.7) を示す．積分変数の変換

$$s = \frac{a}{t}$$

を行う．すると $0 < s < 1$ である．a は $-\infty$ に十分近いと考え，$\arg(-a) = 0$ とする．このとき

$$a - t = (-a)\frac{1-s}{s},$$
$$b - t = (-a)\frac{1-\frac{b}{a}s}{s},$$
$$c - t = (-a)\frac{1-\frac{c}{a}s}{s}$$

と書き表すと，右辺の因子においてはすべて偏角が 0 となる．とくに a が $-\infty$ に十分近く $|s| < 1$ であることから，

(7.11) $$\left|\frac{b}{a}s\right| < 1, \quad \left|\frac{c}{a}s\right| < 1$$

が成り立つことに注意しておく．以上により，

$$\int_{-\infty}^{a} (a-t)^{\lambda}(b-t)^{\mu}(c-t)^{\nu}\, dt$$
$$= \int_0^1 \left((-a)\frac{1-s}{s}\right)^{\lambda} \left((-a)\frac{1-\frac{b}{a}s}{s}\right)^{\mu} \left((-a)\frac{1-\frac{c}{a}s}{s}\right)^{\nu} \left(-\frac{a}{s^2}\right) ds$$
$$= (-a)^{\lambda+\mu+\nu+1} \int_0^1 s^{-\lambda-\mu-\nu-2}(1-s)^{\lambda}\left(1-\frac{b}{a}s\right)^{\mu}\left(1-\frac{c}{a}s\right)^{\nu} ds$$
$$\sim B(-\lambda-\mu-\nu-1, \lambda+1)(-a)^{\lambda+\mu+\nu+1}$$

が得られる．最後の $\sim$ は，(7.11) により $\left(1-\frac{b}{a}s\right)^{\mu}$ および $\left(1-\frac{c}{a}s\right)^{\nu}$ が 1 を初項とする $(-a)^{-1}$ に関する Taylor 級数に展開できることから得られる．

(7.8) は，

$$\int_b^c (t-a)^\lambda (t-b)^\mu (c-t)^\nu \, dt$$
$$= (-a)^\lambda \int_b^c \left(1 - \frac{t}{a}\right)^\lambda (t-b)^\mu (c-t)^\nu \, dt$$
$$\sim (-a)^\lambda \int_b^c (t-b)^\mu (c-t)^\nu \, dt$$

から直ちにしたがう.

(7.9) は (7.7) と, (7.10) は (7.9) と同様のやり方で示すことができる. □

$a \to -\infty$ のとき, $I_{-\infty,a}, I_{b,c}$ 以外の 2 つの積分 $I_{a,b}, I_{c,+\infty}$ は, (7.4), (7.5) によって $I_{-\infty,a}, I_{b,c}$ の線形結合となるので, (7.7), (7.8) のような単一の挙動ではなく複合的な挙動を示す. すなわち,

(7.12) $\qquad I_{a,b} \sim A(-a)^{\lambda+\mu+\nu+1} + B(-a)^\lambda \quad (A, B \text{ は定数})$

と表されるような挙動である. $a \to b$ のときの $I_{-\infty,a}$ と $I_{b,c}$ についても同様である.

単一の挙動を与える積分区間は, どのように選ばれるのであろうか. $a \to -\infty$ の場合で考えてみると, (7.7) と (7.8) の挙動は由来が異なっている. (7.7) の方は, $a \to -\infty$ という動きによってつぶれてしまう区間 $(-\infty, a)$ 上で積分していることにより, 挙動 $(-a)^{\lambda+\mu+\nu+1}$ が現れたものである. 一方 (7.8) の方は, $a \to -\infty$ という動きによってまったく影響を受けない区間 (b, c) 上で積分しているため,

$$(t-a)^\lambda = (-a)^\lambda \left(1 - \frac{t}{a}\right)^\lambda \sim (-a)^\lambda$$

という挙動がくくり出されたものである.

$a \to b$ の場合も同様で, (7.9) の方は $a \to b$ により区間がつぶれることで現れた挙動, (7.10) の方は $a \to b$ で影響を受けない区間上で積分しているためくくり出された挙動となっている.

これが積分の表す挙動を調べる際に基本となる見方である. この見方を適用すると, a, c を固定して b の関数と見た場合や, a, b を固定して c の関数と見た場合の挙動についても, 具体的な積分の計算をせずとも次の形となることがわかる.

(7.13) $\qquad \begin{cases} I_{a,b} \sim C_1 (b-a)^{\lambda+\mu+1} & (b \to a), \\ I_{c,+\infty} \sim C_2 & (b \to a), \end{cases}$

(7.14) $\qquad \begin{cases} I_{b,c} \sim C_3 (c-b)^{\mu+\nu+1} & (b \to c), \\ I_{-\infty,a} \sim C_4 & (b \to c), \end{cases}$

(7.15) $$\begin{cases} I_{b,c} \sim C_3 (c-b)^{\mu+\nu+1} & (c \to b), \\ I_{-\infty,a} \sim C_4 & (c \to b), \end{cases}$$

(7.16) $$\begin{cases} I_{c,+\infty} \sim C_5 c^{\lambda+\mu+\nu+1} & (c \to +\infty), \\ I_{a,b} \sim C_6 c^{\nu} & (c \to +\infty). \end{cases}$$

$C_1, C_2, \ldots, C_6$ は定数で，この値は積分することで求められる．

第 4 章で紹介した Gauss-Kummer の公式 (4.18) も，積分 $I_{p,q}$ の挙動を見ることで示すことができる．しかしこれは上で見てきたものとは異なる挙動で，すなわち $a < b < c$ とするとき，$I_{a,b}$ の $c \to b$ における挙動を見ることになる．それは (7.12) で与えたような挙動に相当する．Gauss-Kummer の公式については，もう少し話を進めたあとで，7.5 節において扱う．

7.4 積分の正則化

次に，積分の正則化について説明する．これは広義積分が発散する場合にも意味を持たせるための方法で，考え方としては Hadamard による発散積分の有限部分（福原 [51], 5.5 節参照）と同じものである．

積分 $I_{a,b}$ を例にとろう．この広義積分が収束するためには，

(7.17) $$\mathrm{Re}\,\lambda > -1, \quad \mathrm{Re}\,\mu > -1$$

が必要である．λ, μ がこの条件をみたすとき $I_{a,b}$ は収束し，その結果は λ, μ についての正則関数となる．この正則関数が (7.17) より広い範囲に解析接続されれば，$I_{a,b}$ はその広い範囲で定義されるものと考えることができる．これが積分の正則化および発散積分の有限部分に共通の考え方である．この解析接続を次のようにして実現するのが積分の正則化である．

説明を単純にするため，とりあえず $\mathrm{Re}\,\mu > -1$ は仮定しておいて，λ に関する解析接続を考える．$\lambda \notin \mathbb{Z}$ とする．$\varepsilon > 0$ を十分小さくとり，円 $|t-a| = \varepsilon$ を S_ε，区間 $[a+\varepsilon, b)$ を L_ε とおいて積分

$$I'_{a,b} = \frac{1}{e^{2\pi\sqrt{-1}\lambda} - 1} \int_{S_\varepsilon} (t-a)^\lambda (b-t)^\mu (c-t)^\nu \, dt + \int_{L_\varepsilon} (t-a)^\lambda (b-t)^\mu (c-t)^\nu \, dt$$

を考える．ただし S_ε は $a+\varepsilon$ を始点として正の向きに 1 周する chain とし，S_ε 上の積分は，始点 $a+\varepsilon$ において standard loading による分枝を与えたものとし

て確定させる．L_ε 上でも standard loading によって分枝を決めておく．このとき次が成り立つ．

命題 7.2 $\{\lambda \in \mathbb{C} \mid \operatorname{Re}\lambda > -1\} \cap \{\lambda \in \mathbb{C} \mid \lambda \notin \mathbb{Z}\}$ において，
$$I'_{a,b} = I_{a,b}.$$

証明 $0 < \varepsilon_1 < \varepsilon_2$ とし，$\varepsilon = \varepsilon_1$ とした $I'_{a,b}$ を $I'_{a,b,1}$，$\varepsilon = \varepsilon_2$ とした $I'_{a,b}$ を $I'_{a,b,2}$ とおく．

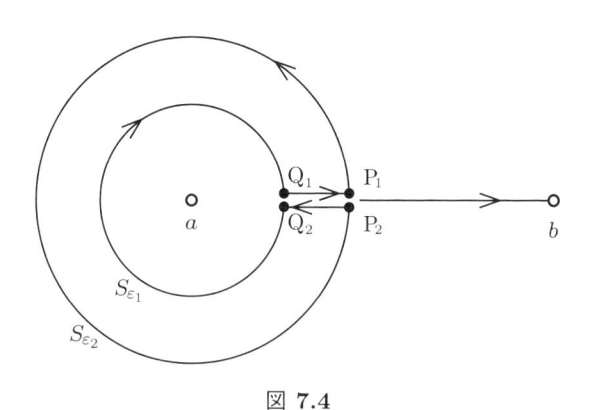

図 **7.4**

図 7.4 の閉曲線 $\mathrm{P}_1\mathrm{P}_2\mathrm{Q}_2\mathrm{Q}_1$ 上で，
$$U(t) = (t-a)^\lambda (b-t)^\mu (c-t)^\nu$$
を積分する．$U(t)$ には，S_{ε_2} の始点 P_1 において standard loading による分枝を与える．すると P_2 では
$$\arg(t-a) = 2\pi$$
となり，線分 $\mathrm{P}_2\mathrm{Q}_2$ 上ではこの偏角が保たれ，Q_1 では S_{ε_1} を逆向きに 1 周したため
$$\arg(t-a) = 0$$
に戻り，線分 $\mathrm{Q}_1\mathrm{P}_1$ 上ではこの偏角が保たれる．したがって
$$\int_{S_{\varepsilon_2}} U(t)\,dt + e^{2\pi\sqrt{-1}\lambda} \int_{\mathrm{P}_2}^{\mathrm{Q}_2} U(t)\,dt - \int_{S_{\varepsilon_1}} U(t)\,dt + \int_{\mathrm{Q}_1}^{\mathrm{P}_1} U(t)\,dt = 0$$
を得る．積分路 $\mathrm{P}_2\mathrm{Q}_2$ はその上の分枝を無視すれば積分路 $\mathrm{Q}_1\mathrm{P}_1$ の向きを逆にしたものだから，これより

$$\frac{1}{e^{2\pi\sqrt{-1}\lambda} - 1} \int_{S_{\varepsilon_1}} U(t)\, dt + \int_{Q_1}^{P_1} U(t)\, dt = \frac{1}{e^{2\pi\sqrt{-1}\lambda} - 1} \int_{S_{\varepsilon_2}} U(t)\, dt$$

が得られる．この両辺に $\int_{P_1}^{b} U(t)\, dt$ を加えることで，

$$\frac{1}{e^{2\pi\sqrt{-1}\lambda} - 1} \int_{S_{\varepsilon_1}} U(t)\, dt + \int_{a+\varepsilon_1}^{b} U(t)\, dt$$
$$= \frac{1}{e^{2\pi\sqrt{-1}\lambda} - 1} \int_{S_{\varepsilon_2}} U(t)\, dt + \int_{a+\varepsilon_2}^{b} U(t)\, dt$$

となる．したがって $I'_{a,b,1} = I'_{a,b,2}$ となり，$I'_{a,b}$ は ε に依存しない．

一方 $\operatorname{Re}\lambda > -1$ とすると

$$\int_{S_\varepsilon} U(t)\, dt = \varepsilon^{\lambda+1} \int_0^{2\pi} (b - a - \varepsilon e^{\sqrt{-1}\theta})^\mu (c - a - \varepsilon e^{\sqrt{-1}\theta})^\nu i e^{\sqrt{-1}(\lambda+1)\theta}\, d\theta$$

によって

$$\lim_{\varepsilon \to +0} \int_{S_\varepsilon} U(t)\, dt = 0$$

が成り立ち，また明らかに

$$\lim_{\varepsilon \to +0} \int_{L_\varepsilon} U(t)\, dt = I_{a,b}$$

である．したがって

$$I'_{a,b} = \lim_{\varepsilon \to +0} I'_{a,b} = I_{a,b}$$

が得られる．もちろん第 1 の等号は，$I'_{a,b}$ が ε に依存しないことによる． □

この命題により，$I_{a,b}$ は $\lambda \notin \mathbb{Z}_{<0}$ にまで解析接続される．解析接続の結果も同じ記号 $I_{a,b}$ で表すことにする．

μ についても同様の正則化ができ，λ についての正則化とまとめて書くと，次のようになる．

(7.18)
$$I_{a,b} = \frac{1}{e^{2\pi\sqrt{-1}\lambda} - 1} \int_{|t-a|=\varepsilon} U(t)\, dt + \int_{a+\varepsilon}^{b-\varepsilon} U(t)\, dt - \frac{1}{e^{2\pi\sqrt{-1}\mu} - 1} \int_{|t-b|=\varepsilon} U(t)\, dt.$$

ここで $|t - b| = \varepsilon$ 上の積分は，$b - \varepsilon$ を始点として正の向きに 1 周するものとし，始点における分枝を standard loading で定めたものとする．右辺の積分路を，象徴的に図 7.5 のように書き表す．線がつながっている部分は，分枝が連続している

図 7.5

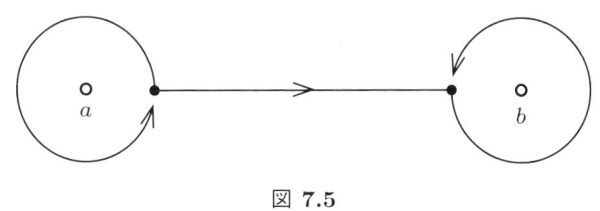

ことを表している．

なお (7.18) の右辺は，二重結びの道（Pochhammer cycle）と呼ばれる chain 上の積分を，$(e^{2\pi\sqrt{-1}\lambda} - 1)(e^{2\pi\sqrt{-1}\mu} - 1)$ で割ったものに等しい．二重結びの道については，犬井 [52]，吉田 [150] などを参照されたい．

はじめの $I_{a,b}$ の積分路 (a,b) は開区間であったので，ホモロジー群の言葉で言うと局所有限な無限 chain である．より精密に言うと，局所系係数の局所有限 cycle であり，ホモロジー群

$$H_1^{lf}(X, \mathcal{L})$$

の元と考えられる．一方正則化された (7.18) の右辺の積分路は，コンパクトな chain の有限個の和となっているので，局所系係数のホモロジー群

$$H_1(X, \mathcal{L})$$

の元と考えられる．したがって正則化とは，

$$H_1^{lf}(X, \mathcal{L}) \to H_1(X, \mathcal{L})$$

という写像であるととらえることができる．ここに現れた局所系係数のホモロジー群については 7.9 節に簡単にまとめてあるので，そちらを参照されたい．

7.5 積分のみたす微分方程式

$I_{p,q}$ が a, b, c の関数としてみたす微分方程式を求める．p, q 毎に被積分関数を取り替える煩わしさを避けるため，$I_{p,q}$ ははじめの (7.1) で与えられるものとする．standard loading を行った (7.3) とは定数倍の差があるが，この違いは求める微分方程式には影響しない．

a, b, c のうち b, c は固定して，まず a に関する微分方程式を求める．$I_{p,q}$ のなす線形空間はたかだか 2 次元だったので，得られる微分方程式はたかだか 2 階であることがすでにわかっている．

コホモロジー（微分形式）を用いた微分方程式の求め方を実践してみよう．積分

は正則化されているものと考え，したがって微分と積分は自在に交換できる．あるいは $\text{Re}\,\lambda$ などが十分大きいと仮定していると思っても良い．

$$U(t) = (t-a)^\lambda (t-b)^{\mu+1} (t-c)^\nu$$

とおき，また微分 1 形式 φ_1, φ_2 を

$$\varphi_1 = \frac{dt}{t-b}, \quad \varphi_2 = \frac{dt}{t-c}$$

とおいて，これらにより

$$y_1(a) = \int_p^q U(t)\,\varphi_1, \quad y_2(a) = \int_p^q U(t)\,\varphi_2$$

と定める．すると特に $y_1(a) = I_{p,q}$ である．さて

$$\int_p^q d(U(t)) = [U(t)]_p^q = U(q) - U(p) = 0$$

であり，一方で

$$\int_p^q d(U(t)) = \int_p^q U(t) \left(\frac{\lambda}{t-a} + \frac{\mu+1}{t-b} + \frac{\nu}{t-c} \right) dt$$

である．そこで 2 つの微分 1 形式 φ, ψ について，

$$\int_p^q U(t)\,\varphi = \int_p^q U(t)\,\psi$$

のときに $\varphi \equiv \psi$ と書くことにすれば，

(7.19) $$\left(\frac{\lambda}{t-a} + \frac{\mu+1}{t-b} + \frac{\nu}{t-c} \right) dt \equiv 0$$

となる．

$\partial y_1 / \partial a$ を計算する．便宜的な記法として，

$$\frac{\partial y_1}{\partial a} = \int_p^q U(t)\,\psi_1$$

と書いたときの微分 1 形式 ψ_1 のことを φ_1' で表すことにする．すると

$$\varphi_1' = -\frac{\lambda}{t-a}\varphi_1$$
$$= -\frac{\lambda}{(t-a)(t-b)}\,dt$$

$$= \frac{1}{a-b}\left(\frac{\lambda}{t-b} - \frac{\lambda}{t-a}\right) dt$$
$$\equiv \frac{1}{a-b}\left(\frac{\lambda}{t-b} + \frac{\mu+1}{t-b} + \frac{\nu}{t-c}\right) dt$$
$$= \frac{1}{a-b}[(\lambda + \mu + 1)\varphi_1 + \nu\varphi_2]$$

が得られる．同様にして

$$\varphi_2' \equiv \frac{1}{a-c}[(\mu+1)\varphi_1 + (\lambda+\nu)\varphi_2]$$

も得られる．これらより直ちに，y_1, y_2 に関する微分方程式

(7.20) $$\begin{cases} \dfrac{\partial y_1}{\partial a} = \dfrac{1}{a-b}[(\lambda+\mu+1)y_1 + \nu y_2], \\ \dfrac{\partial y_2}{\partial a} = \dfrac{1}{a-c}[(\mu+1)y_1 + (\lambda+\nu)y_2] \end{cases}$$

を得る．行列を用いて表すなら，$Y = {}^t(y_1, y_2)$ とおくと，

$$\frac{\partial Y}{\partial a} = \left(\frac{B}{a-b} + \frac{C}{a-c}\right) Y,$$

$$B = \begin{pmatrix} \lambda+\mu+1 & \nu \\ 0 & 0 \end{pmatrix}, \quad C = \begin{pmatrix} 0 & 0 \\ \mu+1 & \lambda+\nu \end{pmatrix}$$

と書くこともできる．

(7.20) から y_1 のみたす単独 2 階方程式を導くと，

(7.21) $$(a-b)(a-c)\frac{\partial^2 y}{\partial a^2} - \{(\lambda+\mu)(a-c) + (\lambda+\nu)(a-b)\}\frac{\partial y}{\partial a} + \lambda(\lambda+\mu+\nu+1)y = 0$$

が得られる．これが $I_{p,q}$ のみたす微分方程式となる．この微分方程式は，実質的に Gauss の超幾何微分方程式

(7.22) $$x(1-x)\frac{d^2 y}{dx^2} + (\gamma - (\alpha+\beta+1)x)\frac{dy}{dx} - \alpha\beta y = 0$$

である．対応をつけるには，独立変数 a を x と書き，独立変数の 1 次変換で特異点 b, c をそれぞれ $0, 1$ に正規化し，さらにパラメーター α, β, γ を

$$\gamma = -(\lambda+\mu), \ \alpha+\beta+1 = -(2\lambda+\mu+\nu), \ \alpha\beta = \lambda(\lambda+\mu+\nu+1)$$

により決めればよい．この方程式は (α, β) に関して対称な 2 組の解を持つ．そのうちの 1 つは

(7.23) $$\alpha = -(\lambda+\mu+\nu+1),\ \beta = -\lambda,\ \gamma = -(\lambda+\mu)$$

で与えられる．これを逆に解くと

$$\lambda = -\beta,\ \mu = \beta-\gamma,\ \nu = \gamma-\alpha-1$$

となる．もう 1 組の解は

(7.24) $$\alpha = -\lambda,\ \beta = -(\lambda+\mu+\nu+1),\ \gamma = -(\lambda+\mu)$$

で，この解については

$$\lambda = -\alpha,\ \mu = \alpha-\gamma,\ \nu = \gamma-\beta-1$$

となる．この 2 組の解は α と β を入れ替えることでうつり合う．このように対応をつけると，本節の結果は超幾何微分方程式の立場からは次のように述べられる．対応として (7.23) を用いた場合を記述する．

定理 7.3 超幾何微分方程式 (7.22) は，次の形の解の積分表示を持つ．

(7.25) $$y(x) = \int_p^q t^{\beta-\gamma}(t-1)^{\gamma-\alpha-1}(t-x)^{-\beta}\,dt.$$

ここで p, q は $0, 1, x, \infty$ のいずれかである．

積分 $I_{p,q}$ と超幾何微分方程式の関係がついたので，この章の結果を超幾何微分方程式の結果に読み替えることができるようになった．たとえば第 4 章で用いた Gauss-Kummer の関係式を，7.3 節の結果を用いて導くことができる．超幾何級数 $F(\alpha,\beta,\gamma;x)$ は，超幾何微分方程式 (7.22) の $x = 0$ で特性指数 0 の解で，$x = 0$ における Taylor 展開の初項が 1 ということで特定される．命題 7.1 によると，そのような解は $I_{c,+\infty} = I_{1,+\infty}$ の定数倍で与えられ，その挙動は

$$(c-b)^{\lambda+\mu+\nu+1}B(-\lambda-\mu-\nu-1,\nu+1) = B(\alpha,\gamma-\alpha) = \frac{\Gamma(\alpha)\Gamma(\gamma-\alpha)}{\Gamma(\gamma)}$$

である．((λ,μ,ν) と (α,β,γ) の対応としては (7.23) を用いた．) これより，超幾何級数の積分表示

(7.26) $$F(\alpha,\beta,\gamma;x) = \frac{\Gamma(\gamma)}{\Gamma(\alpha)\Gamma(\gamma-\alpha)}\int_1^\infty t^{\beta-\gamma}(t-1)^{\gamma-\alpha-1}(t-x)^{-\beta}\,dt$$

が得られる．また $t = 1/s$ と積分変数を変換すると，これもよく用いられる超幾何級数の積分表示

(7.27) $$F(\alpha,\beta,\gamma;x) = \frac{\Gamma(\gamma)}{\Gamma(\alpha)\Gamma(\gamma-\alpha)} \int_0^1 s^{\alpha-1}(1-s)^{\gamma-\alpha-1}(1-xs)^{-\beta}\,ds$$

が得られる．これらの表示 (7.26), (7.27) において，右辺の α と β を入れ替えた表示も成り立つことを注意しておく．表示 (7.27) において $x \to 1$ という極限を考えると，

(7.28) $$\lim_{x \to 1} \int_0^1 s^{\alpha-1}(1-s)^{\gamma-\alpha-1}(1-xs)^{-\beta}\,ds = \int_0^1 s^{\alpha-1}(1-s)^{\gamma-\alpha-\beta-1}\,ds$$
$$= B(\alpha, \gamma-\alpha-\beta)$$

となることから，次の結果が得られる．

定理 7.4（Gauss-Kummer の公式）　$\gamma \notin \mathbb{Z}_{\leq 0}$, $\mathrm{Re}(\gamma-\alpha-\beta) > 0$ の下で，

(7.29) $$F(\alpha,\beta,\gamma;1) = \frac{\Gamma(\gamma)\Gamma(\gamma-\alpha-\beta)}{\Gamma(\gamma-\alpha)\Gamma(\gamma-\beta)}$$

が成り立つ．

証明　形式的には，上述の極限 (7.28) と積分表示 (7.27) を組み合わせて

$$\frac{\Gamma(\gamma)}{\Gamma(\alpha)\Gamma(\gamma-\alpha)} \cdot B(\alpha, \gamma-\alpha-\beta) = \frac{\Gamma(\gamma)\Gamma(\gamma-\alpha-\beta)}{\Gamma(\gamma-\alpha)\Gamma(\gamma-\beta)}$$

により右辺が得られる．仮定のうち $\gamma \notin \mathbb{Z}_{\leq 0}$ は，$F(\alpha,\beta,\gamma;x)$ が定義されるための条件である．極限の計算 (7.28) は，

$$\mathrm{Re}\,\alpha > 0,\ \mathrm{Re}(\gamma-\alpha) > 0,\ \mathrm{Re}(\gamma-\alpha-\beta) > 0$$

が仮定されていれば成立する．このうちはじめの 2 つの条件は，(7.29) が得られたあと両辺を解析接続することで除くことができる． □

微分方程式 (7.21) の導出においては，a, b, c の位置関係 $a < b < c$ は用いられていないので，b および c に関する微分方程式は形式的な置き換えで得られる．b に関する微分方程式は，(7.21) において (a,λ) と (b,μ) を入れ替えたもの，c に関する微分方程式は (a,λ) と (c,ν) を入れ替えたものとなる．

7.6　接続問題

微分方程式 (7.21) において b, c を固定し，$b = 0, c = 1$ と正規化する．変数 a を x と書くことにすると微分方程式

(7.30) $\quad x(x-1)\dfrac{d^2y}{dx^2} - \{(\lambda+\mu)(x-1)+(\lambda+\nu)x\}\dfrac{dy}{dx} + \lambda(\lambda+\mu+\nu+1)y = 0$

を得る．この微分方程式の，2つの特異点 $x = \infty, 0$ の間の接続問題を考える．

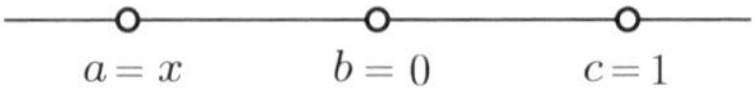

図 7.6

微分方程式 (7.30) は，挙動 (7.7), (7.8) により $x \to -\infty$ のとき特性指数 $-\lambda-\mu-\nu-1, -\lambda$ を，挙動 (7.9), (7.10) により $x = 0$ のとき特性指数 $\lambda+\mu+1, 0$ を持つことがわかる．そこで微分方程式 (7.30) の 4 つの解 $y_{\infty 1}, y_{\infty 2}, y_{01}, y_{02}$ を，

(7.31)
$$\begin{aligned}
y_{\infty 1} &\sim (-x)^{\lambda+\mu+\nu+1} & (x \to -\infty), \\
y_{\infty 2} &\sim (-x)^{\lambda} & (x \to -\infty), \\
y_{01} &\sim (-x)^{\lambda+\mu+1} & (x \to 0), \\
y_{02} &\sim 1 & (x \to 0)
\end{aligned}$$

により定める．$(y_{\infty 1}, y_{\infty 2})$ と (y_{01}, y_{02}) の間の線形関係を求めるのが $x = \infty, 0$ の間の接続問題である．

この接続問題は，次のようにして解くことができる．(7.7), (7.8), (7.9), (7.10) と (7.31) を比較することで，$y_{\bullet\bullet}$ と積分 $I_{p,q}$ の比例関係が得られる．一方 $I_{p,q}$ たちの間には，(7.4), (7.5) という線形関係がある．これらを組み合わせればよい．

まず (7.7), (7.8), (7.9), (7.10) と (7.31) より，

(7.32)
$$\begin{aligned}
y_{\infty 1} &= \dfrac{1}{B(-\lambda-\mu-\nu-1, \lambda+1)} I_{-\infty, x}, \\
y_{\infty 2} &= \dfrac{1}{B(\mu+1, \nu+1)} I_{0,1}, \\
y_{01} &= \dfrac{1}{B(\lambda+1, \mu+1)} I_{x,0}, \\
y_{02} &= \dfrac{1}{B(-\lambda-\mu-\nu-1, \nu+1)} I_{1,+\infty}
\end{aligned}$$

が直ちに得られる．

次に線形関係 (7.4), (7.5) を $I_{a,b}, I_{c,+\infty}$ について解くと，

$$\begin{aligned}
I_{a,b} &= -\dfrac{e_1 e_2 e_3 - (e_1 e_2 e_3)^{-1}}{e_2 e_3 - (e_2 e_3)^{-1}} I_{-\infty, a} - \dfrac{e_3 - e_3^{-1}}{e_2 e_3 - (e_2 e_3)^{-1}} I_{b,c}, \\
I_{c,+\infty} &= \dfrac{e_1 - e_1^{-1}}{e_2 e_3 - (e_2 e_3)^{-1}} I_{-\infty, a} - \dfrac{e_2 - e_2^{-1}}{e_2 e_3 - (e_2 e_3)^{-1}} I_{b,c}
\end{aligned}$$

となる．ただし $(a,b,c)=(x,0,1)$ と読む．(7.32) を用いてこれを $y_{\bullet\bullet}$ についての関係式に書き換えることができる．

$$e^{\pi\sqrt{-1}\lambda}-e^{-\pi\sqrt{-1}\lambda}=2\sqrt{-1}\sin\pi\lambda=\frac{2\pi\sqrt{-1}}{\Gamma(\lambda)\Gamma(1-\lambda)}$$

といった関係式を用いて整えることにより，次の結果が得られる．

$$\begin{aligned}y_{01}&=\frac{\Gamma(\lambda+\mu+2)\Gamma(\mu+\nu+1)}{\Gamma(\lambda+\mu+\nu+2)\Gamma(\mu+1)}y_{\infty 1}+\frac{\Gamma(\lambda+\mu+2)\Gamma(-\mu-\nu-1)}{\Gamma(\lambda+1)\Gamma(-\nu)}y_{\infty 2},\\ y_{02}&=\frac{\Gamma(-\lambda-\mu)\Gamma(\mu+\nu+1)}{\Gamma(-\lambda)\Gamma(\nu+1)}y_{\infty 1}+\frac{\Gamma(-\lambda-\mu)\Gamma(-\mu-\nu-1)}{\Gamma(-\lambda-\mu-\nu-1)\Gamma(-\mu)}y_{\infty 2}.\end{aligned}$$

なお，超幾何微分方程式のパラメーター α,β,γ を (7.24) のように取ると，この結果は次のように表される．

$$\begin{aligned}y_{01}&=\frac{\Gamma(2-\gamma)\Gamma(\alpha-\beta)}{\Gamma(\alpha-\gamma+1)\Gamma(1-\beta)}y_{\infty 1}+\frac{\Gamma(2-\gamma)\Gamma(\beta-\alpha)}{\Gamma(\beta-\gamma+1)\Gamma(1-\alpha)}y_{\infty 2},\\ y_{02}&=\frac{\Gamma(\alpha-\beta)\Gamma(\gamma)}{\Gamma(\alpha)\Gamma(\gamma-\beta)}y_{\infty 1}+\frac{\Gamma(\beta-\alpha)\Gamma(\gamma)}{\Gamma(\beta)\Gamma(\gamma-\alpha)}y_{\infty 2}.\end{aligned}$$

これは超幾何微分方程式の $x=0$ と $x=\infty$ の間の接続関係である．ここではこの関係式を，積分路の間の線形関係 (7.4), (7.5) から導いた．なお第 4 章では，超幾何微分方程式の $x=0$ と $x=1$ の間の接続係数を，Gauss-Kummer の公式（定理 7.4）を用いて導いたのであった．

微分方程式 (7.30) は $x=0,1,\infty$ を確定特異点に持つ．$x=0$ と $x=1$ の間の接続問題を考えるときは，微分方程式 (7.21) において $a=0,b=x,c=1$ と正規化して，パラメーターに適当な置換を施すと (7.30) が得られるので，そうしておいて上述の手法を適用すればよい．$x=1$ と $x=\infty$ の間の接続問題も，$a=0,b=1,c=x$ という正規化をすれば同様である．

7.7 モノドロミー

モノドロミーとは，解析接続によって引き起こされる微分方程式の解のなす線形空間の変換であった．積分 $I_{p,q}$ が生成する 2 次元線形空間についても，a,b,c の変化による解析接続に関してモノドロミーを考えることができる．微分方程式の話として理解したければ，たとえば a,c を固定して，$b=x$ に関する微分方程式のモノドロミーと考えればよい．

a_0,b_0,c_0 を $a_0<b_0<c_0$ をみたす実数とし，a,b,c を，初期位置がそれぞれ

a_0, b_0, c_0 であるような互いに異なる複素数と考える．したがって

$$\Delta = \{(x_1, x_2, x_3) \in \mathbb{C}^3 \mid (x_1 - x_2)(x_1 - x_3)(x_2 - x_3) = 0\}$$

とおくとき，(a, b, c) の動く空間としては $\mathbb{C}^3 \setminus \Delta$ を考えることになる．$I_{p,q}$ で張られる $\mathbb{C}$ 上の線形空間を V とおく．我々の目標は，モノドロミー表現

(7.33) $$\pi_1(\mathbb{C}^3 \setminus \Delta, (a_0, b_0, c_0)) \to \mathrm{GL}(V)$$

を決定することである．

(7.33) の左辺の基本群は純組み紐群であることを，まず説明する．**組み紐群 (braid group)** B_n とは，次のようにして定義される群である．平面 $\mathbb{R}^2$ 上に異なる n 点を取る．n 点に $1, 2, \ldots, n$ の番号を付しておく．この n 点が指定された $\mathbb{R}^2$ を Π_1 とし，そのコピー Π_2 を $\mathbb{R}^3$ 内に Π_1 と平行に置く．Π_1 上の点 $1, 2, \ldots, n$ から Π_2 に向かって紐を伸ばし，互いにぶつからないようにしながら Π_2 の n 点まで到達させる．（紐は途中で Π_1 の方へ戻ることなく，単調に Π_2 へ向かって進むとする．）出発点と到着点が同じ番号になっている必要はない．この紐の集まりの形状の連続変形による同値類のなす集合が B_n である．

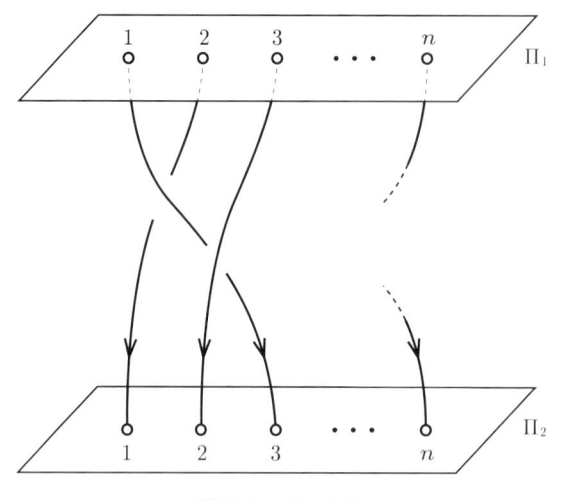

図 **7.7**: B_n の元

B_n における積は，2 つの元を与える紐をつなげることで定義する．この積に関し，B_n は群となる．

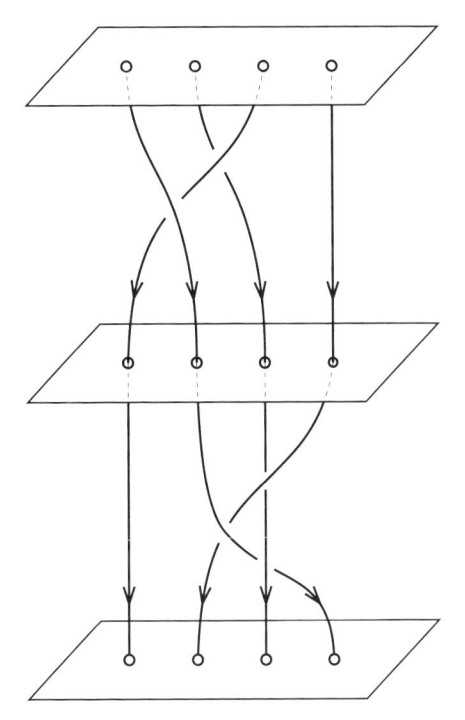

図 **7.8**: B_n における積

点 $1, 2, \ldots, n$ の行き先はまた点 $1, 2, \ldots, n$ なので，B_n の元により n 文字の置換が引きこされる．これにより準同型

$$B_n \to S_n$$

が得られる．

B_n において，点 i と点 $i+1$ とが図 7.9 のように入れ替わる形でつながり，他の点はそのまま自身とつながるような元を s_i で表す．すると s_i $(1 \leq i \leq n-1)$ は B_n を生成し，B_n は次のような表示を持つ．

$$B_n = \left\langle s_1, s_2, \ldots, s_{n-1} \middle| \begin{array}{l} s_i s_j = s_j s_i \ (|i-j| > 1), \\ s_i s_{i+1} s_i = s_{i+1} s_i s_{i+1} \ (1 \leq i \leq n-2) \end{array} \right\rangle.$$

関係式 $s_i s_{i+1} s_i = s_{i+1} s_i s_{i+1}$ は braid relation と呼ばれる．

B_n の元のうち，各点の行き先が自分自身となるものの全体は部分群 P_n をなす．P_n は定義により，B_n/S_n に同型である．P_n を**純組み紐群**（**pure braid group**）という．純組み紐群 P_n は，$s_i{}^2$ $(1 \leq i \leq n-1)$ により生成される．

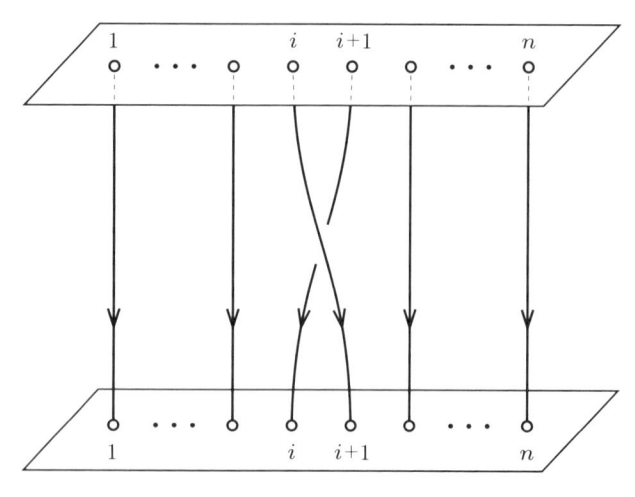

図 **7.9:** s_i の定義

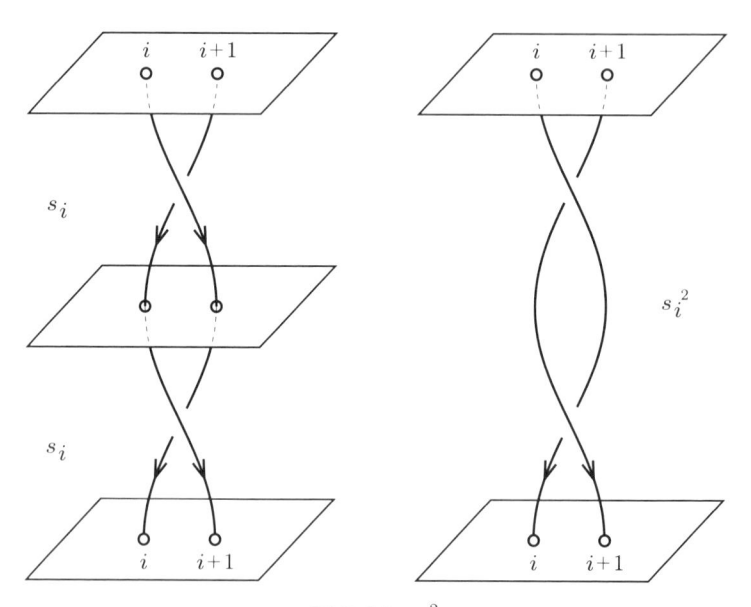

図 **7.10:** $s_i{}^2$

$\mathbb{C}^n$ の部分集合 Δ_n を

$$\Delta_n = \{(x_1, x_2, \ldots, x_n) \in \mathbb{C}^n \mid \prod_{i<j}(x_j - x_i) = 0\}$$

で定める. するとこのとき

$$\pi_1(\mathbb{C}^n \setminus \Delta_n) \cong P_n$$

が成り立つ. この対応は, B_n を定義するときに用いた n 点の乗っている平面 $\mathbb{R}^2$ を, 互いに異なる n 点 $x_1, x_2, \ldots, x_n$ が乗っている複素平面 $\mathbb{C}$ と考えることによりつけられる.

さてモノドロミー表現 (7.33) に戻ろう. 線形空間 V の基底として, 有界な区間 $(a,b), (b,c)$ 上の積分 $I_{a,b}, I_{b,c}$ を採用する. ただし (a,b,c) は初期位置 (a_0, b_0, c_0) にあるとしていて, $I_{a,b}, I_{b,c}$ には standard loading により分枝を決めておく. 基本群の生成元である $s_1{}^2, s_2{}^2$ に関するこの基底の変化を追跡する.

$s_1{}^2$ は, $\mathbb{C} \setminus \{a_0, b_0, c_0\}$ 内で, b が b_0 を始点・終点として a_0 のまわりを 1 周することで実現される.

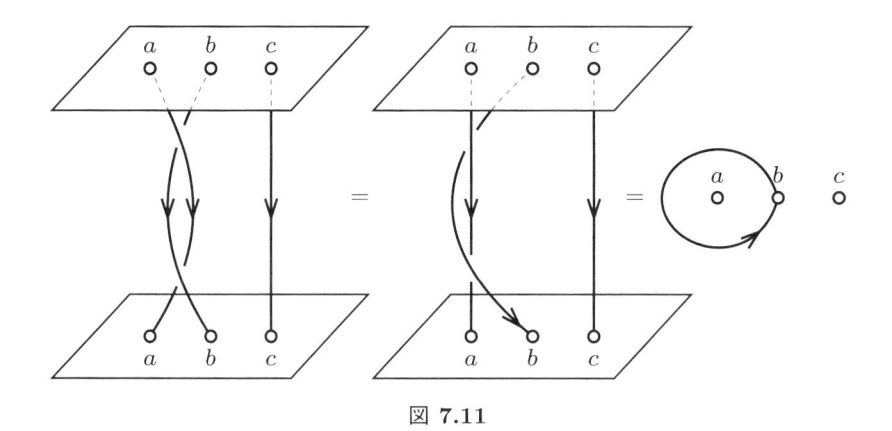

図 7.11

この動きに伴い区間 (a,b) は変化するが, b が b_0 に戻ってきたときにははじめの区間 (a_0, b_0) に一致する. またこの動きにより, $\arg(t-a), \arg(t-b)$ はともに 2π 増加する (図 7.12 参照).

したがって $I_{a,b}$ は,

$$I_{a,b} \rightsquigarrow e^{2\pi\sqrt{-1}(\lambda+\mu)} I_{a,b}$$

という変化を受ける. 区間 (b,c) は, b が a のまわりを 1 周することにより, 図 7.13 のような変化を受ける.

図 **7.12**

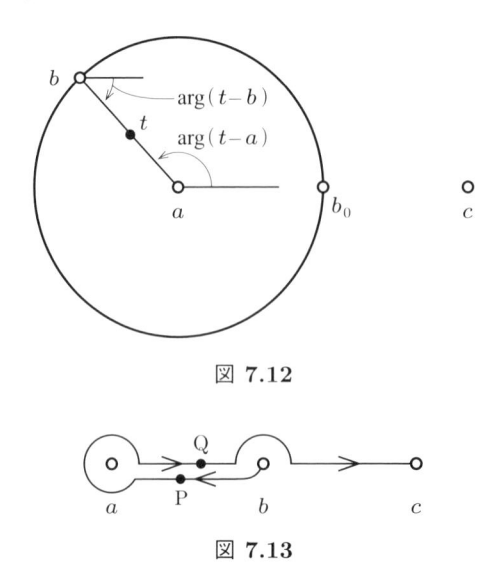

図 **7.13**

すなわち (b,c) は，3 つの区間を合わせたものに変わる．それぞれの上の分枝を調べよう．まず (b,c) 上では分枝は変化しない．点 Q では，(b,c) 上で 0 だった $\arg(t-b)$ が π に変わるので，積分は $e^{\pi\sqrt{-1}\mu}I_{a,b}$ と表される．さらに点 P では，$\arg(t-a)$ が 0 から 2π に増えるので，この区間の積分は $-e^{\pi\sqrt{-1}\mu}e^{2\pi\sqrt{-1}\lambda}I_{a,b}$ で表される．以上により $I_{b,c}$ は

$$I_{b,c} \leadsto I_{b,c} + e^{\pi\sqrt{-1}\mu}(1-e^{2\pi\sqrt{-1}\lambda})I_{a,b}$$

という変化を受ける．

${s_2}^2$ による変化も同様に調べることができる．その結果は

$$I_{a,b} \leadsto I_{a,b} + e^{\pi\sqrt{-1}\nu}(1-e^{2\pi\sqrt{-1}\nu})I_{b,c},$$
$$I_{b,c} \leadsto e^{2\pi\sqrt{-1}(\mu+\nu)}I_{b,c}$$

で与えられる．

まとめると，モノドロミー表現 (7.33) の具体的記述として，

$$(I_{a,b}, I_{b,c}) \xmapsto{{s_1}^2} (I_{a,b}, I_{b,c}) \begin{pmatrix} e^{2\pi\sqrt{-1}(\lambda+\mu)} & e^{\pi\sqrt{-1}\mu}(1-e^{2\pi\sqrt{-1}\lambda}) \\ 0 & 1 \end{pmatrix},$$

$$(I_{a,b}, I_{b,c}) \xmapsto{{s_2}^2} (I_{a,b}, I_{b,c}) \begin{pmatrix} 1 & 0 \\ e^{\pi\sqrt{-1}\mu}(1-e^{2\pi\sqrt{-1}\nu}) & e^{2\pi\sqrt{-1}(\mu+\nu)} \end{pmatrix}$$

が得られた．

　V の基底として $I_{a,b}, I_{b,c}$ を選んだのには理由がある．区間 $(a,b), (b,c)$ は有界で，閉包をとればコンパクトである．よってその連続写像による像もコンパクトだから，π_1 の作用による像は $(a,b), (b,c)$ の線形結合になることがわかる．その意味で有界区間のなす集合は閉じている．非有界区間（無限区間）を用いた場合には，π_1 の作用による像は有界区間を含みうるので，解析接続の結果を閉じた形で表すためには，線形関係 (7.4), (7.5) の助けを借りる必要が生じる．

7.8　多重積分

　これまではごくシンプルな積分 $I_{p,q}$ を用いて，種々の概念や解析方法を説明してきた．これらの内容は，1 変数の積分で分岐点の個数が一般の場合，すなわち

$$\int_p^q (t-a_1)^{\lambda_1}(t-a_2)^{\lambda_2}\cdots(t-a_m)^{\lambda_m}\,dt$$

という積分に対しても直ちに適用することができる．さらには多重積分の場合にも適用できるのだが，直ちにとはいかないかもしれないので，ここで少し説明を行うことにする．

　例として，次のような積分を考えよう．

$$I_\Delta = \int_\Delta s^{\lambda_1}(s-1)^{\lambda_2}t^{\lambda_3}(t-x)^{\lambda_4}(s-t)^{\lambda_5}\,ds\,dt.$$

ここで x は複素変数であるが，当面 $0<x<1$ の範囲にある実数とする．$\lambda_1, \lambda_2, \ldots, \lambda_5$ は複素定数である．被積分関数の分岐点集合は 5 本の直線からなる．それらを $\mathbb{R}^2$ 上に図示すると図 7.14 のようになる．積分領域 Δ は，これらの直線で囲まれた $\mathbb{R}^2$ の開領域の 1 つとする．

　被積分関数に現れる 1 次式

$$s,\ s-1,\ t,\ t-x,\ s-t$$

は，各 Δ において正負の符号が確定するので，Δ において standard loading により分枝を定めることができる．たとえば $s=0, t=x, s=t$ で囲まれた領域を Δ とすると，Δ 上では

$$s>0,\ s-1<0,\ t>0,\ t-x<0,\ s-t<0$$

であるので，

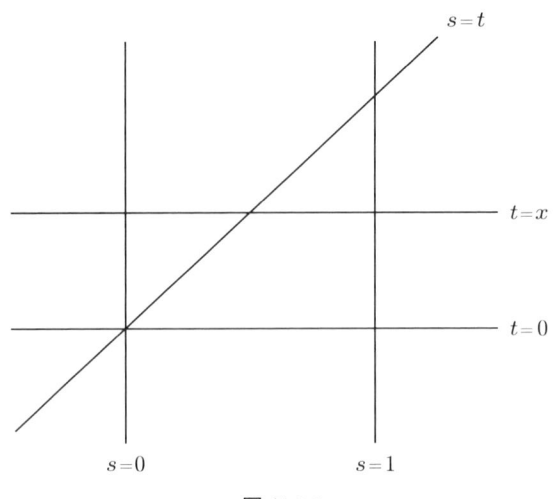

図 **7.14**

$$I_\Delta = \int_\Delta s^{\lambda_1}(1-s)^{\lambda_2} t^{\lambda_3}(x-t)^{\lambda_4}(t-s)^{\lambda_5}\, ds\, dt$$

とし，$\arg s = \arg(1-s) = \arg t = \arg(x-t) = \arg(t-s) = 0$ により分枝を確定する．そこで

$$U(s,t) = s^{\lambda_1}(s-1)^{\lambda_2} t^{\lambda_3}(t-x)^{\lambda_4}(s-t)^{\lambda_5}$$

とおき，各 Δ 毎に standard loading を行った結果を $U_\Delta(s,t)$ で表すことにする．

積分 I_Δ の間の $\mathbb{C}$ 上の線形関係を求めよう．各領域に，図 7.15 の通り番号を付す．Δ_1 上の積分を考える．

$$\Delta_1 = \{(s,t) \in \mathbb{R}^2 \mid s < t < 0\}$$

であるから，Δ_1 上の積分は次のような累次積分で与えられる．

(7.34) $$\int_{\Delta_1} U_{\Delta_1}(s,t)\, ds\, dt = \int_{-\infty}^0 dt \int_{-\infty}^t U_{\Delta_1}(s,t)\, ds.$$

同様に $\Delta_2, \Delta_3, \Delta_4$ 上の積分は，

(7.35)
$$\int_{\Delta_2} U_{\Delta_2}(s,t)\, ds\, dt = \int_{-\infty}^0 dt \int_t^0 U_{\Delta_2}(s,t)\, ds,$$
$$\int_{\Delta_3} U_{\Delta_3}(s,t)\, ds\, dt = \int_{-\infty}^0 dt \int_0^1 U_{\Delta_3}(s,t)\, ds,$$
$$\int_{\Delta_4} U_{\Delta_4}(s,t)\, ds\, dt = \int_{-\infty}^0 dt \int_1^{+\infty} U_{\Delta_4}(s,t)\, ds$$

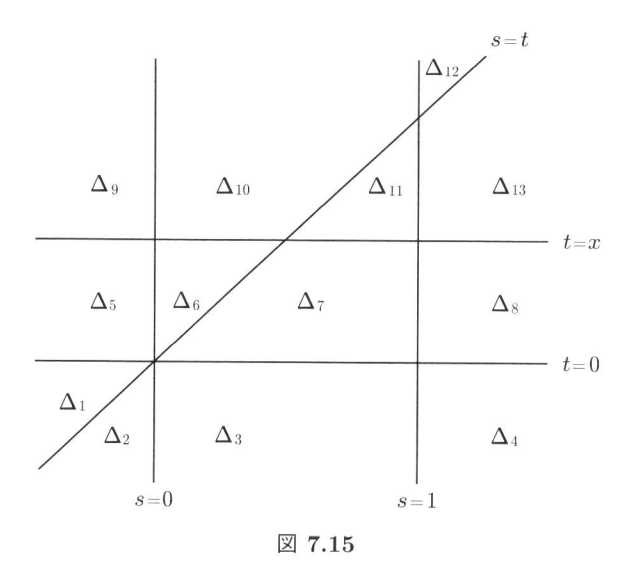

により与えられる．さて $-\infty < t < 0$ である t を 1 つ固定し，

$$J_{p,q} = \int_p^q U(s,t)\,ds \quad (p,q \in \{-\infty, t, 0, 1, +\infty\})$$

とおくと，これは今まで扱ってきた積分 $I_{p,q}$ と実質的に同じものである．よって各積分には standard loading により分枝が定まっているとすると，7.2 節と同様に 2 つの線形関係

$$J_{-\infty,t} + e_5 J_{t,0} + e_1 e_5 J_{0,1} + e_1 e_2 e_5 J_{1,+\infty} = 0,$$
$$J_{-\infty,t} + e_5{}^{-1} J_{t,0} + (e_1 e_5)^{-1} J_{0,1} + (e_1 e_2 e_5)^{-1} J_{1,+\infty} = 0$$

が得られる．ただし

$$e_j = e^{\pi\sqrt{-1}\lambda_j} \quad (1 \le j \le 5)$$

とおいた．この関係式を，t に関して $-\infty$ から 0 まで積分すると，(7.34), (7.35) によって $\Delta_1, \Delta_2, \Delta_3, \Delta_4$ 上の積分についての線形関係式が得られる．すなわち

(7.36) $$\begin{cases} I_{\Delta_1} + e_5 I_{\Delta_2} + e_1 e_5 I_{\Delta_3} + e_1 e_2 e_5 I_{\Delta_4} = 0, \\ I_{\Delta_1} + e_5{}^{-1} I_{\Delta_2} + (e_1 e_5)^{-1} I_{\Delta_3} + (e_1 e_2 e_5)^{-1} I_{\Delta_4} = 0 \end{cases}$$

が得られる．同様にして，次のような一連の線形関係式を得ることができる．

(7.37)
$$\begin{cases} I_{\Delta_5} + e_1 I_{\Delta_6} + e_1 e_5 I_{\Delta_7} + e_1 e_2 e_5 I_{\Delta_8} = 0, \\ I_{\Delta_5} + e_1^{-1} I_{\Delta_6} + (e_1 e_5)^{-1} I_{\Delta_7} + (e_1 e_2 e_5)^{-1} I_{\Delta_8} = 0, \end{cases}$$
$$\begin{cases} I_{\Delta_9} + e_1 I_{\Delta_{10}} + e_1 e_5 I_{\Delta_{11}} + e_1 e_2 I_{\Delta_{12}} + e_1 e_2 e_5 I_{\Delta_{13}} = 0, \\ I_{\Delta_9} + e_1^{-1} I_{\Delta_{10}} + (e_1 e_5)^{-1} I_{\Delta_{11}} + (e_1 e_2)^{-1} I_{\Delta_{12}} + (e_1 e_2 e_5)^{-1} I_{\Delta_{13}} = 0, \end{cases}$$
$$\begin{cases} I_{\Delta_2} + e_5 I_{\Delta_1} + e_3 e_5 I_{\Delta_5} + e_3 e_4 e_5 I_{\Delta_9} = 0, \\ I_{\Delta_2} + e_5^{-1} I_{\Delta_1} + (e_3 e_5)^{-1} I_{\Delta_5} + (e_3 e_4 e_5)^{-1} I_{\Delta_9} = 0, \end{cases}$$
$$\begin{cases} I_{\Delta_3} + e_3 I_{\Delta_7} + e_3 e_5 I_{\Delta_6} + e_3 e_4 I_{\Delta_{11}} + e_3 e_4 e_5 I_{\Delta_{10}} = 0, \\ I_{\Delta_3} + e_3^{-1} I_{\Delta_7} + (e_3 e_5)^{-1} I_{\Delta_6} + (e_3 e_4)^{-1} I_{\Delta_{11}} + (e_3 e_4 e_5)^{-1} I_{\Delta_{10}} = 0, \end{cases}$$
$$\begin{cases} I_{\Delta_4} + e_3 I_{\Delta_8} + e_3 e_4 I_{\Delta_{13}} + e_3 e_4 e_5 I_{\Delta_{12}} = 0, \\ I_{\Delta_4} + e_3^{-1} I_{\Delta_8} + (e_3 e_4)^{-1} I_{\Delta_{13}} + (e_3 e_4 e_5)^{-1} I_{\Delta_{12}} = 0. \end{cases}$$

これらの関係式は，座標軸に平行な直線に対して 7.2 節の手法を適用することで得られたものであった．これは，分岐点集合が座標軸に平行な直線を含んでいることにより可能だったが，一般の場合には次のようにすればよい．2 本以上の直線の交点に注目する．たとえば $(0,0)$ を考える．$\Delta_1, \Delta_7, \Delta_8, \Delta_{11}, \Delta_{13}$ 上の積分を，$(0,0)$ を通る直線上の積分と，その直線の傾きに関する積分との累次積分と見る．$(0,0)$ を通る直線上の積分から線形関係式が得られ，その関係式を傾きに関して積分することで，I_{Δ_j} たちの関係式を得ることができる．傾きに関する積分では $(0,0)$ を超えると向きが逆になることを考慮すると，関係式は次のようになる．

$$\begin{cases} I_{\Delta_1} - e_1 e_3 e_5 I_{\Delta_7} - e_1 e_2 e_3 e_5 I_{\Delta_8} - e_1 e_3 e_4 e_5 I_{\Delta_{11}} - e_1 e_2 e_3 e_4 e_5 I_{\Delta_{13}} = 0, \\ I_{\Delta_1} - (e_1 e_3 e_5)^{-1} I_{\Delta_7} - (e_1 e_2 e_3 e_5)^{-1} I_{\Delta_8} - (e_1 e_3 e_4 e_5)^{-1} I_{\Delta_{11}} \\ \qquad\qquad\qquad\qquad\qquad - (e_1 e_2 e_3 e_4 e_5)^{-1} I_{\Delta_{13}} = 0. \end{cases}$$

このような関係式は，分岐点集合における直線の交点毎に何本か作ることができる．

こうして多くの線形関係式が得られたので，積分 I_{Δ_i} ($1 \le i \le 13$) は線形従属となる．これらの積分の張る線形空間の次元は，有界な領域の個数に等しく 3 となる．次元が有界な領域の個数と一致することは，より一般的な設定のもとで河野 [77] により示されている基本的な結果である．

次に，積分の挙動を考える．挙動としては，変数 x について $x \to 0$ と $x \to 1$ での挙動を調べる．その際には，単一の挙動を与える領域を見出す必要があった．考え方は 7.3 節と同じで，$x \to 0$ での挙動であれば，$x \to 0$ によりつぶれる領域と，

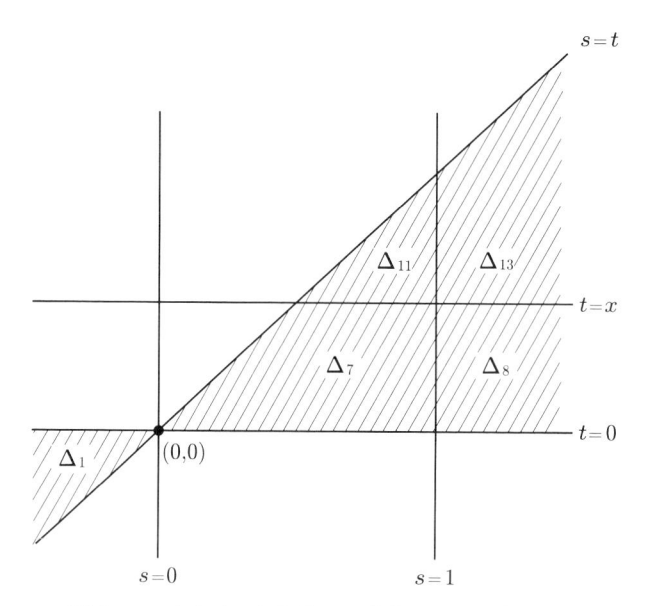

図 **7.16**: 交点 (0,0) を通る 2 直線に関する線形関係

$x \to 0$ で影響を受けない領域を見ればよい．つぶれる領域は $\Delta_5, \Delta_6, \Delta_7, \Delta_8$ で，影響を受けない領域は Δ_{12} である．$\Delta_5, \Delta_6, \Delta_7, \Delta_8$ については，関係式 (7.37) によって線形従属であり，2 つが独立である．この 4 つの中から，$x \to 0$ において単一の挙動を与える領域を見出す必要がある．もし領域 Δ_A により単一の挙動

$$I_{\Delta_A} \sim C x^\mu \quad (x \to 0)$$

が与えられたとすると，$x = 0$ のまわりを 1 周する解析接続により，

$$I_{\Delta_A} \rightsquigarrow e^{2\pi \sqrt{-1} \mu} I_{\Delta_A}$$

という変化が起こる．すなわち単一の挙動を与える積分は，$x = 0$ のまわりを 1 周する解析接続に関する固有関数となっている．そのためには，解析接続の結果がほかの領域を使わずに表されるような領域でなければならない．そこで多重積分の場合に解析接続を求める方法を，比較的複雑と思われる領域 Δ_7 について調べることで説明しよう．

x の初期位置を r $(0 < r < 1)$ とし，x が円 $|x| = r$ に沿って $x = 0$ のまわりを 1 周するときの I_{Δ_7} の変化を追跡したい．多重積分 I_{Δ_7} は次のように累次積分で表すことができる．

$$I_{\Delta_7} = \int_0^x dt \int_t^1 U_{\Delta_7}(s, t)\, ds.$$

この表示は, t 平面においては 0 と x を結ぶ線分 $\overline{0x}$ を考え, その線分上の各 t に対して s 平面上で t と 1 を結ぶ線上の線積分を行うと考えると, x が複素数の場合でも意味を持つ. 累次積分をこの順で考えたときには, t 平面における被積分関数の特異点は $t = 0, x$ の 2 点, s 平面における被積分関数の特異点は $s = 0, 1, t$ の 3 点となる. x が x 平面において $x = 0$ のまわりを 1 周すると, t 平面における特異点である x は $t = 0$ のまわりを 1 周することになる. それにつれて線分 $\overline{0x}$ 上にある t は s 平面において $s = 0$ のまわりを 1 周する. 以上を考慮して積分路の変化を追跡すると, 図 7.17 のようになることがわかる.

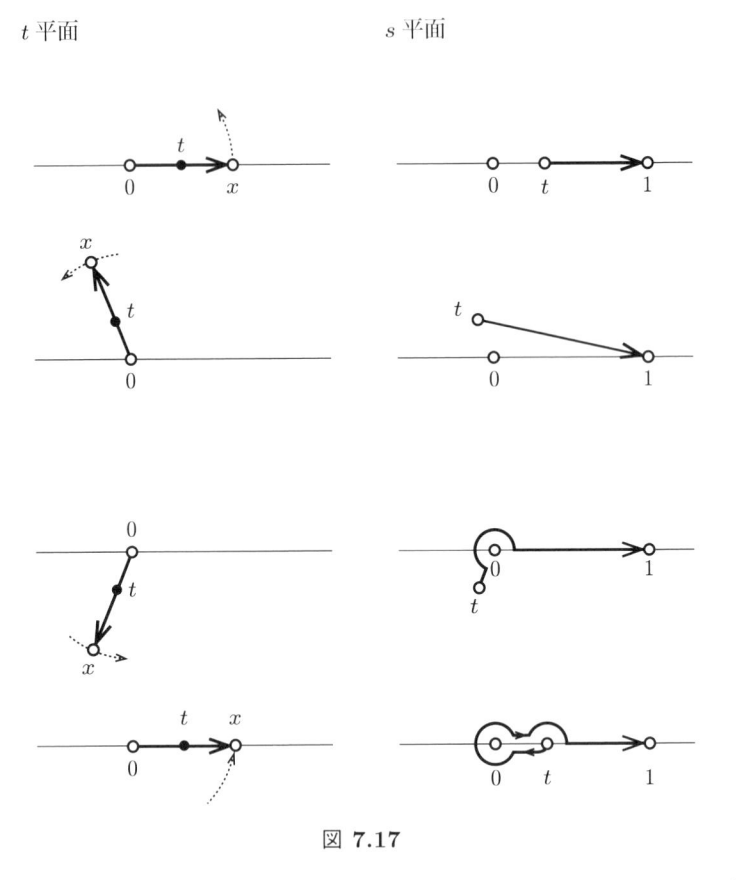

図 7.17

結果として, s 平面における線分 $(0, t)$ 上の積分が新たに加わることになる. 積分路上の分枝をきちんと見ることで, $x = 0$ のまわりを 1 周する解析接続によって

$$I_{\Delta_7} \rightsquigarrow e^{2\pi\sqrt{-1}(\lambda_3+\lambda_4)}(I_{\Delta_7} + e^{\pi\sqrt{-1}\lambda_5}(1 - e^{2\pi\sqrt{-1}\lambda_1})I_{\Delta_6})$$

となることがわかる．特に I_{Δ_7} はこの解析接続に関する固有関数ではない．

このような方法で解析接続を求めていくと，Δ_6 と Δ_8 が固有関数を与えることがわかる．これらについては，実際に適当な積分変数の変換を行うことで，

$$I_{\Delta_6} \sim C_1 x^{\lambda_1+\lambda_3+\lambda_4+\lambda_5+2} \quad (x \to 0),$$
$$I_{\Delta_8} \sim C_2 x^{\lambda_3+\lambda_4+1} \quad (x \to 0)$$

という挙動を示すことがわかる．一方 Δ_{12} については，直ちに

$$I_{\Delta_{12}} \sim C_3 \quad (x \to 0)$$

が得られる．

$x \to 1$ での挙動は，少し違った様相を呈する．$x \to 1$ によりつぶれる領域は Δ_{11}，影響を受けない領域は $\Delta_1, \Delta_2, \Delta_3, \Delta_4$ である．さて積分変数の変換をすることで，

$$I_{\Delta_{11}} \sim C_4 (1-x)^{\lambda_2+\lambda_4+\lambda_5+2} \quad (x \to 1)$$

がわかる．一方

$$I_{\Delta_j} \sim D_j \quad (x \to 1), \quad (j = 1, 2, 3, 4)$$

は直ちにわかる．ここで D_j $(1 \leq j \leq 4)$ は定数である．したがって $\Delta_1, \ldots, \Delta_4$ はいずれも，$x = 1$ のまわりを 1 周するという解析接続に関する固有関数になっている．一方関係式 (7.36) により，$\Delta_1, \ldots, \Delta_4$ のうち線形独立なのは 2 つである．つまり，$x = 1$ において正則な積分の空間は 2 次元であるが，4 つの積分はいずれも固有関数となっているので，固有関数であるということによって 2 つの基底を選ぶことができない．一般的にいえば，2 次元以上の線形空間には canonical な基底の取り方はないのである．このようにモノドロミーの固有空間の次元が高い場合には，基底の選び方に困難があり，そのため接続問題が難しくなる．（このような場合の接続問題については，すでに 4.3.3 節で論じている．）

次は，積分 I_Δ のみたす微分方程式を導出しよう．まず，2 重積分 I_Δ に対しても積分の正則化が定義される．これについては次の 7.9 節で簡単に触れる．以下，積分は正則化されているものとする．あるいは，$\text{Re}\,\lambda_j$ などが十分大きくて，広義積分の発散については心配しなくて良い状況にあると思ってもよい．

さて微分方程式の導出には，7.5 節の方法を 2 重積分に対して適用すればよい．Δ を，$s=0, s=1, t=0, t=x, s=t$ および ∞ のうちの何本かで囲まれた領域とする．つまり図 7.15 の $\Delta_1, \ldots, \Delta_{13}$ のうちの 1 つ，あるいはこれらのいくつかの合併と思えばよい．このとき，任意の微分 1 形式 φ に対し，Stokes の定理より

$$\int_\Delta d(U\varphi) = \int_{\partial\Delta} U\varphi$$

が成り立つ．ここで右辺は $U(s,t)$ に $\partial\Delta$ 上の点を代入したものを積分するものだが，積分が正則化されているので $U(s,t)|_{\partial\Delta} = 0$ と考えてよい．したがって右辺は 0 となる．一方，

$$d\log U = \frac{dU}{U} = \omega$$

とおくと，

$$\int_\Delta d(U\varphi) = \int_\Delta U(\omega\wedge + d)\varphi$$

と書ける．左辺は 0 に等しいので，このことを 7.5 節の記法に則り

(7.38) $$(\omega\wedge + d)\varphi \equiv 0$$

と表す．φ をいろいろ取ることで，我々は多くの関係式を手に入れることができる．たとえば $f(t)$ を t の任意関数として $\varphi = f(t)\,ds$ ととれば，(7.38) により

(7.39) $$f(t)\left(\frac{\lambda_1}{s} + \frac{\lambda_2}{s-1} + \frac{\lambda_5}{s-t}\right) ds\wedge dt \equiv 0$$

が得られ，同様に $g(s)$ を s の任意関数として $\varphi = g(s)\,dt$ ととれば，

(7.40) $$g(s)\left(\frac{\lambda_3}{t} + \frac{\lambda_4}{t-x} + \frac{\lambda_5}{t-s}\right) ds\wedge dt \equiv 0$$

が得られる．

さて 2 形式 $\varphi_1, \varphi_2, \varphi_3$ を

(7.41) $$\varphi_1 = \frac{ds\wedge dt}{st},\ \varphi_2 = \frac{ds\wedge dt}{(s-1)t},\ \varphi_3 = \frac{ds\wedge dt}{(s-1)(t-s)}$$

により定める．

$$y_j(x) = \int_\Delta U\varphi_j \quad (j=1,2,3)$$

とおき，

$$y_j'(x) = \int_\Delta U\psi_j$$

となる 2 形式 ψ_j を φ_j' と書くことにすれば，(7.39), (7.40) などの関係式を用いることで次の結果が得られる[1]．

---

[1] 私は $\varphi = d\log(t-s)$ から得られる関係式も使った．

$$\begin{cases} \varphi_1' = \dfrac{1}{x}[(\lambda_1 + \lambda_3 + \lambda_4 + \lambda_5)\varphi_1 + \lambda_2 \varphi_2], \\ \varphi_2' = \dfrac{1}{x}[(\lambda_3 + \lambda_4)\varphi_2 + \lambda_5 \varphi_3], \\ \varphi_3' = \dfrac{1}{x-1}\Big[\dfrac{\lambda_1(\lambda_1 + \lambda_3 + \lambda_5)}{\lambda_5}\varphi_1 + \dfrac{\lambda_1\lambda_2 + \lambda_2\lambda_3 + \lambda_3\lambda_5}{\lambda_5}\varphi_2 \\ \qquad\qquad + (\lambda_2 + \lambda_4 + \lambda_5)\varphi_3 \Big]. \end{cases}$$

これより直ちに $Y(x) = {}^t(y_1(x), y_2(x), y_3(x))$ のみたす微分方程式が得られる.

(7.42) $$\frac{dY}{dx} = \left(\frac{A}{x} + \frac{B}{x-1}\right) Y,$$

$$A = \begin{pmatrix} \lambda_1 + \lambda_3 + \lambda_4 + \lambda_5 & \lambda_2 & 0 \\ 0 & \lambda_3 + \lambda_4 & \lambda_5 \\ 0 & 0 & 0 \end{pmatrix},$$

$$B = \begin{pmatrix} 0 & 0 & 0 \\ 0 & 0 & 0 \\ \dfrac{\lambda_1(\lambda_1 + \lambda_3 + \lambda_5)}{\lambda_5} & \dfrac{\lambda_1\lambda_2 + \lambda_2\lambda_3 + \lambda_3\lambda_5}{\lambda_5} & \lambda_2 + \lambda_4 + \lambda_5 \end{pmatrix}.$$

なお, I_Δ のみたす微分方程式を得るには, λ_1, λ_3 をそれぞれ λ_1+1, λ_3+1 に取り替えた後に, (7.42) から y_1 のみたす微分方程式を導けばよい. 微分方程式 (7.42) は, 適当にパラメーターの対応をつけることで, 一般化超幾何級数 ${}_3F_2\begin{pmatrix} \alpha_1, \alpha_2, \alpha_3 \\ \beta_1, \beta_2 \end{pmatrix}; x\end{pmatrix}$ のみたす微分方程式 (${}_3E_2$) に帰着される.

接続係数, モノドロミーについては, 7.6, 7.7 節と同様の考え方で求められる. すなわち接続係数は, 上で求めた I_Δ の間の線形関係 (7.36), (7.37) と I_Δ たちの挙動を組み合わせれば求められる. モノドロミーについては, I_{Δ_j} ($1 \leq j \leq 13$) で張られる 3 次元線形空間の基底として有界な領域上の積分 $I_{\Delta_6}, I_{\Delta_7}, I_{\Delta_{11}}$ をとり, これらの変化を追跡すればよい. $x = 0$ のまわりを 1 周するときの Δ_7 の変化はすでに求めた. ほかの場合についても同様にすればできる.

この節の最後に, 2 形式 φ_j を (7.41) のように取ることについて, 注意を述べる. これらは後述のコホモロジー群の基底としてとられたものであるが, 次のように書き表すことができる.

$$\varphi_1 = d\log s \wedge d\log t, \quad \varphi_2 = d\log(s-1) \wedge d\log t, \quad \varphi_3 = d\log(s-1) \wedge d\log(t-s).$$

つまり φ_j は, 被積分関数 $U(s,t)$ の分岐点を与える 1 次式の対数微分の外積になっている. このように, コホモロジーの基底が対数微分の外積で構成できることは,

一般的な状況で成り立つ事実である．この事実の証明については [22] などを参照されたい．

7.9 局所系係数の（コ）ホモロジー

これまで述べてきた積分表示に関する議論は，局所系係数のホモロジー・コホモロジーの理論として体系化されている．この節では，この理論の骨格を簡単に説明することにする．きちんと勉強したい人は，青本・喜多 [3] や服部 [42] などにあたっていただきたい．

M を n 次元複素多様体とし，U を M 上の多価関数で，その対数微分

$$d \log U = \omega$$

が定義されて M 上の 1 価正則 1 形式となるようなものとする．多価関数 U は，M 上のある局所系の切断ととらえられる．すなわち $\mathcal{K}$ を，M の各点の近傍における U の分枝を局所切断とする M 上の局所系として定めることができる．$\mathcal{K}$ の双対 $\mathcal{K}^{\vee}$ を $\mathcal{L}$ とおく．以下では $\mathcal{L}$ を主にして用い，$\mathcal{K}$ は $\mathcal{L}^{\vee}$ と表すことにする．

Δ を M 上の p-chain，φ を M 上の正則 p 形式として，積分

$$\tag{7.43} \int_{\Delta} U\varphi$$

を考える．積分を確定するには，U の Δ 上の分枝を定める必要があるので，Δ は単なる chain ではなくて，その上の U の分枝の指定も付随させたものと考える．chain に対する境界作用素は，通常の境界作用素として境界を取るものであるが，境界上の分枝はもとの chain 上の分枝から連続的に定まるものとして指定する．この境界作用素を通常の境界作用素と区別して，∂_{ω} と表す．すると U の分枝の指定つきの chain と境界作用素 ∂_{ω} によって，ホモロジー群が定義される．これを $H_p(M, \mathcal{L}^{\vee})$ と表し，局所系係数のホモロジー群，あるいは twisted ホモロジー群という．twisted ホモロジー群の元を twisted cycle という．

一方微分形式については，Stokes の定理より

$$\tag{7.44} \int_{\Delta} d(U\varphi) = \int_{\partial\Delta} U\varphi$$

となるが，左辺を

$$\int_{\Delta} d(U\varphi) = \int_{\Delta} U\left(\frac{dU}{U} \wedge \varphi + d\varphi\right) = \int_{\Delta} U(\omega \wedge + d)\varphi$$

と書くと，(7.44) は
$$\nabla_\omega = d + \omega \wedge$$
という作用素を用いて
$$\int_\Delta U \nabla_\omega \varphi = \int_{\partial \Delta} U \varphi$$
と表される．$\nabla_\omega \circ \nabla_\omega = 0$ が成り立つので，∇_ω をコバウンダリー作用素とするコホモロジー群 $H^p(\Omega^\bullet, \nabla_\omega)$ が定義される．これを局所系係数のコホモロジー群，あるいは twisted コホモロジー群といい，その元を twisted 形式と呼ぶ．さらにこのコホモロジー群は $H^p(M, \mathcal{L})$ と同型になることがわかり，積分 (7.43) は，pairing

$$\begin{array}{ccc} H_p(M, \mathcal{L}^\vee) \times H^p(M, \mathcal{L}) & \to & \mathbb{C} \\ (\Delta, \varphi) & \mapsto & \int_\Delta U\varphi \end{array}$$

ととらえられる．

　積分領域として，開区間や開多角形などは局所有限な無限 chain と思える．これに対応するホモロジー群は $H_p^{lf}(M, \mathcal{L}^\vee)$ と書かれる．正則化とは，

$$H_p^{lf}(M, \mathcal{L}^\vee) \to H_p(M, \mathcal{L}^\vee)$$

という準同型ととらえられる．局所有限な無限 chain Δ と組んで積分 (7.43) を与える微分形式 φ としては，compact support のものを考える必要がある．その全体を $H_c^p(M, \mathcal{L})$ と表す．この場合の積分 (7.43) は，pairing

$$\begin{array}{ccc} H_p^{lf}(M, \mathcal{L}^\vee) \times H_c^p(M, \mathcal{L}) & \to & \mathbb{C} \\ (\Delta, \varphi) & \mapsto & \int_\Delta U\varphi \end{array}$$

ととらえられる．

　以上の定式化は積分 (7.43) の意味づけをするものであるが，それだけではなくて，この定式化によりホモロジーおよびコホモロジーの交点理論が発見されることになった．ホモロジーの交点数は

$$\begin{array}{ccc} H_p(M, \mathcal{L}^\vee) \times H_p^{lf}(M, \mathcal{L}) & \to & \mathbb{C} \\ (\sigma, \tau) & \mapsto & \sigma \cdot \tau \end{array}$$

という pairing として定義され，位相的な chain としての交点数と，chain 上で定義された U の分枝の値によって定まる．またコホモロジーの交点数は，

$$H_c^{2n-p}(M,\mathcal{L}) \times H^p(M,\mathcal{L}^\vee) \to \mathbb{C}$$
$$(\varphi,\psi) \mapsto \int_M \varphi\wedge\psi$$

という pairing により定義される．これらの pairing は，一般に双 1 次形式として非退化になる．

これらの交点数についての理論は，理論として自然で興味深いというだけでなく，応用上も有用である．たとえば Gauss の超幾何微分方程式やその拡張となる多くの微分方程式には，特性指数が実数の場合にモノドロミー不変 Hermite 形式が存在することが知られている．このモノドロミー不変 Hermite 形式が，解の積分表示に付随するホモロジーの交点行列の逆行列として意味づけられることを，喜多・吉田 [74] が明らかにした．また趙・松本 [12] によると，ホモロジーの交点理論とコホモロジーの交点理論を組み合わせることで Riemann の周期関係式の局所系係数版というものが得られ，それを適用することで

(7.45)
$$\begin{aligned}&F(\alpha,\beta,\gamma;x)F(1-\alpha,1-\beta,2-\gamma;x)\\&=F(\alpha+1-\gamma,\beta+1-\gamma,2-\gamma;x)F(\gamma-\alpha,\gamma-\beta,\gamma;x)\end{aligned}$$

といった超幾何関数の 2 次関係式が系統的に得られる．(7.45) のような関係式は散発的には得られていたが，系統的に導けるようになったこと，Appell, Lauricella の多変数超幾何関数などに対しても同様の 2 次関係式がやはり系統的に得られることは，大きな進歩である．

さらに，ホモロジーの交点理論は接続問題に大きな威力を発揮する．積分表示された解の組の間の線形関係を与える係数が，積分領域であるホモロジーの間の交点数から直接求められるからである．7.2 節や 7.8 節で求めたような線形関係を求める必要がなくなるので，特に多重積分の場合には有用である．詳しくは三町 [87] などを参照されたい．

7.10 Legendre 方程式の解の積分表示

これまであまり明示的に述べてこなかったが，7.1 節から 7.7 節で扱った積分 I_{pq} や 7.8 節で扱った積分 I_Δ においては，被積分関数に現れる指数 λ,μ,ν や $\lambda_1,\lambda_2,\ldots$ は一般的であるとしていた．ここで一般的というのは，これらの指数および 1 の間に整数係数の 1 次関係式が成立しない，ということを意味する．この条件の下でいろいろな操作が定義され，これまで述べてきたような事柄が成立するのだが，

一般的でない場合の中にも重要なものが多く含まれている．そういったものについては，個別に調べる必要がある．

指数が一般的でない場合の例として，Legendre 方程式の解の積分表示を考察する．Legendre 方程式は第 4 章にすでに現れた，

(7.46) $$(1-t^2)\frac{d^2y}{dt^2} - 2t\frac{dy}{dt} + \lambda y = 0$$

という 2 階 Fuchs 型微分方程式である．ここで $\lambda \in \mathbb{C}$ はパラメーターである．Riemann scheme は (4.12) で与えられている．この Riemann scheme から，$t = \pm 1$ において対数項を含む解が存在することがわかる．

Legender 方程式 (7.46) は，超幾何微分方程式 (7.22) においてパラメーターを

(7.47) $$\alpha + \beta = 1, \ \gamma = 1$$

と特殊化し，さらに変数変換

(7.48) $$x = \frac{1-t}{2}$$

を行うことで得られる．このとき

(7.49) $$\lambda = -\alpha\beta = \alpha(\alpha - 1)$$

となる．7.5 節で見たように，超幾何微分方程式 (7.22) は I_{pq} を解の積分表示として持つ．具体的な表示は定理 7.3 において (7.25) で与えたが，そこで α と β を入れ替えた

$$y(x) = \int_p^q s^{\alpha-\gamma}(1-s)^{\gamma-\beta-1}(s-x)^{-\alpha}\,ds$$

も (7.22) の解の積分表示として有効である．これを元にして，Legendre 方程式の解の積分表示を導くことができる．それにはパラメーターの特殊化 (7.47) と変数変換 (7.48) をこの積分に施せばよいのだが，変数変換の方は x のところに (7.48) の右辺を代入するだけで，表示が長くなるだけで実質的な意味は変わらない．そこで変数変換はせずに，必要に応じて x は (7.48) の右辺であると読み替えることにしよう．特に $x = 0$ は $t = 1$ に，$x = 1$ は $t = -1$ に対応することを覚えておく．こうして Legendre 方程式の解の積分表示

(7.50) $$y(t) = \int_\Delta s^{\alpha-1}(1-s)^{\alpha-1}(s-x)^{-\alpha}\,ds$$

が得られる．今述べたように x は (7.48) の右辺であると読むので，積分結果は t

の関数となる．α と Legendre 方程式のパラメーター λ の関係は，(7.49) である．積分路は一般に局所系係数のホモロジー群の元と考えて，Δ という記号を与えた．積分 (7.50) では，被積分関数の指数が一般的ではないことがわかる．ただし当面

$$\alpha \notin \mathbb{Z}$$

は仮定しておく．

この積分表示を用いて，Legendre 方程式の $t=1$ と $t=-1$ の間の接続問題を解こう．それには，今まで見てきたように，それぞれの確定特異点において漸近挙動で特定される解と積分路の対応をつけ，また積分路の間の線形関係を求め，それらの結果を組み合わせればよい．

確定特異点 $t=1$ においては，特性指数が $0,0$ であり，(7.46) は次のような線形独立解を持つ．

$$(7.51) \quad \begin{cases} y_1^+(t) = 1 + \sum_{n=1}^{\infty} a_n (t-1)^n, \\ y_2^+(t) = y_1^+(t) \log(t-1) + \sum_{n=0}^{\infty} b_n (t-1)^n. \end{cases}$$

$y_1^+(t)$ は一意的に定まるが，$y_2^+(t)$ には $y_1^+(t)$ の定数倍を加えるという不定性がある．この不定性は，b_0 の値を指定すれば特定される．同様に確定特異点 $t=-1$ においても，次の線形独立解がある．

$$(7.52) \quad \begin{cases} y_1^-(t) = 1 + \sum_{n=1}^{\infty} c_n (t+1)^n, \\ y_2^-(t) = y_1^-(t) \log(t+1) + \sum_{n=0}^{\infty} d_n (t+1)^n. \end{cases}$$

やはり $y_2^-(t)$ は不定性を持つが，d_0 の値を指定すれば特定される．

これらの解を与えるような積分路 Δ を求めたい．しかし 7.3 節で行ったような積分路の見つけ方は，指数が一般的ではないため使えない．しかし逆に，指数の間に関係があることを用いて，うまい積分路を見つけることができる．すなわち次の図 7.18 ような 3 つの積分路を考える．

$\Delta_0, \Delta_1, \Delta_x$ には共通の始点 P を与えておき，P において被積分関数

$$s^{\alpha-1}(1-s)^{\alpha-1}(s-x)^{-\alpha}$$

の分枝を共通に次のように指定しておく．

$$(7.53) \quad \arg s \approx 0, \ \arg(1-s) \approx 0, \ \arg(s-x) \approx \pi.$$

図 7.18

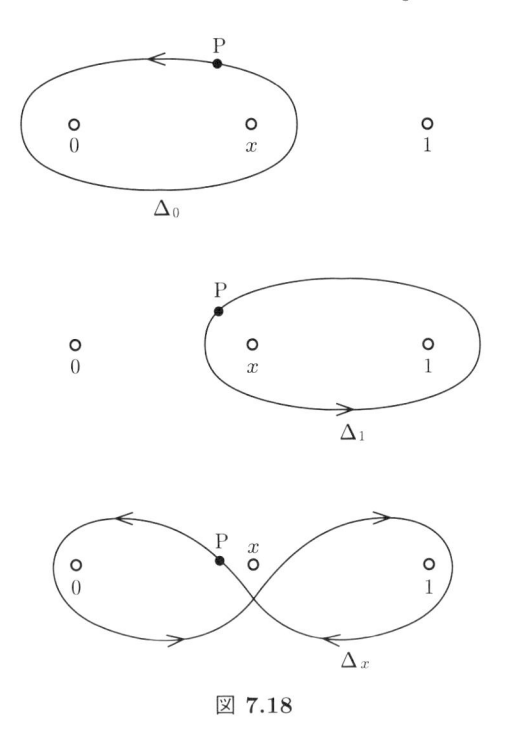

ただし x は $0 < x < 1$ の位置にある実数とし，P は 0 と x の間の実軸上の点の少し上側にあると考えている．

$$\Phi(\Delta) = \int_\Delta s^{\alpha-1}(1-s)^{\alpha-1}(s-x)^{-\alpha}\,ds$$

とおく．さて Δ_0 に沿って 1 周すると，$\arg s$ と $\arg(s-x)$ はともに 2π 増加するが，それぞれの指数が $\alpha-1, -\alpha$ となっているため，この変化は打ち消されて終点では始点と同じ分枝に戻る．したがって Δ_0 は 7.9 節の意味で cycle（境界作用素 ∂_ω を施すと消える chain）になっている．このことから，$\Phi(\Delta_0)$ は微分方程式 (7.46) の解になることがしたがう．同様に $\Phi(\Delta_1)$ も解になる．さらに Δ_x では，1 周すると $\arg s$ は 2π 増加するが $\arg(1-s)$ は 2π 減少するので，やはり終点で分枝は元に戻り，cycle となる．よって $\Phi(\Delta_x)$ も解である．

$\Phi(\Delta_0)$ において $x \to 0$ とするとき，積分路には何の変化も起きないので，被積分関数が $x = 0$ の近傍で正則であることから $\Phi(\Delta_0)$ も $x = 0$（つまり $t = 1$）で正則となることがわかる．同様に $\Phi(\Delta_1)$ は $x = 1$（つまり $t = -1$）で正則である．したがって $\Phi(\Delta_0)$ は $y_1^+(t)$ の定数倍であり，また $\Phi(\Delta_1)$ は $y_1^-(t)$ の定数倍であ

る．これらの定数を求めよう．

$$\lim_{x \to 0} \Phi(\Delta_0) = \int_{\Delta_0} s^{\alpha-1}(1-s)^{\alpha-1} s^{-\alpha}\, ds$$
$$= \int_{\Delta_0} \frac{(1-s)^{\alpha-1}}{s}\, ds$$
$$= 2\pi\sqrt{-1} \operatorname*{Res}_{s=0} \frac{(1-s)^{\alpha-1}}{s}\, ds$$
$$= 2\pi\sqrt{-1}$$

が成り立つ．分枝の定め方 (7.53) から，$s^{-\alpha}$ の P における分枝については，$\arg s \approx 0$ となることを用いている．またやはり (7.53) の $\arg(1-s) \approx 0$ より，

$$\lim_{s \to 0}(1-s)^{\alpha-1} = 1$$

となることも用いている．同様にして，

$$\lim_{x \to 1} \Phi(\Delta_1) = \int_{\Delta_1} s^{\alpha-1}(1-s)^{\alpha-1}(e^{\pi\sqrt{-1}}(1-s))^{-\alpha}\, ds$$
$$= e^{-\pi\sqrt{-1}\alpha} \int_{\Delta_1} \frac{s^{\alpha-1}}{1-s}\, ds$$
$$= e^{-\pi\sqrt{-1}\alpha} 2\pi\sqrt{-1} \operatorname*{Res}_{s=1} \frac{s^{\alpha-1}}{1-s}\, ds$$
$$= e^{\pi\sqrt{-1}(1-\alpha)} 2\pi\sqrt{-1}$$

が成り立つ．したがって

(7.54)
$$\Phi(\Delta_0) = 2\pi\sqrt{-1}\, y_1^+(t),$$
$$\Phi(\Delta_1) = e^{\pi\sqrt{-1}(1-\alpha)} 2\pi\sqrt{-1}\, y_1^-(t)$$

となることが示された．

さてそうすると，$\Phi(\Delta_x)$ が対数項を含む解を与えると考えられる．それを確かめるには，7.3 節のように $x \to 0$ としたときの $\Phi(\Delta_x)$ の挙動を調べればよさそうに思えるが，それではうまくいかないようである．ここでは多重積分に対して 7.8 節で行ったように，局所モノドロミーを調べるというやり方を採ってみる．つまり x を $s = 0$ のまわりに 1 周させて，そのときの Δ_x の変化を記述する．

図 7.19 のように Δ_x を左半分 Γ_1 と右半分 Γ_2 に分け，共通の始点を Q とおく．Γ_1, Γ_2 上の分枝は (7.53) から決まる．すなわち Γ_1 の始点 Q における分枝は

$$\arg s \in \left(-\frac{\pi}{2}, 0\right),\ \arg(1-s) \in \left(0, \frac{\pi}{2}\right),\ \arg(s-x) = \frac{3}{2}\pi,$$

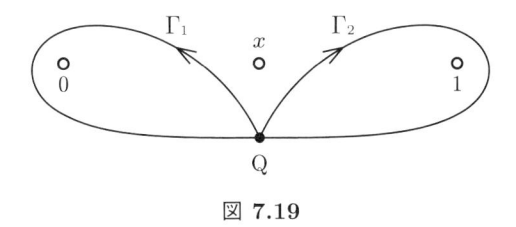

7.10 Legendre 方程式の解の積分表示　253

図 7.19

Γ_2 の始点 Q における分枝は

$$\arg s \in \left(\frac{3}{2}\pi, 2\pi\right),\ \arg(1-s) \in \left(0, \frac{\pi}{2}\right),\ \arg(s-x) = \frac{3}{2}\pi,$$

で定まる．x を $s=0$ のまわりに 1 周させると Γ_2 は変化せず，Γ_1 は図 7.20 のように変わる．

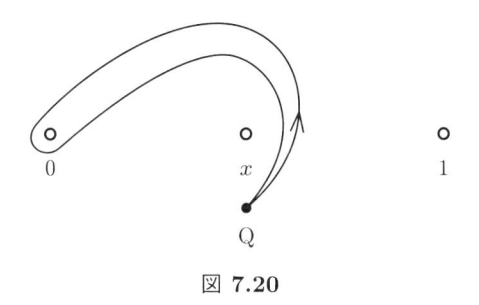

図 7.20

これを図 7.21 のように書き表す．

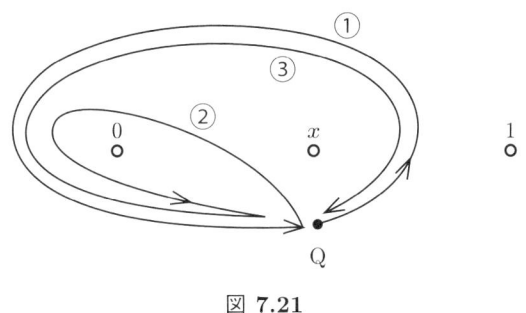

図 7.21

分枝の違いを除けば，①, ②, ③はそれぞれ $\Delta_0, \Gamma_1, -\Delta_0$ と等しい．①の P における分枝は

$$\arg s \approx 0,\ \arg(1-s) \approx 0,\ \arg(s-x) \approx 3\pi$$

で定まるので，①は

に等しい．②の Q における分枝は

$$\arg s \in \left(\frac{3}{2}\pi, 2\pi\right),\ \arg(1-s) \in \left(0, \frac{\pi}{2}\right),\ \arg(s-x) = \frac{3}{2}+2\pi,$$

で定まるので，②は

$$\left(e^{2\pi\sqrt{-1}}\right)^{\alpha-1}\left(e^{2\pi\sqrt{-1}}\right)^{-\alpha}\Gamma_1 = \Gamma_1$$

に等しい．③の P における分枝は

$$\arg s \approx 2\pi,\ \arg(1-s) \approx 0,\ \arg(s-x) \approx 3\pi$$

で定まるので，③は

$$-\left(e^{2\pi\sqrt{-1}}\right)^{\alpha-1}\left(e^{2\pi\sqrt{-1}}\right)^{-\alpha}\Delta_0 = -\Delta_0$$

に等しいことがわかる．したがって，x が 0 のまわりを 1 周することにより，

$$\Delta_x \rightsquigarrow e^{-2\pi\sqrt{-1}\alpha}\Delta_0 + \Gamma_1 - \Delta_0 + \Gamma_2$$
$$= \Delta_x + (e^{-2\pi\sqrt{-1}\alpha} - 1)\Delta_0$$

という変化が引き起こされることがわかった．すなわち，x が 0 のまわりを 1 周するという閉曲線を γ_0 とおくと，

$$\gamma_{0*}\Phi(\Delta_x) = \Phi(\Delta_x) + (e^{-2\pi\sqrt{-1}\alpha} - 1)\Phi(\Delta_0)$$

が成り立つ．さてそこで

$$f(x) = \frac{e^{-2\pi\sqrt{-1}\alpha} - 1}{2\pi\sqrt{-1}}\Phi(\Delta_0)\log x$$

とおくと，$\Phi(\Delta_0)$ は $x=0$ で正則なので，γ_0 に沿った解析接続は

$$\gamma_{0*}f(x) = f(x) + (e^{-2\pi\sqrt{-1}\alpha} - 1)\Phi(\Delta_0)$$

となる．よって

$$\Phi(\Delta_x) - f(x) = g(x)$$

とおくと，$g(x)$ は $x=0$ のまわりで 1 価となる．

$$\Phi(\Delta_x) = \frac{e^{-2\pi\sqrt{-1}\alpha} - 1}{2\pi\sqrt{-1}}\Phi(\Delta_0)\log x + g(x)$$

なので，$\Phi(\Delta_x)$ が $x=0$ における対数項を含む解であることがわかった．これを (7.51) および (7.54) と見比べると，

(7.55) $$\Phi(\Delta_x) = (e^{-2\pi\sqrt{-1}\alpha} - 1)y_2^+(t)$$

としてよいことがわかる．この関係式によって，$y_2^+(t)$ の不定性も決められたと考える．

同様の議論を $x=1$ についても行う．x が 1 のまわりを 1 周するとき，

$$\Delta_x \rightsquigarrow \Delta_x + (1 - e^{2\pi\sqrt{-1}\alpha})\Delta_1$$

という変化が引き起こされることがわかる．このことにより，

(7.56) $$\Phi(\Delta_x) = e^{\pi\sqrt{-1}(1-\alpha)}(1 - e^{2\pi\sqrt{-1}\alpha})y_2^-(t)$$

とできることがわかる．

次に積分路の間の関係を求める．図 7.22 のように考えれば，

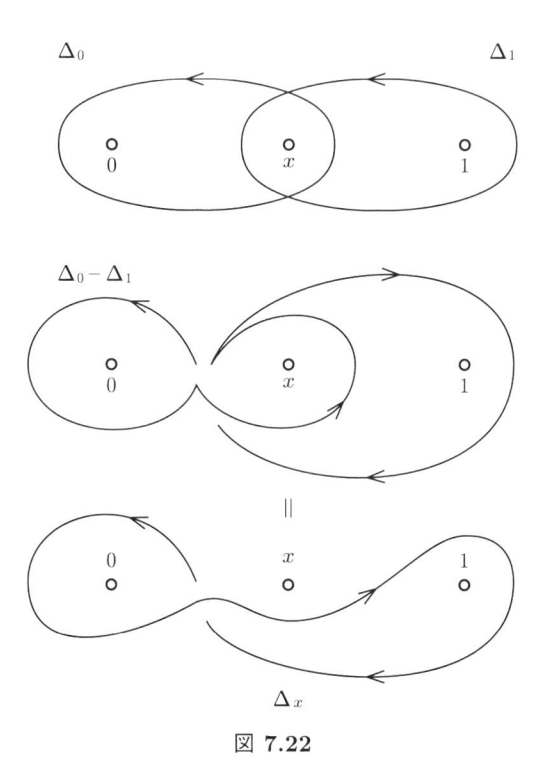

図 **7.22**

$$\Delta_0 - \Delta_1 = \Delta_x$$

が成り立つことがわかる．したがって

(7.57) $$\Phi(\Delta_0) = \Phi(\Delta_1) + \Phi(\Delta_x)$$

が得られる．

以上を組み合わせることで，Legendre 方程式の接続問題が解かれる．

定理 7.5 Legendre 方程式 (7.46) において $\lambda = \alpha(\alpha - 1)$ とし，$\alpha \notin \mathbb{Z}$ を仮定する．$t = 1$ における基本解系 $y_1^+(t), y_2^+(t)$ を (7.51) で，$t = -1$ における基本解系 $y_1^-(t), y_2^-(t)$ を (7.52) で定義する．ただし $y_2^+(t), y_2^-(t)$ にある不定性は，積分表示 (7.55), (7.56) によって特定されるとする．

このとき，領域 $\{|t-1| < 2\} \cap \{|t+1| < 2\}$ において接続関係

$$y_1^+(t) = A y_1^-(t) + B y_2^-(t),$$

$$A = e^{\pi\sqrt{-1}(1-\alpha)}, \ B = e^{\pi\sqrt{-1}(1-\alpha)} \frac{1 - e^{2\pi\sqrt{-1}\alpha}}{2\pi\sqrt{-1}}$$

が成り立つ．

証明 (7.54), (7.56) および (7.57) を用いると，

$$\begin{aligned}
y_1^+(t) &= \frac{1}{2\pi\sqrt{-1}} \Phi(\Delta_0) \\
&= \frac{1}{2\pi\sqrt{-1}} (\Phi(\Delta_1) + \Phi(\Delta_x)) \\
&= e^{\pi\sqrt{-1}(1-\alpha)} y_1^-(t) + \frac{e^{\pi\sqrt{-1}(1-\alpha)}(1 - e^{2\pi\sqrt{-1}\alpha})}{2\pi\sqrt{-1}} y_2^-(t)
\end{aligned}$$

が得られる． □

第8章

不確定特異点

　単独高階型でも連立1階型でも，微分方程式の係数の極であって確定特異点以外のものを不確定特異点と呼ぶのであった．この章では，不確定特異点に関し理論の基礎的な部分について，一部に証明をつけながらその概略を説明する．

　まずはじめに，確定特異点と不確定特異点の見分け方について考えよう．単独高階型の方程式

(8.1) $$y^{(n)} + p_1(x)y^{(n-1)} + \cdots + p_n(x)y = 0$$

において，$x = a$ が $p_1(x), p_2(x), \ldots, p_n(x)$ のたかだか極になっているとする．それぞれの極の位数を $k_1, k_2, \ldots, k_n$ とするとき，$x = a$ が (8.1) の確定特異点であるための必要十分条件は

(8.2) $$k_j \leq j$$

がすべての $j = 1, 2, \ldots, n$ について成り立つことであった（定理 2.3（Fuchs の定理））．したがって不等式 (8.2) が成立しない j が1つでもあれば，$x = a$ は (8.1) の不確定特異点である．

　一方，連立1階型の方程式

(8.3) $$\frac{dY}{dx} = A(x)Y$$

の場合には，このような簡潔な判定法はない．ただしはっきりと確定特異点であることがわかる場合と，はっきりと不確定特異点であることがわかる場合があるのでそれを述べよう．(8.3) において $x = a$ が $A(x)$ の極になっていて，その位数が q であるとする．$x = a$ における $A(x)$ の Laurent 展開を

$$A(x) = \frac{1}{(x-a)^q} \sum_{m=0}^{\infty} A_m (x-a)^m$$

とする．$q = 1$ であれば $x = a$ は (8.3) の確定特異点である．これは定理 2.4 の主張するところである．また $q > 1$ で A_0 がベキ零行列でなければ，$x = a$ は (8.3)

の不確定特異点である（渋谷 [126], 定理 5.5.4）．$q > 1$ で A_0 がベキ零の場合には両方の可能性があり，直ちには判別できない．この場合の判定方法は Jurkat と Lutz により得られていて，やはり渋谷 [126] に解説があるので参照されたい．

さて，不確定特異点に関する基盤的な結果としては，福原満洲雄による形式解の構成と漸近解の存在定理，G. D. Birkhoff による Stokes 現象の記述の理論が挙げられよう．福原は不確定特異点における形式解を一般の場合に構成し，その形式解を漸近展開として持つ解析的な解の存在を示した．その漸近展開は一般に偏角を限った角領域において有効となる．その角領域を超えて解析接続したときの様子を記述するのが Stokes 現象である．この Stokes 現象の枠組みは Birkhoff が明らかにした．

なお形式解の構成（と，ごく限られた場合の漸近解の存在）については，福原と独立に H. L. Turrittin が結果を得ている．福原と Turrittin の結果は福原 (Hukuhara)-Turrittin 理論と称されることがあるが，福原が形式解の構成のみならず漸近解の存在について完全な結果を与えた 3 部作 [48], [49], [50] は 1941 年に完結しており，一方 Turrittin の論文 [138] は 1955 年発表である．Turrittin の論文には福原の 3 部作の第 2 作 [49] が引用されていて，形式解の構成について福原（および Birkhoff）の結果との関係がコメントされている．ちなみに Birkhoff の論文 [9] は 1909 年で，そこで Stokes 現象が述べられているが，もちろんそのために必要な形式解の構成と漸近解の存在についても結果が与えられている．これは非常に優れた先駆的な仕事であるが，一般の場合ではなく（generic ではあるが）解析に都合のよい仮定がおかれている．

以下この章では，まず形式解の構成について説明し，次に漸近展開の概念について基本的な事項を紹介する．それから形式解を漸近展開として持つ解析的な解の存在についての福原の定理を紹介し，Stokes 現象を説明する．

8.1 形式解

不確定特異点における形式解については，次が成り立つ．

定理 8.1 単独高階型 (8.1) あるいは連立 1 階型 (8.3) の微分方程式において，$x = a$ が不確定特異点であるとする．このときある整数 $d \geq 1$ が存在して，変数 t を

$$t^d = x - a$$

により定めるとき，微分方程式 (8.1) あるいは (8.3) には

(8.4)
$$e^{h(t^{-1})} t^\rho \sum_{j=0}^{k} (\log t)^j \sum_{m=0}^{\infty} y_{jm} t^m$$

という形の形式解からなる解の基本系が存在する．ここで $h(t^{-1})$ は t^{-1} の多項式，$\rho \in \mathbb{C}$ であり，y_{jm} は単独高階型の場合にはスカラー（複素数），連立 1 階型の場合にはベクトルを表す．

(8.4) における $h(t^{-1})$ を**決定因子**，ρ を**特性指数**という．$d > 1$ の場合，**分岐**があると言い，$d = 1$ の場合を**不分岐**という．(8.4) に現れる級数 $\sum_{m=0}^{\infty} y_{jm} t^m$ は，確定特異点の場合とは違って一般には収束しない．d や決定因子，特性指数をはじめ，級数の係数 y_{jm} を順次求めるアルゴリズムは知られている．以下連立 1 階型の方程式について，形式解を求めるアルゴリズムの大まかな流れを述べる．詳細なアルゴリズムについては，論文 [49], [138], [9] や，文献 [141] を参照されたい．

連立 1 階型の方程式

(8.5)
$$\frac{dY}{dx} = A(x)Y$$

について，不確定特異点における形式解の構成の手順は次の通りである．簡単のため不確定特異点の位置を $x = 0$ とし，$A(x)$ の $x = 0$ における Laurent 展開を

(8.6)
$$A(x) = \frac{1}{x^q} \sum_{m=0}^{\infty} A_m x^m$$

とする．ここで $q > 1$ である．A_0 の相異なる固有値を $\alpha_1, \alpha_2, \ldots, \alpha_l$ とする．$i \neq j$ のとき $\alpha_i \neq \alpha_j$ である．すると A_0 は次のように直和分解された行列に相似となる．

$$A_0 \sim \bigoplus_{i=1}^{l} A_0^i,$$

ここで各 i に対し A_0^i は α_i のみを固有値に持つ行列である．この相似を与える行列による (8.5) の gauge 変換を行うことで，すでに

$$A_0 = \bigoplus_{i=1}^{l} A_0^i,$$

となっているとしてよい（定理 2.5 (ii) の証明参照）．

さて行列関数 $P(x)$ により (8.5) の gauge 変換

(8.7)
$$Y = P(x)Z$$

を行い，変換後の方程式が

$$\frac{dZ}{dx} = B(x)Z \tag{8.8}$$

となったとすると，

$$A(x)P(x) = P(x)B(x) + P'(x) \tag{8.9}$$

が成り立つ．$P(x)$ は $x=0$ における形式 Taylor 級数，$B(x)$ は $x=0$ に $A(x)$ と同じ q 位の極を持つ形式 Laurent 級数として，それぞれを

$$P(x) = \sum_{m=0}^{\infty} P_m x^m, \quad B(x) = \frac{1}{x^q} \sum_{m=0}^{\infty} B_m x^m$$

とおく．これらを $A(x)$ の Laurent 展開とともに (8.9) に代入し，両辺の係数を比較する．$P'(x)$ からは x の負ベキの項が現れないことに注意すると，

$$A_0 P_0 = P_0 B_0, \tag{8.10}$$

$$\sum_{i=0}^{j} A_i P_{j-i} = \sum_{i=0}^{j} P_i B_{j-i} \quad (1 \le j \le q-1), \tag{8.11}$$

$$\sum_{i=0}^{j} A_i P_{j-i} = \sum_{i=0}^{j} P_i B_{j-i} + (j-q+1)P_{j-q+1} \quad (j \ge q) \tag{8.12}$$

を得る．

まず $P_0 = I, B_0 = A_0$ とおくことで，(8.10) はみたされる．次に (8.11) の $j=1$ の式を書き換えて，

$$B_1 = A_1 + [A_0, P_1] \tag{8.13}$$

が得られる．P_1 と B_1 を A_0 の直和分解に合わせてブロック分割する．

$$P_1 = \begin{pmatrix} P_1^{11} & \cdots & P_1^{1l} \\ \vdots & & \vdots \\ P_1^{l1} & \cdots & P_1^{ll} \end{pmatrix}, \quad B_1 = \begin{pmatrix} B_1^{11} & \cdots & B_1^{1l} \\ \vdots & & \vdots \\ B_1^{l1} & \cdots & B_1^{ll} \end{pmatrix}.$$

すると (8.13) の右辺の $[A_0, P_1]$ の (i,j)-ブロックは

$$A_0^i P_1^{ij} - P_1^{ij} A_0^j$$

となる．$i \ne j$ とすると A_0^i と A_0^j は共通の固有値を持たないため，補題 2.7 により

$$X \mapsto A_0^i X - X A_0^j$$

は同型写像，よって特に全射である．したがって，$B_1^{ij} = O$ となるように P_1^{ij} を選ぶことができる．こうして B_1 はブロック対角行列にできる．(8.11), (8.12) の式も，

$$B_j = C_j + [A_0, P_j]$$

という形に書ける．ここで C_j は A_i, B_i, P_i $(1 \leq i \leq j-1)$ で決まる行列である．したがって同じ理由により，B_j をブロック対角行列にするように P_j を選ぶことができる．こうしてすべての j に対して B_j を A_0 と同じ形にブロック対角化することができる．以上の手順では，P_j $(j \geq 1)$ をブロック分割したときの非対角ブロックのみを使った．よって対角ブロックは任意に選ぶことができる．特に零行列に選んでもよい．なお，このようにして決まる級数 $P(x), B(x)$ は必ずしも収束しない．これは確定特異点の場合との大きな違いである．

以上により，微分方程式 (8.5) はブロック対角行列 $B(x)$ を係数とする微分方程式 (8.8) へ変換されたので，ブロック対角成分を $B^i(x)$ とおくと

(8.14) $$\frac{dZ_i}{dx} = B^i(x) Z_i, \quad B^i(x) = \frac{1}{x^q} \sum_{m=0}^{\infty} B_m^i x^m \quad (1 \leq i \leq l)$$

という微分方程式を解くことに帰着できた．ただしここで $B_0^i = A_0^i$ はただ 1 つの固有値を持つ行列である．

もし A_0 の固有方程式の根がすべて異なるなら，(8.14) はすべて階数 1 の微分方程式となる．そこで階数 1 の微分方程式

$$\frac{dz}{dx} = \left(\frac{1}{x^q} \sum_{m=0}^{\infty} b_m x^m \right) z$$

の形式解を考察しよう．

$$h(x) = h_{-q} \frac{x^{1-q}}{1-q} + h_{-q+1} \frac{x^{2-q}}{2-q} + \cdots + h_{-2} \frac{x^{-1}}{-1} + h_{-1} \log x$$

とおき，

(8.15) $$z = e^{h(x)} \sum_{m=0}^{\infty} z_m x^m$$

という形で解を探す．この表示を微分方程式に代入すると，

$$\left(\sum_{m=-q}^{-1} h_m x^m \right) \left(\sum_{m=0}^{\infty} z_m x^m \right) + \sum_{m=1}^{\infty} m z_m x^{m-1} = \left(\sum_{m=0}^{\infty} b_m x^{m-q} \right) \left(\sum_{m=0}^{\infty} z_m x^m \right)$$

となる．両辺の x の負ベキの項を比較することで，

$$h_m = b_{m+q} \quad (-q \le m \le -1)$$

が得られる．すると上の式は

$$\sum_{m=0}^{\infty}(m+1)z_{m+1}x^m = \Big(\sum_{m=q}^{\infty} b_m x^{m-q}\Big)\Big(\sum_{m=0}^{\infty} z_m x^m\Big)$$

となるので，これから数列 $\{z_m\}$ が z_0 を決めると一意的に定まることがわかる．すなわち (8.15) の形の形式解が構成できる．したがって gauge 変換 (8.7) と組み合わせると，定理 8.1 にある形式解 (8.4) が得られる．($e^{h_{-1}\log x} = x^{h_{-1}}$ となることに注意されたい．) この場合 $t=x$ と取れ，対数関数は現れない．

A_0 の固有方程式の根に重複がある場合を考える．この場合には (8.14) のうちに階数が 2 以上の方程式が現れる．そのような方程式を考察する．$B_0^i = A_0^i$ は唯一の固有値 α_i を持つ．B_0^i がスカラー行列 $\alpha_i I$ に等しい場合には，スカラー関数による gauge 変換

$$Z_i = e^{\frac{\alpha_i}{1-q} x^{1-q}} W_i$$

を行うと，W_i に関する微分方程式は q が 1 つ減ったものになる．すなわちアルゴリズムとして，q の値を 1 だけ減らす方向に進めることができる．アルゴリズムがこの方向に進み続けると，最終的には (8.14) で $q=1$ とした形の方程式にまで帰着する．これは第 2 章の定理 2.5 で扱った方程式で，その証明における形式解の構成の部分はそのまま通用するので，(2.17) の形で形式解が得られることがわかる．したがってこの場合にも (8.4) の形の形式解が存在する．

残るは $B_0^i \ne \alpha_i I$ の場合となる．目標は方程式を変換して，階数 1 の微分方程式に帰着させることである．この場合には sharing 変換というものを考える．sharing 変換とは

$$S(x) = \begin{pmatrix} 1 & & & \\ & x^p & & \\ & & x^{2p} & \\ & & & \ddots \end{pmatrix}$$

という形の行列による gauge 変換で，p を適当な有理数に取ることで，変換後の係数行列の展開の初項が B_0^i 以外の項から得られてそれが少なくとも 2 個以上の異なる固有値を持つようにする操作である．そのような p が取れることの説明は省く．こうして 1 階の微分方程式にまで帰着できたとすると (8.15) の形の解が構成できるし，あるいは $q=1$ の方程式にまで帰着できたとしてもやはり定理 8.1 の形式解 (8.4) が得られることになる．

8.2 漸近展開

形式解 (8.4) が発散するときはそのままでは解析的な意味を持たないが，漸近展開の考え方によって意味をつけることができる．ここでは漸近展開に関する定義と基本的な事項を述べる．

$r > 0, \theta_1 < \theta_2$ とする．t 平面において

(8.16) $$S = \{t \in \mathbb{C}\,;\, 0 < |t| < r,\, \theta_1 < \arg t < \theta_2\}$$

という形で与えられる領域 S を，($t=0$ を頂点とする) **角領域**という．r, θ_1, θ_2 を明示するときは $S = S(\theta_1, \theta_2; r)$ と書く．$\theta_2 - \theta_1$ を角領域 S の開きという．角領域は $\mathbb{C} \setminus \{0\}$ の普遍被覆面内の領域と考えるので，たとえ $\theta_2 - \theta_1 > 2\pi$ であっても円環領域 $0 < |t| < r$ とはならない．$0 < r' < r,\, \theta_1 < \theta_1' < \theta_2' < \theta_2$ となる r', θ_1', θ_2' によって

(8.17) $$S' = \{t \in \mathbb{C}\,;\, 0 < |t| \leq r',\, \theta_1' \leq \arg t \leq \theta_2'\}$$

と定義される集合を，S の**閉部分角領域**と呼ぶ．

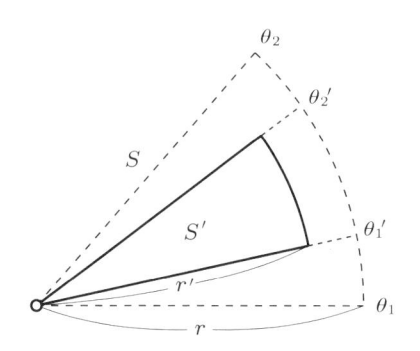

図 **8.1**: 角領域と閉部分角領域

以下では，角領域はすべて 0 を頂点とするものを考える．

定義 8.1 S を角領域とする．S 上の正則関数 $f(t)$ が S で**漸近展開可能**とは，ある数列 $\{f_n\}_{n=0}^{\infty}$ があり，S の任意の閉部分角領域 S' と任意の $n \geq 1$ に対して定数 $C_n \geq 0$ が存在して，

(8.18) $$\left| f(t) - \sum_{m=0}^{n-1} f_m t^m \right| \leq C_n |t|^n$$

が $t \in S'$ に対して成り立つことである．このとき級数

$$\hat{f}(t) = \sum_{n=0}^{\infty} f_n t^n$$

を $f(t)$ の S における**漸近級数**と呼び，$f(t)$ は S において $\hat{f}(t)$ に漸近展開されるという．このことを記号で

$$f(t) \sim \hat{f}(t) \quad (t \in S)$$

と表す．

漸近展開可能な関数の性質を調べていこう．

命題 8.2 $\quad f(t) \sim \hat{f}(t) = \sum_{n=0}^{\infty} f_n t^n \quad (t \in S)$

であれば，S の任意の閉部分角領域 S' について，

$$\lim_{\substack{t \to 0 \\ t \in S'}} f(t) = f_0$$

が成り立つ．

証明 (8.18) において $n = 1$ とすると

$$|f(t) - f_0| \leq C_0 |t| \quad (t \in S')$$

が成り立つので，$t \to 0$ $(t \in S')$ とすればよい． $\square$

命題 8.3 $\quad f(t) \sim \hat{f}(t) \quad (t \in S)$

であれば，$f'(t)$ も S 上漸近展開可能で，

$$f'(t) \sim \hat{f}'(t) \quad (t \in S)$$

となる．

系 8.4 $\quad f(t) \sim \hat{f}(t) = \sum_{n=0}^{\infty} f_n t^n \quad (t \in S)$

であれば，S の任意の閉部分角領域 S' と任意の $n \geq 0$ に対して

$$\lim_{\substack{t \to 0 \\ t \in S'}} f^{(n)}(t) = n! f_n$$

が成り立つ．

系 8.5 角領域 S で漸近展開可能な関数に対して，その S における漸近級数は一意的に定まる．

命題 8.3 の証明　角領域 S およびその閉部分角領域 S' を，それぞれ (8.16)，(8.17) のように取る．$0 < \varepsilon < \min\{\theta_1' - \theta_1, \theta_2 - \theta_2', \pi/2\}$ をみたす ε を 1 つ取り，$\delta = \sin\varepsilon$ とおく．$r' + r'\delta \geq r$ となる場合には，ε を小さく取り替えて $r' + r'\delta < r$ となるようにする．このとき $t \in S'$ を任意に取ると，

$$f'(t) = \frac{1}{2\pi i} \int_{|\zeta - t| = |t|\delta} \frac{f(\zeta)}{(\zeta - t)^2} d\zeta \tag{8.19}$$

が成り立つ．S と S' の間にある S の閉部分角領域 S'' を

$$S'' = \{t \in \mathbb{C}\,;\, 0 < |t| \leq r' + r'\delta,\, \theta_1' - \varepsilon \leq \arg t \leq \theta_2' + \varepsilon\}$$

により定める．S'' において評価 (8.18) が成り立っているとする．すなわち $n \geq 1$ に対して

$$e_n(t) = f(t) - \sum_{m=0}^{n-1} f_m t^m \tag{8.20}$$

とおくと，

$$|e_n(t)| \leq C_n |t|^n \tag{8.21}$$

が $t \in S''$ に対して成り立つ．(8.19) の右辺を (8.20) を用いて書き換えると，

$$\begin{aligned}
f'(t) &= \frac{1}{2\pi i} \int_{|\zeta - t| = |t|\delta} \frac{\sum_{m=0}^{n-1} f_m \zeta^m + e_n(\zeta)}{(\zeta - t)^2} d\zeta \\
&= \sum_{m=0}^{n-1} \frac{1}{2\pi i} \int_{|\zeta - t| = |t|\delta} \frac{f_m \zeta^m}{(\zeta - t)^2} d\zeta + \frac{1}{2\pi i} \int_{|\zeta - t| = |t|\delta} \frac{e_n(\zeta)}{(\zeta - t)^2} d\zeta \\
&= \sum_{m=1}^{n-1} m f_m t^{m-1} + \frac{1}{2\pi i} \int_{|\zeta - t| = |t|\delta} \frac{e_n(\zeta)}{(\zeta - t)^2} d\zeta
\end{aligned}$$

を得る．最後の積分に (8.21) を適用すると，

$$\begin{aligned}
\left| \frac{1}{2\pi i} \int_{|\zeta - t| = |t|\delta} \frac{e_n(\zeta)}{(\zeta - t)^2} d\zeta \right| &\leq \frac{1}{2\pi} \int_0^{2\pi} \frac{C_n |t + |t|\delta e^{i\varphi}|^n}{(|t|\delta)^2} |t|\delta \, d\varphi \\
&\leq \frac{1}{2\pi} \int_0^{2\pi} \frac{C_n (1 + \delta)^n |t|^n}{|t|\delta} d\varphi \\
&= C_n \frac{(1+\delta)^n}{\delta} |t|^{n-1}
\end{aligned}$$

が得られる．したがって

$$\left| f'(t) - \sum_{m=0}^{n-2} (m+1) f_{m+1} t^m \right| \leq C_n \frac{(1+\delta)^n}{\delta} |t|^{n-1}$$

が成り立つことが示された．これは $f'(t) \sim \hat{f}'(t)$ $(t \in S)$ を意味する． □

系 8.4 の証明 命題 8.3 を繰り返し適用すると，数学的帰納法により

$$f^{(n)}(t) \sim \hat{f}^{(n)}(t) = \sum_{m=n}^{\infty} \frac{m!}{(m-n)!} f_m t^{m-n} \quad (t \in S)$$

が成り立つことがわかる．したがって $f^{(n)}(t)$ に対して定理 8.2 を適用すればよい．
□

系 8.5 の証明 系 8.4 により，任意の閉部分角領域 S' に対して極限 $\lim_{t\to 0, t\in S'} f^{(n)}(t)$ が存在することが示されているので，この極限値は S' の取り方に依らない．したがって f_n は $f(t)$ から一意的に定まる． □

以上のように，角領域 S において漸近展開可能な関数は，そのすべての導関数が S 内で $t \to 0$ としたときの極限を有するような関数であることがわかる．そしてその漸近級数の n 次の係数は，n 階導関数の極限値を $n!$ で割ったもので与えられる．実はこの逆も成立する．今までの結果と合わせて，定理として述べておこう．

定理 8.6 $f(t)$ を角領域 S において正則な関数とするとき，次の 2 つは同値である．
 (i) $f(t)$ は S 上漸近展開可能である．
 (ii) S の任意の閉部分角領域 S' と任意の $n \geq 0$ に対して，

$$\lim_{\substack{t \to 0 \\ t \in S'}} f^{(n)}(t)$$

が存在する．

証明 (ii)⇒(i) を示せばよい．S の任意の閉部分角領域 S' を考え，S' 内に 1 点 a を取る．$f(t)$ の $t = a$ における $n-1$ 次までの Taylor 展開を考えると，

$$f(t) = \sum_{m=0}^{n-1} \frac{f^{(m)}(a)}{m!} (t-a)^m + \frac{1}{(n-1)!} \int_a^t (t-u)^{n-1} f^{(n)}(u)\, du$$

という表示が得られる．S' 内で $a \to 0$ とするときの極限を考える．このとき仮定より $|f^{(n)}(u)|$ は有界なので，ある定数 $C_n > 0$ でおさえられる．積分で表された誤差項を評価する．

$$\left|\frac{1}{(n-1)!}\int_a^t (t-u)^{n-1} f^{(n)}(u)\,du\right|$$
$$=\left|\frac{1}{(n-1)!}\int_0^1 ((t-a)(1-v))^{n-1} f^{(n)}(a+(t-a)v)(t-a)\,dv\right|$$
$$\leq \frac{C_n}{(n-1)!}|t-a|^n \int_0^1 (1-v)^{n-1}\,dv$$

よって

$$\left|f(t)-\sum_{m=0}^{n-1}\frac{f^{(m)}(a)}{m!}(t-a)^m\right|\leq C_n'|t-a|^n$$

という評価が得られ，ここで C_n' は a に依存しない．よってこれで $a\to 0$ とすれば，(8.18) が得られる． □

漸近展開可能な関数は，$t=0$ で正則な関数とよく似た振る舞いをしている．$t=0$ を頂点とする角領域で漸近展開可能な関数と，$t=0$ において正則な関数との，関係や違いを考えるには，以下に挙げる事実が役立つであろう．

定理 8.7 $t=0$ において正則な関数は，$t=0$ を頂点とする任意の角領域で漸近展開可能であり，漸近級数は $t=0$ における Taylor 級数により与えられる．また $t=0$ を頂点とする開きが 2π を超える角領域で漸近展開可能な関数が，その角領域で 1 価正則であれば，$t=0$ で正則である．

定理 8.8
$$f(t)\sim \hat{f}(t),\quad g(t)\sim \hat{g}(t)\quad (t\in S)$$
ならば，
$$\begin{aligned}af(t)+bg(t)&\sim a\hat{f}(t)+b\hat{g}(t),\\ f(t)g(t)&\sim \hat{f}(t)\hat{g}(t)\end{aligned}\quad (t\in S)$$
が成り立つ．ただし a,b は定数とする．

以上 2 つの定理の証明は省略するが，定義を素直に使えば証明できる．

定理 8.9（Borel-Ritt の定理） 任意の級数 $\hat{f}(t)$ と任意の角領域 S に対して，S 上正則で
$$f(t)\sim \hat{f}(t)\quad (t\in S)$$
となる関数 $f(t)$ が存在する．

この定理の証明については，Wasow [141] などを参照されたい．定理 8.9 の $f(t)$

については，一意性は成り立たない．その事情や，漸近展開可能関数のイメージを作るのに，次の例は基本的で重要である．

例 8.1
$$f(t) = e^{-\frac{1}{t}}$$
は，角領域
$$S = \left\{ t \in \mathbb{C}\,;\, 0 < |t| < r,\, -\frac{\pi}{2} < \arg t < \frac{\pi}{2} \right\}$$
において 0 に漸近展開される．

このことを示すには，まず
$$\left|e^{-\frac{1}{t}}\right| = \left|e^{-\frac{1}{|t|}(\cos\theta - i\sin\theta)}\right|$$
$$= e^{-\frac{\cos\theta}{|t|}}$$
に注意する．ここで $\arg t = \theta$ とおいた．t が S の閉部分角領域に入っていれば，ある $\delta > 0$ があって $\cos\theta \geq \delta$ となるので，$t \to 0$ としたとき $f(t)$ の極限は 0 となる．また $f(t)$ の導関数は，
$$f^{(n)}(t) = \frac{h_n(t)}{t^{2n}}\, e^{-\frac{1}{t}}$$
という形をしている．ここで $h_n(t)$ は t の多項式である．よってこの関数も S の閉部分角領域内で $t \to 0$ としたとき 0 に収束する．したがって定理 8.6 により $f(t)$ は S 上漸近展開可能で，漸近級数のすべての係数が 0 となる．

この例から想像されるように，指数関数をうまく使うと 0 に漸近展開される関数をいろいろ作り出すことができる．そのような関数を加えても，定理 8.8 により漸近級数は変化しない．Borel-Ritt の定理は，そのような仕組みを利用して証明される．また例 8.1 を応用すれば，任意に与えられた角領域 S に対して，
$$f(t) \sim 0 \quad (t \in S)$$
となるような $t = 0$ で正則ではない関数 $f(t)$ を作ることができる．

定理 8.9，例 8.1 などから，漸近展開に関して認識しておくべき重要な事柄がいくつかわかるので，それらを注意という形でまとめておこう．

注意 8.1 S を任意の角領域とする．

(i) 級数 $\hat{f}(t)$ に対し，
$$f(t) \sim \hat{f}(t) \quad (t \in S)$$

となる関数 $f(t)$ は一意的には決まらない.

(ii) 発散級数 $\hat{f}(t)$ に対しても,
$$f(t) \sim \hat{f}(t) \quad (t \in S)$$
となる関数 $f(t)$ が存在する.

(iii) $\hat{f}(t)$ が収束級数であっても,
$$f(t) \sim \hat{f}(t) \quad (t \in S)$$
となる関数 $f(t)$ は必ずしも $t = 0$ で正則とは限らない.

8.3 漸近解の存在

漸近展開に関する定義と基本的な性質を見てきたが,不確定特異点における微分方程式の解に戻ると,発散級数を含む形式解に,漸近展開を利用して解析的意味づけを行いたいのであった.そのためには,漸近展開の概念をもう少し広げる必要がある.

定義 8.2 S を角領域,$\phi(t)$ を S 上正則で値 0 を取らない関数とする.S 上の正則関数 $f(t)$ に対して,級数 $\hat{f}(t)$ があり,
$$\frac{f(t)}{\phi(t)} \sim \hat{f}(t) \quad (t \in S)$$
が成り立つとき,
$$f(t) \sim \phi(t)\hat{f}(t) \quad (t \in S)$$
と表す.このとき $\phi(t)\hat{f}(t)$ を $f(t)$ の S における**漸近挙動**という.

この記法の意味は明確だが,これを流用して次のような書き方がよく行われる.
(8.22) $$h(t) \sim \phi(t)\hat{f}(t) + \psi(t)\hat{g}(t) \quad (t \in S).$$
ここで $\phi(t), \psi(t)$ は S 上正則で値 0 を取らない関数,$\hat{f}(t), \hat{g}(t)$ は t の級数である.(8.22) は,
$$\begin{aligned} f(t) &\sim \phi(t)\hat{f}(t) \\ g(t) &\sim \psi(t)\hat{g}(t) \end{aligned} \quad (t \in S)$$
という漸近挙動を持つ関数 $f(t), g(t)$ があって,

$$h(t) = f(t) + g(t)$$

となっていることを意味する．(8.22) から $h(t)$ の漸近挙動を読み取るには，次のような考察が必要となる．S のある部分角領域 S_1 において，

$$\frac{\psi(t)}{\phi(t)} \sim \hat{u}(t) \quad (t \in S_1)$$

が成り立つとする．このとき

$$\frac{h(t)}{\phi(t)} = \frac{f(t)}{\phi(t)} + \frac{\psi(t)}{\phi(t)} \cdot \frac{g(t)}{\psi(t)} \sim \hat{f}(t) + \hat{u}(t)\hat{g}(t)$$

となるので，$h(t)$ の S_1 上の漸近挙動として

$$h(t) \sim \phi(t)(\hat{f}(t) + \hat{u}(t)\hat{g}(t)) \quad (t \in S_1)$$

が得られる．不確定特異点の理論でよく現れるのは，

$$\frac{\psi(t)}{\phi(t)} \sim 0 \quad (t \in S_1)$$

という場合である．このときは $\hat{u}(t) = 0$ として

$$h(t) \sim \phi(t)\hat{f}(t) \quad (t \in S_1)$$

が成り立つ．一方 (8.22) より

$$h(t) \sim \phi(t)\hat{f}(t) + \psi(t)\hat{g}(t) \quad (t \in S_1)$$

も成り立つわけだから，この表示においては漸近挙動の表し方は一意的ではないことがわかる．

さて，$x = 0$ に不確定特異点を持つ微分方程式 (8.5) を考える．ここで行列関数 $A(x)$ は (8.6) の通り $x = 0$ に q 位の極を持つ有理型関数で，$q > 1$ とする．微分方程式 (8.5) は形式基本解行列

(8.23) $$\hat{y}(x) = \hat{F}(x) x^R e^{H(x^{-1})}$$

を持つと仮定する．ここで

$$\hat{F}(x) = \sum_{m=0}^{\infty} F_m x^m$$

は行列の形式ベキ級数で F_0 は正則行列，R は定数対角行列，$H(T)$ は T の多項式を対角成分とする対角行列である．基本形式解行列 (8.23) を持つという仮定は，

定理 8.1 にある形式解の一般形 (8.4) と見比べると強い仮定のように思えるかもしれないが，そうではないことを注意しておく．まず不確定特異点の位置を $x = 0$ に特定することは何ら一般性を失わない．次に定理 8.1 の形式解 (8.4) では $t^d = x$ で定められる x の分数ベキ t を独立変数に取っているが，t を独立変数に取り替えて微分方程式 (8.5) を書き換えると，やはり (8.5) の形の微分方程式が得られる．(ただし q の値は変化する．) したがって，必要であれば独立変数を t に取り替えた方程式が (8.5) であるとすればよい．また (8.5) では対数関数が現れる可能性を表しているが，前節の説明にある通り対数関数は，微分方程式 (8.5) を変換していって確定特異点型 (すなわち $q = 1$ の場合) に帰着できたときにのみ現れ得る．よって真に不確定特異点型の微分方程式を考察するという立場に立てば，対数関数が現れない形式解を扱うのは自然であり，強い制約ではない．

形式基本解行列 (8.23) において，x^R と $e^{H(x^{-1})}$ ははっきりと挙動のわかる因子だから，我々が解析すべき対象は形式ベキ級数 $\hat{F}(x)$ である．その解析においては，指数関数の部分 $e^{H(x^{-1})}$ が実は重要な働きをする．そこで

$$(8.24) \quad H(T) = \begin{pmatrix} h_1(T) & & \\ & \ddots & \\ & & h_n(T) \end{pmatrix},$$

$$h_i(T) = h_{i,m_i} T^{m_i} + h_{i,m_i - 1} T^{m_i - 1} + \cdots + h_{i,0} \quad (1 \leq i \leq n)$$

とおき，また $\hat{F}(x)$ の第 i 列を $\hat{f}_i(x)$ とおく．すると各 i について，$\hat{\mathcal{Y}}(x)$ の第 i 列

$$(8.25) \quad \hat{Y}_i(x) = \hat{f}_i(x) x^{\rho_i} e^{h_i(x^{-1})}$$

が形式解である．ここで対角行列 R の (i,i) 成分を ρ_i とおいた．本節のテーマは，適当な角領域 S を取ると，S において形式解 (8.25) を漸近挙動に持つ解，すなわち

$$Y_i(x) \sim \hat{Y}_i(x) \quad (x \in S)$$

となる解 $Y_i(x)$ の存在である．

指数関数因子 $e^{h_i(x^{-1})}$ の真性特異点 $x = 0$ における挙動を考察するため，一般に

$$a(T) = \alpha T^m + \alpha_1 T^{m-1} + \cdots + \alpha_m \quad (\alpha \neq 0)$$

を多項式として $e^{a(T)}$ が $T \to \infty$ でどのように振る舞うかを見てみる．α の偏角を ω とし，T は偏角 θ を一定に保ったまま ∞ へ向かうとする．するとこのとき

$$\left|e^{a(T)}\right| = e^{\mathrm{Re}\left(\alpha T^m + \alpha_1 T^{m-1} + \cdots\right)}$$
$$= e^{\mathrm{Re}\left(|\alpha||T|^m e^{\sqrt{-1}(\omega+m\theta)} + \alpha_1 |T|^{m-1} e^{\sqrt{-1}(m-1)\theta} + \cdots\right)}$$
$$= e^{|T|^m(|\alpha|\cos(\omega+m\theta) + O(1/|T|))}$$

となるから，$\cos(\omega+m\theta)\neq 0$ であれば $a(T)$ の初項が $e^{a(T)}$ の挙動を支配する．すなわち $\cos(\omega+m\theta)>0$ であれば $e^{a(T)}$ は発散し，$\cos(\omega+m\theta)<0$ であれば 0 に収束する．なお $\cos(\omega+m\theta)=0$ となるのは，$\mathrm{Re}\,a(T)$ を $|T|$ の多項式と見たときの次数が m より小さくなる場合である．このような θ は 2π を法として $2m$ 個あり，それらの θ で限られた $2m$ 個の角領域については，$e^{a(T)}$ が発散する領域と 0 に収束する領域が交互に並んでいる．これらのことを踏まえて，次の定義を与える．

定義 8.3 方向 θ が h_i に関する**特異方向**であるとは，ある j が存在して，
$$\mathrm{Re}\left(h_j((re^{\sqrt{-1}\theta})^{-1}) - h_i((re^{\sqrt{-1}\theta})^{-1})\right)$$
の r^{-1} の多項式としての次数が，$h_j(T)-h_i(T)$ の T の多項式としての次数を下回ることをいう．各 h_i に関する特異方向を総称して，単に特異方向という．

定義 8.4 $x=0$ を頂点とする角領域 S が h_i に関する**固有角領域**であるとは，各 j について，$e^{h_j(x^{-1})-h_i(x^{-1})}$ が発散する領域が S 内で連結になっていることである．

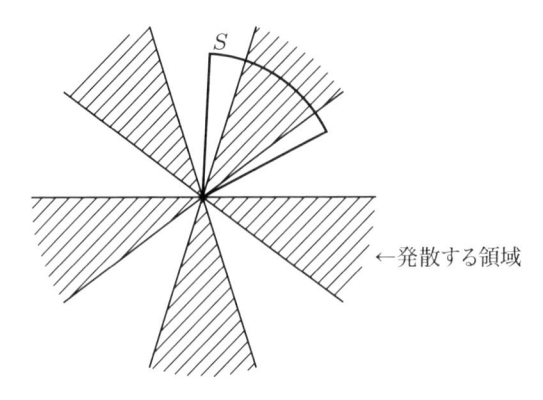

図 **8.2**: 固有角領域

不確定特異点における解析の基盤となるのが，福原による次の定理である．

定理 8.10 $x=0$ を不確定特異点とする微分方程式 (8.5) が，形式基本解行列 (8.23) を持つとする．このとき $x=0$ を頂点とする角領域 S が h_i に関する固有角領域なら，S において形式解 (8.25) を漸近挙動に持つ解が存在する．

証明は本書では行わない．論文 [50] や文献 [51] を参照されたい．なおこれらの文献を含め，多くの文献では不確定特異点の位置を ∞ へ正規化して記述されているので，本書の結果と読み比べるときには注意が必要である．

特異方向を 1 つしか含まない角領域は，すべての h_i に関する固有角領域になるので，次の結果が直ちにしたがう．

系 8.11 S を特異方向をただ 1 つだけ含む角領域とすると，S において形式基本解行列 (8.23) を漸近挙動に持つ基本解行列が存在する．

8.4 Stokes 現象

不確定特異点においては形式解が存在し，その形式解を漸近挙動とする解が適当な角領域で存在することを見てきた．その解は，一般に角領域毎に異なる．この事実を Stokes 現象と呼び，その違いを記述する量を Stokes 係数という．本節では Birkhoff の論文 [9] にしたがって，Stokes 現象を説明しよう．

連立 1 階型の微分方程式 (8.5) を考える．係数 $A(x)$ は $x=0$ において (8.6) の通り Laurent 展開されているとする．簡単のため，A_0 の固有値 $\alpha_1, \alpha_2, \ldots, \alpha_n$ はすべて相異なると仮定する．この場合には定数行列による gauge 変換を行うことで，A_0 はすでに

$$A_0 = \begin{pmatrix} \alpha_1 & & & \\ & \alpha_2 & & \\ & & \ddots & \\ & & & \alpha_n \end{pmatrix}$$

という対角行列としてよい．すると 8.1 節で考察したように，(8.23) という形の形式基本解行列が構成できる．前節の通り，R は定数対角行列，$H(T)$ は (8.24) で与えられる多項式を対角成分とする対角行列である．$H(T)$ の (i,i) 成分 $h_i(T)$ は，A_0 の固有値を用いて

$$h_i(T) = \frac{\alpha_i}{1-q} T^{q-1} + \sum_{m=0}^{q-2} h_{im} T^m$$

と書かれる．A_0 の固有値はすべて相異なるという仮定から，$h_j(T) - h_i(T)$ の最高次の係数は

$$\frac{\alpha_j - \alpha_i}{1-q}$$

となるので，特異方向 θ は

$$\operatorname{Re}\left(\frac{\alpha_j - \alpha_i}{1-q} \left(re^{\sqrt{-1}\theta}\right)^{1-q}\right) = 0$$

によって定まる．1 組の (i,j) に対して，これをみたす θ は $2(q-1)$ 個ある．簡単のために，こうして得られる θ はすべて相異なると仮定する．すると特異方向は

$$\binom{n}{2} \times 2(q-1) = n(n-1)(q-1) =: N$$

個あることになる．これらの特異方向を

$$\tau_1 < \tau_2 < \cdots < \tau_N < \tau_1 + 2\pi =: \tau_{N+1}$$

とおこう．

$i, j \in \{1, 2, \ldots, n\}$ と角領域 S に対して

$$\operatorname{Re}\left(\frac{\alpha_j}{1-q} x^{1-q}\right) > \operatorname{Re}\left(\frac{\alpha_i}{1-q} x^{1-q}\right) \quad (x \in S)$$

が成り立つとき，$j >_S i$ と記すことにする．ある角領域 S で解の系 $Y_1(x), Y_2(x), \ldots, Y_n(x)$ が

$$Y_j(x) \sim \hat{Y}_j(x) \quad (1 \leq j \leq n)$$

をみたしているとする．このとき $j >_S i$ であれば，任意の $c \in \mathbb{C}$ に対して

$$Y_j(x) + cY_i(x) \sim \hat{Y}_j(x)$$

が S において成り立つ．これはつまり，相対的に弱い漸近挙動を持つ解を加えても漸近挙動は変わらない，ということである．このことを用いると，次の重要な事実が示される．

命題 8.12 S が特異方向を含まない角領域であれば，$>_S$ は全順序である．このとき i_0 を $>_S$ に関する最小元とすると，

(8.26) $$Y(x) \sim \hat{Y}_{i_0}(x) \quad (x \in S)$$

となる解 $Y(x)$ は一意的に定まる．

証明 前半の主張は明らかである．S は固有角領域だから，基本解行列 $\mathcal{Y}(x) = (Y_1(x), Y_2(x) \ldots, Y_n(x))$ で $\mathcal{Y}(x) \sim \hat{y}(x)$ となるものが存在する．(8.26) をみたす解 $Y(x)$ を $\mathcal{Y}(x)$ の列の線形結合で

$$Y(x) = \sum_{i=1}^{n} c_i Y_i(x)$$

と表す．$c_j \neq 0$ となる j のうち $>_S$ に関する最大元を j_0 とおくと，相対的に弱い漸近挙動は反映しないことから

$$Y(x) \sim c_{j_0} \hat{Y}_{j_0}(x)$$

が成り立つ．(8.26) と比較して $j_0 = i_0$, $c_{i_0} = 1$ を得る．$j_0 = i_0$ により $c_j = 0$ ($j \neq i_0$) が得られるので，$Y(x) = Y_{i_0}(x)$ となり一意性が示された． □

特異方向の定義とすべての特異方向が異なるという仮定から，各特異方向 τ_m に対して $S(\tau_m, \tau_{m+1}; r) = S'$, $S(\tau_{m+1}, \tau_{m+2}; r) = S''$ とおくとき，

$$j_m >_{S'} i_m, \quad j_m <_{S''} i_m$$

となるような組 (i_m, j_m) がただ 1 つ定まる．これ以外の任意の組については，$>_{S'}$ による順序は $>_{S''}$ にしても保たれる．またこのとき，$i_m <_{S'} k <_{S'} j_m$ となる k は存在しないこともわかる．

r を十分小さい正の数とし，領域 $0 < |x| < r$ の被覆となる角領域 $S_1, S_2, \ldots, S_N$ を，各 S_m がただ 1 つの特異方向 τ_m を含むように取る．このとき次が成り立つ．

定理 8.13 上記の記号を用いる．微分方程式 (8.5) を考える．A_0 の固有値はすべて相異なると仮定し，A_0 は対角化されているとする．また N 個の特異方向はすべて異なると仮定する．このとき各角領域 S_m に対して，基本解系 $\mathcal{Y}^{(m)}(x)$ で，

$$(8.27) \quad \begin{aligned} &\mathcal{Y}^{(m)}(x) \sim \hat{y}(x) \quad (x \in S_m), \\ &\mathcal{Y}^{(m+1)}(x) = \mathcal{Y}^{(m)}\left(I + \gamma_m E_{i_m j_m}\right), \quad (1 \leq m \leq N) \end{aligned}$$

をみたすものが存在する．ここで γ_m はある定数，$\mathcal{Y}^{(N+1)}(x)$ は

$$(8.28) \quad \mathcal{Y}^{(N+1)}(xe^{2\pi\sqrt{-1}}) = \mathcal{Y}^{(1)}(x)e^{2\pi\sqrt{-1}R} \quad (x \in S_1)$$

により定める．

証明 系 8.11 にある通り，各 S_m は固有角領域であるので，S_m において $\hat{y}(x)$ を漸近挙動に持つ基本解行列が存在することに注意しておく．そこでまず S_1

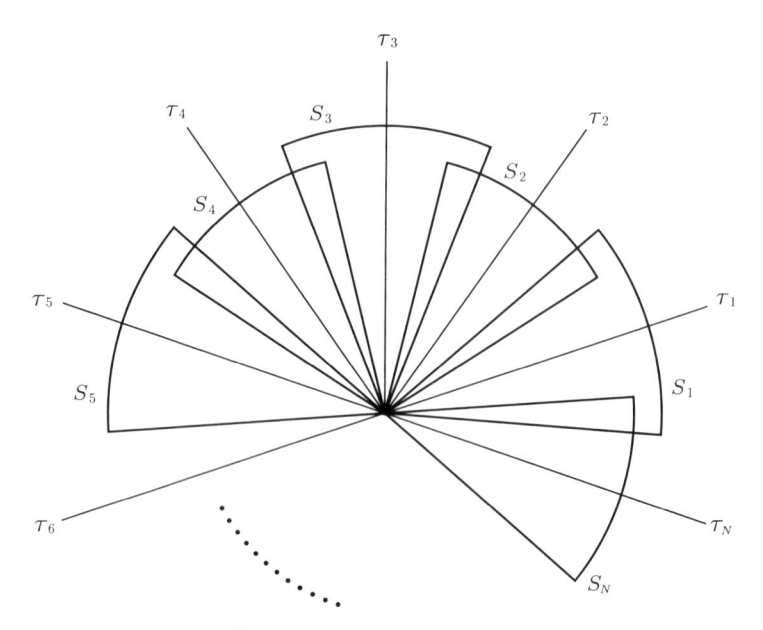

図 8.3: 角領域 $S_1, S_2, \ldots, S_N$

において $\hat{y}(x)$ を漸近挙動に持つ基本解行列 $\mathcal{Y}^{(1)}(x)$ を 1 つ取る．$\mathcal{Y}^{(1)}(x) = (Y_1^{(1)}(x), Y_2^{(1)}(x), \ldots, Y_n^{(1)}(x))$ とおくと，S_1 において

(8.29) $$Y_j^{(1)}(x) \sim \hat{Y}_j(x)$$

が $1 \leq j \leq n$ について成り立つ．$S' = S(\tau_1, \tau_2; r), S'' = S(\tau_2, \tau_3; r)$ とおく．(8.29) はすべての j について S' でも成立し，$j \neq j_1$ であれば S'' でも成立する．したがって特に $j \neq j_1$ に対し S_2 においても成立する．

さて，
$$\tilde{\mathcal{Y}}^{(2)}(x) \sim \hat{\mathcal{Y}}(x) \quad (x \in S_2)$$

となる基本解行列 $\tilde{\mathcal{Y}}^{(2)}(x) = (\tilde{Y}_1^{(2)}(x), \tilde{Y}_2^{(2)}(x), \ldots, \tilde{Y}_n^{(2)}(x))$ を取ると，$Y_{j_1}^{(1)}(x)$ は $\tilde{\mathcal{Y}}^{(2)}(x)$ の列の線形結合で書くことができるが，その線形結合の中に $i >_{S'} j_1$ となる $\tilde{Y}_i^{(2)}$ が現れると $S' \cap S_2$ において (8.29) が $j = j_1$ について成立しないので，その線形結合は

$$Y_{j_1}^{(1)} = \tilde{Y}_{j_1}^{(2)} + \sum_{i <_{S'} j_1} c_i \tilde{Y}_i^{(2)}$$

となる．同様に

$$Y_{i_1}^{(1)} = \tilde{Y}_{i_1}^{(2)} + \sum_{i <_{S'} i_1} d_i \tilde{Y}_i^{(2)}$$

も得られる．$i_1 <_{S'} j_1$ であり，(i_1, j_1) 以外の組では $>_{S'}$ による順序は $>_{S''}$ にしても保たれるので，

$$i <_{S'} i_1 \Rightarrow i <_{S''} j_1$$

が成り立つことに注意する．また，$i_1 <_{S'} k <_{S'} j_1$ となる k は存在しないのであった．すると

$$\begin{aligned}
Y_{j_1}^{(1)} - c_{i_1} Y_{i_1}^{(1)} &= \tilde{Y}_{j_1}^{(2)} + c_{i_1} \tilde{Y}_{i_1}^{(2)} - c_{i_1} \tilde{Y}_{i_1}^{(2)} + \sum_{i <_{S'} i_1} (c_i - c_{i_1} d_i) \tilde{Y}_i^{(2)} \\
&= \tilde{Y}_{j_1}^{(2)} + \sum_{i <_{S'} i_1} (c_i - c_{i_1} d_i) \tilde{Y}_i^{(2)} \\
&= \tilde{Y}_{j_1}^{(2)} + \sum_{i <_{S''} j_1} (c_i - c_{i_1} d_i) \tilde{Y}_i^{(2)}
\end{aligned}$$

が得られるので，これから

$$Y_{j_1}^{(1)}(x) - c_{i_1} Y_{i_1}^{(1)}(x) \sim \hat{Y}_{j_1}(x) \quad (x \in S_2)$$

がしたがう．よって

$$Y_j^{(2)}(x) = \begin{cases} Y_j^{(1)}(x) & (j \neq j_1), \\ Y_{j_1}^{(1)}(x) - c_{i_1} Y_{i_1}^{(1)}(x) & (j = j_1), \end{cases}$$

$$\mathcal{Y}^{(2)}(x) = (Y_1^{(2)}(x), Y_2^{(2)}(x), \ldots, Y_n^{(2)}(x))$$

とおくことで，

$$\mathcal{Y}^{(2)}(x) \sim \hat{\mathcal{Y}}(x) \quad (x \in S_2),$$

$$\mathcal{Y}^{(2)}(x) = \mathcal{Y}^{(1)}(x) \left(I - c_{i_1} E_{i_1 j_1} \right)$$

が成立する．これは (8.27) において $\gamma_1 = -c_{i_1}$ としたものになる．この $\mathcal{Y}^{(2)}(x)$ を元に同様の手順で $\mathcal{Y}^{(3)}(x)$ を定め，以下同様に進めると，各 m に対して (8.27) をみたすような $\mathcal{Y}^{(m)}(x)$ $(1 \leq m \leq N+1)$ が得られる．なお $\mathcal{Y}^{(N+1)}$ については，S_1 において偏角を 2π シフトした角領域である S_{N+1} における挙動を考えるので，S_{N+1} の変数を $x \in S_1$ を用いて $\tilde{x} = xe^{2\pi\sqrt{-1}}$ と表したとき

$$\mathcal{Y}^{(N+1)}(\tilde{x}) \sim \hat{\mathcal{Y}}(x) e^{2\pi\sqrt{-1}R} \quad (x \in S_1)$$

となるよう構成することに注意しておく．

しかしこのように構成した $\mathcal{Y}^{(m)}$ については，(8.28) は必ずしも成立しない．以

上の構成においては，$\mathcal{Y}^{(1)}(x)$ の取り方に不定性があった．そこで $\mathcal{Y}^{(1)}(x)$ をうまく取り替えて，(8.28) も成立させるようにすることを考える．実は以下で，$\mathcal{Y}^{(N+1)}(x)$ は $\mathcal{Y}^{(1)}(x)$ の取り方に依らずに一意的に定まることを示す．これが示されれば，$\mathcal{Y}^{(1)}(x)$ を

$$\mathcal{Y}^{(N+1)}(xe^{2\pi\sqrt{-1}})e^{-2\pi\sqrt{-1}R}$$

に取り替えることで (8.28) も成立させられるのである．

各 m に対し，$S'_m = S(\tau_m, \tau_{m+1}; r)$ とおく．k_1 を $>_{S'_1}$ に関する最小元とする．すると命題 8.12 により，はじめに取った $\mathcal{Y}^{(1)}(x)$ の列のうち第 k_1 列 $Y_{k_1}^{(1)}$ は一意的に決まる．$N' = n(n-1)/2$ とおく．$\mathcal{Y}^{(2)}(x), \mathcal{Y}^{(3)}(x), \ldots, \mathcal{Y}^{(N')}(x)$ を順に構成していくとき，各段階で 1 組の (i,j) のみについて $>_S$ に関する大小関係が逆転し，その逆転は第 N' 段階までに行く間にすべての組合せ (i,j) について起こる．したがって $>_{S'_1}$ に関する最小元であった k_1 については，残り $n-1$ 個の i に対してより大きくなる方向の逆転のみが起こる．その場合には

$$Y_{k_1}^{(m+1)}(x) = Y_{k_1}^{(m)}(x)$$

と定めるのであったから，

$$Y_{k_1}^{(N')}(x) = Y_{k_1}^{(1)}(x)$$

が得られ，$Y_{k_1}^{(N')}(x)$ は $\mathcal{Y}^{(1)}(x)$ の取り方に依らず一意的に決まることがわかる．

次に k_2 を，k_1 を除いた中での $>_{S'_1}$ に関する最小元とする．S_1 における別の基本解行列 $\mathcal{Z}^{(1)}(x) = (Z_1^{(1)}(x), Z_2^{(1)}(x), \ldots, Z_n^{(1)}(x))$ を取った場合，第 k_2 列については一意性は成り立たず，

$$Z_{k_2}^{(1)}(x) = Y_{k_2}^{(1)}(x) + aY_{k_1}^{(1)}(x)$$

という関係になる．k_2 は k_1 以外の i に対してはより大きくなる方向の逆転を起こし，k_1 に対してのみより小さくなる逆転を起こす．k_1 との大小関係を逆転するのが S'_m から S'_{m+1} へ行くときだとすると，それまでは

$$Y_{k_2}^{(1)}(x) = Y_{k_2}^{(2)}(x) = \cdots = Y_{k_2}^{(m)}(x),$$
$$Z_{k_2}^{(1)}(x) = Z_{k_2}^{(2)}(x) = \cdots = Z_{k_2}^{(m)}(x)$$

となっていて，次の段階では

$$Y_{k_2}^{(m+1)}(x) = Y_{k_2}^{(m)}(x) + bY_{k_1}^{(m)}(x),$$
$$Z_{k_2}^{(m+1)}(x) = Z_{k_2}^{(m)}(x) + cZ_{k_1}^{(m)}(x)$$

となる．一方先に見たように k_1 については

(8.30) $$Y_{k_1}^{(m+1)}(x) = Y_{k_1}^{(m)}(x) = Z_{k_1}^{(m)}(x) = Z_{k_1}^{(m+1)}(x)$$

が成り立っている．これらより

$$Z_{k_2}^{(m+1)}(x) - cZ_{k_1}^{(m+1)}(x) = Y_{k_2}^{(m+1)}(x) - (b-a)Y_{k_1}^{(m+1)}(x)$$

が得られる．$k_1 >_{S'_{m+1}} k_2$ としているので，この両辺の S'_{m+1} における漸近挙動を取ると

$$-c\hat{Y}_{k_1}(x) = -(b-a)\hat{Y}_{k_1}(x)$$

となり，$c = b - a$ でなければならないことがわかる．すると (8.30) も成り立っているので，

$$Z_{k_2}^{(m+1)}(x) = Y_{k_2}^{(m+1)}(x)$$

を得る．これ以降は k_2 はより大きくなる方向の逆転しかしないので，結局

$$Z_{k_2}^{(N')}(x) = Y_{k_2}^{(N')}(x)$$

となることがわかる．すなわち $Y_{k_2}^{(N')}(x)$ も $\mathcal{Y}^{(1)}(x)$ の取り方に依らずに一意的に決まる．

一般の場合は 3 個の場合を見ればわかるので，最後に 3 個の場合を考える．k_3 を k_1, k_2 を除いた中での $>_{S'_1}$ に関する最小元とする．このとき

$$Z_{k_3}^{(1)}(x) = Y_{k_3}^{(1)}(x) + aY_{k_1}^{(1)}(x) + bY_{k_2}^{(1)}(x)$$

となる．$k_1 <_{S'_1} k_2 <_{S'_1} k_3$ という大小関係が，近接する 2 つの逆転が 3 回起こることにより $k_3 <_{S'_{N'}} k_2 <_{S'_{N'}} k_1$ に変わる．k_1, k_2, k_3 間の逆転が始まるまでは

(8.31) $$Z_{k_3}^{(m)}(x) = Y_{k_3}^{(m)}(x) + aY_{k_1}^{(m)}(x) + bY_{k_2}^{(m)}(x)$$

が成り立っている．はじめに k_1 と k_2 の逆転が起こったとすると，$Y_{k_2}^{(m)}(x)$ が $Y_{k_1}^{(m+1)}(x)$ と $Y_{k_2}^{(m+1)}(x)$ の線形結合に変わるが，それは a の値を変化させるだけで (8.31) の形は保たれる．k_3 が近接する k_1 あるいは k_2 と逆転する場合を考えよう．たとえば

$$k_1 <_{S'_m} k_2 <_{S_{m'}} k_3, \quad k_1 <_{S'_{m+1}} k_3 <_{S'_{m+1}} k_2$$

とする．この場合は k_1 を無視すると，前段で k_2 について行ったのと同様の考察により，$Y_{k_2}^{(m+1)}(x)$ の係数が消えることがわかる．すなわち

$$Z_{k_3}^{(m+1)}(x) = Y_{k_3}^{(m+1)}(x) + a' Y_{k_1}^{(m+1)}(x)$$

となる．こうして，k_3 より小さいものの間の逆転は係数の変化を引き起こすだけで，k_3 が小さくなる方向の逆転が起こると，逆転して大きくなった添え字の解の係数が 0 になることがわかった．したがって最終的には

$$Z_{k_3}^{(N')}(x) = Y_{k_3}^{(N')}(x)$$

が得られて，$Y_{k_3}^{(N')}(x)$ も $\mathcal{Y}^{(1)}(x)$ の取り方に依らないことになる．

同様にして，すべての i に対して $Y_i^{(N')}(x)$ は $\mathcal{Y}^{(1)}(x)$ の取り方に依らず一意的に決まることがわかる．したがって $\mathcal{Y}^{(N')}(x)$ を元に構成される $\mathcal{Y}^{(N+1)}(x)$ は $\mathcal{Y}^{(1)}(x)$ の取り方に依らない． □

関係式 (8.27) に現れた係数 γ_m を **Stokes 係数**という．また行列 $I + \gamma_m E_{i_m j_m}$ を **Stokes 行列**と呼ぶこともある．Stokes 係数は接続係数と同様に大域解析的な性格を持つ難しい量で，それを求めるための一般的な方法は知られていない．ただし Bessl 方程式，Whittaker 方程式（Weber 方程式），Airy 方程式などいくつかの具体的な方程式に対しては，明示的に求められている（[132], [142], [141]）．なお渋谷 [125] においては，Stokes 係数についての深い考察がなされている．

第 II 部

完全積分可能系

第 II 部では，線形 Pfaff 系と呼ばれる偏微分方程式系について論じる．線形 Pfaff 系は 1 階の線形偏微分方程式からなる偏微分方程式系で，完全積分可能条件をみたすことで解空間の次元が有限次元となり，線形常微分方程式とよく似た振る舞いをする．その一方で多変数であることから，常微分方程式のときには顕在化していなかった様相が現れ，興味深い対象となっている．

　完全積分可能条件をみたす偏微分方程式系（完全積分可能系）をより精密に定式化した概念として，holonomic 系がある．holonomic 系の理論は高度に整備され，多くの重要な結果が得られている．本書では holonomic 系の理論には立ち入らず，より素朴なやり方で完全積分可能系を扱う．具体的な計算には素朴なやり方が有効なことも多く，そのような計算を通して実態を把握した上で holonomic 系の理論に進むのは，1 つの健全な方向であろう．holonomic 系の理論については，[63], [47] などを参照されたい．

第 9 章

線形 Pfaff 系，完全積分可能条件

$\mathbb{C}^n$ の点を $x = (x_1, x_2, \ldots, x_n)$ と表すことにする．N を自然数とする．$X \subset \mathbb{C}^n$ を領域とし，$a_{ij}^k(x)$ $(1 \leq i, j \leq N, 1 \leq k \leq n)$ を X 上正則な関数とする．$u_1(x), u_2(x), \ldots, u_N(x)$ を未知関数とする 1 階線形偏微分方程式系

$$(9.1) \qquad \frac{\partial u_i}{\partial x_k} = \sum_{j=1}^N a_{ij}^k(x) u_j \quad (1 \leq i \leq N, 1 \leq k \leq n)$$

を**線形 Pfaff 系**という．

未知関数ベクトル

$$u = {}^t(u_1, u_2, \ldots, u_N)$$

と行列関数

$$A_k(x) = (a_{ij}^k(x))_{1 \leq i,j \leq N} \quad (1 \leq k \leq n)$$

を用いると，(9.1) は

$$(9.2) \qquad \frac{\partial u}{\partial x_k} = A_k(x) u \quad (1 \leq k \leq n)$$

と書かれる．各 k に対して，これを x_k 方向の微分方程式と呼ぶ．さらに d を x に関する外微分とし，1 形式

$$\Omega = \sum_{k=1}^n A_k(x) \, dx_k$$

を導入すると，(9.2) は

$$(9.3) \qquad du = \Omega u$$

と表される．このことから，(線形) Pfaff 系は全微分方程式とも呼ばれる．

線形 Pfaff 系 (9.2) は行列関数 $A_1(x), A_2(x), \ldots, A_n(x)$ を与えれば決まるが，任意に与えた行列関数に対して常に解が存在するわけではない．解 $u(x)$ は $\mathbb{C}^n$ の領域で微分可能ゆえ，特に C^2 級であるので，任意の $k, l \in \{1, 2, \ldots, n\}$ に対して

$$\frac{\partial^2 u}{\partial x_l \partial x_k} = \frac{\partial^2 u}{\partial x_k \partial x_l}$$

が成立する．ここで (9.2) を用いると，

$$\begin{aligned}\frac{\partial^2 u}{\partial x_l \partial x_k} &= \frac{\partial}{\partial x_l}(A_k u)\\ &= \frac{\partial A_k}{\partial x_l}u + A_k \frac{\partial u}{\partial x_l}\\ &= \Big(\frac{\partial A_k}{\partial x_l} + A_k A_l\Big)u\end{aligned}$$

が得られ，k と l を取り替えた式も同様に得られるので，

$$\Big(\frac{\partial A_k}{\partial x_l} + A_k A_l\Big)u = \Big(\frac{\partial A_l}{\partial x_k} + A_l A_k\Big)u$$

が必要となる．そこで次の定義を与える．

定義 9.1 線形 Pfaff 系 (9.2) に対し，

(9.4) $$\frac{\partial A_k}{\partial x_l} + A_k A_l = \frac{\partial A_l}{\partial x_k} + A_l A_k \quad (1 \leq k, l \leq n)$$

を**完全積分可能条件**という．

完全積分可能条件 (9.4) は，1 形式 Ω を用いると，

(9.5) $$d\Omega = \Omega \wedge \Omega$$

とも表される．これは直接確かめることもできるし，あるいは $d^2 u = 0$ であることから，

$$0 = d^2 u = d(\Omega u) = d\Omega u - \Omega \wedge du = (d\Omega - \Omega \wedge \Omega)u$$

としても得られる．

完全積分可能条件 (9.5) は解が存在するための必要条件であるが，実は十分条件でもある．すなわち次の定理が成り立つ．

定理 9.1 線形 Pfaff 系 (9.3) は完全積分可能条件 (9.5) をみたすとする．このとき任意の $a \in X$ と任意の $u_0 \in \mathbb{C}^N$ に対し，

$$u(a) = u_0$$

をみたす (9.3) の解 $u(x)$ がただ 1 つ存在する．$u(x)$ は，a を中心とし X に含まれる任意の多重円板で収束する．

証明 一般性を失うことなく $a = 0 = (0, 0, \ldots, 0)$ としてよい. まず形式ベキ級数解

$$(9.6) \qquad u(x) = \sum_{i_1, i_2, \ldots, i_n = 0}^{\infty} u_{i_1 i_2 \ldots i_n} x_1^{i_1} x_2^{i_2} \cdots x_n^{i_n} = \sum_I u_I x^I$$

が一意的に存在することを示す. 最右辺は多重指数 $I = (i_1, i_2, \ldots, i_n)$ を用いた慣用的な表示である.

各 $A_k(x)$ $(1 \leq k \leq n)$ の $x = 0$ における Taylor 展開を

$$A_k(x) = \sum_{j_1, j_2, \ldots, j_n = 0}^{\infty} A_{j_1 j_2 \ldots j_n}^k x_1^{j_1} x_2^{j_2} \cdots x_n^{j_n} = \sum_J A_J^k x^J$$

とおく. 初期条件より

$$u_{00\ldots 0} = u_0$$

である. 形式解 (9.6) を方程式 (9.2) へ代入すると,

$$\sum_I i_k u_I x_1^{i_1} \cdots x_k^{i_k - 1} \cdots x_n^{i_n} = \left(\sum_J A_J^k x^J \right) \left(\sum_K u_K x^K \right)$$

となるから, 両辺の $x^I = x_1^{i_1} x_2^{i_2} \cdots x_n^{i_n}$ の係数を比較して

$$(9.7) \qquad (i_k + 1) u_{i_1 \ldots i_k + 1 \ldots i_n} = \sum_{J + K = I} A_J^k u_K$$

を得る.

まず (9.7) において, $k = 1$, $i_2 = \cdots = i_n = 0$ とした

$$(9.8) \qquad (i_1 + 1) u_{i_1 + 1, 0 \ldots 0} = \sum_{j_1 + k_1 = i_1} A_{j_1 0 \ldots 0}^1 u_{k_1 0 \ldots 0}$$

を考える. この漸化式により $\{u_{i_1 0 \ldots 0}\}_{i_1 = 0}^{\infty}$ は $u_{00\ldots 0}$ から一意的に定まる. 次に (9.7) において $k = 2$, $i_3 = \cdots = i_n = 0$ とした

$$(9.9) \qquad (i_2 + 1) u_{i_1 i_2 + 1, 0 \ldots 0} = \sum_{j_1 + k_1 = i_1} \sum_{j_2 + k_2 = i_2} A_{j_1 k_1 0 \ldots 0}^2 u_{j_2 k_2 0 \ldots 0}$$

を考える. この漸化式で $i_1 = 0$ としたものを考えると, $u_{00\ldots 0}$ から $\{u_{0 i_2 0 \ldots 0}\}_{i_2 = 0}^{\infty}$ が一意的に定まる. (9.9) で $i_1 = 1$ としたものを考えると, $u_{00\ldots 0}, u_{10\ldots 0}$ および $\{u_{0 i_2 0 \ldots 0}\}_{i_2 = 0}^{\infty}$ から $\{u_{1 i_2 0 \ldots 0}\}_{i_2 = 0}^{\infty}$ が一意的に定まることがわかる. 以下同様にして, 各 i_1 に対する (9.9) を考えると,

$$u_{j_1 0 \ldots 0} \quad (0 \leq j_1 \leq i_1),$$
$$\{u_{j_1 i_2 0 \ldots 0}\}_{i_2 = 0}^{\infty} \quad (0 \leq j_1 < i_1)$$

というデータから $\{u_{i_1 i_2 0\ldots 0}\}_{i_2=0}^{\infty}$ が一意的に定まることがわかる．こうして (9.8)，(9.9) により，$\{u_{i_1 i_2 0\ldots 0}\}_{i_1, i_2=0}^{\infty}$ が $u_{00\ldots 0}$ から一意的に定まることがわかった．

同様の考察を続けることで，(9.7) で $i_{k+1} = \cdots i_n = 0$ としたものを考えると，各 $i_1, \ldots, i_{k-1}$ について

$$u_{j_1 \ldots j_{k-1} 00\ldots 0} \quad (0 \le j_1 \le i_1, \ldots, 0 \le j_{k-1} \le i_{k-1}),$$
$$\{u_{j_1 \ldots j_{k-1} i_k 0 \ldots 0}\}_{i_k=0}^{\infty} \quad (0 \le j_1 < i_1, \ldots, 0 \le j_{k-1} < i_{k-1})$$

というデータから $\{u_{i_1 \ldots i_{k-1} i_k 0 \ldots 0}\}_{i_k=0}^{\infty}$ が一意的に定まることがわかる．これを続けて $k=n$ の場合に到達することで，$\{u_{i_1 i_2 \ldots i_n}\}_{i_1, i_2, \ldots, i_n=0}^{\infty}$ が $u_{00\ldots 0}$ から一意的に定まることがわかる．この最後のステップにおいては，漸化式として (9.7) の $k=n$ の場合そのものを用いるので，(9.6) で定まる関数 $u(x)$ は x_n 方向の微分方程式

$$(9.10) \qquad \frac{\partial u}{\partial x_n} = A_n(x) u$$

をみたす．しかしこれ以外の $n-1$ 本の方程式をみたすことは，今の $\{u_{i_1 i_2 \ldots i_n}\}$ の構成法からは導けない．そこで次のような考察を行う．

$u(x)$ を (9.6) で定まる形式ベキ級数とし，

$$v_{n-1}(x) = \frac{\partial u}{\partial x_{n-1}}(x) - A_{n-1}(x) u(x)$$

によって形式ベキ級数 $v_{n-1}(x)$ を定義する．$u(x)$ は微分方程式 (9.10) を形式ベキ級数としてみたしていることに注意する．このとき完全積分可能条件 (9.4) を用いると，

$$\begin{aligned}
\frac{\partial v_{n-1}}{\partial x_n} &= \frac{\partial}{\partial x_{n-1}}(A_n u) - \frac{\partial A_{n-1}}{\partial x_n} u - A_{n-1} A_n u \\
&= A_n \frac{\partial u}{\partial x_{n-1}} + \left(\frac{\partial A_n}{\partial x_{n-1}} - \frac{\partial A_{n-1}}{\partial x_n} - A_{n-1} A_n \right) u \\
&= A_n \left(\frac{\partial u}{\partial x_{n-1}} - A_{n-1} u \right) \\
&= A_n v_{n-1}
\end{aligned}$$

が得られる．すなわち $v_{n-1}(x)$ は (9.10) の形式ベキ級数解である．さらに

$$v_{n-1}(x_1, \ldots, x_{n-1}, 0)$$
$$= \frac{\partial u}{\partial x_{n-1}}(x_1, \ldots, x_{n-1}, 0) - A_{n-1}(x_1, \ldots, x_{n-1}, 0) u(x_1, \ldots, x_{n-1}, 0)$$

は数列 $\{u_{i_1 \ldots i_{n-1} 0}\}_{i_1, \ldots, i_{n-1}=0}^{\infty}$ の作り方から 0 になる．(9.10) の形式ベキ級数解

の一意性はすでに見ていたので，$v_{n-1}(x) = 0$ が結論される．したがって $u(x)$ は微分方程式
$$\frac{\partial u}{\partial x_{n-1}} = A_{n-1}(x)u$$
の解にもなることが示された．同様にして，$u(x)$ がすべての k について微分方程式 (9.2) の形式ベキ級数解となることが示される．以上で形式解の存在と一意性が示された．

こうして得られた形式解の収束を示す．X に含まれる任意の多重閉円板
$$|x_1| \leq r_1, \ |x_2| \leq r_2, \ldots, |x_n| \leq r_n$$
を取る．$A_k(x)$ $(1 \leq k \leq n)$ は X 上正則だから，Cauchy の評価式よりある $M > 0$ が存在して
$$||A_{i_1 i_2 \ldots i_n}^k|| \leq \frac{M}{r_1^{i_1} r_2^{i_2} \cdots r_n^{i_n}}$$
がすべての $(i_1, i_2, \ldots, i_n)$ および k について成り立つ．数列 $\{U_{i_1 0 \ldots 0}\}_{i_1=0}^{\infty}$ を，
$$\begin{cases} U_{00\ldots 0} = ||u_{00\ldots 0}||, \\ (i_1 + 1)U_{i_1+1, 0\ldots 0} = \displaystyle\sum_{j_1 + k_1 = i_1} \frac{M}{r_1^{j_1}} U_{k_1 0 \ldots 0} \end{cases}$$
により定める．すると数学的帰納法により，すべての i_1 に対して

(9.11) $$||u_{i_1 0 \ldots 0}|| \leq U_{i_1 0 \ldots 0}$$
が成り立つことが示される．
$$U_1(x_1) = \sum_{i_1=0}^{\infty} U_{i_1 0 \ldots 0} x_1^{i_1}$$
とおくと，$\{U_{i_1 0 \ldots 0}\}_{i_1=0}^{\infty}$ の定義より
$$\frac{dU_1}{dx_1} = \frac{M}{1 - \frac{x_1}{r_1}} U_1, \ U_1(0) = ||u_{00\ldots 0}||$$
が成り立つことがわかるので，
$$U_1(x_1) = ||u_{00\ldots 0}|| \left(1 - \frac{x_1}{r_1}\right)^{-Mr_1}$$
が得られる．次に数列 $\{U_{i_1 i_2 0 \ldots 0}\}_{i_1, i_2=0}^{\infty}$ を，
$$(i_2 + 1)U_{i_1 i_2 + 1, 0 \ldots 0} = \sum_{j_1 + k_1 = i_1} \sum_{j_2 + k_2 = i_2} \frac{M}{r_1^{j_1} r_2^{k_1}} U_{j_2 k_2 0 \ldots 0}$$

により定める．ただし $\{U_{i_100...0}\}_{i_1=0}^{\infty}$ についてはすでに決めたものとする．すると $\{u_{i_1i_20...0}\}$ を決めたときと同じ理由により $\{U_{i_1i_20...0}\}_{i_1,i_2=0}^{\infty}$ は一意的に定まり，(9.11) と数学的帰納法によって

$$||u_{i_1i_20...0}|| \leq U_{i_1i_20...0}$$

がすべての (i_1, i_2) について成り立つことが示される．一方

$$U_2(x_1, x_2) = \sum_{i_1,i_2=0}^{\infty} U_{i_1i_20...0} x_1{}^{i_1} x_2{}^{i_2}$$

とおくと，$\{U_{i_1i_20...0}\}_{i_1,i_2=0}^{\infty}$ の定義から

$$\frac{\partial U_2}{\partial x_2} = \frac{M}{\left(1 - \frac{x_1}{r_1}\right)\left(1 - \frac{x_2}{r_2}\right)} U_2, \ U_2(x_1, 0) = U_1(x_1)$$

が成り立つことがわかる．したがって

$$U(x_1, x_2) = U_1(x_1) \left(1 - \frac{x_2}{r_2}\right)^{-\frac{Mr_2}{1 - \frac{x_1}{r_1}}}$$

$$= ||u_{00...0}|| \left(1 - \frac{x_1}{r_1}\right)^{-Mr_1} \left(1 - \frac{x_2}{r_2}\right)^{-\frac{Mr_2}{1 - \frac{x_1}{r_1}}}$$

が得られる．以下この手順を続けていくことで，数列 $\{U_{i_1i_2...i_n}\}_{i_1,i_2,...,i_n=0}^{\infty}$ が定まり，

$$||u_{i_1i_2...i_n}|| \leq U_{i_1i_2...i_n}$$

がすべての $(i_1, i_2, \ldots, i_n)$ について成立し，さらに

$$U(x_1, x_2, \ldots, x_n) = \sum_{i_1,i_2,\ldots,i_n=0}^{\infty} U_{i_1i_2...i_n} x_1{}^{i_1} x_2{}^{i_2} \cdots x_n{}^{i_n}$$

とおくと

$$U(x_1, x_2, \ldots, x_n) = ||u_{00...0}|| \prod_{k=1}^{n} \left(1 - \frac{x_k}{r_k}\right)^{-\frac{Mr_k}{\left(1 - \frac{x_1}{r_1}\right)\cdots\left(1 - \frac{x_{k-1}}{r_{k-1}}\right)}}$$

となることがわかる．この関数 $U(x_1, x_2, \ldots, x_n)$ は多重開円板

$$|x_1| < r_1, \ |x_2| < r_2, \ldots, |x_n| < r_n$$

で正則なので，$U(x_1, x_2, \ldots, x_n)$ を優級数に持つ形式ベキ級数 $u(x_1, x_2, \ldots, x_n)$ も同じ多重開円板で収束する． □

第 1 章で定理 1.1 から定理 1.2，定理 1.3 を導いたのと同じ論理で，次の 2 つの結果が導かれる．

定理 9.2　線形 Pfaff 系 (9.3) が完全積分可能条件 (9.5) をみたすとき, 任意の解は X 上くまなく解析接続され, その結果も解となる.

定理 9.3　a, b を X 内の 2 点とする. C_1, C_2 が a を始点, b を終点とする X 内の 2 曲線で, X 内で始点・終点を固定してホモトピックならば, a における線形 Pfaff 系 (9.3) の解の C_1 に沿った解析接続の結果と C_2 に沿った解析接続の結果は一致する.

したがって線形 Pfaff 系 (9.3) の任意の解の定義域は, 係数の定義域 X の普遍被覆空間 $\tilde{X}$ となる. 別の言い方では, 任意の解は X 上の多価正則関数となる. 解が係数が正則な範囲にくまなく解析接続されるのは, 完全積分可能系の著しい特徴である.

またやはり定理 1.1 から命題 1.4 を導いたのと同じ論理で, 次の結果も得られる.

命題 9.4　線形 Pfaff 系 (9.3) が完全積分可能条件 (9.5) をみたすとき, 任意の $a \in X$ に対し a を中心とする X に含まれる多重円板上の解の全体は, N 次元線形空間をなす.

次に解の線形独立性について考察する. 定理 1.6 に対応する次の主張が成り立つ.

定理 9.5　$u^1(x), u^2(x), \ldots, u^N(x)$ を共通の領域で定義された線形 Pfaff 系 (9.3) の解とするとき, その行列式が定義域の 1 点で 0 になれば, 定義域全体で 0 となる.

証明　共通の定義域となる領域を X_1 とおく. X_1 は $\tilde{X}$ の部分領域と考える. $a \in X_1$ において
$$|u^1(a), u^2(a), \ldots, u^N(a)| = 0$$
となっているとする. 任意の $b \in X_1$ を取ると, X_1 は弧状連結だから a と b を結ぶ X_1 内の曲線が存在するが, その曲線として座標軸に平行な曲線をつないだものを取ることができる. ここで曲線 ℓ が座標軸に平行とは, ある i $(1 \leq i \leq n)$ と $c_1, \ldots, c_{i-1}, c_{i+1}, \ldots, c_n \in \mathbb{C}$ があり,
$$t \mapsto (c_1, \ldots, c_{i-1}, \gamma(t), c_{i+1}, \ldots, c_n)$$
という形に媒介変数表示されることをいう. この線分 ℓ の始点で $u^1(x), u^2(x), \ldots, u^N(x)$ の行列式が 0 であったとする. $u^1(x), u^2(x), \ldots, u^N(x)$ は $x_j = c_j$ $(j \neq i)$ 上 ℓ の近傍で x_i の 1 変数関数で, 線形常微分方程式

$$\frac{du}{dx_i} = A_i(c_1, \ldots, c_{i-1}, x_i, c_{i+1}, \ldots, c_n)u$$

の解となっているので，定理 1.6 によりその行列式は ℓ 上で 0 となる．特に ℓ の終点で 0 となる．したがってこの議論を続けることで，b においても行列式が 0 となる． □

この定理より，定義域の 1 点での値が線形独立な N 個の解の組は，定義域 $\tilde{X}$ のあらゆる点において線形独立なベクトルを与えることがわかる．こうして次の主張が得られた．

定理 9.6 領域 X 上定義された未知関数ベクトルのサイズを N とする完全積分可能な線形 Pfaff 系 (9.3) について，次が成り立つ．

(i) X の普遍被覆空間 $\tilde{X}$ 上の解の全体は，$\mathbb{C}$ 上の N 次元線形空間をなす．

(ii) X_1 を X の任意の単連結領域とすると，X_1 における解の全体は $\mathbb{C}$ 上の N 次元線形空間をなす．

(iii) 共通の領域を定義域とする N 個の解の組の行列式が定義域の 1 点で 0 でなければ，その解の組はその定義域における解の全体のなす線形空間の基底となる．

この定理は，線形 Pfaff 系 (9.3) の階数が N であることを述べている．定理 9.6 (iii) にあるような解の組を，線形 Pfaff 系 (9.3) の**解の基本系**あるいは**基本解系**という．基本解系を並べてできる $N \times N$ 行列を，**基本解行列**という．

非斉次の線形完全積分可能系についても触れておこう．$1 \leq k \leq n$ に対し，$b_k(x)$ を X 上正則な関数を成分に持つ N 縦ベクトルとし，

(9.12) $$\frac{\partial u}{\partial x_k} = A_k(x)u + b_k(x) \quad (1 \leq k \leq n)$$

という非斉次線形 Pfaff 系を考える．

定理 9.7 非斉次線形 Pfaff 系 (9.12) において，$A_1(x), A_2(x), \ldots, A_n(x)$ は完全積分可能条件 (9.4) をみたし，かつ

(9.13) $$\frac{\partial b_k}{\partial x_l} - A_l b_k = \frac{\partial b_l}{\partial x_k} - A_k b_l \quad (1 \leq k, l \leq n)$$

が成り立つとする．このとき任意の $a \in X$ と任意の $u_0 \in \mathbb{C}^N$ に対し，

$$u(a) = u_0$$

をみたす (9.12) の解がただ 1 つ存在する．(9.12) の任意の解は，(9.12) の 1 つの特殊解と，付随する斉次線形 Pfaff 系 (9.2) の解の和として表される．

証明 常微分方程式における非斉次線形微分方程式の解法（定数変化法）に基づいて証明することができる．定数変化法の手法に則り，付随する斉次線形 Pfaff 系 (9.2) の基本解行列を $\mathcal{U}_H(x)$ とし，非斉次線形 Pfaff 系 (9.12) の解 $u(x)$ を

$$u(x) = \mathcal{U}_H(x)c(x)$$

の形で求める．ここで $c(x)$ は N 縦ベクトルとする．これを微分方程式 (9.12) へ代入して，c についての微分方程式系

$$\frac{\partial c}{\partial x_k} = \mathcal{U}_H(x)^{-1} b_k(x) \quad (1 \leq k \leq n)$$

が得られる．条件 (9.13) によって

$$\frac{\partial}{\partial x_l}(\mathcal{U}_H(x)^{-1} b_k) = \frac{\partial}{\partial x_k}(\mathcal{U}_H(x)^{-1} b_l(x))$$

が成り立つので，解 c が存在することがわかる．残りの主張については，常微分方程式の場合と同様なので省略する． □

例 9.1 $n=2$ とし，$\mathbb{C}^2$ の座標を (x,y) と書く．$A_{x=0}, A_{x=1}, A_{y=0}, A_{y=1}, A_{x=y}$ を $N \times N$ 定数行列とし，線形 Pfaff 系
(9.14)
$$du = \left(A_{x=0}\frac{dx}{x} + A_{x=1}\frac{dx}{x-1} + A_{y=0}\frac{dy}{y} + A_{y=1}\frac{dy}{y-1} + A_{x=y}\frac{d(x-y)}{x-y}\right)u$$

を考える．これを (9.2) の形に書けば，

$$\begin{cases}\dfrac{\partial u}{\partial x} = \left(\dfrac{A_{x=0}}{x} + \dfrac{A_{x=1}}{x-1} + \dfrac{A_{x=y}}{x-y}\right)u, \\ \dfrac{\partial u}{\partial y} = \left(\dfrac{A_{y=0}}{y} + \dfrac{A_{y=1}}{y-1} + \dfrac{A_{x=y}}{y-x}\right)u\end{cases}$$

となる．これらの右辺の行列を

$$A(x,y) = \frac{A_{x=0}}{x} + \frac{A_{x=1}}{x-1} + \frac{A_{x=y}}{x-y}, \quad B(x,y) = \frac{A_{y=0}}{y} + \frac{A_{y=1}}{y-1} + \frac{A_{x=y}}{y-x}$$

とおくと，完全積分可能条件 (9.4) は

$$\frac{\partial A}{\partial y} + AB = \frac{\partial B}{\partial x} + BA$$

で与えられる．今の場合は $\partial A/\partial y = \partial B/\partial x$ が成り立つので，条件は $[A,B] = O$ となる．$[A,B]$ は (x,y) の有理関数なので，その有理関数が恒等的に O に等しい

ための条件は係数である行列についての条件として記述できる．すなわち完全積分可能条件は次で与えられる．

(9.15)
$$[A_{x=0}, A_{y=1}] = O,$$
$$[A_{x=1}, A_{y=0}] = O,$$
$$[A_{x=0}, A_{x=y} + A_{y=0}] = [A_{x=y}, A_{y=0} + A_{x=0}] = [A_{y=0}, A_{x=0} + A_{x=y}] = O,$$
$$[A_{x=1}, A_{x=y} + A_{y=1}] = [A_{x=y}, A_{y=1} + A_{x=1}] = [A_{y=1}, A_{x=1} + A_{x=y}] = O.$$

この関係式の導出については，次の例 9.2 でより一般の場合に与える．線形 Pfaff 系 (9.14) は，Appell の 2 変数超幾何関数をはじめとする多くの多変数特殊関数のみたす完全積分可能系として登場する．

例 9.2 例 9.1 を拡張して，KZ 型と呼ばれる線形 Pfaff 系を考える．(KZ は Knizhnik-Zamolodchikov である．) $a_1, a_2, \ldots, a_p \in \mathbb{C}$ を相異なる点とする．$A_{i,k}$ ($1 \leq i \leq n, 1 \leq j \leq p$), $B_{i,j}$ ($1 \leq i < j \leq n$) を $N \times N$ 定数行列として，これらで与えられる線形 Pfaff 系

(9.16)
$$du = \left(\sum_{i=1}^{n} \sum_{k=1}^{p} A_{i,k} \frac{dx_i}{x_i - a_k} + \sum_{1 \leq i < j \leq n} B_{i,j} \frac{d(x_i - x_j)}{x_i - x_j} \right) u$$

を KZ 型という．完全積分可能条件を求めよう．$1 \leq i \leq n$ に対して

$$A_i(x) = \sum_{k=1}^{p} \frac{A_{i,k}}{x_i - a_k} + \sum_{j \neq i} \frac{B_{i,j}}{x_i - x_j}$$

とおく．ただし $i > j$ のときは $B_{i,j} = B_{j,i}$ と定める．完全積分可能条件 (9.4) は，例 9.1 と同様に

$$[A_i, A_j] = O$$

となる．すなわち

(9.17)
$$\left(\sum_{k=1}^{p} \frac{A_{i,k}}{x_i - a_k} + \sum_{l \neq i} \frac{B_{i,l}}{x_i - x_l} \right) \left(\sum_{k=1}^{p} \frac{A_{j,k}}{x_j - a_k} + \sum_{l \neq j} \frac{B_{j,l}}{x_j - x_l} \right)$$
$$= \left(\sum_{k=1}^{p} \frac{A_{j,k}}{x_j - a_k} + \sum_{l \neq j} \frac{B_{j,l}}{x_j - x_l} \right) \left(\sum_{k=1}^{p} \frac{A_{i,k}}{x_i - a_k} + \sum_{l \neq i} \frac{B_{i,l}}{x_i - x_l} \right)$$

である．この両辺に $x_i - a_k$ をかけて $x_i \to a_k$ という極限を取ると，

$$A_{i,k}\left(\sum_{m=1}^{p}\frac{A_{j,m}}{x_j-a_m}+\sum_{l\neq j,i}\frac{B_{j,l}}{x_j-x_l}+\frac{B_{j,i}}{x_j-a_k}\right)$$
$$=\left(\sum_{m=1}^{p}\frac{A_{j,m}}{x_j-a_m}+\sum_{l\neq j,i}\frac{B_{j,l}}{x_j-x_l}+\frac{B_{j,i}}{x_j-a_k}\right)A_{i,k}$$

が得られる．両辺の $x_j=a_m$ における留数を比べて

(9.18) $$\begin{cases} A_{i,k}A_{j,m}=A_{j,m}A_{i,k} & (m\neq k), \\ A_{i,k}(A_{j,k}+B_{j,i})=(A_{j,k}+B_{j,i})A_{i,k} \end{cases}$$

が得られ，また $x_j=x_l$ における留数を比べて

(9.19) $$A_{i,k}B_{j,l}=B_{j,l}A_{i,k}\quad(l\neq i,j)$$

が得られる．次に，$l\neq i,j$ として，(9.17) の両辺に x_i-x_l をかけて $x_i\to x_l$ という極限を取ると

$$B_{i,l}\left(\sum_{k=1}^{p}\frac{A_{j,k}}{x_j-a_k}+\sum_{m\neq j,i}\frac{B_{j,m}}{x_j-x_m}+\frac{B_{j,i}}{x_j-x_l}\right)$$
$$=\left(\sum_{k=1}^{p}\frac{A_{j,k}}{x_j-a_k}+\sum_{m\neq j,i}\frac{B_{j,m}}{x_j-x_m}+\frac{B_{j,i}}{x_j-x_l}\right)B_{i,l}$$

が得られる．両辺の $x_j=a_k$ における留数を比べて得られる関係式は，(9.19) と同じものになる．両辺の $x_j=x_m$ における留数を比べることで

(9.20) $$\begin{cases} B_{i,l}B_{j,m}=B_{j,m}B_{i,l} & (m\neq l), \\ B_{i,l}(B_{j,l}+B_{i,j})=(B_{j,l}+B_{i,j})B_{i,l} \end{cases}$$

が得られる．以上で完全積分可能条件を留数行列に対する関係式として表すことができた．(9.18) の第 2 式および (9.20) の第 2 式について，i と j を取り替えた関係式と組み合わせるなどすると，cyclic な形に表すことができる．それらも含めてすべての条件をまとめよう．

(9.21)
$$[A_{i,k},A_{j,m}]=O\quad(1\leq i,j\leq n,i\neq j;1\leq k,m\leq p,k\neq m),$$
$$[A_{i,k},A_{j,k}+B_{i,j}]=[A_{j,k},B_{i,j}+A_{i,k}]=[B_{i,j},A_{i,k}+A_{j,k}]=O$$
$$(1\leq i,j\leq n,i\neq j;1\leq k\leq p),$$
$$[A_{i,k},B_{j,l}]=O\quad(1\leq i,j,l\leq n,i\neq j,l\neq i,j;1\leq k\leq p),$$
$$[B_{i,l},B_{j,m}]=O\quad(1\leq i,j,l,m\leq n,i\neq j,l\neq m,l\neq i,j,m\neq i,j),$$
$$[B_{i,l},B_{j,l}+B_{i,j}]=[B_{j,l},B_{i,j}+B_{i,l}]=[B_{i,j},B_{i,l}+B_{j,l}]=O$$
$$(1\leq i,j,l\leq n,i\neq j,l\neq i,j).$$

第 10 章

確定特異点における解析

10.1 確定特異点における局所解析

線形 Pfaff 系において，係数の特異点の近傍で解がどのような挙動を示すのかを考察する．ただし特異点としては，常微分方程式の確定特異点に相当する場合に限定する．多変数解析関数の特異点は，孤立した点ではなく codimension 1 の点集合（超曲面）となることに注意する必要がある．

領域 $U \subset \mathbb{C}^n$ で正則な関数 $\varphi(x) = \varphi(x_1, x_2, \ldots, x_n)$ を考え，その零点集合を
$$E = \{x \in U \,;\, \varphi(x) = 0\}$$
とおく．E の点 x^0 が

(10.1) $$\operatorname{grad}\varphi(x^0) = (\varphi_{x_1}(x^0), \varphi_{x_2}(x^0), \ldots, \varphi_{x_n}(x^0)) = 0$$

をみたすとき E の**特異点**という．特異点以外の E の点を**正則点**あるいは**通常点**という．本書では E 全体が微分方程式系の特異点集合を与えるという設定で考えるので，混乱を避けるため通常点という言い方を採用する．E の通常点全体の集合を E^0 で表す．すなわち
$$E^0 = \{x \in E \,;\, \operatorname{grad}\varphi(x) \neq 0\}$$
とする．E に沿って対数的特異性を持つ線形 Pfaff 系の，E^0 の近傍における挙動を解析する．考える線形 Pfaff 系は次の形のものである．

(10.2) $$du = (A(x) d\log\varphi(x) + \Omega_1(x))u$$

ここで $A(x)$ は U 上正則な関数を成分とする $N \times N$ 行列，$\Omega_1(x)$ はやはり U 上正則な関数を成分とする $N \times N$ 行列係数の 1-形式である．

E^0 上の点の近傍における局所解析を行いたい．$a = (a_1, a_2, \ldots, a_n) \in E^0$ を任意に取る．このとき $\operatorname{grad}\varphi(a) \neq 0$ だから，逆写像定理により a の近傍 U_a と 0 の近傍 V_0，および双正則写像（座標変換）

$$\Phi: \quad U_a \quad \to \quad V_0$$
$$x = (x_1, x_2, \ldots, x_n) \quad \mapsto \quad \xi = (\xi_1, \xi_2, \ldots, \xi_n)$$

で，a を 0 へうつし，$U_a \cap E^0$ を $V_0 \cap \{\xi_1 = 0\}$ へうつすものが存在する．たとえば，$\varphi_{x_i}(a) \neq 0$ となる i が存在するので，必要なら番号を入れ替えて $\varphi_{x_1}(a) \neq 0$ とすると，Φ は

$$\xi_1 = \varphi(x),\ \xi_2 = x_2 - a_2,\ \ldots,\ \xi_n = x_n - a_n$$

で定義すればよい．この新しい変数について，線形 Pfaff 系 (10.2) を書き下してみる．$\xi = (\xi_1, \xi'),\ \xi' = (\xi_2, \xi_3, \ldots, \xi_n)$ とおく．

$$A(\Phi^{-1}(\xi)) = B(\xi)$$

とおくと $B(\xi)$ は $\xi = 0$ において正則となるので，ξ_1 について Taylor 展開することで

$$B(\xi) = B_0(\xi') + \xi_1 B_1(\xi)$$

と表示できる．ここで $B_0(\xi')$ は $\xi' = 0$ において正則，$B_1(\xi)$ は $\xi = 0$ において正則である．

$$d\log \varphi(x) = \frac{d\xi_1}{\xi_1} + \omega$$

に注意しよう．ここで ω は $\xi = 0$ において正則な 1 形式である．すると $\xi = 0$ において正則な関数を成分とする $N \times N$ 行列 $C_1(\xi), A_2(\xi), \ldots, A_n(\xi)$ が存在して，(10.2) は

$$du = \Big(\Big(\frac{B_0(\xi')}{\xi_1} + C_1(\xi)\Big) d\xi_1 + A_2(\xi) d\xi_2 + \cdots + A_n(\xi) d\xi_n\Big) u$$

という形に書けることがわかる．

そこで以下ではすでにこの座標変換を行ったと考えて，あらためて次の線形 Pfaff 系を考えることにする．

(10.3) $$\frac{\partial u}{\partial x_k} = A_k(x) u \quad (1 \leq k \leq n)$$

ここで $A_2(x), A_3(x), \ldots, A_n(x)$ は，0 の近傍 U_0 上正則な関数を成分とする $N \times N$ 行列．また $A_1(x)$ は，$x' = (x_2, x_3, \ldots, x_n)$ とおき $x = (x_1, x')$ と書くとき，$x' = 0$ において正則な関数を成分とする $N \times N$ 行列 $B_1(x')$ と U_0 において正則な関数を成分とする $N \times N$ 行列 $C_1(x)$ を用いて

(10.4) $$A_1(x) = \frac{B_1(x')}{x_1} + C_1(x)$$

と表示されるとする．

まず次の重要な事実が成り立つ．

定理 10.1 線形 Pfaff 系 (10.3) において，$A_1(x)$ は表示 (10.4) を持ち，$A_2(x)$, $A_3(x), \ldots, A_n(x)$ は U_0 上正則とする．このとき線形 Pfaff 系 (10.3) が完全積分可能なら，$B_1(x')$ の Jordan 標準形は x' に依存しない定数行列である．

証明 完全積分可能条件 (9.4) により，$k > 1$ に対して

$$\frac{\partial}{\partial x_k}\left(\frac{B_1}{x_1} + C_1\right) + \left(\frac{B_1}{x_1} + C_1\right) A_k = \frac{\partial A_k}{\partial x_1} + A_k \left(\frac{B_1}{x_1} + C_1\right)$$

となる．$D_k(x') = A_k(0, x')$ とおくと，$1/x_1$ の係数を比較して

(10.5) $$\frac{\partial B_1}{\partial x_k} = [D_k, B_1] \quad (2 \leq k \leq n)$$

が得られる．また完全積分可能条件 (9.4) の $2 \leq k, l \leq n$ の場合に $x_1 = 0$ を代入することで，

(10.6) $$\frac{\partial D_k}{\partial x_l} + D_k D_l = \frac{\partial D_l}{\partial x_k} + D_l D_k \quad (2 \leq k, l \leq n)$$

が得られる．これは x' を変数とする線形 Pfaff 系

$$\frac{\partial p}{\partial x_k} = D_k(x') p \quad (2 \leq k \leq n)$$

の完全積分可能条件となるので，この線形 Pfaff 系には基本解行列 $P(x')$ が存在する．$2 \leq k \leq n$ とすると，

$$\frac{\partial}{\partial x_k}(P^{-1} B_1 P) = -P^{-1} \frac{\partial P}{\partial x_k} P^{-1} B_1 P + P^{-1} \frac{\partial B_1}{\partial x_k} P + P^{-1} B_1 \frac{\partial P}{\partial x_k}$$
$$= -P^{-1} D_k B_1 P + P^{-1} [D_k, B_1] P + P^{-1} B_1 D_k P$$
$$= O$$

となるので，$P^{-1} B_1 P$ は x' に依存しないことが示された．もちろん x_1 にも依存しないので，定数行列である． □

次の定理が本節の主結果である．

定理 10.2 線形 Pfaff 系 (10.3) において, $A_1(x)$ は表示 (10.4) を持ち, $A_2(x)$, $A_3(x), \ldots, A_n(x)$ は U_0 上正則とする. 線形 Pfaff 系 (10.3) が完全積分可能なら, 次の形の解からなる解の基本系が存在する.

(10.7) $$u(x) = x_1{}^\rho \sum_{j=0}^{q} (\log x_1)^j \sum_{m=0}^{\infty} u_{jm}(x') x_1{}^m.$$

ここで ρ は $B_1(x')$ の固有値で ρ と整数差を持つ固有値のうち実部の最小のもの, q は ρ 毎に $B_1(x')$ の Jordan 標準形から決まる非負整数, $u_{jm}(x')$ は $x' = 0$ において正則なベクトルである.

証明 定理 10.1 の証明における P による gauge 変換を行って, $B_1(x')$ はすでに Jordan 標準形 J になっているとする. x_1 方向の微分方程式

(10.8) $$\frac{\partial u}{\partial x_1} = \left(\frac{J}{x_1} + C_1(x_1, x')\right) u$$

については, 定理 2.5 で (10.7) の形の解からなる解の基本系を構成していた. 定理 2.5 の結果を引用するために, いくつか記号を定めよう. ρ と整数差を持つ J の固有値の集合を

$$\{\rho + k_0, \rho + k_1, \ldots, \rho + k_d\}$$

とする. ここで $0 = k_0 < k_1 < \cdots < k_d$ は整数の列である. 固有値 $\rho + k_i$ を持つ Jordan 細胞の直和を J_i とし, J が

(10.9) $$J = \bigoplus_{i=0}^{d} J_i \oplus J'$$

と直和分解されているとする. ただし J' は ρ と整数差を持たない固有値に対応する Jordan 細胞の直和である. ベクトル $v \in \mathbb{C}^N$ を, この直和分解に応じて

$$v = {}^t([v]_0, [v]_1, \ldots, [v]_d, [v]')$$

と表すことにする. ちなみに q は, 定理 2.5 にある通り $J_0, \ldots, J_d$ に現れる Jordan 細胞のサイズから決まる非負整数である.

定理 2.5 によると, (10.7) の形の解は $[u_{00}]_0, [u_{0k_1}]_1, \ldots, [u_{0k_d}]_d$ を与えることで一意的に定まる. そこでこれらのデータを, u が $x_2, \ldots, x_n$ 方向の微分方程式もみたすように定めたい. u を (10.7) の形の x_1 方向の微分方程式 (10.8) の解とし, $k > 1$ に対して

$$v_k(x) = \frac{\partial u}{\partial x_k} - A_k(x) u$$

を考える．このとき完全積分可能条件から

$$\begin{aligned}\frac{\partial v_k}{\partial x_1} &= \frac{\partial}{\partial x_k}\Big(\frac{\partial u}{\partial x_1}\Big) - \frac{\partial A_k}{\partial x_1}u - A_k\frac{\partial u}{\partial x_1} \\ &= A_1\frac{\partial u}{\partial x_k} + \Big(\frac{\partial A_1}{\partial x_k} - \frac{\partial A_k}{\partial x_1} - A_kA_1\Big)u \\ &= A_1 v_k\end{aligned}$$

が得られる．また (10.7) より

(10.10)
$$\begin{aligned}v_k(x) &= x_1{}^\rho \sum_{j=0}^q (\log x_1)^j \sum_{m=0}^\infty \Big(\frac{\partial u_{jm}}{\partial x_k} - \sum_{s+t=m} A_{ks}u_{jt}\Big)x_1{}^m \\ &=: x_1{}^\rho \sum_{j=0}^q (\log x_1)^j \sum_{m=0}^\infty v_{jm}^k x_1{}^m\end{aligned}$$

がわかる．つまり $v_k(x)$ も (10.7) の形をした (10.8) の解となっている．ただし $A_k(x)$ $(2 \leq k \leq n)$ の x_1 に関する Taylor 展開を

$$A_k(x_1, x') = \sum_{m=0}^\infty A_{km}(x')x_1{}^m$$

とおいた．定理 10.1 の証明で導入した記号を用いると，$A_{k0}(x') = D_k(x')$ である．完全積分可能条件から (10.5) が得られていて，いま $B_1 = J$ はすでに定数行列としているので，$[D_k, J] = O$ が成り立つ．J の直和分解 (10.9) において各直和成分の固有値はすべて異なるので，補題 2.7 によって D_k も同じ形に直和分解されることがわかる．すなわち

$$D_k = \bigoplus_{i=0}^d D_k^i \oplus D_k'$$

となり，D_k^i は J_i と，D_k' は J' と同じサイズである．

さてすると，表示 (10.10) より，

$$[v_{00}^k]_0 = \Big[\frac{\partial u_{00}}{\partial x_k} - D_k u_{00}\Big]_0 = \frac{\partial [u_{00}]_0}{\partial x_k} - D_k^0[u_{00}]_0$$

が得られる．そこで $[u_{00}]_0$ を

(10.11)
$$\frac{\partial [u_{00}]_0}{\partial x_k} = D_k^0 [u_{00}]_0$$

をみたすように取る．定理 2.5 の証明より，このとき (10.10) の級数展開の係数について

(10.12) $$v_{jm}^k = \frac{\partial u_{jm}}{\partial x_k} - \sum_{s+t=m} A_{ks} u_{jt} = 0 \quad (m < k_1)$$

が成り立つことを注意しておく．次に

$$[v_{0k_1}^k]_1 = \left[\frac{\partial u_{0k_1}}{\partial x_k} - \sum_{s+t=k_1} A_{ks} u_{0t}\right]_1 = \frac{\partial [u_{0k_1}]_1}{\partial x_k} - D_k^1 [u_{0k_1}]_1 - \left[\sum_{t=0}^{k_1-1} A_{k,k_1-t} u_{0t}\right]_1$$

であるから，$[u_{0k_1}]_1$ を非斉次微分方程式

(10.13) $$\frac{\partial [u_{0k_1}]_1}{\partial x_k} = D_k^1 [u_{0k_1}]_1 + \left[\sum_{t=0}^{k_1-1} A_{k,k_1-t} u_{0t}\right]_1$$

の解に取る．右辺の非斉次項は，先に定めた $[u_{00}]_0$ から決まる．以下同様にして $[v_{0k_i}^k]_i = 0$ となるように $[u_{0k_i}]_i$ を決めていくと，(10.10) を決定するデータ $[v_{00}^k]_0, [v_{0k_1}^k]_1, \ldots, [v_{0k_d}^k]_d$ がすべて 0 となるので $v_k(x) = 0$ が得られ，

$$\frac{\partial u}{\partial x_k} = A_k(x) u$$

が成り立つことになる．

以上では 1 つの $k > 1$ を固定して，x_k に関する微分方程式を解くことで $[u_{0k_i}]_i$ を決め，$u(x)$ が x_k 方向の微分方程式もみたすようにした．$u(x)$ がすべての x_k ($2 \leq k \leq n$) について x_k 方向の微分方程式をみたすためには，$[u_{0k_i}]_i$ を決めるのに用いた微分方程式が，すべての k について両立していなくてはならない．最後にそのことを確認しよう．

微分方程式 (10.11) については，条件 (10.6) と D_k の直和分解によって，x' を変数とする線形 Pfaff 系として完全積分可能であることがわかる．よって $[u_{00}]_0$ としてそのサイズ分の線形独立な解が取れる．非斉次微分方程式 (10.13) については，その付随する斉次線形 Pfaff 系

$$\frac{\partial [u_{0k_1}]_1}{\partial x_k} = D_k^1 [u_{0k_1}]_1 \quad (2 \leq k \leq n)$$

は同じ理由で完全積分可能である．そこで非斉次項について，定理 9.7 の条件 (9.13) に相当する条件が成立することを確認すればよい．そのため $k, l > 1$ として，次の量を計算する．途中の計算では完全積分可能条件 (9.4) と条件 (10.12) を用いる．

$$\frac{\partial}{\partial x_l}\left(\sum_{t=0}^{k_1-1} A_{k,k_1-t}u_{0t}\right) - \frac{\partial}{\partial x_k}\left(\sum_{t=0}^{k_1-1} A_{l,k_1-t}u_{0t}\right)$$
$$=\sum_{t=0}^{k_1-1}\left(\frac{\partial A_{k,k_1-t}}{\partial x_l}u_{0t} + A_{k,k_1-t}\frac{\partial u_{0t}}{\partial x_l} - \frac{\partial A_{l,k_1-t}}{\partial x_k}u_{0t} - A_{l,k_1-t}\frac{\partial u_{0t}}{\partial x_k}\right)$$
$$=\sum_{t=0}^{k_1-1}\Big(\sum_{i+j=k_1-t}(A_{li}A_{kj} - A_{ki}A_{lj})u_{0t}$$
$$+ A_{k,k_1-t}\sum_{i+j=t}A_{li}u_{0j} - A_{l,k_1-t}\sum_{i+j=t}A_{ki}u_{0j}\Big)$$
$$=\sum_{t=0}^{k_1-1}\Big(\sum_{i=0}^{k_1-t-1}(A_{li}A_{k,k_1-t-i} - A_{ki}A_{l,k_1-t-i})u_{0t}$$
$$+ A_{k,k_1-t}\sum_{j=0}^{t-1}A_{l,t-j}u_{0j} - A_{l,k_1-t}\sum_{j=0}^{t-1}A_{k,t-j}u_{oj}\Big)$$
$$=\sum_{t=0}^{k_1-1}\sum_{i=0}^{k_1-t-1}(A_{li}A_{k,k_1-t-i} - A_{ki}A_{l,k_1-t-i})u_{0t}$$
$$+ \sum_{j=0}^{k_1-2}\sum_{t=j+1}^{k_1-1}(A_{k,k_1-t}A_{l,l-j} - A_{l,k_1-t}A_{k,t-j})u_{0j}$$
$$=\sum_{t=0}^{k_1-1}\sum_{i=0}^{k_1-t-1}(A_{li}A_{k,k_1-t-i} - A_{ki}A_{l,k_1-t-i})u_{0t}$$
$$- \sum_{t=0}^{k_1-2}\sum_{i=1}^{k_1-t-1}(A_{li}A_{k,k_1-t-i} - A_{ki}A_{l,k_1-t-i})u_{0t}$$
$$=\sum_{t=0}^{k_1-1}(A_{l0}A_{k,k_1-t} - A_{k0}A_{l,k_1-t})u_{0t}.$$

この両辺の $[\ ]_1$ 成分を取ると，微分方程式 (10.13) の非斉次項について

$$\frac{\partial}{\partial x_l}\left[\sum_{t=0}^{k_1-1} A_{k,k_1-t}u_{0t}\right]_1 - \frac{\partial}{\partial x_k}\left[\sum_{t=0}^{k_1-1} A_{l,k_1-t}u_{0t}\right]_1$$
$$=\left[A_{l0}\sum_{t=0}^{k_1-1}A_{k,k_1-t}u_{0t}\right]_1 - \left[A_{k0}\sum_{t=0}^{k_1-1}A_{l,k_1^t}u_{0t}\right]_1$$
$$= D_l^1\left[\sum_{t=0}^{k_1-1}A_{k,k_1-t}u_{0t}\right]_1 - D_k^1\left[\sum_{t=0}^{k_1-1}A_{l,k_1^t}u_{0t}\right]_1$$

が成り立つことがわかる．したがって定理 9.7 により，すべての k $(2 \leq k \leq n)$ について (10.13) をみたす $[u_{0k_1}]_1$ が任意の初期データに対して存在することが示された．$[u_{0k_2}]_2$ 以降も同様である．各ステップで任意の初期データに対する $[u_{0k_i}]_i$ が存在したので，線形 Pfaff 系 (10.3) の特性指数 ρ を持つ解で，J の ρ についての広義固有空間の次元分構成できたことになる．これは (10.7) の形の解で基本解系が構成されることを意味する． □

系 10.3 線形 Pfaff 系 (10.3) において，$A_1(x)$ は表示 (10.4) を持ち，$A_2(x)$, $A_3(x),\ldots,A_n(x)$ は U_0 上正則とする．このとき線形 Pfaff 系 (10.3) が完全積分可能で，$B_1(x')$ が非共鳴的なら，

(10.14) $$\mathcal{U}(x) = F(x){x_1}^J$$

という形の基本解行列が存在する．ここで J は $B_1(x')$ の Jordan 標準形で，$F(x)$ は $x=0$ において正則な $N\times N$ 可逆行列である．

証明 系 2.6 により，x_1 方向の微分方程式 (10.8) には (10.14) の形の基本解行列が存在する．その各列ベクトルは (10.7) の形をしているので，定理 10.2 により，線形 Pfaff 系 (10.3) の解となるように x' 依存性を決めることができる． □

あらためて注意しておくと，$B_1(x')$ が非共鳴的のときは定理 10.2 の証明における記号で d が 0 となるので，$[u_{00}]_0$ を決めるだけで特性指数 ρ を持つ解の系を広義固有空間の次元分だけ構成できる．基本解行列 (10.14) における $F(x)$ を，x_1 に関して $x_1=0$ において Taylor 展開して

$$F(x) = \sum_{m=0}^{\infty} F_m(x'){x_1}^m$$

とするとき，初項 $F_0(x')$ は線形独立な $[u_{00}]_0$ を並べてできる正方行列を対角ブロックに持つブロック対角行列により与えられる．残りの $F_m(x')$ $(m>0)$ は，定理 2.5 (i) の証明にある通り $F_0(x')$ から一意的に定まる．

定理 10.2 および系 10.3 の結論を，座標変換を行う前の元の座標で書いておこう．すなわち完全積分可能な線形 Pfaff 系 (10.2) の解として，

(10.15) $$u(x) = \varphi(x)^\rho \sum_{j=0}^{q} (\log\varphi(x))^j \sum_{m=0}^{\infty} u_{jm}(x)\varphi(x)^m$$

という形の解で基本解系が構成できる．ここで ρ は定数で，u_{jm} は座標変換した後の x' に対応する元の変数の関数である．また $B_1(x')$ に対応する行列が非共鳴的であれば，その Jordan 標準形を J と書くとき基本解系として

$$\mathcal{U}(x) = F(x)\varphi(x)^J$$

の形のものが取れる．ここで $F(x)$ は E^0 上の 1 点の近傍で正則，可逆な行列関数である．

例 10.1 $n=2$ とし，$(x_1, x_2) = (x, y)$ と書く．

$$\varphi(x,y) = xy(x-1)(y-1)(x-y)$$

とおき，$E = \{\varphi(x,y) = 0\}$ に沿って対数的特異性を持つ線形 Pfaff 系として次の形のものを考える．

(10.16) $\quad du = \left(A_1 \dfrac{dx}{x} + A_2 \dfrac{dy}{y-1} + A_3 \dfrac{d(x-y)}{x-y} + A_4 \dfrac{dx}{x-1} + A_5 \dfrac{dy}{y}\right) u$

ここで $A_1, A_2, \ldots, A_5$ は $N \times N$ 定数行列とする．この形の線形 Pfaff 系は例 9.1 で扱ったものである．例 9.1 で求めた完全積分可能条件 (9.15) をみたしているとする．この線形 Pfaff 系が，E に沿って対数特異性を持つことは，右辺の 1 形式が

$$A_1 d\log x + A_2 d\log(y-1) + A_3 d\log(x-y) + A_4 d\log(x-1) + A_5 d\log y$$

と書かれることから直ちにわかる．

$$\varphi_x(x,y) = y(y-1)(3x^2 - 2(y+1)x + y),$$
$$\varphi_y(x,y) = -x(x-1)(3y^2 - 2(x+1)y + x)$$

により，E 上の点 $(x,y) = (0,0), (0,1), (1,0), (1,1)$ においては $\mathrm{grad}\,\varphi(x,y) = 0$ となるので，定理 10.1, 10.2 および系 10.3 は適用できない．それ以外の点においてはこれらの結果が適用できて，局所解が構成できる．たとえば $p \neq 0, 1$ を取り，点 (p,p) の近傍で考えると，A_3 が非共鳴的であれば

$$u(x,y) = F(x,y)(x-y)^{A_3}$$

という形で局所基本解行列が得られる．ここで $F(x,y)$ は (p,p) の近傍で正則な $N \times N$ 可逆行列である．

以上では $E = \{\varphi(x) = 0\}$ の通常点 E^0 における局所解析を行ってきた．このあと第 11 章では，モノドロミーや rigidity を用いた大域解析を考えるが，そのためには特異点集合の通常点における局所解析で十分な情報が得られることがわかる．一方 E の特異点，すなわち $\mathrm{grad}\,\varphi(x) = 0$ となる点 $x \in E$ における局所解析も，自然で重要な問題である．

$\varphi(x)$ が多項式で与えられる場合を考えてみよう．$\varphi(x)$ が既約でかつ特異点を持つという場合がある．たとえば

$$\varphi(x_1, x_2) = x_1{}^2 - x_2{}^3$$

とすると，$\varphi(x_1, x_2)$ は既約で $(x_1, x_2) = (0,0)$ は E の特異点となる．このような点の近傍で局所解を構成するには，blowing-up により特異点を解消して通常点の

場合に帰着させるのが 1 つの標準的な方法である．$\varphi(x)$ が可約な場合には，これとは異なる形の特異点が現れうる．$\varphi(x)$ を可約かつ被約（つまり重複因子を持たない）とし，その既約分解を

$$\varphi(x) = \prod_{i=1}^{m} \varphi_i(x)$$

とする．このとき 2 つ以上の既約因子の共通零点は E の特異点である．そこで a を $\varphi_1(x), \varphi_2(x), \ldots, \varphi_k(x)$ の共通零点とする．（a はこれら以外の既約因子の零点にはなっていないとする．）$(\varphi_1(x), \varphi_2(x), \ldots, \varphi_k(x))$ を a における局所座標系に延長できるとき，すなわち必要ならいくつかの関数を追加してそれらを合わせたものが a における局所座標系となるとき，E は a で**正規交叉**であるという．$x \in \mathbb{C}^n$ とすると，$k \leq n$ は正規交叉であるために必要である．正規交叉でない場合には，やはり特異点の解消を行うのが標準的な解析方法である．

さて正規交叉である場合には，a の近傍における座標変換

$$(x_1, x_2, \ldots, x_n) \to (\xi_1, \xi_2, \ldots, \xi_n)$$

で，各 i ($1 \leq i \leq k$) に対して $\varphi_i(x) = 0$ を $\xi_i = 0$ にうつすものが存在する．したがってこの場合には，E に沿って対数的特異性を持つ完全積分可能線形 Pfaff 系は，

(10.17) $$\begin{cases} \dfrac{\partial u}{\partial x_i} = \left(\dfrac{B_i(x)}{x_i} + C_i(x) \right) u & (1 \leq i \leq k), \\ \dfrac{\partial u}{\partial x_j} = A_j(x) u & (k+1 \leq j \leq n) \end{cases}$$

という形の線形 Pfaff 系に帰着される（ξ をあらためて x に書き換えている）．ここで $A_j(x), B_i(x), C_i(x)$ は $x = 0$ で正則な関数を成分とする行列で，さらに $B_i(x)$ は $(x_1, \ldots, x_{i-1}, x_{i+1}, \ldots, x_n)$ のみの関数である．この形の線形 Pfaff 系については，Gérard [24] および吉田・高野 [151] により局所解が構成されている．その結果を紹介しよう．

定理 10.4 線形 Pfaff 系 (10.17) は完全積分可能であるとする．このとき (10.17) は

$$U(x) x_1^{L_1} \cdots x_k^{L_k} x_1^{G_1} \cdots x_k^{G_k}$$

という形の基本解行列を持つ．ここで $U(x)$ は $x = 0$ における正則関数を成分とする行列で $U(0)$ が可逆なもの，L_i ($1 \leq i \leq k$) は非負整数を対角成分とする対角行列，$G_1, \ldots, G_k$ は互いに可換な定数行列である．

10.2　特異点への制限

　2 変数以上の完全積分可能系においては，特異点集合は広がりを持った多様体（超曲面）となるので，微分方程式を特異点集合へ制限するという操作を考えることができる．常微分方程式の場合は特異点は孤立した点であったので，そのような操作は意味をなさない．したがって特異点集合への制限は多変数完全積分可能系に固有の操作で，常微分方程式だけを考えていたのでは得られない様々な現象を与えるものとなる．

　特異点集合への制限というのは，元の微分方程式の解を特異点集合へ制限した関数のみたす微分方程式を指す．もちろん特異点集合においては解は一般に特異性を持つので，そのような解の特異点集合への制限というのは考えられないが，解の中に特異点集合において正則なものがある場合がある．そのような場合に特異点集合において正則な解を特異点集合へ制限し，そうして得られる関数のみたす微分方程式が制限である．

　ここでは E に沿って対数的特異性を持つ完全積分可能な線形 Pfaff 系 (10.2) について，その制限を考える．座標変換を行って，$x_1 = 0$ に沿って対数的特異性を持つ線形 Pfaff 系 (10.3) へうつしたとする．ここで $A_1(x)$ は (10.4) という表示を持ち，$A_k(x)$ $(2 \leq k \leq n)$ は $x = 0$ の近傍で正則である．$B_1(x')$ は非共鳴的であると仮定する．

　定理 10.2 により，(10.3) は (10.7) の形の解を持つ．この解は一般に $x_1 = 0$ に特異性を持つが，$\rho \in \mathbb{Z}_{\geq 0}$ で $\log x_1$ が現れない解 $u(x)$ があれば，その解は $x_1 = 0$ で正則となるので $x_1 = 0$ を代入することができる．ただし $\rho \in \mathbb{Z}_{>0}$ のときは代入した結果 $u(0, x') = 0$ となるので，意味のある結果が得られない．そこで $\rho = 0$ の場合を考える．すなわち $B_1(x')$ が固有値 0 を持つ場合に，意味のある制限を考えることができる．

　定理 10.1 の証明に現れた $P(x')$ による gauge 変換を行って，$B_1(x')$ は定数行列 C_0 になっているとしてよい．C_0 としては $B_1(x')$ の Jordan 標準形 J を取ることができるが，以下の議論では C_0 が Jordan 標準形であることは用いないので，単なる定数行列でよい．C_0 は非共鳴的で，固有値 0 を持つとする．線形 Pfaff 系をあらためて書くと，

$$(10.18) \quad du = \left(\left(\frac{C_0}{x_1} + C_1(x_1, x') \right) dx_1 + \sum_{k=2}^{n} A_k(x) \, dx_k \right) u$$

である．この線形 Pfaff 系の特性指数 0 の解 $u(x)$ で $x_1 = 0$ で正則なものを考え

る．$u(x)$ を x_1 に関して Taylor 展開して

$$u(x) = \sum_{m=0}^{\infty} u_m(x') x_1{}^m$$

とする．これを線形 Pfaff 系 (10.18) の x_1 方向の微分方程式へ代入して，

$$\sum_{m=0}^{\infty} m u_m x_1{}^{m-1} = \sum_{m=0}^{\infty} C_0 u_m x_1{}^{m-1} + C_1(x_1, x') u(x)$$

が得られる．右辺の第 2 項は $x_1 = 0$ で正則である．両辺の $x_1{}^{-1}$ の係数を比較して

$$C_0 u_0 = 0$$

を得る．すなわち $u_0(x')$ は C_0 の 0 固有ベクトルに取る必要がある．一方 $k > 1$ として (10.18) の x_k 方向の方程式

$$\frac{\partial u}{\partial x_k} = A_k(x) u$$

に $x_1 = 0$ を代入すると，

(10.19) $$\frac{\partial u_0}{\partial x_k} = D_k(x') u_0 \quad (2 \leq k \leq n)$$

が得られる．ただし定理 10.1, 10.2 の証明にあるように $A_k(0, x') = D_k(x')$ とおいた．(10.6) にある通り，この x' を変数とする線形 Pfaff 系 (10.19) は完全積分可能となるので，解が存在する．(10.19) の解 $u_0(x')$ で，x' が動いても常に C_0 の 0 固有ベクトルであり続けるものが存在することを確かめる必要がある．完全積分可能条件から得られた (10.5) において $B_1 = C_0$ が定数行列であるとしているので，

(10.20) $$[D_k, C_0] = O \quad (2 \leq k \leq n)$$

が成り立つ．u_{00} を C_0 の 0 固有定数ベクトルとする．$u_0(x')$ を完全積分可能線形 Pfaff 系 (10.19) の解で，初期条件

$$u_0(0) = u_{00}$$

をみたすものとする．関係式 (10.20) を用いると，

$$\frac{\partial}{\partial x_k}(C_0 u_0) = C_0 \frac{\partial u_0}{\partial x_k} = C_0 D_k(x') u_0 = D_k(x')(C_0 u_0)$$

が得られるので，$C_0 u_0$ も線形 Pfaff 系 (10.19) の解である．この解は初期条件

$$C_0 u_0(0) = C_0 u_{00} = 0$$

をみたすので，定理 9.1 で示した解の一意性により

$$C_0 u_0(x') = 0$$

が成り立つ．したがって任意の x' に対して $u_0(x')$ は C_0 の 0 固有ベクトルである．

この節のはじめに述べた制限の定義によると，C_0 の 0 固有ベクトルとなる (10.19) の解 u_0 のみたす微分方程式が (10.18) の制限である．つまり微分方程式としては (10.19) そのものであるが，C_0 の 0 固有ベクトルであるという付帯条件がついている．これを付帯条件をつけずに微分方程式だけで表したい．

直前の議論を見直してみる．$\mathbb{C}^N$ における C_0 の 0 固有空間を W としよう．関係式 (10.20) により，W は $(D_2(x'), D_3(x'), \ldots, D_n(x'))$ 不変であることがわかる．そこで $D_k(x')$ ($2 \leq k \leq n$) の W への作用を $\bar{D}_k(x')$ とおくと，線形 Pfaff 系

$$(10.21) \qquad \frac{\partial v}{\partial x_k} = \bar{D}_k(x') v \quad (2 \leq k \leq n)$$

は完全積分可能となる．この線形 Pfaff 系の階数は $\dim W$ である．(10.21) を，線形 Pfaff 系 (10.18) の $x_1 = 0$ への**制限**と定義する．制限は，線形 Pfaff 系の変数の個数を 1 つ減らし，階数を 1 以上下げる操作となる．

以上の定義においては C_0 の固有値のうち 0 が特別扱いされていた．しかし次のような手順を踏むと，C_0 の他の固有値に関する制限も定義することが可能である．C_0 は非共鳴的とし，ρ を C_0 の固有値とする．線形 Pfaff 系 (10.18) に対して gauge 変換

$$u = x_1^\rho \tilde{u}$$

を行うと，(10.18) は

$$d\tilde{u} = \left(\left(\frac{C_0 - \rho}{x_1} + C_1(x_1, x') \right) dx_1 + \sum_{k=2}^n A_k(x) \, dx_k \right) \tilde{u}$$

へと変換され，留数行列 $C_0 - \rho$ は固有値 0 を持つ．したがってこの線形 Pfaff 系に対して $x_1 = 0$ への制限を考えることができる．これを線形 Pfaff 系 (10.18) の $x_1 = 0$ への固有値 ρ に関する制限と呼ぼう．この制限の階数は，C_0 の ρ 固有空間の次元となる．

例 10.2 Appell の 2 変数超幾何関数 $F_1(\alpha, \beta, \beta', \gamma; x, y)$ のみたす偏微分方程式系から得られる線形 Pfaff 系は，例 10.1 でも取り上げた $\varphi(x, y) = xy(x-1)(y-1)(x-y) = 0$ を特異点集合とする (10.16) で，階数が 3 のものとして与えられる．あらためて書くと，

(10.22) $$du = \left(A_1 \frac{dx}{x} + A_2 \frac{dy}{y-1} + A_3 \frac{d(x-y)}{x-y} + A_4 \frac{dx}{x-1} + A_5 \frac{dy}{y}\right)u$$

という線形 Pfaff 系で，各留数行列は次のものである．

$$A_1 = \begin{pmatrix} 0 & 1 & 0 \\ 0 & \beta' - \gamma + 1 & 0 \\ 0 & -\beta' & 0 \end{pmatrix}, \ A_2 = \begin{pmatrix} 0 & 0 & 0 \\ 0 & 0 & 0 \\ -\alpha\beta' & -\beta' & \gamma - \alpha - \beta' - 1 \end{pmatrix},$$

$$A_3 = \begin{pmatrix} 0 & 0 & 0 \\ 0 & -\beta' & \beta \\ 0 & \beta' & -\beta \end{pmatrix}, \ A_4 = \begin{pmatrix} 0 & 0 & 0 \\ -\alpha\beta & \gamma - \alpha - \beta - 1 & -\beta \\ 0 & 0 & 0 \end{pmatrix},$$

$$A_5 = \begin{pmatrix} 0 & 0 & 1 \\ 0 & 0 & -\beta \\ 0 & 0 & \beta - \gamma + 1 \end{pmatrix}.$$

これの 2 通りの制限を求めてみる．

まず $y = 0$ への制限を考える．(10.22) はすでに (10.18) の形をしているので，留数行列 A_5 の 0 固有空間を考えればよい．A_5 の 0 固有空間は 2 次元で，A_5 はすでにブロック三角化されているので，0 固有空間上の微分方程式は左上の 2×2 の部分を取り出せば得られる．すなわち (10.22) の x 方向の微分方程式

$$\frac{\partial u}{\partial x} = \left(\frac{A_1}{x} + \frac{A_3}{x-y} + \frac{A_4}{x-1}\right)u$$

において $y = 0$ を代入し，その左上の 2×2 部分を取り出すことで，制限

(10.23) $$\frac{dv}{dx} = \left(\frac{B_0}{x} + \frac{B_1}{x-1}\right)v$$

が得られる．ここで B_0, B_1 はそれぞれ $A_1 + A_3, A_4$ の左上 2×2 部分で，

$$B_0 = \begin{pmatrix} 0 & 1 \\ 0 & 1 - \gamma \end{pmatrix}, \ B_1 = \begin{pmatrix} 0 & 0 \\ -\alpha\beta & \gamma - \alpha - \beta - 1 \end{pmatrix}$$

である．$y = 0$ への制限 (10.23) は Gauss の超幾何微分方程式と等価である．

次に $x = y$ への制限を考える．$(\xi, \eta) = (x, x - y)$ という変数変換を行い，$\eta = 0$ への制限を求めればよい．この変数変換で線形 Pfaff 系 (10.22) は

$$du = \left(A_1 \frac{d\xi}{\xi} + A_2 \frac{d(\xi - \eta)}{\xi - \eta - 1} + A_3 \frac{d\eta}{\eta} + A_4 \frac{d\xi}{\xi - 1} + A_5 \frac{d(\xi - \eta)}{\xi - \eta}\right)u$$

となる．$\eta = 0$ に対する留数行列は A_3 で，その 0 固有空間は 2 次元である．0 固

有空間が把握しやすいように，A_3 を対角化する行列による gauge 変換を行う．すなわち Q を

$$Q^{-1} A_3 Q = \begin{pmatrix} 0 & 0 & 0 \\ 0 & 0 & 0 \\ 0 & 0 & -\beta - \beta' \end{pmatrix}$$

となるように取り，この Q による gauge 変換 $u = Q\tilde{u}$ を行うと，各 i についての留数行列 A_i が $A_i' = Q^{-1} A_i Q$ へ変化した線形 Pfaff 系が得られる．その ξ 方向の微分方程式は

$$\frac{\partial \tilde{u}}{\partial \xi} = \Big(\frac{A_1'}{\xi} + \frac{A_2'}{\xi - \eta - 1} + \frac{A_4'}{\xi - 1} + \frac{A_5'}{\xi - \eta} \Big) \tilde{u}$$

である．ここで $\eta = 0$ を代入して，A_3' の 0 固有空間に対応する左上の 2×2 部分を取ると，$x = y$ への制限

(10.24) $$\frac{dv}{dx} = \Big(\frac{C_0}{x} + \frac{C_1}{x - 1} \Big) v$$

が得られる．ここで C_0, C_1 はそれぞれ $A_1' + A_5', A_2' + A_4'$ の左上 2×2 部分で，

$$C_0 = \begin{pmatrix} 1 - \gamma & 0 \\ \beta + \beta' & 0 \end{pmatrix}, \ C_1 = \begin{pmatrix} \gamma - \alpha - \beta - \beta' - 1 & -\alpha \\ 0 & 0 \end{pmatrix}$$

である．$x = y$ への制限 (10.24) も Gauss の超幾何微分方程式と等価である．

第 11 章
モノドロミー表現

完全積分可能な線形 Pfaff 系においては，定理 9.2 にある通り任意の解が係数の定義域 X 上にくまなく解析接続される．したがって任意に $b \in X$ を取りその単連結近傍における基本解系 $\mathcal{U}(x)$ を取ると，$\mathcal{U}(x)$ の解析接続によってモノドロミー表現

$$\rho : \pi_1(X, b) \to \mathrm{GL}(N, \mathbb{C})$$

が定義される．この事情は第 I 部の常微分方程式のときとまったく同様であるが，2 変数以上の場合には X の幾何学的構造により様々な構造を持った基本群が現れることから，常微分方程式のときとは違った難しさと面白さがある．

以下この章では，X として $\mathbb{C}^n$ から超曲面を除いた空間を考える．この場合超曲面とは，n 変数多項式の零点集合を指す．すなわち多項式 $\varphi(x) = \varphi(x_1, x_2, \ldots, x_n) \in \mathbb{C}[x_1, x_2, \ldots, x_n]$ があって，

$$S = \{x \in \mathbb{C}^n \,;\, \varphi(x) = 0\}$$

で与えられる集合が超曲面である．ここで $\varphi(x)$ は被約であるとしておく．$\varphi(x)$ を S の**定義多項式**という．$\varphi(x)$ を $\mathbb{C}[x]$ において既約分解して

(11.1) $$\varphi(x) = \prod_i \varphi_i(x)$$

となったとする．ここで各 $\varphi_i(x) \in \mathbb{C}[x]$ は既約多項式である．被約という仮定から，この分解には重複因子は現れない．このとき

(11.2) $$S_i = \{x \in \mathbb{C}^n \,;\, \varphi_i(x) = 0\}$$

とおくと，

(11.3) $$S = \bigcup_i S_i$$

となる．各 S_i を S の**既約成分**と呼び，(11.3) を S の既約分解という．

$\mathbb{C}^n$ における超曲面 S の補空間 $X = \mathbb{C}^n \setminus S$ を線形 Pfaff 系の定義域とするのだ

が，常微分方程式の場合と同様に無限遠点での挙動の解析も重要である．すなわち線形 Pfaff 系の特異点集合が，超曲面 S と無限遠点の和集合となっている場合を考察したい．ところが 1 次元の場合と異なり，$\mathbb{C}^n$ のコンパクト化として canonical なものはないので，特異点集合の設定が $\mathbb{C}^n$ のコンパクト化に依存することになる．$\mathbb{C}^n$ のコンパクト化として，$\mathbb{C}^n$ に何枚かの無限遠超平面 H_∞^j を付け加えたものを考える．このコンパクト化を $\overline{\mathbb{C}^n}$ と書くとき，特異点集合としては

$$\bar{S} = \bigcup_i S_i \cup \bigcup_j H_\infty^j$$

を考え，$X = \overline{\mathbb{C}^n} \setminus \bar{S}$ ととらえることにする．$\mathbb{C}^n$ のコンパクト化としては $\mathbb{P}^n$ や $(\mathbb{P}^1)^n$ がよく用いられるが，$\mathbb{P}^n$ であれば 1 枚の無限遠超平面 H_∞ を付け加え，$(\mathbb{P}^1)^n$ であれば

$$\bigcup_{i=1}^n \{x_i = \infty\}$$

という n 枚の超平面を付け加えたものがコンパクト化である．コンパクト化の取り方は Pfaff 系の定義域には関係しないが，rigidity などには影響を与えることになる．

以下では超曲面の補空間に関する位相幾何学の結果をいくつか引用する．その都度文献を記載するが，基本的な文献として，徳永・島田 [137] を挙げておく．

11.1　局所モノドロミー

第 I 部では常微分方程式に対する局所モノドロミーを，局所解の表示を用いて記述し（2.3 節），また基本群の位相幾何学的性質からも記述した（3.2 節，定理 3.3）．完全積分可能な線形 Pfaff 系についても，同様に 2 通りの仕方で局所モノドロミーが定式化される．まず位相幾何学からの定式化を述べよう．

定義 11.1 S を $\mathbb{C}^n$ の超曲面，γ を基本群 $\pi_1(\mathbb{C}^n \setminus S)$ の元とするとき，S に関する γ の**回転数** $n(\gamma, S)$ を，

$$n(\gamma, S) = \frac{1}{2\pi\sqrt{-1}} \int_{\varphi \circ \gamma} \frac{dx}{x}$$

により定める[1]．ここで φ は S の定義多項式の 1 つである．

---

[1] 閉曲線の複素超曲面に関する回転数の定義は，あまり文献には見当たらないようである．この定義は阿部健氏（熊本大学）の考案によるものを使わせていただいた．

すなわち $n(\gamma, S)$ は，$\mathbb{C}$ 内の閉曲線 $\varphi \circ \gamma$ の 0 に関する回転数により定義するのである．S の定義多項式を取り替えても φ が定数倍されるだけなので，$n(\gamma, S)$ の値は変化しない．また $n(\gamma, S)$ を定義する積分が γ の代表元の取り方に依らないこともすぐにわかる．

φ を (11.1) のように既約分解し，それに応じた S の既約分解 (11.3) を考える．すると各既約成分 S_i 毎の回転数が

$$n(\gamma, S_i) = \frac{1}{2\pi\sqrt{-1}} \int_{\varphi_i \circ \gamma} \frac{dx}{x}$$

により定義されることに注意しておく．

a を既約成分 S_i の点で S の通常点とする．a を通る複素直線 H を S に関して一般の位置に取る．基点 b から $H \setminus (S \cap H)$ の点 c へ向かう曲線 L を任意に取り，H 内で c を基点とする a に関する $(+1)$-閉曲線 K を任意に取る．閉曲線 LKL^{-1} あるいは LKL^{-1} で与えられる基本群の元を，S_i に関する $(+1)$-閉曲線（モノドロミー）という．S_i に関する $(+1)$-閉曲線 γ に対しては，$n(\gamma, S_i) = 1$ および $n(\gamma, S_j) = 0$ $(j \neq i)$ が成り立つ．次の定理が基本的である．

定理 11.1 S_i を超曲面 S の既約成分とする．S_i に関する $(+1)$-閉曲線は，基本群 $\pi_1(\mathbb{C}^n \setminus S)$ において互いに共役である．

この定理は，既約成分 S_i と S の通常点全体の集合との共通部分が弧状連結であることを用いて，[137] の命題 1.31 に基づいて証明される．

例 11.1 $\mathbb{C}^2$ における既約曲線 $S : x^2 - y = 0$ を考える．S に関して一般の位置にある複素直線として $H : y = 1$ を取ると，$S \cap H$ は 2 点 $p = (-1, 1), q = (1, 1)$ となる．H 上に点 $b = (-\sqrt{-1}, 1)$ を取り，b を基点とする p, q それぞれに関する $(+1)$-閉曲線 γ_-, γ_+ を図 11.1(a) のように取る．定義により，γ_-, γ_+ はともに S に関する $(+1)$-閉曲線である．この 2 つが $\pi_1(\mathbb{C}^2 \setminus S, b)$ において共役（実は一致する）であることは，次のように具体的にわかる．$\theta \in [0, 2\pi]$ に対し，b を通る複素直線 H_θ を

$$y - 1 = m(\theta)(x + \sqrt{-1}), \ m(\theta) = (\sqrt{2} - 1)\sqrt{-1}(1 - e^{\sqrt{-1}\theta})$$

により定める．$\theta = 0, 2\pi$ のとき H_θ は H に一致する．θ を 0 から 2π まで連続的に動かすとき，$S \cap H_\theta$ は p, q をそれぞれ連続的に移動させた 2 点 p_θ, q_θ となる．$\gamma_-(\theta), \gamma_+(\theta)$ を $H_\theta \setminus (S \cap H_\theta) = H_\theta \setminus \{p_\theta, q_\theta\}$ 上の b を基点とする閉曲線で，それぞれ γ_-, γ_+ を連続的に変形したものとして定める．p_θ, q_θ の動きは図 11.1(b) のよ

図 11.1

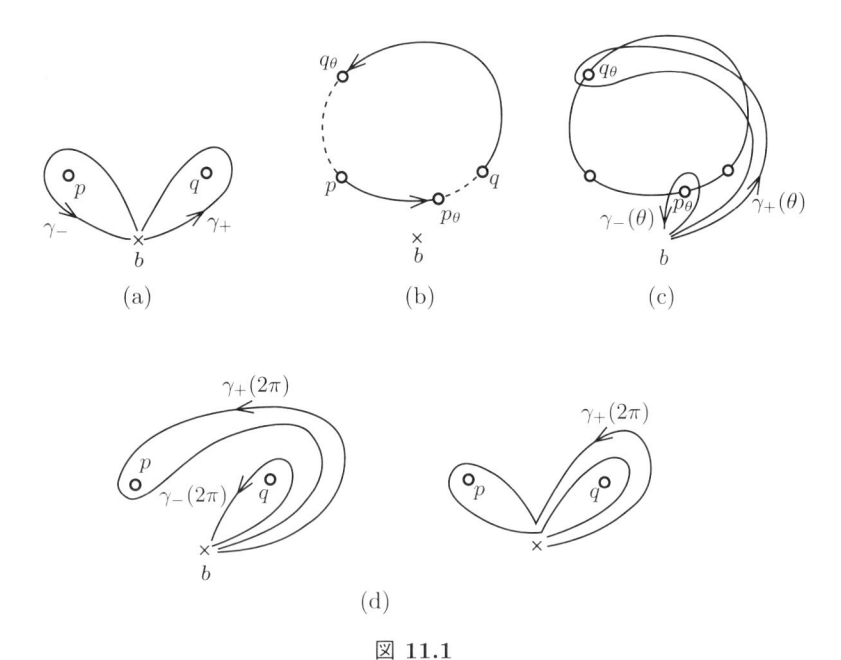

うであり，それに伴い $\gamma_-(\theta), \gamma_+(\theta)$ の動きは図 11.1(c) のようになる．特に $p_{2\pi} = q, q_{2\pi} = p$ となる．作り方から，$\gamma_-(2\pi), \gamma_+(2\pi)$ は $\pi_1(\mathbb{C}^2 \setminus S, b)$ においてそれぞれ γ_-, γ_+ と同一の元である．したがって図 11.1(d) のように，$\gamma_- = \gamma_-(2\pi) = \gamma_+$ および $\gamma_+ = \gamma_+(2\pi) = \gamma_+ \gamma_- \gamma_+^{-1}$ が得られ，後者からも $\gamma_+ = \gamma_-$ が得られる．

定理 11.1 によって，モノドロミー表現における局所モノドロミーの定義が可能となる．線形 Pfaff 系に由来するかどうかに関わりなく，超曲面 S の補空間 $X = \mathbb{C}^n \setminus S$ の基本群の（反）表現

$$\rho : \pi_1(X, b) \to \mathrm{GL}(N, \mathbb{C})$$

を考える．S が (11.3) のように既約分解されているとき，S_j に関する**局所モノドロミー**を，S_j に関する $(+1)$-閉曲線 $\gamma \in \pi_1(X, b)$ の像の共役類 $[\rho(\gamma)]$ により定義する．定理 11.1 は，これが $(+1)$-閉曲線の取り方によらず S_j のみから決まることを保証している．

次に線形 Pfaff 系のモノドロミー表現により局所モノドロミーを定義しよう．S を超曲面とし，$X = \mathbb{C}^n \setminus S$ 上の正則関数を係数に持ち，S に沿って対数的特異性を持つ完全積分可能な線形 Pfaff 系

$$du = \Omega u$$

を考える．$S = \{\varphi(x) = 0\}$ の既約分解を (11.3) とし，1 つの既約成分 $S_i = \{\varphi_i(x) = 0\}$ を考える．S_i の特異点でも S_i と他の S_j との交点でもない点 $a \in S_i$ を任意に取る．この取り方から $\mathrm{grad}\,\varphi(a) \neq 0$ となるので，第 10 章における議論の通り座標変換

$$\Phi : x = (x_1, x_2, \ldots, x_n) \mapsto \xi = (\xi_1, \xi_2, \ldots, \xi_n)$$

で，a を $\xi = 0$ にうつし S_i の a の近傍を $\{\xi_1 = 0\}$ にうつすものが存在して，線形 Pfaff 系は

$$du = \left(\left(\frac{B_0(\xi')}{\xi_1} + C_1(\xi) \right) d\xi_1 + \sum_{k=2}^n A_k(\xi)\, d\xi_k \right) u$$

の形に表される．ここで $B_0(\xi')$ は，

$$\Omega = A(x) d\log \varphi_i(x) + \Omega_1$$

と表したとき，

$$A(\Phi^{-1}(\xi)) = B_0(\xi') + \xi_1 B_1(\xi)$$

により定まる行列関数である．また $C_1(\xi)$，$A_k(\xi)$ ($2 \leq k \leq n$) は $\xi = 0$ で正則である．すると定理 10.2 の通り，$\xi = 0$ の近傍における基本解行列 $\mathcal{U}(\xi)$ が構成できる．2.3 節ではこの基本解行列に関する回路行列を求めていた．今の場合も同様で，$\xi' = 0$ として得られる複素 ξ_1 平面内に $\xi_1 = 0$ を正の向きに 1 周する閉曲線 γ を取り，γ に沿った解析接続を考えると

$$\gamma_* \mathcal{U}(\xi) = \mathcal{U}(\xi) M$$

となる $M \in \mathrm{GL}(N, \mathbb{C})$ が定まる．特に $B_0(\xi')$ の Jordan 標準形 J が非共鳴的のときは，$\xi = 0$ で正則な $F(\xi)$ を用いて

$$\mathcal{U}(\xi) = F(\xi) \xi_1{}^J$$

と表されるので（系 10.3），

$$M = e^{2\pi\sqrt{-1}J}$$

となる．これから少しの間，J は非共鳴的と仮定する．

M の共役類 $[M]$ が，座標変換 Φ や $a \in S_i$ の取り方に依らないことを示そう．別の座標変換

$$\Psi : x = (x_1, x_2, \ldots, x_n) \mapsto \eta = (\eta_1, \eta_2, \ldots, \eta_n)$$

で，a を $\eta = 0$ にうつし，S_i の a の近傍を $\{\eta_1 = 0\}$ にうつすものがあったとする．すると合成

$$\Psi \circ \Phi^{-1} : \xi \mapsto \eta$$

は $\xi = 0$ の近傍で双正則となり，$\{\xi_1 = 0\}$ を $\{\eta_1 = 0\}$ へうつす．したがって $\Psi \circ \Phi^{-1}$ を $\xi_1 = 0$ へ制限すると，$\xi' \mapsto \eta'|_{\xi_1 = 0}$ という双正則写像が得られる．さてこれら 2 つの座標変換により

$$A(\Phi^{-1}(\xi)) = B_0(\xi') + \xi_1 B_1(\xi),$$
$$A(\Psi^{-1}(\eta)) = D_0(\eta') + \eta_1 D_1(\eta)$$

と表すとき，$\xi_1 = 0$ が $\eta_1 = 0$ に対応していることから

$$D_0(\eta'(0, \xi')) = B_0(\xi')$$

が得られる．定理 10.1 により $D_0(\eta')$ の Jordan 標準形は η' に依存しないので，それは $D_0(\eta'(0, \xi')) = B_0(\xi')$ の Jordan 標準形に一致する．したがって $D_0(\eta')$ の Jordan 標準形も J となり，M は変化しない．次に $a \in S_i$ を微少に動かすことを考える．座標変換 Φ が有効な範囲で a を動かすなら，その変動は ξ 空間では $\xi_1 = 0$ は固定したまま ξ' を $\xi' = 0$ の近くで動かすことに対応する．しかしこのとき $B_0(\xi')$ の Jordan 標準形は ξ' に依存しないため，やはり J のままで，したがって M の共役類 $[M]$ は不変に保たれる．S_i から特異点と他の S_j との交点を除いた集合は弧状連結であるから，$[M]$ はその集合全体で不変である．

J が共鳴的のときは，回路行列は J だけからは決まらない可能性があるので，上の議論は通用しない．2.3 節で述べた回路行列の作り方を詳細に追跡すると，やはり共役類 $[M]$ が座標変換 Φ や $a \in S_i$ の取り方に依らないことが示されるであろうが，本書ではその議論は行わない．しかし位相幾何学により定理 11.1 が得られているので，J が共鳴的であっても，共役類 $[M]$ が座標変換や S_i 上の点の取り方に依らず，S_i のみから決まることは正しい．

以上により，定理 10.2 で構成した基本解行列に関する回路行列 M の共役類 $[M]$ は S_i のみから決まるので，$[M]$ を S_i における**局所モノドロミー**と定義する．

11.2 モノドロミー表現を用いた解析

第 3 章の 3.4 節では，Fuchs 型常微分方程式の解析にモノドロミーが基本的な役割を果たす様子を見た．多変数の完全積分可能な線形 Pfaff 系においても，超曲面に

沿って対数的特異性を持つ場合には同様の議論が可能となる．記述が煩雑になるのを避けるため，ここでは $\mathbb{C}^n$ のコンパクト化として $\mathbb{P}^n$ を取り，超曲面 $\bar{S} = S \cup H_\infty$ を特異点集合とする場合を考える．ただし S は被約な多項式 $\varphi(x_1, x_2, \ldots, x_n)$ の零点集合として与えられる超曲面，H_∞ は $\mathbb{P}^n$ の無限遠超平面である．

$X = \mathbb{P}^n \setminus \bar{S}$ 上の完全積分可能な階数 N の線形 Pfaff 系

$$(11.4) \qquad du = \Omega u$$

で，$\bar{S}$ に沿って対数的特異性を持つものを考える．$\bar{S}$ の既約分解を

$$(11.5) \qquad \bar{S} = \bigcup_i S_i$$

とする．(S_i の中には H_∞ も含まれる．) $\bar{S}$ の既約成分 S_i における局所モノドロミーが自明であるとき，S_i を**見掛けの特異点**という．それ以外の既約成分を**分岐点**という．既約成分は点ではないので，見掛けの特異点集合，分岐点集合などと呼ぶべきかもしれないが，分岐点となる既約成分の集まりを考えることもあり，また特異点集合の既約成分が常微分方程式における特異点の役割を果たすというのが本書の認識なので，本書では点という言い方をすることにした．

次の定理が基本的である．

定理 11.2 $X = \mathbb{P}^n \setminus \bar{S}$ 上の線形 Pfaff 系 (11.4) は完全積分可能で，超曲面 $\bar{S}$ に沿って対数的特異性を持つとする．(11.4) の解の成分の有理関数が X 上 1 価正則であれば，$x_1, x_2, \ldots, x_n$ の有理関数となる．

証明 $\bar{S}$ の H_∞ 以外の既約成分 S_i の定義多項式を $\varphi_i(x)$ とし，$\varphi(x) = \prod \varphi_i(x)$ とおく．$f(x)$ を (11.4) の解の成分の有理関数で X 上 1 価なものとする．$\bar{S}$ の通常点である S_i の点の近傍における座標変換 $(x_1, x_2, \ldots, x_n) \to (\xi_1, \xi_2, \ldots, \xi_n)$ で S_i が $\{\xi_1 = 0\}$ へうつされるようなものを考えると，$\xi' = (\xi_2, \ldots, \xi_n)$ を固定する毎に f は ξ_1 平面において $\xi_1 = 0$ の近傍で $\xi_1 = 0$ を除いて 1 価で，$\xi_1 = 0$ をたかだか確定特異点に持つ．したがって定理 2.1 により $\xi_1 = 0$ は f のたかだか極である．その位数は ξ' に連続的に依存する整数なので，定数となることがわかる．S_i および X は弧状連結だから，この位数は大域的に定数である．各 S_i についてこの考察を行うことで，ある非負整数 m が存在して，$\varphi(x)^m f(x)$ は $\mathbb{C}^n$ から $\bar{S}$ の特異点（通常点以外）を除いた空間上 1 価正則となることがわかる．$\bar{S}$ の特異点の集合は余次元が 2 以上なので Hartogs の原理によって $\varphi(x)^m f(x)$ は $\mathbb{C}^n$ 全体での 1 価正則関数へ拡張される．$\mathbb{P}^n$ の同次座標を $(X_0 : X_1 : \cdots : X_n)$ とし，

$x_i = X_i/X_0$ により $\mathbb{C}^n$ の座標と対応しているとする．$\varphi(x)^m f(x)$ は $x = 0$ において Taylor 展開されるが，$\varphi(x)^m f(x)$ が $\mathbb{C}^n$ 上 1 価正則であるのでその Taylor 展開は $X_0 = 0$ における Laurent 展開を与える．すると S_i に対する考察と同様にして，その Laurent 展開の負ベキの項は有限個に限ることがわかる．したがって $\varphi(x)^m f(x)$ は $x_1, x_2, \ldots, x_n$ の多項式となる． $\square$

この定理によって，第 3 章で示した様々な結果と同様の主張を得ることができる．まず定理 3.5 と同様に，対数的特異性を持つ完全積分可能線形 Pfaff 系とそのモノドロミー表現が等価であることが示される．

定理 11.3 $\mathbb{P}^n$ の超曲面に沿って対数的特異性を持つ 2 つの完全積分可能線形 Pfaff 系を考える．それらの分岐点の集合が一致しているとする．このとき，2 つの線形 Pfaff 系のモノドロミー表現が同型であることと，2 つの線形 Pfaff 系が有理関数を係数とする gauge 変換でうつり合うことは同値である．

定理 9.5 によって基本解行列の行列式は X 上 0 にならない．このことに注意すると定理 11.2 が適用できるので，定理 11.3 は定理 3.5 とまったく同様に証明することができる．

$x_1, x_2, \ldots, x_n$ の多項式を係数とする多項式の零点を（多変数）代数関数という．すなわち $a_0(x), a_1(x), \ldots, a_m(x) \in \mathbb{C}[x_1, x_2, \ldots, x_n]$ とするとき，

$$a_0(x)T^m + a_1(x)T^{m-1} + \cdots + a_m(x) = 0$$

の解 T が代数関数である．

定理 11.4 $\mathbb{P}^n$ の超曲面に沿って対数的特異性を持つ完全積分可能線形 Pfaff 系について，そのすべての解が代数関数を成分とすることと，モノドロミー群が有限群になることは同値である．

これも定理 3.11, 3.12 と同様にして示される．Appell の F_1, F_2, F_3, F_4 や Lauricella の F_D をはじめ，いくつかの完全積分可能系についてはどのようなときにモノドロミー群が有限となるかが調べられている（[115], [116], [86]）．また 3.4.3 節で言及した [37] にある完全積分可能系は，モノドロミー群が有限群となるものとして構成した．

3.4 節では，このほかに Schwarz の仕事や微分 Galois 理論について言及していた．このうち Schwarz 写像については，佐々木，吉田 [117], [85] らにより興味深い多変数化が考案され，完全積分可能系の構成についても多くの結果が得られてい

る．参考文献として [148] を挙げておく．一方微分 Galois 理論については，微分体を複数の微分を持つ偏微分体へ拡張するなどして，形式的に多変数の場合の理論を構成することはできる．しかし私見ではあるが，微分 Galois 理論は常微分的な理論であるので，線形 Pfaff 系に対してはその 1 次元切り口に対して適用するのが生産的ではないかと考える．

ここまでは Fuchs 型常微分方程式について成り立つことの類似が線形 Pfaff 系についても成り立つことを見てきた．それに対してたとえば次の事実のように，多変数に固有の現象もモノドロミーを用いて解明することができる．

定理 11.5 基本群 $\pi_1(X) = \pi_1(\mathbb{P}^n \setminus \bar{S})$ が可換ならば，$\bar{S}$ に沿って対数的特異性を持つ X 上の完全積分可能な線形 Pfaff 系の解は，すべて初等関数となる．

証明 $\bar{S}$ は (11.5) の通り既約分解されているとする．まず定理 11.1 により，$\pi_1(X)$ が可換ならば，$\bar{S}$ の 1 つの既約成分 S_i を正の向きに 1 周し他の既約成分を回らない元はすべて同一の元となる．したがって後述の Zariski-van Kampen の定理（定理 11.9）によって，各既約成分 S_i に対するそのような元を γ_i とおくと $\pi_1(X)$ は γ_i たちで生成されることがわかる．

考える線形 Pfaff 系の基本解系

$$\mathcal{U}(x) = (u^1(x), u^2(x), \ldots, u^N(x))$$

を 1 つ取り，$\mathcal{U}(x)$ に関するモノドロミー表現を

$$\rho : \pi_1(X) \to \mathrm{GL}(N, \mathbb{C})$$

とする．$\bar{S}$ の各既約成分 S_i（すなわち H_∞ 以外の $\bar{S}$ の既約成分）に対して

$$M_i = \rho(\gamma_i)$$

とおく．$\pi_1(X)$ が可換なので，M_i たちはすべて互いに可換である．S_i の定義多項式を $\varphi_i(x)$ とし，また M_i に対して後述の定理 11.6 を用いて $e^{2\pi\sqrt{-1}A_i} = M_i$ となる行列 A_i を定める．このときやはり後述の系 11.7 にあるように，A_i たちはすべて互いに可換としてよい．これらを用いて

$$\Phi(x) = \prod_i \varphi_i(x)^{A_i}$$

と定める．A_i たちが可換であることから，$\Phi(x)$ の定義は積の順によらない．したがって

$$\gamma_{i*}\Phi(x) = \Phi(x) e^{2\pi\sqrt{-1}A_i} = \Phi(x) M_i$$

が成り立つことがわかる．また $\Phi(x)$ は X において正則（holomorphic）かつ可逆である．そこで行列関数
$$\mathcal{U}(x)\Phi(x)^{-1}$$
を考えると X 上 1 価正則となり，定理 11.2 が適用できるので，その各成分は $x_1, x_2, \ldots, x_n$ の有理関数となる．したがって $\mathcal{U}(x)$ の各成分は初等関数である．□

この定理が示唆するように，完全積分可能系では解が簡単になる傾向がある．簡単ではない意味のある解を持つような完全積分可能系を構成するのは，重要な問題である．

今の定理の証明に用いた行列の対数について，基本的で重要な結果を紹介しよう．

定理 11.6 A を正則行列とし，$A = S + N$ をその Jordan 分解とする．すなわち S は半単純，N はベキ零で，S と N は可換である．$N^m = O$ となる $m \in \mathbb{Z}_{\geq 0}$ を取る．さらに S のスペクトル分解を
$$S = \alpha_1 P_1 + \alpha_2 P_2 + \cdots + \alpha_r P_r$$
とする．すなわち $\alpha_1, \alpha_2, \ldots, \alpha_r$ は A の固有値，$P_1, P_2, \ldots, P_r$ は射影で，
$$P_1 + P_2 + \cdots + P_r = I, \quad P_i P_j = O \ (i \neq j)$$
をみたす．A は正則だから $\alpha_i \neq 0 \ (1 \leq i \leq r)$ で，S も正則行列である．このとき
$$C = \sum_{i=1}^{r} (\log \alpha_i) P_i + \sum_{k=1}^{m-1} \frac{(-1)^{k-1}}{k} (S^{-1} N)^k$$
とおくと，
$$e^C = A$$
が成り立つ．

この定理の証明は，たとえば [91] などを参照されたい．

系 11.7 A, B を可換な正則行列とすると，
$$e^C = A, \ e^D = B$$
となる行列 C, D で可換なものが存在する．

証明 定理 11.6 において C を構成するのに用いた P_i, S, N は，いずれも A の多項式として表されることに注意する．したがって A, B それぞれについて定理 11.6 を用いて C, D を定めると，C, D はそれぞれ A, B の多項式であるから，A, B の可換性により可換となる．□

11.3 基本群の表示

モノドロミー表現は基本群の反表現であるので，基本群がどのような群になっているかということはモノドロミー表現を規定する重要な要素である．1 次元の場合は 3.3 節で与えたように基本群は簡潔な表示 (3.7) を持ち，群の構造は $\mathbb{P}^1$ から差し引く点の個数のみで決まっていた．しかし 2 次元以上の場合には，そのような統一的な表示は存在しない．この多様性が多次元の場合の面白いところである．

超曲面 S の補空間 $X = \mathbb{C}^n \setminus S$ の基本群については，原理的にはその表示を求めることができる．それは 2 つの定理 – Zariski の超平面切断定理と，Zariski-van Kampen の定理による．ここではそれらの定理の記述を紹介する．証明は文献に委ね，本書では立ち入らない．

定理 11.8（Zariski の超平面切断定理） $n \geq 2$ とし，S を $\mathbb{P}^n$ の超曲面とする．$\mathbb{P}^n$ 内の線形平面 $\mathbb{P}^2$ を S に関して一般の位置に取ると，基本群の間の同型

$$\pi_1(\mathbb{P}^n \setminus S) \simeq \pi_1(\mathbb{P}^2 \setminus (\mathbb{P}^2 \cap S))$$

が導かれる．

証明については，[122], [26] を参照されたい．この定理により，基本群の表示を求めるには $n = 2$ の場合に考えれば十分であることになる．そして $n = 2$ の場合に基本群の表示を与えるのが，次に挙げる Zariski-van Kampen の定理である．定理を述べるため，いくつか記号を定めなければならない．

$\mathbb{C}^2$ の座標を (x, y) と書くことにする．$\mathbb{P}^2$ を $\mathbb{C}^2$ のコンパクト化とし，付け加える無限遠直線を H_∞ とおく．次数が d の 2 変数多項式 $\varphi(x, y)$ により，超曲面 S が

$$S = \{(x, y) \in \mathbb{C}^2 \,;\, \varphi(x, y) = 0\}$$

で与えられているとしよう．$\varphi(x, y)$ は被約としておく．$b \in \mathbb{C}^2 \setminus S$ を任意に取る．b を通る直線 F（この場合の直線は複素直線を指すので，実 2 次元である）を考え，$\mathbb{P}^2$ における F と H_∞ との交点を $p(F)$ とおく．$\varphi(x, y)$ を F に制限すると，F の座標に関する d 次以下の 1 変数多項式となるので，一般に

$$\#F \cap S \leq d$$

である．この値が d に等しくなるような直線 F_0 を 1 つ取り，$p(F_0) = p_0$ とおく．一方 b を通り

$$\#F\cap S<d$$

となるような直線 F は有限個しかない．その個数を e とおき，それらの直線 F に対する $p(F)$ を $p_1, p_2, \ldots, p_e$ とする．

さて，F_0 には b が乗っていて，S と d 個の交点 $a_1, a_2, \ldots, a_d$ を持っている．基本群 $\pi_1(F_0 \setminus \{a_1, a_2, \ldots, a_d\}, b)$ は，d 個の元 $\gamma_1, \gamma_2, \ldots, \gamma_d$ で生成される自由群である．たとえば，各 i に対して γ_i は a_i のみを正の向きに 1 周する b を基点とする閉曲線に取ることができる．γ_i をどのように取ったとしても，それらは閉曲線として $\pi_1(\mathbb{C}^2 \setminus S, b)$ の元を与えることに注意しておく．一方無限遠直線 H_∞ には F_0 との交点 p_0 と，$p_1, p_2, \ldots, p_e$ という点が乗っている．基本群 $\pi_1(H_\infty \setminus \{p_1, p_2, \ldots, p_e\}, p_0)$ は，e 個の元 $g_1, g_2, \ldots, g_e$ で生成される自由群である．

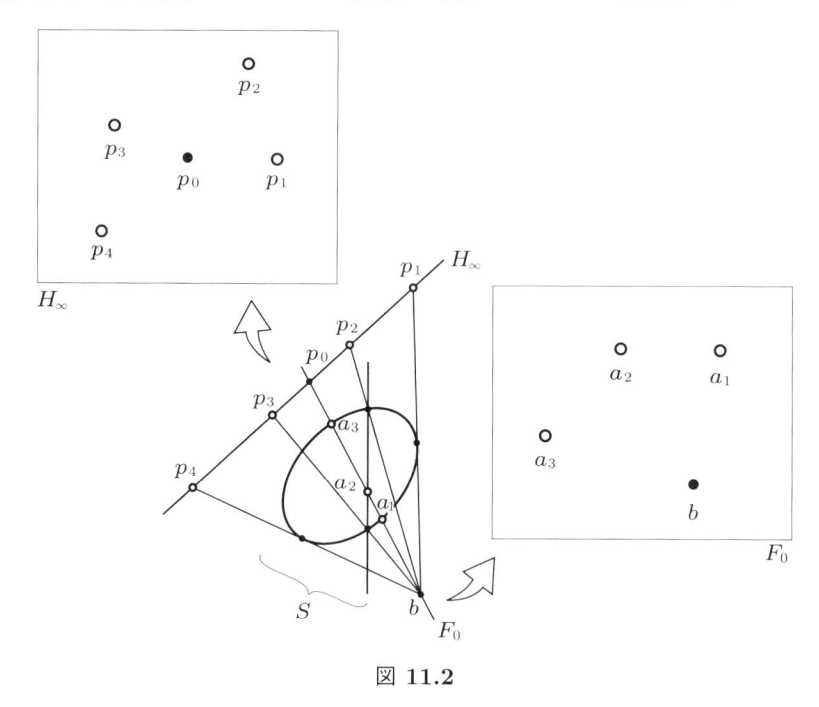

図 11.2

b を通る直線 F は $p(F)$ により一意的に定まるので，$p \in H_\infty$ が g_j に沿って動くとき，対応する直線 F は F_0 から連続的に動いて F_0 に戻る．この動きに伴い $F \cap S$ は $a_1, a_2, \ldots, a_d$ から連続的に変化し，また $a_1, a_2, \ldots, a_d$ に戻るという動きをする．ただし動きの前と後で $a_1, a_2, \ldots, a_d$ の間の入れ替えは起こり得る．なお g_j が $p_1, p_2, \ldots, p_e$ を通らないことから，この動きの間 $F \cap S$ の個数は常に d 個のままで，2 点以上がぶつかることはない．すると F_0 上に定められていた γ_i ($1 \le$

$i \leq d$) を，この動きの間 S に触れないように連続的に変化させることができる．γ_i の変化の結果を $\gamma_i{}^{g_j}$ とおく．$\gamma_i{}^{g_j}$ は再び $\pi_1(F_0 \setminus \{a_1, a_2, \ldots, a_d\}, b)$ の元となるので，生成元 $\gamma_1, \gamma_2, \ldots, \gamma_d$ を用いて表すことができる．一方 $\gamma_i{}^{g_j}$ は γ_i を $\mathbb{C}^2 \setminus S$ 内で基点 b を動かさずに連続変形した結果であることから，$\pi_1(\mathbb{C}^2 \setminus S, b)$ においては $\gamma_i{}^{g_j} = \gamma_i$ となる．この左辺を $\pi_1(F_0 \setminus \{a_1, a_2, \ldots, a_d\}, b)$ の生成元 $\gamma_1, \gamma_2, \ldots, \gamma_d$ で表したものと見ると，この関係式は $\gamma_1, \gamma_2, \ldots, \gamma_d$ に対する関係式を与える．γ_i ($1 \leq i \leq d$) が基本群 $\pi_1(\mathbb{C}^2 \setminus S, b)$ の生成元となり，これらの関係式が生成元の間の関係式を生成する，というのが Zariski-van Kampen の定理の主張である．

定理 11.9（Zariski-van Kampen の定理） 上記の記号の元で，

$$\pi_1(\mathbb{C}^2 \setminus S, b) = \langle \gamma_1, \gamma_2, \ldots, \gamma_d \mid \gamma_i{}^{g_j} = \gamma_i \ (1 \leq i \leq d, 1 \leq j \leq e) \rangle$$

という表示が成り立つ．

証明については [137] の第 4 章を参照されたい．Zariski-van Kampen の定理は，$\mathbb{P}^2$ における超曲面 $\bar{S}$ による補空間 $\mathbb{P}^2 \setminus \bar{S}$ の基本群の表示を与える定理としても，同様に記述される．また $\bar{S} = S \cup H_\infty$（$L$ は $\mathbb{P}^2$ の無限遠直線）という場合と考えると，定理 11.9 は $\pi_1(\mathbb{P}^2 \setminus \bar{S})$ の表示を与えていると思うことができる．

例 11.2 $\varphi(x, y) = xy$，すなわち

$$S = \{x = 0\} \cup \{y = 0\}$$

という場合に，基本群 $\pi_1(\mathbb{C}^2 \setminus S)$ の表示を求めよう．

基点として $b = (2, -1)$ を取る．b を通る直線 F は $y + 1 = m(x - 2)$ という方程式で表される．F_0 として避けるべきは点 $(0, 0)$ を通ることで，そのときの傾きは $m = -1/2$ となる．そこで F_0 として $m = -1$ とした直線

$$y + 1 = -(x - 2)$$

を取る (図 11.3)．

b を通る直線 F を $(0, 0)$ を通らないように動かすには，傾き m を複素 m 平面上で $m = -1/2$ を通らないように動かせばよい．そこで

$$m(\theta) = -\frac{2}{3} - \frac{1}{3} e^{\sqrt{-1}\theta} \quad (\theta \in [0, 2\pi])$$

とし，

$$F(\theta) : y + 1 = m(\theta)(x - 2)$$

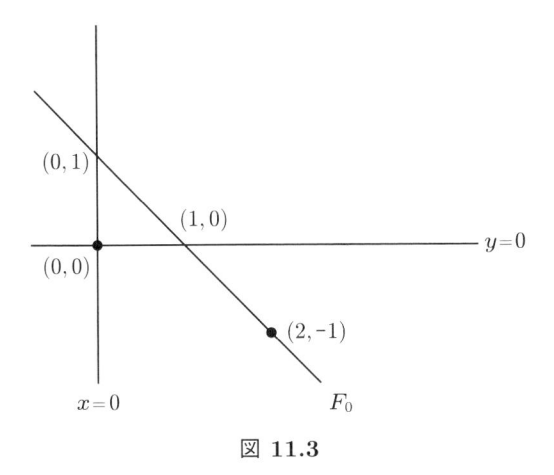

[図 11.3: 座標平面上の直線 F_0 の図。点 $(0,1)$, $(1,0)$, $(2,-1)$ を通る直線、および基点 $(0,0)$。軸 $x=0$, $y=0$ が示されている。]

図 11.3

とする．はじめに取った直線 F_0 は $F(0)$ に一致する．$F(\theta)$ 上の点の座標として，x 座標を用いることにする．すると基点 b は $x=2$, $F(\theta) \cap \{x=0\}$ は常に $x=0$ という座標で与えられる．

$$F(\theta) \cap \{y=0\} = (y_0(\theta), 0)$$

とおこう．すると $F(\theta)$ と $\{y=0\}$ との交点は座標 $x = y_0(\theta)$ で与えられる．F_0 を x を座標とする複素平面として表すと，基点 $x=2$ があり，S との交点として $x=0$ および $x=1 (= y_0(0))$ がある．そこで $\pi_1(F_0 \setminus (F_0 \cap S), b)$ の生成元として，図のような"投げ縄"で与えられる閉曲線 γ_1, γ_2 を取ることにする．

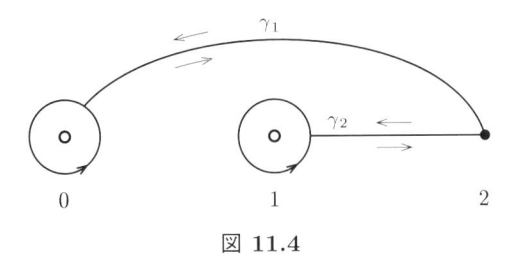

[図 11.4: 0, 1 の周りを囲む閉曲線 γ_1 と γ_2 が基点 2 から出ている図]

図 11.4

$$y_0(\theta) = 2 + \frac{1}{m(\theta)}$$

であるから，θ が 0 から 2π まで動くとき，$F(\theta)$ 上の点 $y_0(\theta)$ は 1 を始点として $x=0$ のまわりを正の向きに 1 周する円に沿って移動する．この移動に伴う γ_1, γ_2 の変化を追跡しよう．

図 11.5

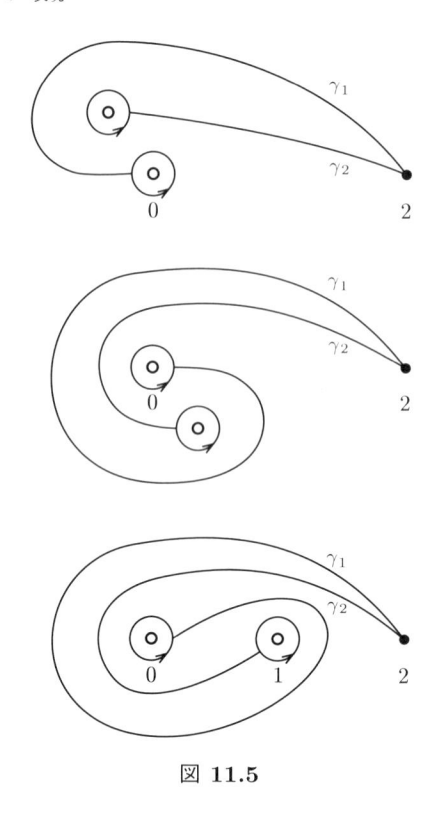

この変化の結果得られた閉曲線をそれぞれ $\gamma_1{}^g, \gamma_2{}^g$ とおく．図 11.6 のように $\gamma_1{}^g, \gamma_2{}^g$ をうまく書き換えることで，$\pi_1(F_0 \setminus (F_0 \cap S), b)$ において

$$\gamma_1{}^g = \gamma_1 \gamma_2 \gamma_1 (\gamma_1 \gamma_2)^{-1},$$
$$\gamma_2{}^g = \gamma_1 \gamma_2 \gamma_1{}^{-1}$$

という関係式が得られる．$\gamma_1{}^g = \gamma_1, \gamma_2{}^g = \gamma_2$ とおくことにより得られる関係式を書き換えると，いずれも

$$\gamma_1 \gamma_2 = \gamma_2 \gamma_1$$

に帰着する．したがって定理 11.9 によって，

$$\pi_1(\mathbb{C}^2 \setminus \{xy = 0\}, b) = \langle \gamma_1, \gamma_2 \mid \gamma_1 \gamma_2 = \gamma_2 \gamma_1 \rangle$$

が得られる．すなわちこの基本群は可換群であり，$\mathbb{Z}^2$ と同型になる．

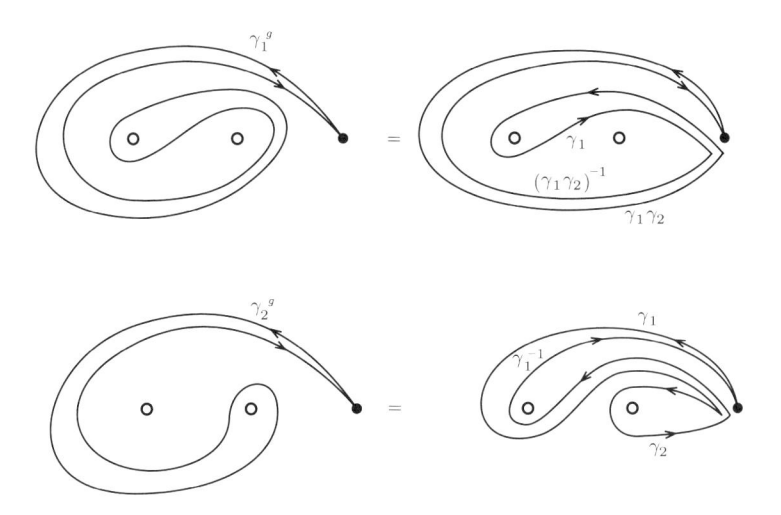

図 11.6

例 11.2 の S は 2 本の直線 $x=0, y=0$ の集まりで，この 2 本の直線は 1 点 $(0,0)$ で交わる．このときは (x,y) を $(0,0)$ における局所座標系に取れるので，S は $(0,0)$ で正規交叉である（10.1 節参照）．超曲面 $\bar{S}$ がすべての交点で正規交叉する超平面の集まりであるとき，その補空間の基本群 $\pi_1(\mathbb{P}^n \setminus \bar{S}) = \pi_1(\mathbb{C}^n \setminus S)$ は可換群となることが例 11.2 と同様にして示される．超曲面の補空間の基本群については，超曲面が超平面配置の場合には Orlik-Terao [101] の 5.3 節，$\mathbb{C}^2$ あるいは $\mathbb{P}^2$ 内の代数曲線の場合には徳永・島田 [137] の第 5 章，第 6 章に詳しい記述があるので参照されたい．

なお S が $\mathbb{C}^2$ の 2 本の平行な直線を含むときは，その 2 直線は H_∞ と 1 点で交わるので，$\bar{S}$ における交点では正規交叉ではない．したがってたとえば $S=\{x=0\} \cup \{x=1\} \cup \{y=0\}$ の場合は，$\mathbb{C}^2$ 内の交点 $(0,0), (1,0)$ では正規交叉であるが，$\pi_1(\mathbb{C}^2 \setminus S)$ は可換群とはならない．

例 11.3 S が正規交叉ではない超平面の集まりである例として，$n=2$ で
$$\varphi(x,y) = xy(x-1)(y-1)(x-y)$$
の場合を考える．すなわち
$$S = \{x=0\} \cup \{y=0\} \cup \{x=1\} \cup \{y=1\} \cup \{x=y\}$$
である．

図 11.7

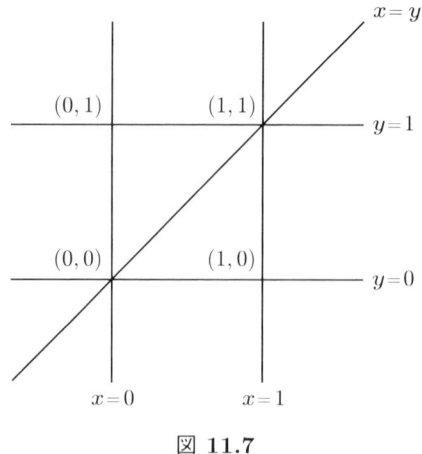

5本の既約成分の交点のうち，$(1,0), (0,1)$ では S は正規交叉であるが，$(0,0), (1,1)$ においては 3 本の直線が交わっているため，正規交叉ではない．S の補空間の基本群を調べるため，基点として $b = (2, -1/2)$，F_0 として

$$F_0 : x + y = \frac{3}{2}$$

を取る．F_0 の座標として x 座標を用いることにすると，S との 5 つの交点は

$$\begin{aligned} F_0 \cap \{x = 0\} &: x = 0, \\ F_0 \cap \{y = 1\} &: x = \frac{1}{2}, \\ F_0 \cap \{x = y\} &: x = \frac{3}{4}, \\ F_0 \cap \{x = 1\} &: x = 1, \\ F_0 \cap \{y = 0\} &: x = \frac{3}{2} \end{aligned}$$

という座標で与えられる．そこで基本群の生成元 $\gamma_1, \gamma_2, \ldots, \gamma_5$ を F_0 内に図 11.8 のような投げ縄として定める．

4 つの交点 $(0,0), (0,1), (1,0), (1,1)$ をそれぞれ回るように F を動かし，それに伴う $\gamma_1, \gamma_2, \ldots, \gamma_5$ の変化を追跡することで，$5 \times 4 = 20$ 本の関係式が得られる．その作業については記述を省くが，その結果として定理 11.9 により次の基本群の表示が得られる．

図 11.8

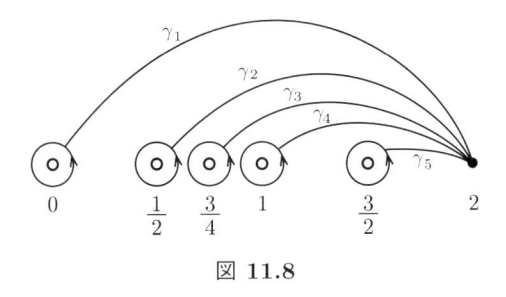

$$(11.6) \quad \pi_1(\mathbb{C}^2 \setminus S, b) = \left\langle \gamma_1, \gamma_2, \gamma_3, \gamma_4, \gamma_5 \, \middle| \, \begin{array}{l} \gamma_1\gamma_2 = \gamma_2\gamma_1, \; \gamma_4\gamma_5 = \gamma_5\gamma_4, \\ \gamma_1\gamma_3\gamma_5 = \gamma_3\gamma_5\gamma_1 = \gamma_5\gamma_1\gamma_3, \\ \gamma_2\gamma_3\gamma_4 = \gamma_3\gamma_4\gamma_2 = \gamma_4\gamma_2\gamma_3 \end{array} \right\rangle.$$

生成元の間の関係式のうち, γ_1 と γ_2 が可換というのは交点 $(0,1)$ において S が正規交叉であること, γ_4 と γ_5 が可換というのは交点 $(1,0)$ において S が正規交叉であることから得られている. また $\gamma_1, \gamma_3, \gamma_5$ の cyclic な関係式は, 点 $(0,0)$ で 3 本の直線が交わっていることから, $\gamma_2, \gamma_3, \gamma_4$ についての cyclic な関係式は, 点 $(1,1)$ で 3 本の直線が交わっていることから得られている. このように, 各交点での直線の交わり方と関係式が対応している. 一般に S が $\mathbb{C}^n$ の超平面の集まりであるとき (そのような S を超平面配置ともいう), S の補空間の基本群について, 超平面の交叉の仕方に基づく統一的な記述が得られている. 具体的な記述については [101], §5.3 を参照されたい.

Gérard-Levelt [25] は, 多変数の完全積分可能系に対する認識を切り拓いた歴史的な論文である. そこでは特異点集合の幾何学的形状が, 解をかなり強く規定する様子が記述されている. 考察の対象としているのは線形 Pfaff 系

$$(11.7) \quad du = \left(\sum_i A_i d\log \varphi_i(x) \right) u$$

で, A_i は $N \times N$ 定数行列, $\varphi_i(x)$ はすべて n 変数 1 次多項式というものである. $\bar{S} = \{x \in \mathbb{C}^n; \prod_i \varphi_i(x) = 0\} \cup H_\infty$ が特異点集合となる. この線形 Pfaff 系は完全積分可能とする. 主要結果の 1 つとして, $\bar{S}$ が既約成分のあらゆる交点において正規交叉であるなら, 解はすべて初等関数となる, ということが示される. 彼らの証明は, 完全積分可能条件を用いて行列 A_i たちの間の可換関係を導き, (11.7) が可約になることを示すものである.

この結果は我々の立場から別証明することができる. 特異点集合があらゆる交

点において正規交叉しているので，例 11.2 の後に述べたように基本群は可換群となる．したがって定理 11.5 が適用されて，解はすべて初等関数となるのである．

こうして正規交叉の場合からは意味のある多変数関数が解として得られないことがわかったので，正規交叉でない超平面配置 S を考えることが必要である．そのようなものの中で最も簡単と思われるのが，例 11.3 に挙げた S である．Gérard-Levelt は第 2 の主要結果として，例 11.3 の S を特異点集合に持つ階数 3 の完全積分可能線形 Pfaff 系 (11.7) を考え，それが初等関数ではない解を持つとしたら，Appell の 2 変数超幾何関数 F_1 のみたす線形 Pfaff 系に必ず帰着されることを示した．ここで初等関数ではない解を持つ，という部分を，モノドロミー表現が既約になる，という条件で言い換えてみると，この結果は既約なモノドロミー表現が一意的に定まる，ということを述べているととらえられる．すなわち Fuchs 型常微分方程式のモノドロミー表現に対する rigid という概念が多変数の完全積分可能系のモノドロミー表現についても定式化され，その立場から Gérard-Levelt の第 2 の結果も見直すことができるのではないかと考えられる．実は局所モノドロミーが定義できたことによって，常微分方程式の場合とまったく同様に rigid という概念を定義することができるのである．

11.4 Rigidity

定義 11.2 $\overline{\mathbb{C}^n}$ を $\mathbb{C}^n$ の 1 つのコンパクト化とし，$\bar{S}$ を $\overline{\mathbb{C}^n}$ の超曲面とする．基本群の（反）表現

$$\rho : \pi_1(\overline{\mathbb{C}^n} \setminus \bar{S}, b) \to \mathrm{GL}(N, \mathbb{C})$$

が **rigid** であるとは，ρ の（反）表現としての共役類 $[\rho]$ が，局所モノドロミーから一意的に定まることである．

この定義は見かけ上，1 次元の場合の定義（定義 5.2）とまったく同じである．1 次元の場合の理論では，この後 rigidity 指数が導入され，ρ が rigid であることの簡潔な判定法（定理 5.8）が得られた．その定理 5.8 の証明をよく見ると，基本群の表示 (3.7) が本質的に使われていることがわかる．すなわち ρ を表すのは $p+1$ 個の行列の組 $(M_0, M_1, \ldots, M_p)$ で，基本群の表示に由来する関係式 $M_0 M_1 \cdots M_p = I$ をみたすものとしている．2 次元以上の場合では，一般に基本群の生成元の間により多くの関係式が成立し，その関係式は超曲面毎に異なる．それは ρ を表す行列の組が様々な関係式をみたさなければならないことを意味するので，1 次元の場

合のような統一的な rigidity 指数の定義はあり得ないことがわかる．

超曲面を 1 つ固定した場合には基本群の表示が確定するので，その超曲面に関する rigidity 指数を定義することは可能かもしれない．しかしいくつかの例を見ると，rigidity 指数のような単純な判定法を手に入れるのは困難であるように思われる．

あるいは次のように考えると様子が理解しやすいかもしれない．例 11.3 にあるように，基本群の生成元の間には多くの関係式が成立しているので，表現を表す行列の組に課される条件の数はかなり多くなる．これはその行列の組が決まりやすいということを意味し，表現は一般に rigid になりやすいと考えられる．一方課される条件が多いということは，それらをみたす行列の組が存在しにくいということも意味する．実際にいくつかの例では，表現が存在するためには，局所モノドロミーの固有値の間に基本群の表示に由来しないいくつかの関係式が必要となっている．

さらに 2 次元以上の場合では，rigid ではないがほぼ rigid という現象がしばしば見受けられる．これは表現の共役類が一意的ではないが有限個に限られる，という状況で，1 次元の場合には起きなかった現象である．

以上のように 2 次元以上の場合の表現の rigidity は，1 次元の場合とはだいぶ異なる様相を示すように思われる．これについて統一的な展望を与えることは，位相幾何学・代数幾何学・表現論など多くの分野にまたがる挑戦的で有望なテーマであろう．

このような 2 次元以上に固有な現象を見るため，例を 1 つ挙げておこう．

例 11.4 例 11.3 で扱った超曲面 S を考える．$\mathbb{P}^2$ における無限遠直線を H_∞ とし，$\bar{S} = S \cup H_\infty$ とおく．このとき既約な 3 次元反表現

$$\rho : \pi_1(\mathbb{P}^2 \setminus \bar{S}, b) \to \mathrm{GL}(3, \mathbb{C})$$

がどれくらいあるかを考察したい．5.4 節で見たように，rigidity は局所モノドロミーのスペクトル型で決定されるので，この場合の ρ についても局所モノドロミーのスペクトル型を指定した上で，その存在や一意性を見ていくことにする．

Appell の 2 変数超幾何関数 F_1 のみたす線形 Pfaff 系は $\bar{S}$ を特異点集合とし，階数が 3 である．さらに S の各既約成分に関する局所モノドロミーのスペクトル型がすべて (21) となっている．そこで ρ についてもこのスペクトル型を指定する．

$\mathbb{P}^2 \setminus \bar{S} = \mathbb{C}^2 \setminus S$ であるから，基本群の表示としては例 11.3 の (11.6) を採用することができる．基本群の生成元 γ_j ($1 \leq j \leq 5$) に対し，

$$\rho(\gamma_j) = M_j \quad (1 \leq j \leq 5)$$

とおく.すると行列の組 $(M_1, M_2, \ldots, M_5)$ は ρ を決定し,また表示 (11.6) における関係式により

$$M_1M_2 = M_2M_1, \ M_4M_5 = M_5M_4,$$
(11.8)
$$M_5M_3M_1 = M_1M_5M_3 = M_3M_1M_5,$$
$$M_4M_3M_2 = M_2M_4M_3 = M_3M_2M_4$$

をみたす.さらに我々は

$$M_j{}^\natural = (21) \quad (1 \leq j \leq 5)$$

を仮定する.各 M_j に $\mathbb{C}^\times$ の元を掛けた新しい表現を考えても,既約性,スペクトル型,rigidity などは変化しないので,一般性を失わずに各 M_j の 2 重の固有値の値は 1 であるとしてよい.したがって各 j に対して $e_j \in \mathbb{C} \setminus \{0, 1\}$ が存在して,

(11.9)
$$M_j \sim \begin{pmatrix} 1 & & \\ & 1 & \\ & & e_j \end{pmatrix} \quad (1 \leq j \leq 5)$$

となっているとする.

例 5.1, 5.2 と同様に,行列の組 $(M_1, M_2, \ldots, M_5)$ の一斉相似変換による同値類 $[(M_1, M_2, \ldots, M_5)]$ が考察の対象である.よってまず $M_1, M_2, \ldots, M_5$ のうち 1 つは Jordan 標準形(今の場合は対角行列)としてよいのだが,関係式 $M_1M_2 = M_2M_1$ があるので M_1 と M_2 を同時に対角行列にすることができる.その場合

(11.10)
$$M_1 = \begin{pmatrix} 1 & & \\ & 1 & \\ & & e_1 \end{pmatrix}, M_2 = \begin{pmatrix} 1 & & \\ & 1 & \\ & & e_2 \end{pmatrix}$$

と,

(11.11)
$$M_1 = \begin{pmatrix} 1 & & \\ & 1 & \\ & & e_1 \end{pmatrix}, M_2 = \begin{pmatrix} 1 & & \\ & e_2 & \\ & & 1 \end{pmatrix}$$

という 2 つの異なる可能性がある.第 1 の場合 (11.10) には,$\mathrm{GL}(2, \mathbb{C}) \times \mathrm{GL}(1, \mathbb{C})$ に属する行列による相似変換で M_1, M_2 は変化しないので,他の行列,たとえば M_3 を正規化することができる.これにより M_3 の左上の 2×2 の部分を Jordan

標準形にできるので，

$$M_3 = \begin{pmatrix} \alpha & & * \\ & \beta & * \\ * & * & * \end{pmatrix} \text{あるいは} \begin{pmatrix} \alpha & 1 & * \\ & \alpha & * \\ * & * & * \end{pmatrix}$$

としてよい．条件 $\mathrm{rank}(M_3 - 1) = 1$ を用いると $\alpha = 1$ としてよいことがわかり，M_3 の他の成分についてもいくつか決めることができる．こうして正規化された M_1, M_2, M_3 を関係式 (11.8) へ代入して M_4, M_5 を決めていくと，可約な表現しか得られないことが確かめられる．このことから M_1, M_2 は第 2 の形 (11.11) にとらなくてはならない．

(11.9) から，M_3, M_4, M_5 については

$$M_j = I_3 + \begin{pmatrix} x_j \\ y_j \\ z_j \end{pmatrix} \begin{pmatrix} 1 & p_j & q_j \end{pmatrix} \quad (j = 3, 4, 5)$$

とおくことができる．ここで

$$x_j = e_j - 1 - y_j p_j - z_j q_j$$

である．対角行列による相似変換を行うと，M_1, M_2 の形を変えずに $p_3 = q_3 = 1$ とすることができる．以上により，未知数は $y_3, z_3, y_4, z_4, p_4, q_4, y_5, z_5, p_5, q_5$ ということになる．これらの未知数でパラメトライズされた M_j を関係式 (11.8) へ代入することで，未知数に関する代数方程式系が得られる．

この代数方程式系を，ρ が既約になるという条件を課して解いていくと，途中の経緯は省くが最終的に次の結果が得られる．まず，M_j の固有値として現れた e_j の間には

$$e_1 e_2 = e_4 e_5$$

という関係が成り立つことが必要となる．このとき関係式 (11.8) の解は 2 組存在し，いずれの解においても，e_j $(j = 2, 3, 4)$ の平方根を f_j とおくと，M_3, M_4, M_5 の各成分は e_1, f_2, f_3, f_4 により有理的に表される．平方根の取り方は 2 通りあるため，それらを入れ替える作用

$$\sigma_j : f_j \mapsto -f_j \quad (j = 2, 3, 4)$$

があるが，これらはいずれも 2 組の解を入れ替える働きをする．無限遠直線 H_∞ に関する局所モノドロミーは $(M_5 M_4 M_3 M_2 M_1)^{-1}$ で与えられ，

$$\begin{pmatrix} (e_1e_2)^{-1} & & \\ & (e_1e_2)^{-1} & \\ & & e_3^{-1} \end{pmatrix}$$

の共役類となる．したがって H_∞ における局所モノドロミーによっても，2 組の解を区別することはできない．

以上の結論から，無限遠における局所モノドロミーの情報をまったく用いることなく，既約な表現 ρ が決定されることがわかる．したがって，$\mathbb{C}^2$ のコンパクト化を変えても同じ答が得られる．そこで $\mathbb{P}^1 \times \mathbb{P}^1$ で考えることにして，得られた 2 組の解から無限遠 $\{x = \infty\}, \{y = \infty\}$ における局所モノドロミーを求めてみる．$\{x = \infty\}$ における局所モノドロミーは $(M_4M_3M_1)^{-1}$ で与えられ，$\{y = \infty\}$ における局所モノドロミーは $(M_5M_3M_2)^{-1}$ で与えられる．第 1 の解について $\{x = \infty\}$ および $\{y = \infty\}$ に関する局所モノドロミーは，それぞれ

$$\begin{pmatrix} \frac{f_2}{f_3f_4} & & \\ & \frac{f_2}{f_3f_4} & \\ & & (e_1e_2)^{-1} \end{pmatrix}, \quad \begin{pmatrix} \frac{f_4}{f_2f_3} & & \\ & \frac{f_4}{f_2f_3} & \\ & & (e_1e_2)^{-1} \end{pmatrix}$$

の共役類となり，第 2 の解については

$$\begin{pmatrix} -\frac{f_2}{f_3f_4} & & \\ & -\frac{f_2}{f_3f_4} & \\ & & (e_1e_2)^{-1} \end{pmatrix}, \quad \begin{pmatrix} -\frac{f_4}{f_2f_3} & & \\ & -\frac{f_4}{f_2f_3} & \\ & & (e_1e_2)^{-1} \end{pmatrix}$$

の共役類となる．これらは平方根 f_j の取り方で区別されるので，無限遠の情報も用いると既約な表現 ρ は一意的に定まることがわかる．すなわち $\mathbb{P}^1 \times \mathbb{P}^1$ において考えた場合には，ρ は rigid となる．

様々な点で 1 次元の場合と異なる様相が現れることがわかるであろう．(M_3, M_4, M_5) の求め方，その具体形などについては [37] を参照されたい．[37] では他の Appell 超幾何関数についても同様の考察を行っている．

この例は，Gérard-Levelt の第 2 の結果をモノドロミー表現の立場から再検証したものととらえることもできる．

第 12 章
Middle convolution

　Fuchs 型常微分方程式の解析において，middle convolution は重要な働きをしていた．そこで完全積分可能系に対しても middle convolution を定義し，その解析に役立てたいと考える．ここでは完全積分可能系に対する middle convolution をどのように定義するとよいか，という考え方を提示し，それを記述する方法を与える．例として，第 9 章の例 9.2 で与えた KZ（Knizhnik-Zamolodchikov）型の線形 Pfaff 系に対する middle convolution の具体的記述を与える．さらに middle convolution の性質を調べ，応用について考えていく．

12.1　Middle convolution の定義と性質

　第 5 章 5.5 節で紹介したように，正規 Fuchs 型常微分方程式における middle convolution は留数行列の組に対する代数的操作として定義された．完全積分可能系では，たとえ線形 Pfaff 系に限ったとしても正規 Fuchs 型のような正規形はないので，この代数的操作を形式的に拡張して自然な定義を手に入れることは難しいであろう．そこで middle convolution の解析的実現に注目し，それを手懸かりに middle convolution の自然な拡張を定義する．

　$\mathbb{C}^n$ における超平面の集まり（超平面配置）を考える．すなわち $h_i(x) = h_i(x_1, x_2, \ldots, x_n)$ $(1 \leq i \leq g)$ を 1 次多項式とし，$h_i(x)$ で定義される超平面を

$$H_i = \{x \in \mathbb{C}^n\,;\,h_i(x) = 0\} \quad (1 \leq i \leq g)$$

とおく．

$$S = \bigcup_{i=1}^{g} H_i$$

として，S に沿って対数的特異性を持つ線形 Pfaff 系で

(12.1) $$du = \left(\sum_{i=1}^{g} A_i d\log h_i\right) u$$

という形のものを考える．ここで A_i $(1 \leq i \leq g)$ は $N \times N$ 定数行列である．(12.1) は完全積分可能であるとする．完全積分可能条件は，行列 A_i を用いて具体的に記述される．

第 5 章 5.4 節に記載したように，middle convolution は微分方程式の解の Riemann-Liouville 変換のみたす既約な微分方程式を構成する操作であった．その認識に基づいて，我々は次のような定式化を考える．$x_1, x_2, \ldots, x_n$ から 1 つの変数を選ぶ．どれを選んでも同様なので，x_1 を選んだとする．必要なら番号を入れ替えて，

$$\frac{\partial h_i(x)}{\partial x_1} \neq 0 \quad (1 \leq i \leq g'),$$
$$\frac{\partial h_j(x)}{\partial x_1} = 0 \quad (g' < j \leq g)$$

となっているとする．すると $1 \leq i \leq g'$ に対して

(12.2) $$h_i(x) = c_i(x_1 - a_i)$$

と書くことができる．ここで c_i は 0 と異なる定数，a_i は一般に $x' = (x_2, x_3, \ldots, x_n)$ の 1 次式である．$\lambda \in \mathbb{C}$ とする．さて線形 Pfaff 系 (12.1) の解 $u(x)$ に対して

$$v_i(x) = \int_\Delta \frac{u(t, x')}{t - a_i} (t - x_1)^\lambda \, dt \quad (1 \leq i \leq g')$$

という Riemann-Liouville 積分を定義し，

$$v(x) = {}^t(v_1(x), v_2(x), \ldots, v_{g'}(x))$$

とおく．$v(x)$ のみたす偏微分方程式系を考えたい．

線形 Pfaff 系 (12.1) と (12.2) により，u の x_1 方向の微分方程式は

$$\frac{\partial u}{\partial x_1} = \left(\sum_{i=1}^{g'} \frac{A_i}{x_1 - a_i} \right) u$$

となることがわかる．すると $v(x)$ は，$u(x)$ を x_1 のみの 1 変数関数と見たとき middle convolution の解析的実現を構成する Riemann-Liouville 積分に他ならず，したがって (5.29) で定義された行列 G_j を留数行列とする正規 Fuchs 型常微分方程式の解となる．ただし G_j を定義するときには $A_1, A_2, \ldots, A_{g'}$ を用いる．この $(A_1, A_2, \ldots, A_{g'})$ に対して $(\mathbb{C}^N)^{g'}$ の部分空間 $\mathcal{K}$ と $\mathcal{L}$ を (5.30) のように定義すると，G_j の $(\mathbb{C}^N)^{g'}/(\mathcal{K} + \mathcal{L})$ への作用として行列 B_j が定まり，$B_1, B_2, \ldots, B_{g'}$ を留数行列とする正規 Fuchs 型微分方程式が既約となる．これが $v(x)$ のみたす x_1

に関する偏微分方程式の既約成分となる．つまり変数 x_1 に関しては，常微分のときの middle convolution と同じ結果が得られる．

$v(x)$ のみたす $x' = (x_2, x_3, \ldots, x_n)$ に関する偏微分方程式について考える．x' は $v(x)$ の積分の中の $u(t, x')$ および a_i に現れる．積分記号下の偏微分を行い，u の偏微分を線形 Pfaff 系 (12.1) を用いて u で表すことで，$v(x)$ のみたす x' に関する偏微分方程式が得られる．完全積分可能条件を用いると，その偏微分方程式は $(\mathbb{C}^N)^{g'}/(\mathcal{K}+\mathcal{L})$ に値を取る閉じた微分方程式を含むことが示される．このようにして得られる偏微分方程式系は完全積分可能な線形 Pfaff 系となるので，それを (12.1) の x_1 方向の middle convolution と定義する．

以上が線形 Pfaff 系 (12.1) の middle convolution の定義の概要である．この定義については文献 [33] に詳細に記述されているので，必要があれば参照して頂きたい．本書では以上の定義を，少し限定的ではあるが，KZ 型の線形 Pfaff 系の場合に具体的に記述することにする．

KZ 型線形 Pfaff 系は例 9.2 で与えたが，あらためて書いておこう．

$$(12.3) \quad du = \left(\sum_{i=1}^n \sum_{k=1}^p A_{i,k} \frac{dx_i}{x_i - a_k} + \sum_{1 \le i < j \le n} B_{i,j} \frac{d(x_i - x_j)}{x_i - x_j} \right) u$$

という線形 Pfaff 系で，$a_1, a_2, \ldots, a_p \in \mathbb{C}$ は相異なる点，$A_{i,k}$ ($1 \le i \le n, 1 \le j \le p$)，$B_{i,j}$ ($1 \le i < j \le n$) は $N \times N$ 定数行列である．$i > j$ に対しては $B_{i,j} = B_{j,i}$ と定める．(12.3) の x_i 方向の middle convolution を具体的に書き下したい．一般性を失わず $i = 1$ とできるので，x_1 方向の middle convolution を考えることにする．

上述の手順に則り，(12.3) の x_1 方向の微分方程式

$$(12.4) \quad \frac{\partial u}{\partial x_1} = \left(\sum_{k=1}^p \frac{A_{1,k}}{x_1 - a_k} + \sum_{l=2}^n \frac{B_{1,l}}{x_1 - x_l} \right) u$$

を考える．これを x_1 のみを変数と見て，常微分方程式の middle convolution を与える Riemann-Liouville 変換を考え，それのみたす線形 Pfaff 系を構成すればよい．$x' = (x_2, x_3, \ldots, x_n)$ とおく．$\lambda \in \mathbb{C}$ を取る．$1 \le k \le p$ に対して

$$(12.5) \quad v_k(x) = \int_\Delta \frac{u(t, x')}{t - a_k} (t - x_1)^\lambda \, dt,$$

$2 \le j \le n$ に対して

$$(12.6) \quad w_j(x) = \int_\Delta \frac{u(t, x')}{t - x_j} (t - x_1)^\lambda \, dt$$

とおき，

(12.7) $$V(x) = {}^t(v_1(x), v_2(x), \ldots, v_p(x), w_2(x), w_3(x), \ldots, w_n(x))$$

のみたす線形 Pfaff 系を求めることになる．

5.5 節で説明したように，$(A_1, A_2, \ldots, A_p, B_{1,2}, B_{1,3}, \ldots, B_{1,n})$ について (5.29) で定めた行列を留数行列とする正規 Fuchs 型微分方程式が，V の x_1 方向の微分方程式となる．成分毎に書き下しておくと，

(12.8)
$$\frac{\partial v_k}{\partial x_1} = \frac{1}{x_1 - a_k} \left(\sum_{m=1}^{p} (A_{1,m} + \delta_{km}\lambda) v_m + \sum_{l=2}^{n} B_{1,l} w_l \right) \quad (1 \leq k \leq p),$$
$$\frac{\partial w_j}{\partial x_1} = \frac{1}{x_1 - x_j} \left(\sum_{m=1}^{p} A_{1,m} v_m + \sum_{l=2}^{n} (B_{1,l} + \delta_{lj}\lambda) w_l \right) \quad (2 \leq j \leq n)$$

である．$i > 1$ として，V の x_i 方向の微分方程式を求める．まず $1 \leq k \leq p$ について v_k の偏微分を求めよう．u の x_i 方向の微分方程式が

(12.9) $$\frac{\partial u}{\partial x_i} = \left(\sum_{m=1}^{p} \frac{A_{i,m}}{x_i - a_m} + \sum_{l \neq 1, i} \frac{B_{i,l}}{x_i - x_l} \right) u$$

であることを用いると，

(12.10)
$$\frac{\partial v_k}{\partial x_i} = \int_\Delta \frac{1}{t - a_k} \frac{\partial u}{\partial x_i}(t, x')(t - x_1)^\lambda dt$$
$$= \int_\Delta \frac{1}{t - a_k} \left(\sum_{m=1}^{p} \frac{A_{i,m}}{x_i - a_m} + \frac{B_{i,1}}{x_i - t} + \sum_{l \neq 1, i} \frac{B_{i,l}}{x_i - x_l} \right) u(t, x')(t - x_1)^\lambda dt$$
$$= \left(\sum_{m=1}^{p} \frac{A_{i,m}}{x_i - a_m} + \sum_{l \neq 1, i} \frac{B_{i,l}}{x_i - x_l} \right) v_k$$
$$\quad + \int_\Delta \frac{B_{i,1}}{x_i - a_k} \left(\frac{1}{t - a_k} + \frac{1}{x_i - t} \right) u(t, x')(t - x_1)^\lambda dt$$
$$= \left(\sum_{m \neq k} \frac{A_{i,m}}{x_i - a_m} + \frac{A_{i,k} + B_{i,1}}{x_i - a_k} + \sum_{l \neq 1, i} \frac{B_{i,l}}{x_i - x_l} \right) v_k - \frac{B_{i,1}}{x_i - a_k} w_i$$

が得られる．次に $2 \leq j \leq n$ について w_j の偏微分を求める．まず $j \neq i$ のときは，$\partial v_k / \partial x_i$ の計算と同様にして

(12.11) $$\frac{\partial w_j}{\partial x_i} = \left(\sum_{k=1}^{p} \frac{A_{i,k}}{x_i - a_k} + \sum_{l \neq 1, i, j} \frac{B_{i,l}}{x_i - x_l} + \frac{B_{i,j} + B_{i,1}}{x_i - x_j} \right) w_j - \frac{B_{i,1}}{x_i - x_j} w_i$$

が得られる．$j = i$ のときは少し複雑になる．w_i を x_i で偏微分すると

$$\frac{\partial w_i}{\partial x_i} = \int_\Delta \left(\frac{1}{t-x_i} \frac{\partial u}{\partial x_i}(t,x') + \frac{1}{(t-x_i)^2} u(t,x') \right) (t-x_1)^\lambda \, dt$$
$$= \int_\Delta \frac{1}{t-x_i} \left(\sum_{k=1}^p \frac{A_{i,k}}{x_i-a_k} + \sum_{l \neq 1,i} \frac{B_{i,l}}{x_i-x_l} + \frac{B_{i,1}}{x_i-t} \right) u(t,x')(t-x_1)^\lambda \, dt$$
$$- \int_\Delta \frac{\partial}{\partial t}\left(\frac{1}{t-x_i} \right) u(t,x')(t-x_1)^\lambda \, dt$$
$$= \left(\sum_{k=1}^p \frac{A_{i,k}}{x_i-a_k} + \sum_{l \neq 1,i} \frac{B_{i,l}}{x_i-x_l} \right) w_i - B_{i,1} \int_\Delta \frac{u(t,x')}{(t-x_i)^2}(t-x_1)^\lambda \, dt$$
$$+ \int_\Delta \frac{1}{t-x_i}\left(\frac{\partial u}{\partial t}(t,x') + u(t,x')\frac{\lambda}{t-x_1} \right)(t-x_1)^\lambda \, dt$$

となる．ここで最後の等号においては，Δ を cycle に取っていると考えて部分積分を行った．最後の辺に現れた項を計算すると，

$$\int_\Delta \frac{1}{t-x_i} \frac{\partial u}{\partial t}(t,x')(t-x_1)^\lambda \, dt$$
$$= \int_\Delta \frac{1}{t-x_i} \left(\sum_{k=1}^p \frac{A_{i,k}}{t-a_k} + \sum_{l=2}^n \frac{B_{1,l}}{t-x_l} \right) u(t,x')(t-x_1)^\lambda \, dt$$
$$= \int_\Delta \left(\sum_{k=1}^p \frac{A_{1,k}}{x_i-a_k}\left(\frac{1}{t-x_i} - \frac{1}{t-a_k}\right) + \sum_{l \neq 1,i} \frac{B_{1,l}}{x_i-x_l}\left(\frac{1}{t-x_i} - \frac{1}{t-x_l}\right) \right)$$
$$\times u(t,x')(t-x_1)^\lambda dt + B_{1,i} \int_\Delta \frac{u(t,x')}{(t-x_i)^2}(t-x_1)^\lambda \, dt$$
$$= \sum_{k=1}^p \frac{A_{1,k}}{x_i-a_k}(w_i-v_k) + \sum_{l \neq 1,i} \frac{B_{1,l}}{x_i-x_l}(w_i-w_l) + B_{1,i} \int_\Delta \frac{u(t,x')}{(t-x_i)^2}(t-x_1)^\lambda \, dt,$$

および

$$\int_\Delta \frac{u(t,x')}{t-x_i} \frac{\lambda}{t-x_1}(t-x_1)^\lambda \, dt = -\frac{\partial}{\partial x_1} \int_\Delta \frac{u(t,x')}{t-x_i}(t-x_1)^\lambda \, dt = -\frac{\partial w_i}{\partial x_1}$$

となる．以上を合わせてさらに (12.8) を用いると，

$$(12.12) \quad \begin{aligned} \frac{\partial w_i}{\partial x_i} &= \frac{1}{x_i-x_1}\left(\sum_{m=1}^p A_{1,m} v_m + \sum_{l=2}^n (B_{1,l}+\delta_{li}\lambda)w_l \right) \\ &+ \left(\sum_{k=1}^p \frac{A_{i,k}}{x_i-a_k} + \sum_{l \neq 1,i} \frac{B_{i,l}}{x_i-x_l} \right) w_i \\ &+ \sum_{k=1}^p \frac{A_{1,k}}{x_i-a_k}(w_i-v_k) + \sum_{l \neq 1,i} \frac{B_{1,l}}{x_i-x_l}(w_i-w_l) \end{aligned}$$

が得られる．以上の結果をまとめて述べよう．

定理 12.1 完全積分可能な KZ 型線形 Pfaff 系 (12.3) の解 $u(x)$ に対して，$v_k(x)$ ($1 \leq k \leq p$) および $w_j(x)$ ($2 \leq j \leq n$) をそれぞれ (12.5), (12.6) により定め，そ

れらを用いて (12.7) により $V(x)$ を定める．すると $V(x)$ はやはり完全積分可能な KZ 型線形 Pfaff 系

(12.13) $$dV = \left(\sum_{i=1}^{n} \sum_{k=1}^{p} G_{i,k} \frac{dx_i}{x_i - a_k} + \sum_{1 \le i < j \le n} H_{i,j} \frac{d(x_i - x_j)}{x_i - x_j} \right) V$$

をみたす．ここで $G_{i,k}, H_{i,j}$ は次で与えられる．$1 \le k \le p$ に対して

$$G_{1,k} = \begin{pmatrix} & 1 & & k & & p & p+1 & & p+n-1 \\ 1 & O & \cdots & \cdots & \cdots & O & O & \cdots & O \\ & \cdots & & \cdots & & \cdots & & \cdots & \\ k & A_{1,1} & \cdots & A_{1,k}+\lambda & \cdots & A_{1,p} & B_{1,2} & \cdots & B_{1,n} \\ & \cdots & & \cdots & & \cdots & & \cdots & \\ p & O & \cdots & \cdots & \cdots & O & O & \cdots & O \\ p+1 & O & \cdots & \cdots & \cdots & O & O & \cdots & O \\ & \cdots & & \cdots & & \cdots & & \cdots & \\ p+n-1 & O & \cdots & \cdots & \cdots & O & O & \cdots & O \end{pmatrix},$$

$2 \le j \le n$ に対して

$$H_{1,j} = \begin{pmatrix} & 1 & & p & p+1 & & p+j-1 & & p+n-1 \\ 1 & O & \cdots & O & O & \cdots & \cdots & \cdots & O \\ & \cdots & & \cdots & & \cdots & \cdots & & \\ p & O & \cdots & O & O & \cdots & \cdots & \cdots & O \\ p+1 & O & \cdots & O & O & \cdots & \cdots & \cdots & O \\ & \cdots & & \cdots & & \cdots & \cdots & \cdots & \\ p+j-1 & A_{1,1} & \cdots & A_{1,p} & B_{1,2} & \cdots & B_{1,j}+\lambda & \cdots & B_{1,n} \\ & \cdots & & \cdots & & \cdots & \cdots & & \\ p+n-1 & O & \cdots & O & O & \cdots & \cdots & \cdots & O \end{pmatrix},$$

$2 \le i \le n, 1 \le k \le p$ に対して

$$G_{i,k} = \begin{pmatrix} A_{i,k} & & & & & & & & \\ & \ddots & & & & & & & \\ & & A_{i,k}+B_{i,1} & & & & -B_{i,1} & & \\ & & & \ddots & & & & & \\ & & & & A_{i,k} & & & & \\ & & & & & A_{i,k} & & & \\ & & & & & & \ddots & & \\ & & -A_{1,k} & & & & A_{i,k}+A_{1,k} & & \\ & & & & & & & \ddots & \\ & & & & & & & & A_{i,k} \end{pmatrix},$$

行ラベル: $1, k, p, p+1, p+i-1, p+n-1$ / 列ラベル: $1, k, p, p+1, p+i-1, p+n-1$

$2 \leq i < j \leq n$ に対して

$$H_{i,j} = \begin{pmatrix} B_{i,j} & & & & & & & \\ & \ddots & & & & & & \\ & & B_{i,j} & & & & & \\ & & & B_{i,j} & & & & \\ & & & & \ddots & & & \\ & & & & & B_{i,j}+B_{j,1} & -B_{j,1} & & \\ & & & & & & \ddots & \\ & & & & & -B_{1,i} & B_{i,j}+B_{1,i} & \\ & & & & & & & \ddots \\ & & & & & & & & B_{i,j} \end{pmatrix}.$$

列ラベル: $1, p, p+1, p+i-1, p+j-1, p+n-1$

　この主張は (12.8), (12.10), (12.11), (12.12) を書き換えたものである．線形 Pfaff 系 (12.13) が完全積分可能であるのは，完全積分可能条件を直接確かめることもできるが，解となる関数 $V(x)$ が存在することから明らかである．

注意 12.1 KZ 型線形 Pfaff 系 (12.3) において，留数行列 $A_{i,k}, B_{i,j}$ $(2 \leq i, j \leq n)$ のうちいくつかが零行列である場合も考えられる．そのときには (12.3) においては，対応する $x_i = a_k$ や $x_i = x_j$ は特異点集合には含まれず正則点になる．一方 Riemann-Liouville 変換のみたす線形 Pfaff 系 (12.13) の留数行列は $A_{1,m}$ や $B_{1,l}$

を用いて作られるため，$G_{i,k}, H_{i,j}$ は零行列とはならない．したがって特異点集合は真に増えることになる．これは 1 変数のときには見られなかった現象である．このようなことは KZ 型に限らず，一般の (12.1) についても起こり得る．

例 12.1 $n = 2$ の場合に定理 12.1 の結果を書き下してみよう．$n = 2$ の場合の KZ 型線形 Pfaff 系は，例 9.1 や例 10.1 で取り上げたものである．$\mathbb{C}^2$ の座標を (x, y) で表し，例 10.1 の記号を用いると，

$$du = \left(A_1 \frac{dx}{x} + A_2 \frac{dy}{y-1} + A_3 \frac{d(x-y)}{x-y} + A_4 \frac{dx}{x-1} + A_5 \frac{dy}{y} \right) u$$

となる．$a_1 = 0, a_2 = 1$ として $v_1(x, y), v_2(x, y)$ を (12.5) で，$w_2(x, y)$ を (12.6) で定め，

$$V(x, y) = {}^t(v_1(x, y), w_2(x, y), v_2(x, y))$$

とおくと，$V(x, y)$ のみたす線形 Pfaff 系 (12.13) は

$$dV = \left(B_1 \frac{dx}{x} + B_2 \frac{dy}{y-1} + B_3 \frac{d(x-y)}{x-y} + B_4 \frac{dx}{x-1} + B_5 \frac{dy}{y} \right) V$$

となる．ここで B_i $(1 \leq i \leq 5)$ は

$$B_1 = \begin{pmatrix} A_1 + \lambda & A_3 & A_4 \\ O & O & O \\ O & O & O \end{pmatrix}, \quad B_3 = \begin{pmatrix} O & O & O \\ A_1 & A_3 + \lambda & A_4 \\ O & O & O \end{pmatrix},$$

$$B_4 = \begin{pmatrix} O & O & O \\ O & O & O \\ A_1 & A_3 & A_4 + \lambda \end{pmatrix},$$

$$B_2 = \begin{pmatrix} A_2 & O & O \\ O & A_2 + A_4 & -A_4 \\ O & -A_3 & A_2 + A_3 \end{pmatrix}, \quad B_5 = \begin{pmatrix} A_5 + A_3 & -A_3 & O \\ -A_1 & A_5 + A_1 & O \\ O & O & A_5 \end{pmatrix}$$

により与えられる．

さて，5.5 節の (5.30) にしたがって，不変部分空間 $\mathcal{K}$ および $\mathcal{L}$ を定義する．x_1 方向の方程式 (12.9) における留数行列の組が $(A_{1,1}, \ldots, A_{1,p}, B_{1,2}, \ldots, B_{1,n})$ となっているので，今の場合には $\mathcal{K}, \mathcal{L}$ は次で与えられる．

(12.14)
$$\mathcal{K} = \{{}^t(v_1,\ldots,v_p,w_2,\ldots,w_n)\,;\,v_k \in \operatorname{Ker} A_{1,k},\ w_j \in \operatorname{Ker} B_{1,j}\},$$
$$\mathcal{L} = \operatorname{Ker}\left(\sum_{k=1}^{p} G_{1,k} + \sum_{j=2}^{n} H_{1,j}\right).$$

5.5 節にある通り，$\mathcal{K},\mathcal{L}$ は $(G_{1,1},\ldots,G_{1,p},H_{1,2},\ldots,H_{1,n})$ 不変である．$\mathcal{K},\mathcal{L}$ が他の $G_{i,k},H_{i,j}$ についても不変部分空間になっていることを見てみよう．

$V = {}^t(v_1,\ldots,v_p,w_2,\ldots,w_n) \in \mathcal{K}$ とする．$2 \leq i \leq n, 1 \leq k \leq p$ に対して

$$G_{i,k}V = \begin{pmatrix} & A_{i,k}v_1 \\ & \vdots \\ & (A_{i,k}+B_{i,1})v_k - B_{i,1}w_i \\ & \vdots \\ & A_{i,k}v_p \\ & A_{i,k}w_2 \\ & \vdots \\ & -A_{1,k}v_k + (A_{i,k}+A_{1,k})w_i \\ & \vdots \\ & A_{i,k}w_n \end{pmatrix} = \begin{pmatrix} A_{i,k}v_1 \\ \vdots \\ (A_{i,k}+B_{i,1})v_k \\ \vdots \\ A_{i,k}v_p \\ A_{i,k}w_2 \\ \vdots \\ (A_{i,k}+A_{1,k})w_i \\ \vdots \\ A_{i,k}w_n \end{pmatrix}$$

となる．ここで例 9.2 で求めた完全積分可能条件 (9.21) を用いると，

$$A_{1,m}(A_{i,k}v_m) = A_{i,k}A_{1,m}v_m = 0 \quad (m \neq k),$$
$$A_{1,k}((A_{i,k}+B_{i,1})v_k) = (A_{i,k}+B_{i,1})A_{1,k}v_k = 0,$$
$$B_{1,l}(A_{i,k}w_l) = A_{i,k}B_{1,l}w_l = 0 \quad (l \neq i),$$
$$B_{1,i}((A_{i,k}+A_{1,k})w_i) = (A_{i,k}+A_{1,k})B_{1,i}w_i = 0$$

が得られるので，$G_{i,k}V \in \mathcal{K}$ がわかる．同様にして $H_{i,j}V \in \mathcal{K}$ も示されるので，$\mathcal{K}$ は $G_{i,k}$ および $H_{i,j}$ 不変である．

次に $\mathcal{L}$ の不変性を見る．補題 5.16 により，$\lambda \neq 0$ のときは

$$\mathcal{L} = \left\{{}^t(v,\ldots,v)\,;\,\Bigl(\sum_{k=1}^{p}A_{1,k} + \sum_{j=2}^{n}B_{1,j} + \lambda\Bigr)v = 0\right\},$$

$\lambda = 0$ のときは

$$\mathcal{L} = \left\{ {}^t(v_1, \ldots, v_p, w_2, \ldots, w_n); \sum_{k=1}^{p} A_{1,k} v_k + \sum_{j=2}^{n} B_{1,j} w_j = 0 \right\}$$

である. $\lambda \neq 0$ の場合を考える. $V = {}^t(v, \ldots, v) \in \mathcal{L}$ とする. $2 \leq i \leq p, 1 \leq k \leq p$ に対して, $G_{i,k}$ と V の形から

$$G_{i,k} V = \begin{pmatrix} A_{i,k} v \\ \vdots \\ A_{i,k} v \end{pmatrix}$$

となることが直ちにわかる. ここで完全積分可能条件 (9.21) を用いると,

$$\begin{aligned}
&\left(\sum_{m=1}^{p} A_{1,m} + \sum_{j=2}^{n} B_{1,j} + \lambda \right) A_{i,k} v \\
&= \left(\sum_{m \neq k} A_{1,m} + \sum_{j \neq 1, i} B_{1,j} + (A_{1,k} + B_{1,i}) + \lambda \right) A_{i,k} v \\
&= A_{i,k} \left(\sum_{m \neq k} A_{1,m} + \sum_{j \neq 1, i} B_{1,j} + (A_{1,k} + B_{1,i}) + \lambda \right) v \\
&= 0
\end{aligned}$$

となるので $G_{i,k} V \in \mathcal{L}$ がわかる. 同様にして $H_{i,j} V \in \mathcal{L}$ も示されるので, $\mathcal{L}$ は $G_{i,k}$ および $H_{i,j}$ 不変である. 次に $\lambda = 0$ の場合を考える. $V = {}^t(v_1, \ldots, v_p, w_2, \ldots, w_n) \in \mathcal{L}$ とする. $2 \leq i \leq p, 1 \leq k \leq p$ に対して,

$$G_{i,k} V = \begin{matrix} 1 \\ \\ k \\ \\ \\ p \\ p+1 \\ \\ \\ p+i-1 \\ \\ p+n-1 \end{matrix} \begin{pmatrix} A_{i,k} v_1 \\ \vdots \\ (A_{i,k} + B_{i,1}) v_k - B_{i,1} w_i \\ \vdots \\ A_{i,k} v_p \\ A_{i,k} w_2 \\ \vdots \\ -A_{1,k} v_k + (A_{i,k} + A_{1,k}) w_i \\ \vdots \\ A_{i,k} w_n \end{pmatrix}$$

となる．完全積分可能条件 (9.21) を用いて，

$$\sum_{m\neq k} A_{1,m}(A_{i,k}v_m) + A_{1,k}((A_{i,k}+B_{i,1})v_k - B_{i,1}w_i)$$
$$+ \sum_{j\neq 1,i} B_{1,j}(A_{i,k}w_j) + B_{1,i}(-A_{1,k}v_k + (A_{i,k}+A_{1,k})w_i)$$
$$= A_{i,k}\sum_{m\neq k} A_{1,m}v_m + A_{i,k}\sum_{j\neq 1,i} B_{1,j}w_j$$
$$+ (A_{i,k}+B_{i,1})A_{1,k}v_k - A_{1,k}B_{i,1}w_i - B_{1,i}A_{1,k}v_k$$
$$+ (A_{i,k}+A_{1,k})B_{1,i}w_i$$
$$= A_{i,k}\left(\sum_{m=1}^{p} A_{1,m}v_m + \sum_{j=2}^{n} B_{1,j}w_j\right)$$
$$= 0$$

が得られ，$G_{i,k}V \in \mathcal{L}$ がわかる．同様にして $H_{i,j}V \in \mathcal{L}$ も示されるので，$\mathcal{L}$ は $G_{i,k}$ および $H_{i,j}$ 不変である．

こうして次の定理が得られた．

定理 12.2 完全積分可能な KZ 型線形 Pfaff 系 (12.3) から構成した線形 Pfaff 系 (12.13) について，$\mathcal{K}$ および $\mathcal{L}$ を (12.14) の通り定めると，$\mathcal{K}$ および $\mathcal{L}$ はすべての $G_{i,k}, H_{i,j}$ に対して不変部分空間となる．$G_{i,k}, H_{i,j}$ の $\mathcal{K}+\mathcal{L}$ による商空間への作用をそれぞれ $\bar{G}_{i,k}, \bar{H}_{i,j}$ とおくと，KZ 型線形 Pfaff 系

$$(12.15) \qquad dv = \left(\sum_{i=1}^{n}\sum_{k=1}^{p} \bar{G}_{i,k}\frac{dx_i}{x_i-a_k} + \sum_{1\leq i<j\leq n} \bar{H}_{i,j}\frac{d(x_i-x_j)}{x_i-x_j}\right)v$$

は完全積分可能となる．もし (12.3) の x_1 方向の微分方程式 (12.4) が既約であれば，(12.15) も既約となる．

(12.15) が完全積分可能となることは，(12.13) が完全積分可能であることから直ちにしたがう．既約性についての主張は，(12.15) の x_1 方向の微分方程式が (12.4) の常微分方程式としての middle convolution となっていることから，定理 5.14 によって成り立つ．

こうして得られた完全積分可能な KZ 型線形 Pfaff 系 (12.15) を，(12.3) の λ をパラメーターとする x_1 方向の **middle convolution** という．(12.3) から (12.15) を構成する操作のことも，やはり middle convolution と呼ぶ．

常微分方程式の場合には，middle convolution について加法性が成り立っていた．すなわち標語的に書けば，

$$mc_0 = \mathrm{id}., \ mc_\lambda \circ mc_\mu = mc_{\lambda+\mu}$$

という主張である（定理 5.12，定理 5.13）．これに対応する主張は，我々の線形 Pfaff 系に対する middle convolution においても成立する．証明はここでは与えない．文献 [33] の定理 3.1 を参照されたい．

例 12.2 $\alpha_1, \alpha_2, \ldots, \alpha_5 \in \mathbb{C}$ として，階数 1 の線形 Pfaff 系

$$du = \left(\alpha_1 \frac{dx}{x} + \alpha_2 \frac{dy}{y-1} + \alpha_3 \frac{d(x-y)}{x-y} + \alpha_4 \frac{dx}{x-1} + \alpha_5 \frac{dy}{y}\right) u$$

から始める．λ をパラメーターとする x 方向の middle convolution を行うと，階数 3 の線形 Pfaff 系

(12.16) $$dv = \left(A_1 \frac{dx}{x} + A_2 \frac{dy}{y-1} + A_3 \frac{d(x-y)}{x-y} + A_4 \frac{dx}{x-1} + A_5 \frac{dy}{y}\right) v$$

が得られる．ここで $A_1, A_2, \ldots, A_5$ は例 12.1 に当てはめれば得られて，

$$A_1 = \begin{pmatrix} \alpha_1 + \lambda & \alpha_3 & \alpha_4 \\ 0 & 0 & 0 \\ 0 & 0 & 0 \end{pmatrix}, \ A_2 = \begin{pmatrix} \alpha_2 & 0 & 0 \\ 0 & \alpha_2 + \alpha_4 & -\alpha_4 \\ 0 & -\alpha_3 & \alpha_2 + \alpha_3 \end{pmatrix},$$

$$A_3 = \begin{pmatrix} 0 & 0 & 0 \\ \alpha_1 & \alpha_3 + \lambda & \alpha_4 \\ 0 & 0 & 0 \end{pmatrix}, \ A_4 = \begin{pmatrix} 0 & 0 & 0 \\ 0 & 0 & 0 \\ \alpha_1 & \alpha_3 & \alpha_4 + \lambda \end{pmatrix},$$

$$A_5 = \begin{pmatrix} \alpha_5 + \alpha_3 & -\alpha_3 & 0 \\ -\alpha_1 & \alpha_5 + \alpha_1 & 0 \\ 0 & 0 & \alpha_5 \end{pmatrix}$$

で与えられる．この線形 Pfaff 系 (12.16) は Appell の 2 変数超幾何関数 F_1 のみたす線形 Pfaff 系と等価である．

さらに次のような addition を行う．

$$A_1' = A_1 - (\alpha_1 + \lambda), \ A_i' = A_i \ (2 \le i \le 5).$$

各 A_i を A_i' で置き換えた線形 Pfaff 系に対して，μ をパラメーターとする x 方向の middle convolution を行う．このとき

$$\dim \mathrm{Ker} A_1' = 1, \ \dim \mathrm{Ker} A_3' = \dim \mathrm{Ker} A_4' = 2, \ \mathcal{L} = \{0\}$$

であるから，結果として得られる線形 Pfaff 系の階数は $3 \times 3 - (1 + 2 + 2) = 4$ と

なる．それを

(12.17) $$dw = \left(B_1 \frac{dx}{x} + B_2 \frac{dy}{y-1} + B_3 \frac{d(x-y)}{x-y} + B_4 \frac{dx}{x-1} + B_5 \frac{dy}{y}\right) w$$

と書くと，$B_1, B_2, \ldots, B_5$ はたとえば次のように与えられる．

$$B_1 = \begin{pmatrix} \mu - \alpha_1 - \lambda & 0 & \alpha_1 & 0 \\ 0 & \mu - \alpha_1 - \lambda & 0 & \alpha_1 \\ 0 & 0 & 0 & 0 \\ 0 & 0 & 0 & 0 \end{pmatrix},$$

$$B_2 = \begin{pmatrix} \alpha_2 + \alpha_4 & -\alpha_4 & 0 & 0 \\ -\alpha_3 & \alpha_2 + \alpha_3 & 0 & 0 \\ 0 & 0 & \alpha_2 + \alpha_4 & -\alpha_4 \\ 0 & 0 & -\alpha_3 & \alpha_2 + \alpha_3 \end{pmatrix},$$

$$B_3 = \begin{pmatrix} 0 & 0 & 0 & 0 \\ 0 & 0 & 0 & 0 \\ -\dfrac{\lambda(\alpha_1 + \alpha_3 + \lambda)}{\alpha_1} & -\dfrac{\alpha_4 \lambda}{\alpha_1} & \alpha_3 + \lambda + \mu & \alpha_4 \\ 0 & 0 & 0 & 0 \end{pmatrix},$$

$$B_4 = \begin{pmatrix} 0 & 0 & 0 & 0 \\ 0 & 0 & 0 & 0 \\ 0 & 0 & 0 & 0 \\ -\dfrac{\alpha_3 \lambda}{\alpha_1} & -\dfrac{\lambda(\alpha_1 + \alpha_4 + \lambda)}{\alpha_1} & \alpha_3 & \alpha_4 + \lambda + \mu \end{pmatrix},$$

$$B_5 = \begin{pmatrix} \alpha_1 + \alpha_3 + \alpha_5 + \lambda & \alpha_4 & -\alpha_1 & 0 \\ 0 & \alpha_5 & 0 & 0 \\ \dfrac{\lambda(\alpha_1 + \alpha_3 + \lambda)}{\alpha_1} & \dfrac{\alpha_4 \lambda}{\alpha_1} & \alpha_5 - \lambda & 0 \\ 0 & 0 & 0 & \alpha_5 \end{pmatrix}.$$

この線形 Pfaff 系 (12.17) は Appell の 2 変数超幾何関数 F_2, F_3 のみたす線形 Pfaff 系と等価である．これらの留数行列のスペクトル型は，

$$(B_1^\natural, B_2^\natural, B_3^\natural, B_4^\natural, B_5^\natural) = ((22), (22), (31), (31), (31))$$

となっている．$\mathbb{P}^1 \times \mathbb{P}^1$ でコンパクト化した場合の $x = \infty, y = \infty$ における留数行列は，それぞれ $-B_1 - B_3 - B_4, -B_2 - B_3 - B_5$ である．そのスペクトル型は

$$((-B_1 - B_3 - B_4)^\natural, (-B_2 - B_3 - B_5)^\natural) = (211), (211))$$

となる．また $\mathbb{P}^2$ でコンパクト化した場合の無限遠直線 H_∞ における留数行列は $-B_1 - B_2 - B_3 - B_4 - B_5$ で，そのスペクトル型は

$$(-B_1 - B_2 - B_3 - B_4 - B_5)^\natural = (31)$$

となる．

例 12.3 例 12.3 の途中に現れた階数 3 の線形 Pfaff 系 (12.16) に，別の addition と middle convolution を行ってみる．まず

$$A'_1 = A_1 - (\alpha_1 + \lambda),\ A'_4 = A_4 - (\alpha_4 + \lambda),\ A'_i = A_i\ (i = 2,3,5)$$

という addition を行う．これらの A'_i を留数行列にする線形 Pfaff 系に対し，$\mu = \lambda - \alpha_3$ をパラメーターとする x 方向の middle convolution を行う．

$$\dim \mathrm{Ker} A_1 = \dim \mathrm{Ker} A_4 = 1,\ \dim \mathrm{Ker} A_3 = 2,\ \dim \mathcal{L} = 1$$

となるので，結果として得られる線形 Pfaff 系の階数は $3 \times 3 - (1 + 1 + 2 + 1) = 4$ となる．それを

$$(12.18) \qquad dz = \left(C_1 \frac{dx}{x} + C_2 \frac{dy}{y-1} + C_3 \frac{d(x-y)}{x-y} + C_4 \frac{dx}{x-1} + C_5 \frac{dy}{y}\right) z$$

と書こう．留数行列 C_i は具体的には書かないが，そのスペクトル型は

$$(C_1{}^\natural, C_2{}^\natural, C_3{}^\natural, C_4{}^\natural, C_5{}^\natural) = ((22),(22),(31),(22),(22))$$

となる．また $x = \infty, y = \infty$ における留数行列のスペクトル型は

$$((-C_1 - C_3 - C_4)^\natural, (-C_2 - C_3 - C_5)^\natural) = ((22),(22))$$

となり，H_∞ における留数行列のスペクトル型は

$$(-C_1 - C_2 - C_3 - C_4 - C_5)^\natural = (211)$$

となる．線形 Pfaff 系 (12.18) は，Appell の 2 変数超幾何関数 F_4 のみたす線形 Pfaff 系の持ち上げとして得られる線形 Pfaff 系（[65]）と等価である．

12.2 応用

第 6 章 6.6 節で考えた rigid な常微分方程式の変形は，KZ 型線形 Pfaff 系に対する middle convolution によって構成することができる．それは middle convolution によって新しい完全積分可能系が得られるからである．

rigid な Fuchs 型常微分方程式を考える．変形を考えるので，特異点の個数は 4 個以上であるとする．rigid な Fuchs 型常微分方程式は正規 Fuchs 型の形で与えることができるので，考える方程式を

$$\frac{du}{dx} = \left(\sum_{i=1}^{p} \frac{A_i}{x - t_i}\right) u \tag{12.19}$$

とおく．$p \geq 3$ である．∞ のほか t_1, t_2 が正規化されていると考え（たとえば $t_1 = 0, t_2 = 1$ とする），$t_3, \ldots, t_p$ を変形のパラメーターと考える．目的は，(12.19) と両立する u の $t_3, \ldots, t_p$ に関する偏微分方程式を導くことである．

定理 5.22 により，(12.19) は階数 1 の方程式から有限回 addition と middle convolution を繰り返すことで得られる．階数 1 の方程式を

$$\frac{dy}{dx} = \left(\sum_{i=1}^{p} \frac{\alpha_i}{x - t_i}\right) y \tag{12.20}$$

とおく．ここで $\alpha_1, \alpha_2, \ldots, \alpha_p \in \mathbb{C} \setminus \{0\}$ である．この常微分方程式を，

$$dy = \left(\sum_{i=1}^{p} \alpha_i \frac{d(x - t_i)}{x - t_i} + \sum_{1 \leq i < j \leq p} \beta_{i,j} \frac{d(t_i - t_j)}{t_i - t_j}\right) y \tag{12.21}$$

という $(x, t_3, t_4, \ldots, t_p)$ を変数とする KZ 型線形 Pfaff 系の x 方向の微分方程式と見なす．ただし t_1, t_2 が正規化（固定）されているので，$dt_1 = 0, dt_2 = 0$ とする．(12.21) は階数 1 なので，複素数 $\beta_{i,j}$ をどう選んでも完全積分可能である．特に $\beta_{i,j} = 0$ と取ることもできる．(12.20) から (12.19) を構成する際に行う各ステップにおける middle convolution を，すべて KZ 型線形 Pfaff 系に対する x 方向の middle convolution とすることで，x 方向の微分方程式が (12.19) に一致する完全積分可能な線形 Pfaff 系

$$du = \left(\sum_{i=1}^{p} A_i \frac{d(x - t_i)}{x - t_i} + \sum_{1 \leq i < j \leq p} B_{i,j} \frac{d(t_i - t_j)}{t_i - t_j}\right) u$$

が得られる．こうして rigid な常微分方程式 (12.19) の変形を構成することができた．

例 12.4 例 6.1 は以上の手順を実行して得られたものである．階数 1 の微分方程式

$$\frac{dy}{dx} = \left(\frac{\alpha_1}{x} + \frac{\alpha_2}{x - t} + \frac{\alpha_3}{x - 1}\right) y$$

に対して，これを線形 Pfaff 系

$$dy = \left(\alpha_1 \frac{dx}{x} + \alpha_2 \frac{d(x-t)}{x-t} + \alpha_3 \frac{dx}{x-1} + 0\frac{dt}{t} + 0\frac{dt}{t-1}\right) y$$

の x 方向の微分方程式と見て，この線形 Pfaff 系に対して λ をパラメーターとする x 方向のm iddle convolution を行うと，例 6.1 にある A_1, A_2, A_3, B_1, B_3 を留数行列とする完全積分可能系

$$dY = \left(A_1 \frac{dx}{x} + A_3 \frac{dx}{x-1} + A_2 \frac{d(x-t)}{x-t} + B_1 \frac{dt}{t} + B_3 \frac{dt}{t-1}\right) Y$$

が得られるのである．

このように，完全積分可能系の middle convolution は新しい完全積分可能系を構成する操作として有用で，様々な応用が期待される．一方その定義は座標に依存しており，その意味ではまだ未成熟なものとも言える．座標変換と組み合わせることでどのような広がりを持つ変換が得られるか，調べるべき課題である．Appell-Lauricella 超幾何関数，GKZ 超幾何関数，Heckman-Opdam 超幾何関数などいろいろな多変数超幾何関数が考案されているが，それらは middle convolution も込めた変換によってどこまでうつり合うであろうか．これも 1 つの課題である．

特異点集合への制限は middle convolution とは違った性格の操作であるが，完全積分可能系の変数の個数を変化させるという点では共通するところがあり，合わせて考えるのが面白いように思われる．

あとがき

　数学の研究は，先鋭的に認識を切り拓く場面と，全体を見渡してより普遍的で自然な認識を追求する場面からなるように思われる．この 2 つは排反ではなく，先鋭的に切り拓いた認識がすでにより深く自然なものになっているような優れた研究ももちろんある．本書で扱った複素領域における線形微分方程式という研究分野では，この 2 つの場面が現在様々なところで様々な形で展開されていて，研究者にとって実に楽しい状況が現れている．そのような状況を俯瞰して普遍的な認識を構築する，というのは大事な仕事であろうが，身の丈に合わないことは慎んで，本書ではそれぞれの場面を活写するよう心懸けた．すなわちすでに内容が確立している古典的な題材については，話をより自然な形に組み立てるように努め，現在でも活発に研究されいてる題材については，その研究の内容と香りを損なわずに記述するよう努めた．以下，本書を書くにあたって参考にした文献，関連する文献，さらに進んだ内容を学ぶための文献などを挙げていく．

　第 I 部のはじめに紹介した巡回ベクトルは，Deligne [19] による．

　第 1 章，第 2 章の内容は古典的なもので，たとえば高野 [132] あるいはコディントン・レヴィンソン [13] など定評のある優れた教科書からも同様の内容を学ぶことができる．確定特異点における局所解の構成については，高野では，微分方程式の変換を繰り返して変換後の方程式がなるべく簡単な形になるようにするという，福原流の方法を採用している ([132], 13.3 節)．福原流の方法は，本書の第 8 章（8.1 節）で不確定特異点における局所解の構成の説明のときに用いているが，興味のある方はご本人の著書 [51] などを参照されたい．なお高野では，単独高階型の場合の Frobenius の方法も詳しく記述されている．それに対して本書では，定理 2.15 (ii) の証明にあるように，形式解の形をあらかじめ定めておいて，その係数を決めていくという方法を採った．これはコディントン・レヴィンソン流の方法である．ただし本書ではこの方法を最後まで徹底している．この証明方法により得られた定理の記述は，方程式の係数がどのように解に反映するかを直接読み取ることができる点で優れている．さらに第 II 部（第 10 章）で多変数の場合を考えるときにも，スムーズに適用できる形となっている．第 2 章 2.3 節の局所モノドロミーについての部分は，難しい話ではないが，このような形で取り上げることはあまりされないかもしれない．

　第 3 章については，内容としては既存の書物（あるいは論文）のどこかに書か

れているものを集めたことになっているであろうが，そのような事情と関わりなく必要なことを漏れなく自然な形で取り上げようとして行き着いた記述となっている．たとえば局所モノドロミーは難しいものではないが，局所モノドロミーが固定されているという認識で見ると物事の様子がはっきりとわかる，というのが本書の第 I 部，第 II 部を通じた主張である．その意味で局所モノドロミーは重要であり，したがってその定義の根拠となる命題 3.2（および第 II 部第 11 章の定理 11.1）が重要である．またモノドロミーが可約の場合について述べた定理 3.8 の主張は，専門家に広く認識されている事柄と思うが，探した限りでは文献には見当たらなかった．一方 3.4.2 節で紹介した Schwarz 理論や関連して Fuchs 群の話への展開を構築した Poincaré の仕事などについては，斎藤の著作 [112] を是非参照されたい．微分代数については Kaplansky [61] を主に参考にした．

第 4 章は接続問題と題しているが，Fuchs 型常微分方程式の接続問題に関しては，横山 [147] および大島 [105] がほぼ決定的な結果を与えていて，それらについては直接当該文献に当たって頂きたいと思う．4.1 節では，接続問題がどのような意味を持つかということについて，物理の視点からの説明を与えた．接続問題を基点に物理と数学の関わり方を認識することは重要と思う．そのようなことを考えるときの参考文献として，クーラン・ヒルベルト [14]，寺沢 [136]，スミルノフ [130]，新田 [93]，原岡 [31] を挙げておく．クーラン・ヒルベルト，寺沢，スミルノフはいずれも定評のある優れた書物で，豊富な例と有益な知見が詰まっている．寺沢（第 2 章 §7）では，本書でも示した Legendre 方程式の接続問題によるパラメーターの決定を，超幾何級数を用いた別の方法で示している．新田，原岡ではそれぞれの切り口で接続問題と物理，さらに特殊関数の関わりが述べられている．

第 5 章では，5.1，5.2，5.3 節はほぼ標準的な内容を取り上げたが，後半の展開を見据えて，スペクトル型や Riemann-Liouville 変換，大久保型微分方程式など特徴的な話題も盛り込んでいる．Riemann-Liouvlle 変換については福原 [51] も参照されたい．大久保型微分方程式やそれを用いた大久保理論をきっちりと学ぶには，大久保 [100]，河野 [76] をご覧いただきたい．第 5 章の後半は Katz や Crawley-Boevey の理論の紹介で，Katz 理論については Dettweiler-Reiter [17]，[18] の記述をさらに丁寧にかみ砕いて説明したものである．Katz 理論によって，常微分方程式に関する様々な研究が引き起こされている．その成果の一部はこの章にも記載したが，それ以外でまず挙げるべきは大島理論である．それについては大島 [103]，[105] を是非参照されたい．この方面の研究は現在非常に活発に進められている．1 つの方向は不確定特異点を含む場合の研究で，Arinkin [4] が重要な文献である．もう 1

で解の存在や一意性について非線形の場合まできちんと扱っているのが木村 [73] である．さらに本書では，前述のように，完全積分可能系の場合でも局所モノドロミーに基づいて考察を進めている．そうすることで Katz 理論も自然に適用できることになり，新しい理解につながっていくと考えられる．この新しい方向については他の教科書はない．必要に応じて本文中に示した論文等を参照されたい．

　有理的（代数的）な完全積分可能系を具体的に構成する方法として，第 12 章では rigid な常微分方程式を元に多変数の middle convolution が使えることを示したが，それ以外に変形方程式の代数関数解を用いる方法がある．というのは有理的な完全積分可能系が存在したとすると，その 1 次元切り口として得られる常微分方程式は，rigid であるか，そうでないとしたらアクセサリー・パラメーターを持つ．後者の場合には，特異点の個数が 4 以上であれば，アクセサリー・パラメーターは特異点の位置の代数関数となり，アクセサリー・パラメーターは変形方程式の未知関数であるからである．Painlevé 方程式の代数関数解は Lisovyy-Tykhyy [82] により完全に決定されている．また Garnier 系の代数関数解については Diarra [21] の研究などがある．これらの結果を完全積分可能系の研究と結びつけるのも面白いと思う．

　不確定特異性を持つ完全積分可能系については，最近 D'Agnolo-Kashiwara [1] による Riemann-Hilbert 写像の構成という大きな出来事があった．この方面の研究については，このほか真島 [83], 望月 [90] あたりが基本的文献と思われる．また一方，下村による具体的計算 [123], [124] なども多くの示唆に富むと思う．

つの方向は多変数化で，本書の第 II 部はそれを目指すものである．Katz 理論に関係する研究動向については，論説 [32] やそこに挙げた文献なども参照されたい．

第 6 章の変形理論は，Painlevé 方程式なども含む巨大な研究領域で，それについて十分な記述をすることは目指さなかった．Painlevé 方程式に興味のある方には，たとえば基本的文献である岡本 [97], 野海 [94], 岩崎・木村・下村・吉田 [56] などをお勧めしたい．論文では神保・三輪・上野 [57], 神保・三輪 [58], [59] が基本的である．本書では Fuchs 型常微分方程式の変形理論を扱ったが，その基本的と思われる部分はすべて証明付きで記載した．ただし何が基本的であるかは研究者により見解が異なるかもしれない．それ以外には，Katz 理論との関わりや Hamilton 構造について，それぞれに関する研究論文 [35], [60] に基づいて記述した．

第 7 章の積分表示についても，非常に多くの研究の積み重ねがあり，その全貌を記述することは目指さなかった．基本的文献は青本・喜多 [3] である．あるいは吉田 [149], 木村 [69], 原岡 [30] などにも積分表示の視点からの記述があるので参照されたい．7.8 節で説明した多重積分に対する線形関係の求め方は，青本 [2] による．7.10 節で扱った Legendre 方程式の解の積分表示については，犬井 [52] の §29 の記述に基づいている．本書ではその積分表示を用いて接続係数を求めたが，犬井ではそのような考察は行われていないようである．

第 8 章では不確定特異点の理論の古典的な部分についてその概要を説明した．すなわち福原による形式解の構成，漸近解の存在，および Birkhoff によるストークス現象の記述である．そこに挙げた原論文のほか，福原の結果については福原 [51], 高野 [132], ストークス現象については高野 [132] が参考になると思う．Riemann-Hilbert 問題の不確定特異点版である Riemann-Hilbert-Birkhoff 問題については，渋谷 [126] を参照頂きたい．本人による解決が丁寧に記述されている．Birkhoff の原論文 [10] も魅力的である．不確定特異点に関する現在の研究は，形式解に現れる発散級数の発散の度合い（Gevrey 指数）を測って，それに応じた総和法（Borel 総和法など）を適用して解析を行うという方向が主流と思われる．このような内容に関するちょうどよい教科書はあまり思いつかないが，van der Put-Singer [109] にある記述などはきちんとしていて参考になると思う．

さて第 II 部では多変数の完全積分可能系を扱った．本書の内容のカウンターパートは，holonomic 系の理論である．holonomic 系の理論については，本文中でも挙げたように，柏原 [63], 堀田・竹内・谷崎 [47] などを参照頂きたい．

完全積分可能系を扱う最も自然な枠組みは D-加群であるが，Pfaff 系に限るなら，本書のように常微分方程式と類似の取り扱いがかなり可能となる．その考え方

参考文献

[1] A. D'Agnolo and M. Kashiwara, Riemann-Hilbert correspondence for holonomic D-modules, arXiv:1311.2374v1.

[2] K. Aomoto, On the structure of integrals of power products of linear functions, Sci. Papers, Coll. Gen. Education, Univ. Tokyo, **27** (1977), 49-61.

[3] 青本和彦・喜多通武, 超幾何関数論, シュプリンガー現代数学シリーズ, シュプリンガー・フェアラーク東京, 1994.

[4] D. Arinkin, Rigid irregular connections on $\mathbb{P}^1$, Compositio Math., **146** (2010), 1323-1338.

[5] W. Balser, W. B. Jurkat and D. A. Lutz, On the reduction of connection problems for differential equations with an irregular singular point to ones with only regular singularities, I, SIAM J. Math. Anal., **12** (1981), 691-721.

[6] P. Belkale, Local systems on $\mathbb{P}^1 - S$ for S a finite set, Compositio Math., **129** (2001), 67-86.

[7] M. A. Bershtein and A. I. Shchechkin, Bilinear equations on Painlevé τ functions from CFT, arXiv:1406.3008v3.

[8] F. Beukers and G. Heckman, Monodromy for the hypergeometric function $_nF_{n-1}$, Invent. Math., **95** (1989), 325-354.

[9] G. D. Birkhoff, Singular points of ordinary linear differential equations, Trans. Amer. Math. Soc., **10** (1909), 436-470.

[10] G. D. Birkhoff, The generalized Riemann problem for linear differential equations and the allied problems for linear difference and q-difference equations, Proc. Amer. Acad. Arts and Sci., **49** (1913), 521-568.

[11] A. A. Bolibruch, Hilbert's twenty-first problem for Fuchsian linear systems, Developments in mathematics: the Moscow school, 54-99, Chapman & Hall, 1993.

[12] K. Cho and K. Matsumoto, Intersection theory for twisted cohomologies and twisted Riemann's period relations I, Nagoya Math. J., **139** (1995), 67-86.

[13] コディントン・レヴィンソン (吉田節三訳), 常微分方程式論上/下, 数学叢書 6/11, 吉岡書店, 1968/1969.

[14] クーラン・ヒルベルト (齋藤利弥監訳, 丸山滋弥訳), 数理物理学の方法 2, 東京図書, 1959.

[15] W. Crawley-Boevey, Geometry of the moment map for representations of quivers, Compositio Math., **126** (2001), 257-293.

[16] W. Crawley-Boevey, On matrices in prescribed conjugacy classes with no common invariant subspace and sum zero, Duke Math. J., **118** (2003), 339-352.
[17] M. Dettweiler and S. Reiter, An algorithm of Katz and its application to the inverse Galois problem, J. Symbolic Comput., **30** (2000), 761–798.
[18] M. Dettweiler and S. Reiter, Middle convolution of Fuchsian systems and the construction of rigid differential systems, J. Algebra, **318** (2007), 1-24.
[19] P. Deligne, Équations différentielles à points singuliers réguliers, Lecture Notes in Math., **163**, Springer-Verlag, 1970.
[20] P. Deligne and G. D. Mostow, Monodromy of hypergeometric functions and non-lattice integral monodromy, Publ. Math. IHES, **63** (1986), 5-89.
[21] K. Diarra, Construction et classification de certaines solutions algébriques des systèmes de Garnier, Bull. Braz. Math. Soc., **44** (2013), 129-154.
[22] H. Esnault, V. Schechtman and E. Viehweg, Cohomology of local systems on the complement of hyperplanes, Invent. Math., **109** (1992), 557-561.
[23] R. Fuchs, Über die analytische Natur der Lösungen von Differentialgleichungen zweiter Ordnung mit festen kritischen Punkten, Math. Ann., **75** (1914), 469-496.
[24] R. Gérard, Théorie de Fuchs sur une variété analytique complexe, J. Math. pures et appl., **47** (1968), 321-404.
[25] R. Gérard and A. H. M. Levelt, Étude d'une classe particulière de systèmes de Pfaff du type de Fuchs sur l'espace projectif complexe, J. Math. pures et appl., **51** (1972), 189-217.
[26] H. A. Hamm and D. T. Lê, Un théorème de Zariski du type de Lefschetz, Ann. Sci. École Norm. Sup., **6** (1973), 317-366.
[27] Y. Haraoka, Finite monodromy of Pochhammer equation, Ann. Inst. Fourier, **44** (1994), 767-810.
[28] Y. Haraoka, Monodromy representations of systems of differential equations free from accessory parameters, SIAM J. Math. Anal., **25** (1994), 1595-1621.
[29] Y. Haraoka, Irreducibility of accessory parameter free systems, Kumamoto J. Math., **8** (1995), 153-170.
[30] 原岡喜重, 超幾何関数, すうがくの風景 7, 朝倉書店, 2002.
[31] 原岡喜重, 微分方程式, 数学書房, 2006.
[32] 原岡喜重, 大域解析可能な Fuchs 型方程式, 数学, **63** (2011), 257-280.
[33] Y. Haraoka, Middle convolution for completely integrable systems with logarithmic singularities along hyperplane arrangements, Adv. Stud. Pure Math., **62** (2012), 109-136.

[34] Y. Haraoka, Regular coordinates and reduction of deformation equations for Fuchsian systems, Banach Center Publ., **97** (2012), 39-58.
[35] Y. Haraoka and G. Filipuk, Middle convolution and deformation for Fuchsian systems, J. London Math. Soc., **76** (2007), 438-450.
[36] Y. Haraoka and S. Hamaguchi, Topological theory for Selberg type integral associated with rigid Fuchsian systems, Math. Ann., **353** (2012), 1239-1271.
[37] Y. Haraoka and M. Kato, Generating systems for finite irreducible complex reflection groups, Funkcial. Ekvac., **53** (2012), 435-488.
[38] Y. Haraoka and T. Kikukawa, Rigidity of monodromies for Appell's hypergeometric functions, Opuscula Math., **35** (2015), 567-594.
[39] Y. Haraoka and K. Mimachi, A connection problem for Simpson's even family of rank four, Funkcial. Ekvac., **54** (2011), 495-515.
[40] Y. Haraoka and Y. Ueno, Rigidity for Appell's hypergeometric series F_4, Funkcial. Ekvac., **51** (2008), 149-164.
[41] J. Harnad, Dual isomonodromic deformations and moment maps to loop algebras, Commun. Math. Phys., **166** (1994), 337-365.
[42] 服部晶夫, 位相幾何学, 岩波基礎数学選書, 岩波書店, 2002.
[43] K. Hiroe, Twisted Euler transform of differential equations with an irregular singular point, arXiv:0912.5124.
[44] K. Hiroe, The Euler transform and the Weyl group of a Kac-Moody root system, arXiv:1010.2580.
[45] K. Hiroe and T. Oshima, A classification of roots of symmetric Kac-Moody root systems and its application, Symmetries, Integrable Systems and Representations, 195-241, Springer Science & Business Media, 2012.
[46] N. Hitchin, Geometrical aspects of Schlesinger's equation, J. Geom. Phys., **23** (1997), 287-300.
[47] R. Hotta, K. Takeuchi and T. Tanisaki, *D*-modules, perverse sheaves, and representation theory, Progress in Math., **236**, Birkhäuser, 2008.
[48] M. Hukuhara, Sur les points singuliers des équations différentielles linéaires, Domaine réel, J. Fac. Sci. Hokkaido Imp. Univ., **2** (1934), 13-88.
[49] M. Hukuhara, Sur les points singuliers des équations différentielles linéaires, II, J. Fac. Sci. Hokkaido Imp. Univ., **5** (1937), 123-166.
[50] M. Hukuhara, Sur les points singuliers des équations différentielles linéaires, III, Mem. Fac. Sci. Kyūsyū Imp. Univ., A. **2** (1941), 125-137.
[51] 福原満洲雄, 常微分方程式 第 2 版, 岩波全書, 岩波書店, 1980.
[52] 犬井鉄郎, 特殊函数, 岩波全書, 岩波書店, 1962.
[53] N. Iorgov, O. Lisovyy and Yu. Tykhyy, Painlevé VI connection problem and

monodromy of $c = 1$ conformal blocks, arXiv:1308.4092v2.
[54] N. Iorgov, O. Lisovyy and J. Teschner, Isomonodromic tau-functions from Liouville conformal blocks, arXiv:1401.6104v2.
[55] M. Inaba, K. Iwasaki and M.-H. Saito, Moduli of stable parabolic connections, Riemann-Hilbert correspondence and geometry of Painlevé equations of type VI, Part I, Publ. Res. Inst. Math. Sci., **42** (2006), 987-1089; Part II, Adv. Stud. Pure Math., **45** (2006), 387-432.
[56] K. Iwasaki, H. Kimura, S. Shimomura and M. Yoshida, From Gauss to Painlevé, Aspects of Math., **16**, Friedr. Vieweg & Sohn, 1991.
[57] M. Jimbo, T. Miwa and K. Ueno, Monodromy preserving deformations of linear ordinary differential equations with rational coefficients I, Physica D, **2** (1981), 306-352.
[58] M. Jimbo and T. Miwa, Monodromy preserving deformations of linear ordinary differential equations with rational coefficients II, Physica D, **2** (1981), 407-448.
[59] M. Jimbo and T. Miwa, Monodromy preserving deformations of linear ordinary differential equations with rational coefficients III, Physica D, **4** (1981), 26-46.
[60] M. Jimbo, T. Miwa, Y. Mori and M. Sato, Density matrix of an impenetrable Bose gas and the fifth Painlevé transcendent, Physica D, **1** (1980), 80-158.
[61] I. Kaplansky, An introduction to differential algebra, Second Edition, Hermann, 1976.
[62] M. Kashiwara, The Riemann-Hilbert problem for holonomic systems, Publ. RIMS, Kyoto Univ., **20** (1984), 319-365.
[63] 柏原正樹, 代数解析概論, 岩波講座 現代数学の展開, 岩波書店, 2000.
[64] M. Kato, The Riemann problem for Appell's F_4, Mem. Fac. Sci. Kyushu Univ., Ser. A Math., **47** (1993), 227-243.
[65] M. Kato, Connection formulas for Appell's system F_4 and some applications, Funkcial. Ekvac., **38** (1995), 243-266.
[66] M. Kato and J. Sekiguchi, Uniformization systems of equations with singularities along the discriminant sets of complex reflection groups of rank three, Kyushu J. Math., **68** (2014), 181-221.
[67] N. M. Katz, Rigid local systems, Princeton Univ. Press, 1996.
[68] H. Kawakami, Generalized Okubo systems and the middle convolution, Int. Math. Res. Not. IMRN 2010, no. 17, 3394-3421.
[69] 木村弘信, 超幾何関数入門, SGC ライブラリ 55, サイエンス社, 2007.
[70] H. Kimura and K. Okamoto, On the polynomial Hamiltonian structure of

the Garnier systems, J. Math. pures et appl., **63** (1984), 129-146.
[71] T. Kimura, On Riemann's equations which are solvable by quadratures, Funkcial. Ekvac., **12** (1969), 269-281.
[72] T. Kimura, Analytic theory of linear ordinary differential equations on a Riemann surface – Riemann's problem –, Lecture Notes, University of Minnesota, 1973.
[73] 木村俊房, 常微分方程式 II, 岩波講座基礎数学, **11**, 岩波書店, 1977.
[74] M. Kita and M. Yoshida, Intersection theory for twisted cycles, Math. Nachr., **166** (1994), 287-304.
[75] F. クライン (関口次郎訳), 正 20 面体と 5 次方程式, シュプリンガー・フェアラーク東京, 1997.
[76] M. Kohno, Global analysis in linear differential equations, Kluwer Academic Publishers, 1999.
[77] T. Kohno, Homology of a local system on the complement of hyperplanes, Proc. Japan Acad., **62**, Ser. A (1986), 144-147.
[78] E. R. Kolchin, Algebraic matric groups and the Picard-Vessiot theory of homogeneous linear differential equations, Ann. Math., **49** (1948), 1-42.
[79] E. R. Kolchin, Differential algebra and algebraic groups, Academic Press, 1973.
[80] V. P. Kostov, The Deligne-Simpson problem for zero index of rigidity, Perspective in Complex Analysis, Differential Geometry and Mathematical Physics, 1-35, World Scientific, 2001.
[81] V. P. Kostov, On the Deligne-Simpson problem, Proc. Steklov Inst. Math., **238** (2002), 148-185.
[82] O. Lisovyy and Y. Tykhyy, Algebraic solutions of the sixth Painlevé equation, J. Geom. Phys., **85** (2914), 124-163.
[83] H. Majima, Asymptotic analysis for integrable connections with irregular singular points, Lecture Notes in Math., **1075**, Springer-Verlag, 1984.
[84] J. Martinet and J. P. Ramis, Théorie de Galois différentielle et resommation, Computer Algebra and Differential Equations, 115-214, Academic Press, 1989.
[85] K. Matsumoto, T. Sasaki and M. Yoshida, Recent progress of Gauss-Schwarz theory and related geometric structures, Mem. Fac. Sci. Kyushu Univ., Ser. A, **47** (1993), 283-381.
[86] K. Matsumoto, T. Sasaki, N. Takayama and M. Yoshida, Monodromy of the hypergeometric differential equation of type (3, 6) II, The unitary reflection group of order $2^9 \cdot 3^7 \cdot 5 \cdot 7$, Ann. Scoula Norm. Sup. Pisa Cl. Sci. Ser. IV,

20 (1993), 63-90.

[87] K. Mimachi, Intersection numbers for twisted cycles and the connection problem associated with the generalized hypergeometric function $_{n+1}F_n$, Int. Math. Res. Not., **2011** (2011), 1757-1781.

[88] K. Mimachi and M. Yoshida, Intersection numbers of twisted cycles and the correlation functions of the conformal field theory, Comm. Math. Phys., **234** (2003), 339-358.

[89] K. Mimachi and M. Yoshida, Intersection numbers of twisted cycles associated with the Selberg integral and an application to the conformal field theory, Comm. Math. Phys., **250** (2004), 23-45.

[90] T. Mochizuki, Wild harmonic bundles and wild pure twister D-modules, Astérisque, **340**, 2011.

[91] 内藤敏機, 現代解析学基礎論第一 講義ノート, http://matha.e-one.uec.ac.jp/~naito/06inkogi.pdf

[92] 西岡啓二, 代数的微分方程式の一般解 – 微分代数入門 –, Seminar on Mathematical Sciences, **11**, Dep. Math. Keio Univ., 1987.

[93] 新田英雄, 物理と特殊関数, 物理学 One Point 16, 共立出版, 1997.

[94] 野海正俊, パンルヴェ方程式 – 対称性からの入門 –, すうがくの風景 4, 朝倉書店, 2000.

[95] K. Okamoto, On the τ-function of the Painlevé equation, Physica D, **2** (1981), 525-535.

[96] 岡本和夫, パンルヴェ方程式序説, 上智大学数学講究録, **19**, 1985.

[97] 岡本和夫, パンルヴェ方程式, 岩波書店, 2009.

[98] K. Okubo, Connection problems for systems of linear differential equations, Lecture Notes in Math., **243**, 238-248, Springer-Verlag, 1971.

[99] 大久保謙二郎, モノドロミ群, 月刊マセマティクス, **1** (1980), 489-495.

[100] K. Okubo, On the group of Fuchsian equations, 都立大学数学教室セミナー報告, 1987.

[101] P. Orlik and H. Terao, Arrangements of Hyperplanes, Springer-Verlag, 1992.

[102] 大島利雄, 特殊関数と代数的線型常微分方程式, 東京大学数理科学レクチャーノート, **11**, 2010.

[103] T. Oshima, Classification of Fuchsian systems and their connection problem, RIMS Kōkyūroku Bessatsu, **B37** (2013), 163-192.

[104] T. Oshima, Katz's middle convolution and Yokoyama's extending operation, Opuscula Math., **35** (2015), 665-688.

[105] T. Oshima, Fractional calculus of Weyl algebra and Fuchsian differential

equations, MSJ Meomoirs, **28**, 2012.
[106] T. Oshima and N. Shimeno, Heckman-Opdam hypergeometric functions and their specializations, RIMS Kōkyūroku Bessatsu, **B20** (2010), 129-162.
[107] É. Picard, Sur une extension aux fonctions de deux variables du problème de Riemann relatif aux fonctions hypergéométriques, Ann. Sci. École Norm. Sup., **10** (1881), 305-322.
[108] C. Procesi, The invariant theory of $n \times n$ matrices, Adv. Math., **19** (1976), 306-381.
[109] M. van der Put and M. F. Singer, Galois theory of linear differential equations, Springer-Verlag, 2003.
[110] C. Sabbah, Frobenius manifolds: isomonodromic deformations and infinitesimal period mappings, Exposition Math., **16** (1998), 1-57.
[111] 斎藤利弥, Riemann の問題, 数学, **12** (1960-61), 145-159.
[112] 斎藤利弥, 線形微分方程式とフックス関数 I/II/III: ポアンカレを読む, 河合文化教育研究所, 1991/1994/1998.
[113] H. Sakai, Rational surfaces associated with affine root systems and geometry of the Painlevé equations, Comm. Math. Phys., **220** (2001), 165-229.
[114] H. Sakai, Isomonodromic deformation and 4-dimensional Painlevé type equations, preprint.
[115] T. Sasaki, On the finiteness of the monodromy group of the system of hypergeometric differential equations (F_D), J. Fac. Sci. Univ. Tokyo Sect. IA Math., **24** (1977), 565-573.
[116] T. Sasaki, Picard-Vessiot group of Appell's system of hypergeometric differential equations and infiniteness of monodromy group, Kumamoto J. Sci. (Math.), **14** (1980/81), 85-100.
[117] T. Sasaki and M. Yoshida, Linear differential equations in two variables of rank four, I/II, Math. Ann., **282** (1988), 69-93/95-111.
[118] R. Schäfke, Über das globale analytische Verhalten der Lösungen der über die Laplacetransformation zusammenhängenden Differentialgleichungen $tx' = (A + tB)x$ und $(s - B)v' = (\rho - A)v$, Dissertation, Univ. Essen, 1979.
[119] L. Schlesinger, Über eine Klasse von Differntialsystemen beliebiger Ordnung mit festen kritischen Punkten, J. Reine Angew. Math., **141** (1912), 96–145.
[120] L. L. Scott, Matrices and cohomology, Ann. Math., **105** (1977), 473-492.
[121] G. C. Shephard and J. A. Todd, Finite unitary reflection groups, Canadian J. Math., **6** (1954), 274-304.

[122] I. Shimada, Fundamental groups of complements to hypersurfaces, 数理解析研究所講究録, **1033** (1998), 27-33.

[123] S. Shimomura, Asymptotic expansions and Stokes multipliers of the confluent hypergeometric function Φ_2, Proc. Royal Soc. Edinbrgh, **123** (1993), 1165-1177.

[124] S. Shimomura, On a generalized Bessel function of two variables, I, J. Math. Anal. Appl., **187** (1994), 468-484.

[125] Y. Sibuya, Global theory of a second order linear ordinary differential equation with a polynomial coefficient, Mathematics Studies **18**, North-Holland, 1975.

[126] 渋谷泰隆, 複素領域における線型常微分方程式, 紀伊國屋数学叢書 8, 紀伊國屋書店, 1976.

[127] C. L. Siegel, Topics in complex function theory I, Elliptic functions and uniformization theory, John Wiley & Sons, 1969.

[128] C. Simpson, Products of matrices, Canadian Math. Soc. Conference Proc., **12**, 157-185, Amer. Math. Soc., 1992.

[129] C. Simpson, Katz's middle convolution algorithm, Pure Appl. Math. Q., **5** (2009), 781-852.

[130] スミルノフ (福原満洲雄他訳), スミルノフ高等数学教程 7, 共立出版, 1959.

[131] T. Suzuki, Six-dimesional Painlevé systems and their particular solutions in terms of rigid systems, J. Math. Phys., **55**, 102902 (2014).

[132] 高野恭一, 常微分方程式, 新数学講座 (6), 朝倉書店, 1994.

[133] K. Takano and E. Bannai, Global study of Jordan-Pochhammer differential equations, Funkcial. Ekvac., **19** (1976), 85-99.

[134] K. Takemura, Introduction to middle convolution for differential equations with irregular singularities, New trends in quantum integrable systems, 393-420, World Sci. Publ., 2011.

[135] T. Terada, Problème de Riemann et fonctions automorphes provenant des fonctions hypergéometriques de plusieurs variables, J. Math. Kyoto Univ., **13** (1973), 557-578.

[136] 寺沢寛一, 自然科学者のための数学概論 (応用編), 岩波書店, 1960.

[137] 徳永浩雄・島田伊知朗, 基本群と特異点, 代数曲線と特異点, 特異点の数理 4, 1-156, 共立出版, 2001.

[138] H. L. Turrittin, Convergent solutions of ordinary linear homogeneous differential equations in the neighborhood of an irregular singular point, Acta Math., **93** (1955), 27-66.

[139] 梅村浩, Painlevé 方程式の既約性について, 数学, **40** (1988), 47-61.

[140] H. Völklein, The braid group and linear rigidity, Geom. Dedicata, **84** (2001), 135-150.

[141] W. Wasow, Asymptotic expansions for ordinary differential equations, Reprint of the 1976 edition, Dover Publications, 1987.

[142] E. T. Whittaker and G. N. Watson, A course of modern analysis, Cambridge Univ. Press, 1927.

[143] D. Yamakawa, Geometry of multiplicative projective algebra, Int. Math. Res. Pap. IMRP 2008, Art. ID rpn008.

[144] D. Yamakawa, Middle convolution and Harnad duality, Math. Ann., **349** (2011), 215-262.

[145] T. Yokoyama, On an irreducibility condition for hypergeometric systems, Funkcial. Ekvac., **38** (1995), 11-19.

[146] T. Yokoyama, Construction of systems of differential equations of Okubo normal form with rigid monodromy, Math. Nachr., **279** (2006), 327-348.

[147] T. Yokoyama, Recursive calculation of connection formulas for systems of differential equations of Okubo normal form, J. Dyn. Control Syst., **20** (2014), 241-292.

[148] M. Yoshida, Fuchsian differential equations, Aspects of Mathematics, **E11**, Friedr. Vieweg & Sohn, 1987.

[149] 吉田正章, Schwarz プログラム, 数学, **40** (1988), 36-46.

[150] 吉田正章, 私説 超幾何関数 –対称領域による点配置空間の一意化–, 共立講座 21 世紀の数学 24, 共立出版, 1997.

[151] M. Yoshida and K. Takano, On a linear system of Pfaffian equations with regular singular points, Funkcial. Ekvac., **19** (1976), 175-189.

索 引

英 文

addition 139
basic 186
Birkhoff 標準形 123
Borel-Ritt の定理 267
braid group 232
Euler 変換 120
Fuchs 型 53
Fuchs の関係式 104
Fuchs の定理 16
Garnier 系 203
Gauss-Kummer の公式 229
Hitchin 系 200
Liouville 拡大 81
middle convolution 140, 173, 343
multiplication 172
Painlevé 方程式 203
Picard-Vessiot 拡大 78
Poisson 括弧 210
pure braid group 233
Riemann-Liouville 変換 120
Riemann-Liouville 積分 118
Riemann scheme 110
rigid 124, 138, 328
rigidity 指数 128, 138
Schlesinger 系 198
Scott の補題 129
Stokes 行列 280
Stokes 係数 280
Stokes 現象 273
twisted cycle 246
twisted 形式 247
twisted コホモロジー群 247
twisted ホモロジー群 246
Wronskian 13
Zariski-van Kampen の定理 322
Zariski の超平面切断定理 320

あ 行

アクセサリー・パラメーター 138
一般 Liouville 拡大 81
大久保型微分方程式 117

か 行

階数 6
回転数 49, 311
解の基本系 12, 13, 291
回路行列 38, 47
拡張された特性指数 109
確定特異点 14, 15
角領域 263
可約 55
完全積分可能条件 285
基本解行列 12, 291
基本解系 12, 13, 291
既約 55
既約実現可能 181
既約成分 310
既約分解 310
共鳴的 20
局所系係数のコホモロジー群 247
局所系係数のホモロジー群 246
局所モノドロミー 39, 313, 315
組み紐群 232

決定因子　259
決定方程式　33
固有角領域　272

　　　さ　行

巡回ベクトル　5
純組み紐群　233
スペクトル型　115, 116
スペクトル・データ　115
正規 Fuchs 型　113
正規交叉　304
制限　307
正則点　295
線形 Pfaff 系　284
接続行列　93
漸近級数　264
漸近挙動　269
漸近展開可能　263
全微分方程式　284

　　　た　行

通常点　295
定義多項式　310
特異点　15, 295
特異方向　272
特性指数　21, 33, 259

特性方程式　33

　　　は　行

半単純　126
非共鳴的　20, 114
微分　76
微分体　76
開き (角領域の)　263
不確定特異点　14
複素鏡映　75
複素鏡映群　75
不分岐　259
分岐　259
分岐点　53, 316
閉部分角領域　263
変形　191
変形方程式　198

　　　ま　行

見掛けの特異点　53, 316
モノドロミー行列　38, 47
モノドロミー群　47
モノドロミー表現　47
モノドロミー保存解　189
モノドロミー保存変形　191

原岡 喜重
はらおか・よししげ

略 歴
1957年　北海道に生まれる．
1988年　東京大学大学院理学系研究科博士課程（数学専攻）修了．理学博士．
　　　　熊本大学理学部教授などを経て
現　在　熊本大学名誉教授，城西大学特任教授．

主な著書　『数学っておもしろい』（編著，日本評論社）
　　　　　『超幾何関数』（朝倉書店）
　　　　　『教程 微分積分』（日本評論社）
　　　　　『微分方程式 増補版』（数学書房）
　　　　　『なるほど高校数学　三角関数の物語』（講談社ブルーバックス）
　　　　　『多変数の微分積分』（日本評論社）
　　　　　『なるほど高校数学　ベクトルの物語』（講談社ブルーバックス）
　　　　　『オイラーの公式がわかる』（講談社ブルーバックス）
　　　　　『はじめての解析学』（講談社ブルーバックス）
　　　　　『解析学基礎』（共立出版）
　　　　　『Linear differential equations in the complex domain』（Springer, Lecture Notes in Mathematics）

数学書房叢書
複素領域における線形微分方程式
（ふくそりょういき　せんけいびぶんほうていしき）

2015年9月15日　第1版第1刷発行
2024年1月15日　第1版第2刷発行

著者　　原岡 喜重
発行者　横山 伸
発行　　有限会社　数学書房
　　　　〒101-0051　東京都千代田区神田神保町1-32-2
　　　　TEL　03-5281-1777
　　　　FAX　03-5281-1778
　　　　mathmath@sugakushobo.co.jp
　　　　振替口座　00100-0-372475

印刷
製本　　モリモト印刷
組版　　アベリー
装幀　　岩崎寿文

©Yoshishige Haraoka 2015 Printed in Japan
ISBN 978-4-903342-91-7

数学書房

微分方程式 増補版
原岡喜重 著

微分積分を学んだ読者が、微分方程式についての基礎的な事柄と、その理論全体のイメージを身に着けるためのガイドブックとなることを目指した。増補版では、演習書あるいは自習書としても役立つよう、演習問題を大幅に増やし、またそれらの解答も、できる限り詳しく記述した。

2,000円+税／A5判／978-4-903342-18-4

求積法のさきにあるもの 微分方程式は解ける
磯崎 洋 著

2,300円+税／A5判／978-4-903342-80-1

数学書房選書1
力学と微分方程式
山本義隆 著

2,300円+税／A5判／978-4-903342-21-4

数学書房選書2
背理法
桂 利行・栗原将人・堤 誉志雄・深谷賢治 著

1,900円+税／A5判／978-4-903342-22-1

数学書房選書3
実験・発見・数学体験
小池正夫 著

2,400円+税／A5判／978-4-903342-23-8

数学書房選書4
確率と乱数
杉田 洋 著

2,000円+税／A5判／978-4-903342-24-5

数学書房選書5
コンピュータ幾何
阿原一志 著

2,100円+税／A5判／978-4-903342-25-2

数学書房選書6
ガウスの数論世界をゆく 正多角形の作図から相互法則・数論幾何へ
栗原将人 著

2,400円+税／A5判／978-4-903342-26-9

数学書房選書7
個数を数える
大島利雄 著

2,600円+税／A5判／978-4-903342-27-6